Ing.-Software Dlubal GmbH
Software für Statik und Dynamik

RFEM
Das 3D-FEM-Programm

Statik, die Spaß macht...

RSTAB
Das 3D-Stabwerksprogramm

- FEM für Stahlbeton, Stahl, Holz, Glas etc.
- Balken, Platten, Schalen und Volumenelemente
- Rotationsschalen
- Durchdringungen beliebiger Flächen
- Orthotrope Materialien
- Lineare, nichtlineare und Seilberechnungen
- Unterzüge und Rippen
- Nichtlineare elastische Bettungen und Auflager
- Spannungsanalyse
- Stahlbetonbemessung
- Rissbreitennachweise
- Durchbiegung im gerissenen Zustand
- Brandschutznachweise

- Für Stabwerke aus Stahlbeton, Stahl und Holz
- Nichtlineare Berechnung bei großen Verschiebungen
- Dynamische Analyse
- Erweiterte Stabilitätsanalyse für Knicken und Beulen
- Verbindungen
- Querschnittswerte
- Elastische und plastische Nachweise
- Internationale Bemessungsnormen (Eurocodes, DIN, AISC, SIA, IS)
- Bauphasen
- Gittermast-Berechnungen
- CAD-Integration

Kostenlose Demo-/Viewerversion auf www.dlubal.de

Ingenieur-Software Dlubal

Ing.-Software Dlubal GmbH
Am Zellweg 2
D-93464 Tiefenbach
Tel.: +49 (0) 9673 9203 0
Fax: +49 (0) 9673 9203 51
www.dlubal.de
info@dlubal.com

BauStatik 2011
Standardpakete

- Beton- und Stahlbetonbau
- Grundbau
- Holzbau
- Stahlbau
- Mauerwerksbau
- Verbundbau
- Glasbau

Mit der „Dokument-orientierten Statik" bietet mb eine extrem leistungsfähige und umfangreiche Lösung für die Positionsstatik an. Jedes der über **200 einzelnen BauStatik-Module** kann einzeln oder in Paketen erworben und eingesetzt werden.

Für eine Grundausstattung mit BauStatik-Modulen haben sich **drei Standard-Pakete** etabliert, die **individuell ergänzt** werden können:

☐ **BauStatik compact 2011** 990,- EUR

Diese preisgünstige Variante ist als Einsteigerpaket konzipiert und beinhaltet mit **20 BauStatik-Modulen** die notwendigen Komponenten für statische Berechnungen in kleinen und mittleren Ingenieurbüros.

Paketinhalt siehe www.mbaec.de

☐ **BauStatik classic 2011** 3.490,- EUR

Dieses Paket enthält **über 50 BauStatik-Module**. Mit diesen zusätzlichen Modulen können auch größere Bauvorhaben effektiv berechnet werden.

Paketinhalt siehe www.mbaec.de

☐ **BauStatik comfort 2011** 5.490,- EUR

Mit diesem Paket stehen dem Anwender **mehr als 80 BauStatik-Module** zur statischen Berechnung in den Bereichen Beton- und Stahlbetonbau, Holzbau, Stahlbau, Mauerwerksbau und Grundbau zur Verfügung.

Paketinhalt siehe www.mbaec.de

Es gelten unsere Allgemeinen Geschäftsbedingungen. Änderungen und Irrtümer vorbehalten. Alle Preise zzgl. Versandkosten (7,50 EUR) und ges. MwSt. Hardlock für Einzelplatzlizenz je Arbeitsplatz erforderlich (95,- EUR). Betriebssysteme Windows XP (32) / Windows Vista (32/64) / Windows 7 (32/64) – **Stand: April 2011**

Antwort an mb AEC Software GmbH, Europaallee 14, 67657 Kaiserslautern
Telefon: 0631 30333-11, E-Mail: info@mbaec.de, Internet: www.mbaec.de

FAX: 0631 30333-20

Absender:

Firma

Kunden-Nr. (falls vorhanden)

Vorname, Name

Straße, Hausnummer (ggf. App.-Nr., etc.)

PLZ/Ort

Telefon/Fax

E-Mail

Bitte Zutreffendes ankreuzen
- ☐ Bestellung
- ☐ Ich wünsche eine persönliche Beratung und bitte um Rückruf

Ich bitte um kostenlose Zusendung:
- ☐ Informationsmaterial zu mb
- ☐ Kundenzeitschrift mb-news
- ☐ Bemessungstafel „Stahlbeton"
- ☐ Bemessungstafel „Holz"

Stahlbetonbau-Praxis
nach **Eurocode 2**

Band 2

Prof. Dr.-Ing. Alfons Goris

Stahlbetonbau-Praxis nach Eurocode 2

Band 2
Schnittgrößen
Gesamtstabilität
Bewehrung und Konstruktion
Brandbemessung nach DIN EN 1992-1-2
Beispiele

4., vollständig überarbeitete Auflage

Beuth Verlag GmbH · Berlin · Wien · Zürich

Bauwerk

© 2011 Beuth Verlag GmbH
Berlin · Wien · Zürich
Burggrafenstraße 6
10787 Berlin

Telefon: +49 30 2601-0
Telefax: +49 30 2601-1260
Internet: www.beuth.de
E-Mail: info@beuth.de

Das Werk einschließlich aller seiner Teile ist urheberrechtlich geschützt.
Jede Verwertung außerhalb der Grenzen des Urheberrechts ist ohne schriftliche Zustimmung
des Verlages unzulässig und strafbar. Das gilt insbesondere für Vervielfältigungen, Übersetzungen,
Mikroverfilmungen und die Einspeicherungin elektronischen Systemen.

Die im Werk enthaltenen Inhalte wurden vom Verfasser und Verlag sorgfältig erarbeitet und
geprüft.Eine Gewährleistung für die Richtigkeit des Inhalts wird gleichwohl nicht übernommen.
Der Verlag haftet nur für Schäden, die auf Vorsatz oder grobe Fahrlässigkeit seitens des Verlages
zurückzuführen sind. Im Übrigen ist die Haftung ausgeschlossen.

Druck und Bindung: Appel & Klinger Druck und Medien GmbH, Schneckenlohe

Gedruckt auf säurefreiem, alterungsbeständigem Papier nach DIN EN ISO 9706.

ISBN 978-3-410-21677-3

Vorwort zur 4. Auflage

Die Fortentwicklung der Europäischen Normung schreitet voran. Nach mehrfacher Überarbeitung liegen jetzt Endfassungen von Eurocode 2 „Bemessung und Konstruktion von Stahlbeton- und Spannbetontragwerken" mit den Teilen DIN EN 1992-1-1 „Allgemeine Bemessungsregeln und Regeln für den Hochbau" und DIN EN 1992-1-2 „Tragwerksbemessung für den Brandfall" vor. Die nationalen Anhänge, die für eine Anwendung im jeweiligen Land ergänzend erforderlich sind, sind für Deutschland erarbeitet. DIN EN 1992-1-1:2011-01 und DIN EN 1992-1-2: 2010-12 sind jetzt mit den Nationalen Anhängen DIN EN 1992-1-1/NA: 2011-01 bzw. DIN EN 1992-1-2/NA:2010-12 veröffentlicht.

Die Fachkommission Bautechnik der Bauministerkonferenz hat die Einführung der Eurocodes beschlossen. Für die wesentlichen Grundlagen-Normen soll die Anwendung zum 01. Juli 2012 verbindlich werden, die nationalen Normen werden dann zurückgezogen. Für fertig gestellte Eurocodes, die als Weißdruck vorliegen, ist unter bestimmten Voraussetzungen schon ab 2011 die Anwendung zugelassen.

Umso wichtiger sind Fachinformationen, die den neuesten Stand wiedergeben. Mit der vorliegenden Neuauflage stellt sich „Stahlbetonbau-Praxis" dieser Verantwortung.

Im vorliegenden Band 2 werden die *Schnittgrößenermittlung* mit den Besonderheiten für Stahlbetonkonstruktionen und die Gesamtstabilität von Tragwerken besprochen. Er enthält weiterhin die Grundlagen der Bewehrungsführung und die *konstruktive Durchbildung* der Bauteile, wobei auch auf Besonderheiten (Weiße Wannen) eingegangen wird. Das Bemessen und Konstruieren mit *Stabwerkmodellen* ist bei Konsolen, Rahmenecken, Teilflächenbelastung usw. unverzichtbares Hilfsmittel; dieses Thema wird in einem eigenen Kapitel mit teilweise farbigen Abbildungen behandelt. Einen breiten Raum nimmt auch die *Brandbemessung* ein, die zunehmend im Stahlbetonbau an Bedeutung gewinnt und bemessungsrelevant werden kann.

Aufgenommen wurden wiederum zahlreiche *Projektbeispiele*, in denen typische Tragelemente des Hochbaus umfassend von der Schnittgrößenermittlung über die Bemessung bis hin zur Bewehrungsführung und -darstellung bearbeitet wurden.

Es werden in diesem Band 2 somit alle wesentlichen Verfahren von der Schnittgrößenermittlung bis hin zur Bewehrungsführung behandelt, während Fragen der Bemessung in den Grenzzuständen der Tragfähigkeit und Gebrauchstauglichkeit im Band 1 angesprochen werden.

Das vorliegende Buch soll Studierende an den Entwurf von Stahlbetontragwerken heranführen und mit der Berechnung und Konstruktion vertraut machen. Für den in der Praxis tätigen Ingenieur werden insbesondere die grundlegenden Erläuterungen der einzelnen Nachweise mit zahlreichen Beispielen hilfreich sein.

Den Lesern danke ich für die gute Aufnahme des Buches und für Anregungen zur Weiterentwicklung. Den Verlagen Beuth und Bauwerk – insbesondere Herrn Prof. Klaus-Jürgen Schneider – möchte ich an dieser Stelle für die stets gute und kooperative Zusammenarbeit danken.

Siegen, im März 2011 *Alfons Goris*

Aus dem Vorwort zur 1. Auflage

Die Vorschriften zur Bemessung und Konstruktion von Stahlbetontragwerken sind gegenwärtig in einem erheblichen Wandel begriffen. Der Übergang zu einer neuen Normengeneration ist mit der bauaufsichtlichen Einführung der neuen DIN 1045-1 vollzogen. Damit steht dem praktisch tätigen Ingenieur eine wesentliche Umstellung bevor, an den Hochschulen müssen sich die Studierenden mit der neuen Vorschrift in der Ausbildung auseinandersetzen.

Der Band 2 behandelt die Besonderheiten der Schnittgrößenermittlung bei Stahlbetontragwerken, die Nachweise zur Gesamtstabilität von Tragwerken, die Bewehrungsrichtlinien und die konstruktive Durchbildung der einzelnen Bauteile sowie einige grundsätzliche Aspek-te zur Qualitätssicherung und Bauausführung. Die einzelnen Abschnitte werden in ihren theoretischen Grundlagen anwendungsnah erläutert und jeweils mit Beispielen ergänzt.

Siegen, im April 2003 *Alfons Goris*

Inhaltsverzeichnis

0	**Einführung**	1
1	**Schnittgrößenermittlung**	3
	1.1 Allgemeine Grundlagen	3
	1.2 Idealisierung der Tragwerksgeometrie	6
	1.2.1 Definitionen	6
	1.2.2 Auflagerungen und Stützweiten	7
	1.2.3 Mitwirkende Plattenbreite	8
	1.3 Belastungsanordnung; Lastfälle	10
	1.4 Vereinfachungen	13
	1.4.1 Grundsätzliches	13
	1.4.2 Besonderheiten bei unverschieblichen Rahmen	14
	1.5 Momentenausrundung	17
	1.6 Schnittgrößen von durchlaufenden (Platten-)Balken und Rahmentragwerken	20
	1.6.1 Linear-elastische Verfahren ohne Umlagerungen	20
	1.6.2 Linear-elastische Verfahren mit Umlagerungen	21
	1.6.3 Verfahren nach der Plastizitätstheorie / nichtlineare Verfahren	24
	1.7 Schnittgrößenermittlung bei Platten	36
	1.7.1 Allgemeines	36
	1.7.2 Einachsig gespannte Platten	36
	1.7.3 Schnittgrößenermittlung bei zweiachsig gespannten Platten	37
	1.7.4 Punktförmig gestützte Platten	49
	1.7.5 Sonderfälle der Plattenberechnung	52
	1.8 Scheiben, wandartige Träger	53
	1.9 EDV-Berechnungen	56
	1.9.1 Stabwerkprogramme	56
	1.9.2 Anwendung von FE-Programmen	57
2	**Gesamtstabilität und Unverschieblichkeit**	63
	2.1 Stabilisierung von Tragkonstruktionen	63
	2.1.1 Grundsätzliches	63
	2.1.2 Scheibenstabilisierung	64
	2.2 Rechnerischer Nachweis der Gesamtstabilität	67
	2.2.1 Grundsätzliches	67
	2.2.2 Unverschieblichkeit von Tragwerken	67
	2.3 Einwirkungen	76
	2.4 Lastaufteilung horizontaler Lasten auf gleich hohe aussteifende Bauteile	78
	2.4.1 Statisch bestimmte Aussteifungssysteme	78
	2.4.2 Statisch unbestimmte Aussteifungssysteme	79
	2.4.3 Beispiel	79
	2.5 Zusammenfassendes Beispiel	85

3 Grundlagen der Bewehrungsführung ... 90

3.1 Betonstahlbewehrung ... 90
3.1.1 Eigenschaften, Kurzzeichen, Duktilität ... 90
3.1.2 Betonstabstahl, Betonstahl vom Ring ... 91
3.1.3 Betonstahlmatten ... 91
3.1.4 Gitterträger ... 96

3.2 Betondeckung und Stababstände ... 97
3.2.1 Betondeckung ... 97
3.2.2 Stababstände ... 98
3.2.3 Beispiele ... 98

3.3 Krümmungen von Betonstahl ... 100
3.4 Bemessungswert der Verbundspannung ... 102
3.5 Verankerungen ... 105
3.5.1 Grundmaß der Verankerungslänge ... 105
3.5.2 Verankerungslänge ... 106

3.6 Übergreifungsstöße von Stäben ... 109
3.7 Übergreifungsstöße von Betonstahlmatten ... 113
3.8 Verankerungen von Bügeln und Querkraftbewehrung ... 115
3.9 Ergänzung für dicke Stäbe und Stabbündel ... 117

4 Bewehrung und bauliche Durchbildung der Bauteile ... 118

4.1 Plattentragwerke ... 118
4.1.1 Einachsig gespannte Platten ... 118
4.1.2 Zweiachsig gespannte Platten ... 127
4.1.3 Unterbrochene Stützung (deckengleiche Unterzüge) ... 133
4.1.4 Besonderheiten bei vorgefertigten Decken ... 135

4.2 Balken ... 137
4.2.1 Längsbewehrung ... 137
4.2.2 Querkraftbewehrung ... 139
4.2.3 Rahmentragwerke ... 141
4.2.4 Torsionsbewehrung ... 141

4.3 Stützen, Wände ... 142
4.3.1 Stützen, Druckglieder ... 142
4.3.2 Wände ... 144

4.4 Wandartige Träger ... 146
4.5 Fundamente ... 147
4.5.1 Bewehrte Einzelfundamente ... 147
4.5.2 Unbewehrte Fundamente ... 149

4.6 Besondere Bauweisen und Nachweisverfahren ... 152
4.6.1 Allgemeines ... 152
4.6.2 Wasserundurchlässige Betonbauwerke ... 152

5 Diskontinuitätsbereiche / Bemessung mit Stabwerkmodellen 160

- 5.1 Grundsätzliches 160
- 5.2 Auflagernahe Einzellasten 162
- 5.3 Konsolen, ausgeklinkte Trägerenden 166
  - 5.3.1 Konsolen 166
  - 5.3.2 Ausgeklinkte Trägerenden 175
- 5.4 Rahmenecken 176
  - 5.4.1 Rahmenecke mit negativem Moment 176
  - 5.4.2 Rahmenecke mit positivem Moment 178
  - 5.4.3 Rahmenknoten 181
  - 5.4.4 Beispiele 185
- 5.5 Teilflächenbelastung 194
  - 5.5.1 Grundsätzliches 194
  - 5.5.2 Mittige Teilflächenbelastung 195
  - 5.5.3 Exzentrische Teilflächenbelastung 196
  - 5.5.4 Beispiele 197
- 5.6 Andere Bauteile und besondere Bestimmungen 198
  - 5.6.1 Umlenkkräfte 198
  - 5.6.2 Anschluss von Nebenträgern 199

6 Brandsicherheit 200

- 6.1 Einführung 200
- 6.2 Grundlagen 200
  - 6.2.1 Anforderungen an die Konstruktion 200
  - 6.2.2 Einwirkungen im Brandfall 201
  - 6.2.3 Temperaturabhängige Materialkennwerte 203
- 6.3 Tabellenverfahren nach EC2-1-2 204
  - 6.3.1 Balken und Platten 205
  - 6.3.2 Stützen in unverschieblichen Tragwerken 207
  - 6.3.3 Verschiebliche Stützen 209
- 6.4 Vereinfachte und allgemeine Rechenverfahren 212

7 Fugen; Schadensbegrenzung bei außergewöhnlichen Einwirkungen 213

- 7.1 Fugen 213
- 7.2 Schadensbegrenzung bei außergewöhnlichen Einwirkungen 214

8 Qualitätssicherung und Bauausführung 215

- 8.1 Einfüllen und Verdichten des Betons 215
- 8.2 Lagesicherung und Betondeckung der Bewehrung 216
- 8.3 Nachbehandlung und Schutz von Beton 219
- 8.4 Rückbiegen von Betonstahl 220
- 8.5 Schadensvermeidung 221

9 Projektbeispiele (Inhaltsverzeichnis) 226
   9.1 Einfeldrige Platte 227
   9.2 Dreifeldrige, einachsig gespannte Platte 232
   9.3 Zweifeldrige Teilfertigdecke 241
   9.4 Einfeldbalken mit Kragarm 248
   9.5 Dreifeldriger Plattenbalken 254
   9.6 Stahlbetonwand 265
   9.7 Einfeldrige Scheibe 271
   9.8 Fundamentplatte 278
10 Querschnitte von Bewehrungen 285
11 Literatur 288
12 Stichwortverzeichnis 295

0 Einführung

Der Geltungsbereich von Eurocode 2 wurde ausführlicher im Band 1 besprochen. Ebenso wie dort wird im Band 2 überwiegend die Bemessung und Konstruktion von Stahlbetontragwerken aus *Normalbeton C12/15 bis C50/60* behandelt, womit der übliche Anwendungsbereich weitestgehend abgedeckt ist. Auf die besonderen Anforderungen für hochfesten Normalbeton C55/67 bis C110/115 und für Leichtbeton LC12/13 bis LC60/66 sowie von vorgespannten Bauteilen wird nur am Rand eingegangen, hierfür ist die Anwendbarkeit nachfolgender Konstruktionsgrundlagen daher im Einzelfall zu überprüfen.

Entsprechend dem Anwendungsbereich von EC2-1-1 werden bauphysikalische Anforderungen und eine Bemessung für den Brandfall nicht behandelt. Für weitere Hinweise wird auf Band 1 verwiesen.

Formelzeichen

Begriffe und Formelzeichen für die Anwendung von EC2-1-1 sind im Band 1, S. 1 erläutert. Hier sind nur einige ausgewählte Formelzeichen aufgeführt, die nachfolgend häufiger verwendet werden. Für weitere Formel- und Kurzzeichen wird auf Band 1 bzw. EC2-1-1 sowie auf die Erläuterungen in den einzelnen Abschnitten verwiesen.

Lateinische Großbuchstaben

A	Fläche	(area)
E	Elastizitätsmodul	(modulus of elasticity)
G	ständige Einwirkung	(permanent action)
I	Flächenmoment 2. Grades	(second moment of area)
L, l	Länge; Stützweite, Spannweite	(length; span)
M	Biegemoment	(bending moment)
N	Längskraft	(axial force)
Q	veränderliche Einwirkung, Verkehrslast	(variable action)
T	Torsionsmoment	(torsional moment)
V	Querkraft	(shear force)

Lateinische Kleinbuchstaben

a	Auflagerbreite	(breadth of the support)
b	Breite	(width)
c	Betondeckung	(concrete cover)
d	Nutzhöhe	(effective depth)
g	verteilte ständige Last	(distributed permanent load)
h	Querschnittshöhe	(overall depth)
i	Trägheitsradius	(radius of gyration)
l, L	Länge; Stützweite, Spannweite	(length; span)
q	verteilte veränderliche Last	(distributed variable load)
x	Druckzonenhöhe	(neutral axis depth)
z	Hebelarm der inneren Kräfte	(lever arm of internal force)

Einführung

Griechische Kleinbuchstaben

γ	Teilsicherheitsbeiwert	(partial safety factor)
ε	Dehnung	(strain)
λ	Schlankheitsgrad	(slenderness ratio)
μ	bezogenes Biegemoment	(reduced bending moment)
ν	bezogene Längskraft	(reduced axial force)
ρ	geometrischer Bewehrungsgrad	(geometrical reinforcement ratio)
σ	Längsspannung	(axial stress)
τ	Schubspannung	(shear stress)
ω	mechanischer Bewehrungsgrad	(mechanical reinforcement ratio)

Fußzeiger

b	Verbund	(bond)
c	Beton; Druck; Kriechen	(concrete; compression; creep)
col	Stütze	(column)
d	Bemessungswert	(design value)
E	Beanspruchung	(internal forces and moments)
eff	effektiv, wirksam	(effective)
g, G	ständig, ständige Einwirkung	(permanent, permanent action)
k	charakteristischer Wert	(characteristic value)
nom	Nennwert	(nominal value)
p, P	Vorspannung; Spannstahl	(prestressing force; prestressing steel)
q, Q	veränderlich, veränderliche Einwirkung	(variable, variable action)
R	Systemwiderstand	(resistance)
s	Betonstahl; Schwinden	(reinforcing steel; shrinkage)
t	Zug	(tension)
y	Fließ-, Streckgrenze	(yield)

Zusammengesetzte Formelzeichen

A_c	Gesamtfläche des Betonquerschnitts		M_{Eds}	einwirkendes, auf die Zugbewehrung bezogenes Bemessungsmoment
d_s	$= \varnothing$ Stabdurchmesser der Bewehrung			
E_{cm}	mittlerer Elastizitätsmodul für Normalbeton		N_{Ed}	einwirkende Bemessungslängskraft
			R_d	Bemessungswert des Tragwiderstands
E_d	Bemessungswert einer Beanspruchung, Schnittgröße, Spannung ...		V_{Ed}	einwirkende Bemessungsquerkraft
			V_{Rd}	aufnehmbare Querkraft
f_{ck}	charakteristischer Wert der Betondruckfestigkeit		γ_c	Teilsicherheitsbeiwert für Beton
			γ_s	w. v., für Stahl
f_{cd}	Bemessungswert der Betondruckfestigkeit		γ_G	w. v., für eine ständige Einwirkung
			γ_Q	w. v., für eine veränderliche Einwirkung
f_{ct}	Zugfestigkeit des Betons		μ_{Ed}	bezogenes Bemessungsmoment
f_{yk}	charakteristischer Wert der Stahlstreckgrenze		μ_{Eds}	wie vorh., auf die Zugbewehrung bezogen
			ν_{Ed}	bezogene Bemessungslängskraft
f_{yd}	Bemessungswert der Stahlstreckgrenze		σ_c	Spannung im Beton
M_{Ed}	einwirkendes Bemessungsmoment		σ_s	Spannung im Stahl

1 Schnittgrößenermittlung

1.1 Allgemeine Grundlagen

In der Tragwerksplanung werden zunächst die tragenden Bauteile des Gesamtbauwerkes definiert, es wird das *Tragwerk* festgelegt. Anschließend wird das Tragwerk in Tragelemente zerlegt. Man unterscheidet zwischen eindimensionalen Stabtragwerken (z.B. Balken, Stützen), zweidimensionalen Flächentragwerken wie Platten, Wände, Scheiben und dreidimensionalen Schalentragwerken bei Behältern, Kuppeln usw. (s. Abb. 1.1).

Die Querschnitte von Tragwerken oder Tragwerksteilen müssen für die ungünstigsten Beanspruchungen im Grenzzustand der Tragfähigkeit und der Gebrauchstauglichkeit bemessen werden. Die ungünstigsten Beanspruchungen eines Querschnitts sind von der Größe und der Verteilung der Einwirkungen abhängig. Zur Ermittlung der *maßgebenden Einwirkungskombination* ist eine ausreichende Anzahl von Lastfällen – Kombinationen von Einwirkungsgrößen und ihre Verteilungsmöglichkeiten – zu untersuchen.

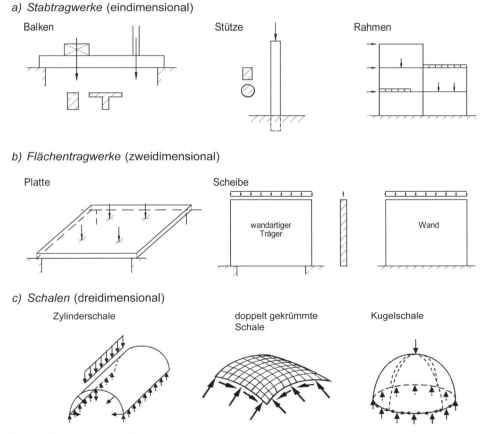

Abb. 1.1 Einteilung der Tragelemente

Schnittgrößen

Bei der Schnittgrößenermittlung werden sowohl Idealisierung der Geometrie als auch des Tragverhaltens vorgenommen.

Die *Idealisierung der Geometrie* beinhaltet eine Einteilung und Unterteilung in
- stabförmige Bauteile
- ebene Flächentragwerke
- Schalen
- dreidimensionale Tragwerke.

Diese Unterscheidung hat Auswirkungen auf die Schnittgrößenermittlung, aber auch auf die konstruktive Durchbildung. Die Abgrenzung zwischen den einzelnen Tragwerkstypen erfolgt – soweit nicht zweifelsfrei bekannt – in Abhängigkeit von den Abmessungen der Bauteile (vgl. hierzu Abschn. 1.2.1).

Bei der *Idealisierung des Trag- und Materialverhaltens* wird unterschieden nach (vgl. hierzu Abschnitt 1.6.)
- linear-elastischem Verhalten
- linear-elastischem Verhalten mit begrenzter Umlagerung
- platischem Verhalten
- nichtlinearem Verhalten.

Zusätzliche Untersuchungen können z. B. an Auflagern, Lasteinleitungsbereichen, bei sprunghaften Querschnittsänderungen erforderlich sein. Diese Untersuchungen erfolgen häufig mit Hilfe von Stabwerksmodellen, die den plastischen Verfahren zuzuordnen sind (s. Kapitel 5).

Regelfall der Schnittgrößenermittlung ist eine Berechnung nach dem linear-elastischen Verfahren mit den Querschnittswerten des Zustandes I (ungerissener Beton), i.d.R. auf den „reinen" Betonquerschnitt bezogen. Neben der einfachen Handhabbarkeit bietet das lineare Verfahren den großen Vorteil, dass das Superpositionsprinzip gültig ist, d.h. dass Schnittgrößen lastfallweise berechnet und für die einzelnen Nachweise überlagert werden dürfen.

Mit Rissbildung (Übergang in den Zustand II) liefern linear-elastische Verfahren nur noch bedingt wirklichkeitsnahe Aussagen und zwar insbesondere über Verformungen. Nach EC2-1-1 ist dieses Verfahren daher nicht mehr für die Ermittlung von Verformungen und von Schnittgrößen, die von den Verformungen abhängen (Stabilitätsfälle, die nach Theorie II. Ordnung zu berechnen sind), zugelassen.

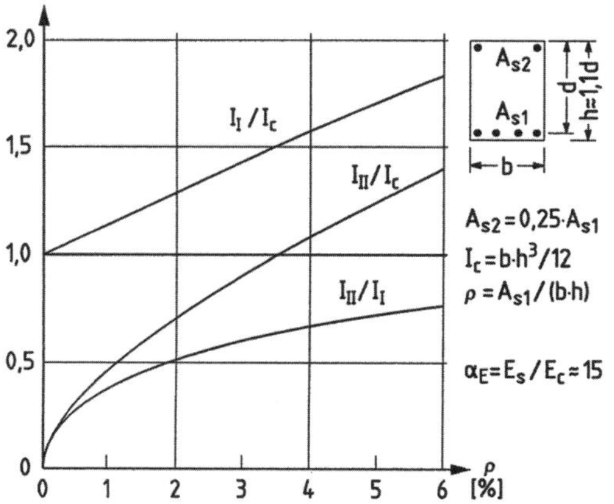

Abb. 1.2 Relative Steifigkeit eines Stahlbetonquerschnitts ([Franz–83]; entnommen aus [Schmitz – 08])

Die Berücksichtigung der Bewehrung führt zunächst zu einer Vergrößerung der Querschnittswerte, andererseits ergibt sich durch Rissbildung ein Steifigkeitsabfall. Dieser Zusammenhang ist beispielhaft in Abb. 1.2 für einen Stahlbetonquerschnitt dargestellt; wie zu sehen ist, sind die Abweichungen von den Querschnittswerten des Zustandes I insbesondere bei niedrig bewehrten Querschnitten teilweise erheblich.

In Auflagernähe, im Bereich von Momentennullpunkten (d.h. im Bereich geringer Beanspruchung) tritt zunächst noch keine Rissbildung auf; bei höherer Beanspruchung ist jedoch schon im Gebrauchszustand mit planmäßiger Rissbildung zu rechnen. Zudem ist der Bewehrungsgrad i.d.R. nicht konstant, sondern wird der jeweiligen Beanspruchung angepasst. Auch bei äußerlich konstanter Querschnittsform stellt sich also längs eines Stahlbetontragwerks eine veränderliche Steifigkeitsverteilung dar.

In statisch bestimmten Systemen hat die tatsächliche Steifigkeit keinen Einfluss auf die Schnittgrößen (allerdings sehr wohl auf die Verformungen; s. vorher). Bei statisch unbestimmten Systemen werden jedoch auch die Schnittgrößen durch die Steifigkeitsverteilung längs der Trägerachse beeinflusst. In Abb. 1.3 ist dies beispielhaft für einen Zweifeldträger dargestellt, bei dem das Verhältnis der Steifigkeiten zwischen 0,5 und 2,0 variiert wird. Dabei werden vereinfachend die jeweiligen Steifigkeiten im Stütz- und Feldbereich konstant angenommen (vgl. [Schmitz – 08]).

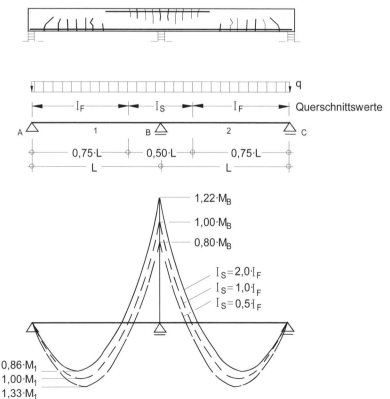

Abb. 1.3 Biegemomente bei abschnittsweise unterschiedlichen Querschnittssteifigkeiten

Schnittgrößen

Wie Abb. 1.3 zu entnehmen ist, weichen die Schnittgrößen unter den dargestellen Voraussetzungen je nach Steifigkeitsverteilung um bis zu 22 % gegenüber den Werten bei konstanter Steifigkeit ab. Zu beachten ist, dass beispielsweise eine Abminderung von Stützmomenten zu einer Erhöhung der zugehörigen Feldmomente führt, damit Gleichgewicht gegeben ist.

Die Steifigkeit ist neben den äußeren Abmessungen und der Rissbildung insbesondere auch von der vorhandenen Bewehrung abhängig. Eine Umlagerung von Schnittgrößen kann damit durch eine entsprechende Bewehrungswahl bewusst herbeigeführt werden. Verfahren, die dies ausnutzen, sind linear-elastische Berechnungen mit begrenzter Umlagerung der Schnittgrößen (s. Abschn. 1.6.2) und plastische Verfahren (s. Abschn. 1.6.3). Allerdings ist dabei eine ausreichende Verformungsfähigkeit in kritischen Bereichen (Rotationsfähigkeit) sicherzustellen und außerdem die Gebrauchstauglichkeit der Konstruktion zu gewährleisten; Umlagerung von Schnittgrößen ist daher immer nur innerhalb bestimmter Grenzen zulässig und möglich.

1.2 Idealisierung der Tragwerksgeometrie

1.2.1 Definitionen

Zur Abgrenzung zwischen den verschiedenen Tragelementen bedarf es eindeutiger Definitionen. Nach EC2-1-1 gelten in Abhängigkeit von den Querschnittsabmessungen (b, h), der Stützweite (l) und den Lagerungsbedingungen Bauteile als

– *Balken, Platte* bei	$l/h \geq 3$	l	Stützweite, kürzere Stützweite	
– *Scheibe, wandartiger Träger* bei	$l/h < 3$	h	Bauhöhe	
– *Platte* bei	$b/h \geq 5$			
– *Balken* bei	$b/h < 5$	b, h	Querschnittsseiten ($b \geq h$)	
– *Stützen*	$b/h \leq 4$			
– *Wände*	$b/h > 4$			

Diese Unterscheidung ist für die Bemessung und Konstruktion von Bedeutung. Bei Balken darf von einer linearen Dehnungsverteilung im Querschnitt ausgegangen werden, bei Scheiben hingegen nicht. Ebenso sind Platten und Balken sowie Stützen und Wände wegen unterschiedlicher Tragwirkung statisch und konstruktiv zu unterscheiden.

Bei Platten ist eine zusätzliche Definition sinnvoll. Je nach Lastabtragung liegt überwiegend einachsige oder zweiachsige Tragwirkung vor. Platten dürfen rechnerisch *einachsig gespannt* betrachtet werden bei gleichmäßig verteilten Lasten und

- bei zwei freien ungelagerten, gegenüberliegenden und parallelen Rändern *oder*
- bei einem Verhältnis der größeren Stützweite zur kleineren $l_{max}/l_{min} \geq 2$

In allen anderen Fällen ist in der Regel die zweiachsige Lastabtragung zu berücksichtigen und eine Berechnung als zweiachsig gespannte Platte erforderlich.

Rippen- und Kassettendecken dürfen bei einer linear-elastischen Schnittgrößenermittlung als Vollplatten betrachtet werden, falls die nebenstehenden Bedingungen erfüllt sind.

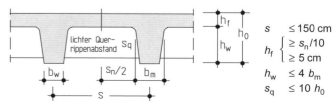

$s \leq 150$ cm
$h_f \begin{cases} \geq s_n/10 \\ \geq 5 \text{ cm} \end{cases}$
$h_w \leq 4\, b_m$
$s_q \leq 10\, h_0$

1.2.2 Auflagerungen und Stützweiten

Die Auflagertiefe eines Bauteils ist so zu wählen, dass die zulässigen Auflagerpressungen nicht überschritten werden und die erforderliche Verankerungslänge der Bewehrung untergebracht werden kann. Als Stützweite eines Bauteils wird der Abstand der theoretischen Auflagerlinien bezeichnet. Allgemein gilt (EC2-1-1, 5.3.2.2):

$$L_{\text{eff}} = L_n + a_1 + a_2 \tag{1.1}$$

mit a_1 und a_2 als Abstand vom Auflagerrand bis zur rechnerischen Auflagerlinie. Ist die Auflagerlinie nicht schon eindeutig durch die Art der Lagerung (z.B. Punkt- oder Linienlager) vorgegeben, so wird jeweils der Schwerpunkt der Auflagerpressungen als Auflagerlinie angenommen, im Allg. also die Auflagermitte. Bei im Verhältnis zur Bauteildicke h größeren Auflagertiefen darf jedoch insbesondere bei Endauflagern die theoretische Auflagerlinie im Abstand $0,5h$ vom Rand angenommen werden, da dann die Auflagerpressungen im Wesentlichen auf die vorderen Bereiche konzentriert sind. (Bei durchlaufenden Tragwerken wird i.d.R. die Mitte der Auflagerung ($a_i = {}^1/_2\, t$) als Auflagerschwerpunkt angenommen; das ist schon aus Gründen der einwandfreien Lastweiterleitung sinnvoll). In analoger Weise ergeben sich die theoretischen Auflagerlinien in anderen Fällen. Eine zusammenfassende Darstellung baupraktischer Fälle ist in Tafel 1.1 enthalten.

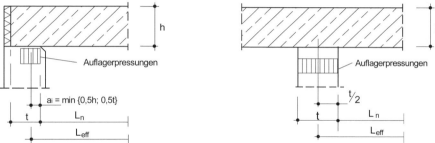

Abb. 1.4 Auflagertiefen für ein End- und Innenauflager

Direkte Lagerung – Indirekte Lagerung

Durch die Lagerungsart wird die Beanspruchung und Bemessung im Auflagerbereich beeinflusst. Bei direkter Lagerung wird die Auflagerkraft des gestützten Bauteils durch Druckspannungen am unteren Querschnittsrand des Bauteils aufgenommen (z. B. bei Auflagerung auf Stützen, Wände). Dies darf auch bei monolithischer Verbindung angenommen werden, wenn der Abstand der Unterkante des gestützten Bauteils zur Unterkante des stützenden Bauteils größer ist als die Höhe des gestützten Bauteils. Andernfalls ist von einer indirekten Lagerung auszugehen (Abb. 1.5).

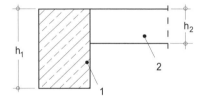

$(h_1 - h_2) \geq h_2$ direkte Lagerung
$(h_1 - h_2) < h_2$ indirekte Lagerung

1 stützendes Bauteil
2 gestütztes Bauteil

Abb. 1.5 Definition der direkten und indirekten Lagerung

Schnittgrößen

Tafel 1.1 Auflagertiefen a_i

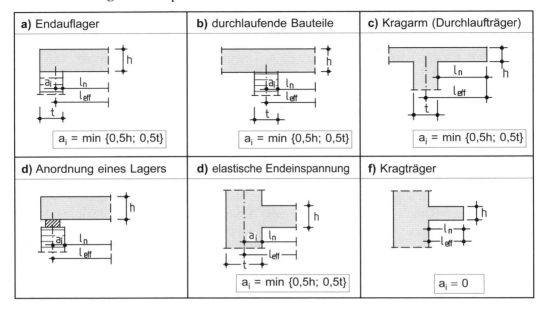

1.2.3 Mitwirkende Plattenbreite

Die Definition der mittragenden Breite von Plattenbalken wurde bereits im Band 1, Abschn. 5.1.3.2 erläutert. An dieser Stelle folgen einige Ergänzungen für die Schnittgrößenermittlung.

Die mitwirkende Breite b_{eff} darf für *Biegebeanspruchung* infolge annähernd gleichmäßig verteilter Einwirkungen für die Nachweise in den Grenzzuständen der Tragfähigkeit und der Gebrauchstauglichkeit nach EC2-1-1, 5.3.2.1 (s. jedoch auch [Zilch/Rogge – 02]) angenommen werden zu (vgl. Abb. 1.6a):

$$b_{\text{eff}} = b_{\text{w}} + \Sigma b_{\text{eff,i}} \leq b \tag{1.2a}$$

$$\text{mit} \quad b_{\text{eff,i}} = 0{,}2 \cdot b_i + 0{,}1 \cdot l_0 \begin{array}{l} \leq 0{,}2 \cdot l_0 \\ \leq b_i \end{array} \tag{1.2b}$$

Bei Platten mit veränderlicher Dicke darf die Stegbreite b_w um das Maß b_v erhöht werden, das dem Maß der Plattenverstärkung mit den Randbedingungen nach Abb. 1.6b (entnommen aus DIN 1045-1:2008, Bild 5) entspricht.

Der Abstand der Momentennullpunkte l_0 darf, wenn das Verhältnis der Stützweiten benachbarter Felder $l_{\text{eff,i}}/l_{\text{eff,i+1}} \geq 0{,}8$ ist und Gleichstreckenlast vorhanden ist, Abb. 1.6a entnommen werden. Bei

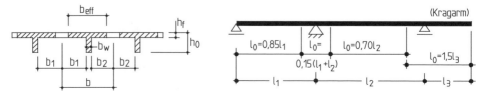

Abb. 1.6a Mitwirkende Plattenbreite und angenäherte wirksame Stützweiten l_0

Tragwerksidealisierung

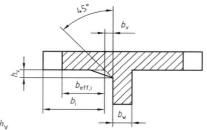

Abb. 1.6b Stegbreite b_w bei Gurtplatten mit Vouten $b_v \leq h_v$

Einzellasten ist l_0 als Abstand der Momentennullpunkte aus dem zugehörigen Momentenverlauf beiderseits der Einzellast zu bestimmen.

Die trilineare Beziehung nach Gl. (1.2) nähert den „exakten" Verlauf der mittragenden Breite recht genau an. In Abb. 1.7 ist ein Vergleich von Gl. (1.2) mit dem genaueren Verlauf (s. [DAfStb-H240 – 91]) für einen Feldquerschnitt dargestellt.

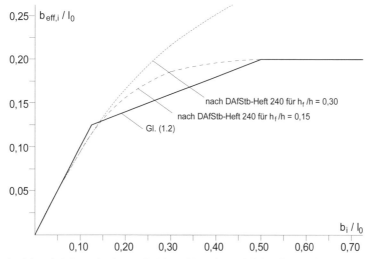

Abb. 1.7 Mitwirkende Plattenbreite nach Gl. (1.2) und Vergleich mit [DAfStb-H240 – 91]

Die angegebene mitwirkende Plattenbreite gilt für ungerissene Druckgurte, die schubfest durch Querbewehrung an den Balkensteg angeschlossen werden. Die Ansätze dürfen näherungsweise auch für ungerissene Zuggurte verwendet werden. Bei gerissenen Zuggurten sollte die mitwirkende Plattenbreite jedoch nicht größer als die Verteilungsbreite der ausgelagerten Zugbewehrung sein (vgl. Abschn. 4.2.1).

An den Unterstützungen von durchlaufenden Tragwerken erfährt die mittragende Breite eine Einschnürung (vgl. Definition von l_0 nach Abb. 1.6). Für die Feld- und Stützbereiche von Durchlaufträgern erhält man dementsprechend unterschiedliche mittragende Breiten. Für die Schnittgrößenermittlung ist es jedoch nach [DAfStb-H525 – 03] i. Allg. ausreichend, die mittragende Breite konstant über die Feldlänge anzusetzen.

Gl. (1.2) kann auch für einseitige oder unsymmetrische Plattenbalken angewendet werden, soweit die Platte seitlich gehalten ist und eine Nulllinie parallel zur Plattenmittelfläche erzwungen wird.

Schnittgrößen

1.3 Belastungsanordnung; Lastfälle

Die Größen der Einwirkungen werden i.Allg. durch ihre charakteristischen Werte dargestellt. Es gelten die Kombinationsregeln nach EC0 im Grenzzustand der Tragfähigkeit (vgl. Band 1, Abschn. 4.1.1) und im Grenzzustand der Gebrauchstauglichkeit (Band 1, Abschn. 4.1.2). Die für eine Bemessung „ungünstigen" Einwirkungen sind mit ihrem oberen, die „günstig wirkenden" mit ihrem unteren Bemessungswert zu berücksichtigen.

Im Grenzzustand der Tragfähigkeit sind die *ständigen Einwirkungen* mit $\gamma_G = 1{,}35$ zu multiplizieren, wenn sie das Bemessungsergebnis ungünstig beeinflussen; wenn die Eigenlast günstig ist, darf sie jedoch nur mit $\gamma_G = 1{,}0$ vervielfacht werden. Die Eigenlasten dürfen jeweils im Tragwerk konstant mit ihrem oberen oder unteren Wert angesetzt werden. *Veränderliche Einwirkungen* (Verkehrslasten) werden mit dem oberen Bemessungswert mit $\gamma_Q = 1{,}50$ berücksichtigt, wenn sie ungünstig wirken; bei günstiger Wirkung müssen sie unberücksichtigt bleiben.

Für den Grenzzustand der Gebrauchstauglichkeit gilt dies prinzipiell ebenfalls, allerdings dürfen die Lasten mit $\gamma_F = 1{,}00$, d.h. mit ihren repräsentativen Werten berücksichtigt werden. Die veränderlichen Lasten sind i.d.R. feldweise ungünstig mit ihren jeweiligen Kombinationswerten anzusetzen. In der quasi-ständigen Kombination genügt es jedoch nach [DBV-Beispielsammlung – 05], nur den Lastfall Volllast zu untersuchen.

Beispiel

Für die dargestellte zweifeldrige Platte sind die maßgebenden Biegemomente im Grenzzustand der Tragfähigkeit gesucht. Als ständige Einwirkung ist $g_k = 6{,}50$ kN/m² (incl. Zusatzeigenlast) und als veränderliche $q_k = 3{,}25$ kN/m² vorhanden.

Stützweite (vgl. Abschn. 1.2.2)

$L = L_n + a_1 + a_2$ $\qquad$ $a_1 = h/2 = 0{,}20/2 = 0{,}10$ m (Fall (a) nach Tafel 1.1)
$ = 4{,}65 + 0{,}10 + 0{,}15 = 4{,}90$ m $\qquad$ $a_2 = t/2 = 0{,}30/2 = 0{,}15$ m**) (Fall (b) nach Tafel 1.1)

Belastung

Im Beispiel werden nur die Biegemomente im Grenzzustand der Tragfähigkeit gesucht; es wird daher direkt mit Bemessungslasten gerechnet. Man erhält:

$g_{d,sup} = \gamma_{G,sup} \cdot g_k = 1{,}35 \cdot 6{,}50 = 8{,}78$ kN/m² $\qquad$ konstant in beiden Feldern; alternativ
$g_{d,inf} = \gamma_{G,inf} \cdot g_k = 1{,}00 \cdot 6{,}50 = 6{,}50$ kN/m² *)
$q_d = \gamma_q \cdot q_k = 1{,}50 \cdot 3{,}25 = 4{,}88$ kN/m² $\qquad$ feldweise ungünstig

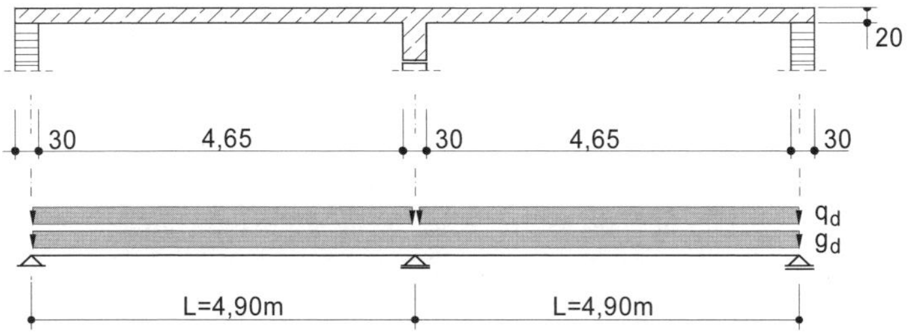

Abb. 1.8 System und Belastung der Beispielrechnung

---

*) S. nächste Seite.
**) Ungünstige Annahme (nach EC2-1-1 ist wie am Endauflager auch $a_2 = h/2$ zulässig; hiervon wird abgeraten).

Schnittgrößenermittlung

Die Schnittgrößenermittlung erfolgt nachfolgend tabellarisch (s. Tafel 1.2), die untersuchten Lastanordnungen sind schematisch skizziert. Die sich hieraus ergebenden Momentenlinien sind in Abb. 1.9 dargestellt, die in den jeweiligen Schnitten für eine Bemessung maßgebenden Momente (= Momentengrenzlinie) sind durch eine verstärkte Linie gekennzeichnet.

Tafel 1.2 Tabellarische Ermittlung der Schnittgrößen

	Lastanordnung	Belastung [kN/m²]	$M_{Ed,b}$ [kNm/m]	$M_{Ed,1}$ [kNm/m]	x_1 [m]	x_0 [m]	$V_{Ed,a}$ [kN/m]	$V_{Ed,bl}$ [kN/m]
1a		$g_d = 8{,}78$	-41,00	23,06	1,84	3,67	25,10	-41,83
1b		$q_d = 4{,}88$	-33,67	25,89	1,95	3,89	26,60	-40,34
1c			-33,67	12,20	1,67	3,33	14,64	-28,38
2a*)		$g_d = 6{,}50$	-34,15	19,21	1,84	3,67	20,91	-34,85
2b*)		$q_d = 4{,}88$	-26,93	22,06	1,97	3,94	22,39	-33,38
2c*)			-26,83	8,40	1,61	3,22	10,45	-21,40

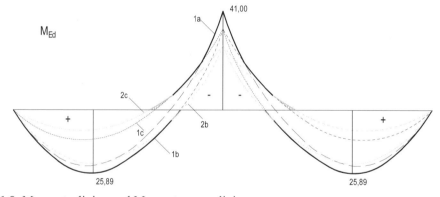

Abb. 1.9 Momentenlinien und Momentengrenzlinie

Wie zu sehen ist, sind die Lastfallkombinationen 2a bis 2c – „günstige" Auswirkungen einer ständigen Einwirkung mit $\gamma_{G,inf} = 1{,}0$ – nahezu im gesamten Bereich nicht maßgebend; ausgenommen hiervon sind lediglich Bereiche mit geringer Momentenbeanspruchung (schraffierter Bereich in Abb. 1.9). Diese Beanspruchung ist i. Allg. durch die Mindestbewehrung und durch eine konstruktive Bewehrung abgedeckt. Für nicht vorgespannte Durchlaufträger und -platten des üblichen Hochbaus darf daher auf eine Untersuchung der Bemessungssituation mit günstigen ständigen Einwirkungen verzichtet werden (s. Anm. unten und Abschn. 1.4).

Bezüglich der günstigen Auswirkung einer ständigen Einwirkung liegt jedoch beispielsweise bei Stützen eine andere Situation vor. Hier kann eine ständige Einwirkung sich durchaus güns-

---

*) Die LF-Komb. 2a bis 2c (Bemessungssituationen mit günstigen ständigen Einwirkungen) brauchen bei nicht vorgespannten Durchlaufträgern und -platten des üblichen Hochbaus nicht berücksichtigt zu werden, wenn die Konstruktionsregeln für die Mindestbewehrung eingehalten werden.

Schnittgrößen

tig auswirken, d.h. zu einer Reduzierung der erforderlichen Bewehrung führen, sodass zusätzliche Lastfallkombinationen mit $\gamma_{G,inf} = 1{,}0$ zu untersuchen sind (vgl. hierzu Band 1, Abb. 3.9 und Abschn. 4.1.1.1, Beispiel 3). Die Ausnahmeregelung, auf diese Untersuchungen zu verzichten, gilt daher nur für den beschriebenen Fall.

In Ausnahmefällen, wenn die Ergebnisse eines Nachweises im hohen Maß anfällig gegen Schwankungen in der Größe einer ständigen Einwirkung sind, müssen darüber hinaus die günstigen und ungünstigen Anteile der Einwirkung als eigenständige Einwirkung mit $\gamma_{G,inf} = 0{,}9$ und $\gamma_{G,sup} = 1{,}1$ betrachtet werden. Das gilt z. B. beim Nachweis der Lagesicherheit nach EC0 (vgl. Band 1, Abschnitt 4.1.1.3).

Weitere Beispiele s. a. Band 1, Abschnitt 4.1.1 und 4.1.2.

Ungünstige Laststellungen

Wie aus dem zuvor dargestellten Beispiel eines Zweifeldträgers zu sehen ist, sind für die Ermittlung der ungünstigen Beanspruchungen mehrere Lastfälle zu untersuchen; für Durchlaufträger über viele Felder kann die Anzahl beträchtlich werden. Beispielhaft ist dies in Tafel 1.3 für einen Fünffeldträger dargestellt; für die Biegebemessung in den Feldern und an den Stützen sind die dargestellten vier Lastfälle zu untersuchen, die die maximalen Feld- und minimalen Stützmomente ergeben. Weitere Lastfälle sind zu untersuchen, wenn beispielsweise auch die maximalen Stützmomente, sämtliche Querkräfte u.a.m. gesucht sind (siehe z. B. [Schneider – 10], Kapitel „Statik").

Tafel 1.3 Lastanordnungen für die Größtwerte der Biegemomente

Laststellung	Maßgebendes Biegemoment
(Lastfall 1: Felder 1, 3, 5 mit $q_d = \gamma_Q \cdot q_k$; durchgehend $g_d = \gamma_G \cdot g_k$)	max M_1, M_3, M_5
(Lastfall 2: Felder 2, 4 mit $q_d = \gamma_Q \cdot q_k$; durchgehend $g_d = \gamma_G \cdot g_k$)	max M_2, M_4
(Lastfall 3: Felder 1, 2, 4*) mit $q_d = \gamma_Q \cdot q_k$; durchgehend $g_d = \gamma_G \cdot g_k$)	min M_B
(Lastfall 4: Felder 2, 3, 5*) mit $q_d = \gamma_Q \cdot q_k$; durchgehend $g_d = \gamma_G \cdot g_k$)	min M_C
*) Die veränderliche Last im Feld 4 bzw. 5 hat bei Durchlaufträgern mit annähernd gleichen Stützweiten keinen großen Einfluss auf das Stützmoment an der Stelle B bzw. C.	

1.4 Vereinfachungen

1.4.1 Grundsätzliches

Für Regelfälle, insbesondere für Tragwerke des üblichen Hochbaus, sind einige Vereinfachungen zulässig, wodurch die große Anzahl von Schnittgrößenkombinationen deutlich reduziert und außerdem die statischen Systeme vereinfacht werden können. Diese Vereinfachungen sind – zumindest teilweise – explizit in EC2-1-1 genannt (s. jedoch auch DIN 1045-1:2008). Nachfolgend ist eine kurze Übersicht dargestellt.

Die Eigenlast braucht bei nicht vorgespannten Durchlaufträgern und -platten des üblichen Hochbaus nur mit $\gamma_G = 1{,}35$ konstant in allen Feldern berücksichtigt zu werden, wenn die Konstruktionsregeln für die Mindestbewehrung eingehalten sind. Eine Beanspruchung mit dem unteren Wert ($\gamma_G = 1{,}00$) wird bei üblichen Durchlaufträgern nur im Bereich kleiner Momente maßgebend, die jedoch durch die Mindestbewehrung abgedeckt sind (vgl. hierzu Abschn. 1.3, Beispiel). Bezüglich der Mindestbewehrung ist ergänzend hinzuzufügen, dass sie nicht nur im Querschnitt mit Mindestwerten vorgegeben ist, sondern auch in einer (Mindest-)Länge geregelt ist (z.B. muss sie als obere Bewehrung mindestens um $1/4\,l$ in das Feld hineinreichen).

Die Schnittgrößen sind i.d.R. unter Berücksichtigung einer Durchlaufwirkung zu ermitteln.

Die maßgebenden *Querkräfte* dürfen bei Tragwerken des üblichen Hochbaus für eine Vollbelastung aller Felder ermittelt werden, wenn das Stützweitenverhältnis benachbarter Felder im Bereich $0{,}5 < l_1/l_2 < 2{,}0$ liegt. Die Größe der Querkräfte ergibt sich hierbei in erster Linie aus der Belastung der unmittelbar benachbarten Felder, sodass auf eine genauere Berechnung mit feldweise ungünstiger Verkehrslastanordnung i.d.R. verzichtet werden kann.

Die *Stützkräfte* von einachsig gespannten Platten, Rippendecken, Balken und Plattenbalken dürfen unter Vernachlässigung der Durchlaufwirkung ermittelt werden; an der ersten Innenstütze und an Auflagern, bei denen das Stützweitenverhältnis benachbarter Felder außerhalb des Bereichs $0{,}5 < l_1/l_2 < 2{,}0$ liegt, sollte die Durchlaufwirkung jedoch stets berücksichtigt werden.

Die *Querdehnzahl* ν darf gleich 0 gesetzt werden. Für den ungerissenen Beton beträgt ν etwa 0,20, für gerissenen Beton ist sie naturgemäß 0. Bei üblichen Biegetragwerken mit gerissener Biegezugzone und Biegedruckzone müsste man theoretisch zwischen $\nu = 0{,}2$ für die Druckzone und $\nu = 0$ für die Zugzone unterscheiden. Zur Vereinfachung des Rechengangs ist es jedoch generell gestattet, mit $\nu = 0$ zu rechnen.

Bei der Schnittgrößenermittlung von stabförmigen Tragwerken und Platten in Gebäuden dürfen die *Längskraft- und Querkraftverformungen* vernachlässigt werden, sofern der Einfluss weniger als 10 % beträgt. Hiervon kann in vielen Fällen ausgegangen werden; eine Ausnahme können jedoch beispielsweise gedrungene Bauteile bilden, bei denen es erforderlich sein kann, Einflüsse aus der Querkraftverformung zu berücksichtigen.

Auswirkungen nach *Theorie II. Ordnung* dürfen unberücksichtigt bleiben, wenn sie die Gesamtstabilität oder das Erreichen des Grenzzustands der Tragfähigkeit in kritischen Querschnitten

Schnittgrößen

nicht nennenswert beeinflussen. Hiervon ist auszugehen, wenn diese Auswirkungen die Tragfähigkeit um weniger als 10 % verringern. Diese zunächst wenig praktikable Regelung wird dann im Zusammenhang mit der Schnittgrößenermittlung für Stützen (Nachweis nach Theorie II. Ordnung) weitergehender erläutert. Danach kann auf einen Nachweis nach Theorie II. Ordnung verzichtet werden, wenn eine Stütze als wenig schlank gilt, d.h. die Schlankheit λ einen vorgegebenen Grenzwert nicht überschreitet (vgl. hierzu die ausführlichen Erläuterungen im Band 1, Abschnitt 5.5).

1.4.2 Besonderheiten bei unverschieblichen Rahmentragwerken

Bei durchlaufenden Platten und Balken als Rahmenriegel von ausreichend ausgesteiften Rahmenkonstruktionen des Hochbaus gilt

– bei den Innenstützen dürfen die Biegemomente aus Rahmenwirkung infolge von lotrechter Belastung vernachlässigt werden
– Randstützen müssen für Eckmomente bemessen werden.

Das sich daraus ergebende Ersatzsystem ist in Abb. 1.10 dargestellt.

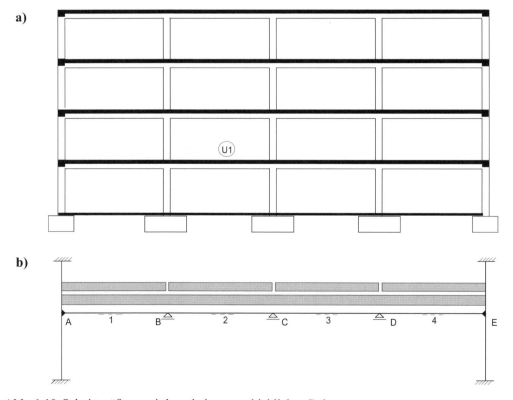

Abb. 1.10 Schnittgrößenermittlung bei unverschieblichen Rahmen
 a) tatsächliches System
 b) Ersatzsystem für den Unterzug U1

Vereinfachungen

Für „Von-Hand-Rechnungen" werden dabei die Einspannmomente der Randstützen gemäß Abb. 1.10b mit dem sog. c_o-c_u-Verfahren ermittelt, das im [DAfStb-H240 – 91] näher beschrieben ist. Danach erhält man im Grenzzustand der Tragfähigkeit für eine Belastung aus Eigenlast g und veränderlicher Last q nachfolgend angegebene Randmomente.

Näherungsweise Ermittlung der Momente in rahmenartigen Tragwerken

$$M_b = \frac{c_o + c_u}{3 \cdot (c_o + c_u) + 2{,}5} \cdot \left(3 + \frac{q}{g+q}\right) \cdot M_b^{(0)}$$

$$M_{col,o} = \frac{-c_o}{3 \cdot (c_o + c_u) + 2{,}5} \cdot \left(3 + \frac{q}{g+q}\right) \cdot M_b^{(0)}$$

$$M_{col,u} = \frac{c_u}{3 \cdot (c_o + c_u) + 2{,}5} \cdot \left(3 + \frac{q}{g+q}\right) \cdot M_b^{(0)}$$

$$c_o = \frac{I_{col,o}}{I_b} \cdot \frac{l_{eff}}{l_{col,o}}$$

$$c_u = \frac{I_{col,u}}{I_b} \cdot \frac{l_{eff}}{l_{col,u}}$$

Es sind:

- $M_b^{(0)}$ Stützmoment des Endfeldes für eine beidseitige Volleinspannung unter Volllast ($g+q$)
- M_b Stützmoment des Riegels am Endauflager
- $M_{col,o/u}$ Einspannmoment des oberen (o)/ unteren (u) Rahmenstiels am Riegelanschnitt
- g, q Eigenlast, veränderliche Last (für die maßg. Bemessungssituation)
- I_b Flächenmoment 2. Grades des Rahmenriegels
- $c_{o/u}$ Steifigkeitsbeiwert der oberen (o)/ unteren (u) Stütze
- $I_{col,o/u}$ Flächenmoment 2. Grades der oberen (o)/unteren (u) Randstütze (Bei Rahmenriegeln als Plattenbalken ist das Flächenmoment unter Berücksichtigung der mitwirkenden Plattenbreite zu bestimmen.)

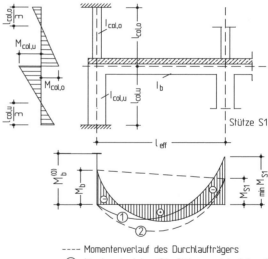

---- Momentenverlauf des Durchlaufträgers
① für das absolut größte Stützmoment in Achse 1
② für das größte Feldmoment im Endfeld

Abb. 1.11 Bezeichnungen

Die Genauigkeit des c_o-c_u-Verfahrens nimmt ab, sofern sich die Riegelstützweiten sehr stark unterscheiden. Um die Ungenauigkeit des Verfahrens zu kompensieren, kann auf eine Verringerung des Feldmomentes verzichtet werden (Randmoment M_b in Kombination mit Linie 2 in der Darstellung oben).

Das Verfahren darf auch auf die Verbindung von Stahlbetonwänden mit Stahlbetonplatten angewandt werden. Die Verwendung der Formeln ist außerdem – bei Angleichung des Momentenverlaufs in den Stielen – auch bei *gelenkiger* Lagerung der abliegenden Stützenenden erlaubt. Auf eine Verminderung der Stielsteifigkeit, z. B. auf $0{,}75 \cdot (I_{col}/l_{col})$, darf dabei verzichtet werden.

Schnittgrößen

Beispiel

Rahmenriegel eines dreifeldrigen unverschieblichen Stockwerkrahmens (s. Abb. 1.12); gesucht sind die Momentengrenzlinien im Grenzzustand der Tragfähigkeit.

Steifigkeiten: $I_b = 3{,}0 \cdot 7{,}0^3/12 = 85{,}75$ dm^4
$I_{col,o} = I_{col,u} = 3{,}0 \cdot 3{,}0^3/12 = 6{,}75$ dm^4

Belastung: $g_d = \gamma_G \cdot g_k = 1{,}35 \cdot 42{,}8 = 57{,}8$ kN/m | Annahme: $g_k = 42{,}8$ kN/m
$q_d = \gamma_Q \cdot q_k = 1{,}50 \cdot 19{,}9 = 29{,}9$ kN/m | $q_k = 19{,}9$ kN/m

Im Rahmen des Beispiels wird die Ermittlung der Biegemomente für das Randfeld einschließlich der ersten Innenstütze gezeigt.

Moment an der ersten Innenstütze

Die Ermittlung *ohne* Berücksichtigung der Rahmenwirkung am Dreifeldträger. Eigenlast über alle drei Felder, Verkehrslast in den Feldern 1 und 2

$M_{Ed,s1} = -(0{,}100 \cdot 57{,}8 + 0{,}117 \cdot 29{,}9) \cdot 7{,}0^2 = -454{,}6$ kNm

Moment an der Randstütze und im Randfeld

Ermittlung unter Berücksichtigung der Rahmenwirkung. Eigenlast über alle drei Felder, Verkehrslast in den Feldern 1 und 3

Volleinspannung $M_b^{(0)} = -(57{,}8 + 29{,}9) \cdot 7{,}0^2 / 12 = -358{,}1$ kNm

Hilfswerte: $c_o = (6{,}75/35{,}0) / (85{,}75/70{,}0) = 0{,}157$
$c_u = (6{,}75/45{,}0) / (85{,}75/70{,}0) = 0{,}122$
$3(c_o + c_u) + 2{,}5 = 3{,}337$
$[3 + q_d / (g_d + q_d)] \cdot M_b^{(0)} = -1196$ kNm

Eckmomente: $M_b = (0{,}157+0{,}122) \cdot (-1196) / 3{,}337 = -100{,}0$ kNm
$M_{col,o} = -0{,}157 \cdot (-1196) / 3{,}337 = +56{,}3$ kNm
$M_{col,u} = 0{,}122 \cdot (-1196) / 3{,}337 = -43{,}7$ kNm

zug $M_{Ed,s1} = -(0{,}100 \cdot 57{,}8 + 0{,}050 \cdot 29{,}9) \cdot 7{,}0^2 = -356{,}5$ kNm   (ohne Rahmenwirkung)
zug $V_{Ed,b} = (57{,}8 + 29{,}9) \cdot 7{,}0/2 + (-356{,}5+100{,}0)/7{,}0 = 270{,}3$ kN
max $M_{Ed,1} = -100{,}0 + 270{,}3^2/[2 \cdot (57{,}8 + 29{,}9)] = 316{,}5$ kNm

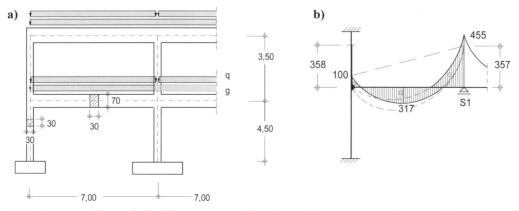

Abb. 1.12 Berechnungsbeispiel; Ausgangsgrößen (a) und Momentengrenzlinie im Feld 1 (b)

1.5 Momentenausrundung

Nicht biegesteifer Anschluss

Bei nicht biegesteifer Verbindung mit der Unterstützung (z. B. Auflagerung auf Mauerwerk) darf das Stützmoment über die Breite der Unterstützung ausgerundet werden; das Bemessungsmoment ergibt sich zu (vgl. Abb. 1.13)

$$|M'_{Ed}| = |M_{Ed}| - |C_{Ed}| \cdot a/8$$

C_{Ed} Bemessungswert der Auflagerreaktion
a Auflagerbreite

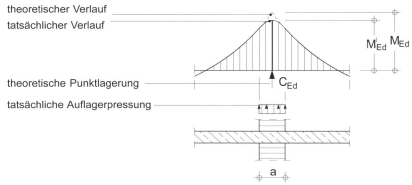

Abb. 1.13 Momentenausrundung bei frei drehbarer Lagerung

Durch die Momentenausrundung wird berücksichtigt, dass das in der Berechnung ermittelte Spitzenmoment tatsächlich wegen der über die Auflagerbreite verteilten Pressungen – in der statischen Berechnung ist ein punktförmiges Auflager angenommen – nicht auftreten kann. Die mit obiger Gleichung ermittelte Ausrundung geht von einer gleichmäßig verteilten rechteckigen Auflagerpressung aus.

Biegesteifer Anschluss

Wenn eine Platte oder ein Balken biegesteif mit der Unterstützung verbunden ist, gilt zunächst das zuvor Gesagte, d.h. es darf eine Momentenausrundung vorgenommen werden. Darüber hinaus darf bei der Bemessung berücksichtigt werden, dass die Nutzhöhe d bzw. der Hebelarm z der inneren Kräfte zur Auflagermitte hin – bedingt durch die monolithische Verbindung – größer wird und das Bemessungsergebnis günstig beeinflusst. Nach EC2-1-1 darf als Bemessungsmoment das Moment am Rand der Unterstützung zugrunde gelegt werden, Mindestmomente sind jedoch zu beachten (s. nachfolgend). Als Bemessungsmoment erhält man (näherungsweise wird auf der Länge $a/2$ die Belastung des Trägers vernachlässigt)

$$|M_{Ed,I}| = |M_{Ed}| - |V_{Ed,li}| \cdot a/2$$
$$|M_{Ed,II}| = |M_{Ed}| - |V_{Ed,re}| \cdot a/2$$

$V_{Ed,li}$ Bemessungsquerkraft links von der Unterstützung
$V_{Ed,re}$ Bemessungsquerkraft rechts von der Unterstützung

Schnittgrößen

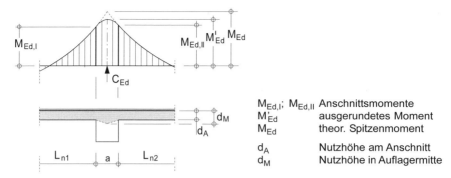

Abb. 1.14 Momentenausrundung und Anschnittsmomente bei monolithischem Anschluss

Es darf damit ohne genaueren Nachweis unterstellt werden, dass eine Bemessung für das Mittenmoment M'_{Ed} mit der Nutzhöhe d_M – sie ergibt sich bei einer Nutzhöhenvergrößerung unter 1 : 3 [DIN 1045 – 88] im Bereich der biegesteif angeschlossenen Unterstützung – nicht maßgebend wird, sondern das Moment $M_{Ed,I}$ bzw. $M_{Ed,II}$ mit der Nutzhöhe d_A am Anschnitt bemessungsrelevant ist. Mit in diese Überlegung einbezogen ist jedoch, dass Mindestmomente beachtet werden (s. nachfolgend).

Bei einer Bemessung für das Randmoment ist natürlich vorausgesetzt, dass eine Vergrößerung der Nutzhöhe, wie in Abb. 1.14 dargestellt, überhaupt möglich ist (nach Abb. 1.14 ist in Auflagermitte eine Mindestnutzhöhe von $d_M = d_A + a/6$ bzw. eine Unterzughöhe $\geq a/6$ erforderlich). Bei einer sehr geringen Unterzughöhe oder bei deckengleichen Unterzügen darf diese Regelung daher nicht angewendet werden.

Eine Bemessung nur für das Mittenmoment unter Berücksichtigung einer Momentenausrundung und einer Nutzhöhenvergrößerung ist in vielen Fällen als nicht ausreichend anzusehen, wie Abb. 1.15 anschaulich zeigt. Dargestellt ist die von der Bewehrung aufzunehmende Biegezugkraft $F'_{sd} = F_{sd}/(f_d \cdot l)$ – mit f_d als maßgebende Bemessungslast – an der Innenstütze eines symmetrischen Zweifeldträgers und zwar in Abhängigkeit vom Verhältnis der Auflagerbreite zur Spannweite a/l. Der Hebelarm z der inneren Kräfte wird konstant zu $z = 0{,}85d$ bzw. $z = 0{,}85d_A$ angenommen.

Für Abb. 1.15a gilt eine Bauteilschlankheit $l/d = 25$, wie sie etwa bei Platten anzutreffen ist; eine mögliche Momentenumlagerung ist mit 15 % ($\delta = 0{,}85$) und mit 30 % ($\delta = 0{,}70$) berücksichtigt. Es ist zu erkennen, dass bei üblichen Verhältnissen die Anschnittsmomente maßgebend sind, die Mittenmomente sind fast durchgängig günstiger. Bei großen Umlagerungen sind allerdings die Mindestmomente in weiten Bereichen maßgebend.

In analoger Weise gilt die Darstellung in Abb. 1.15b für Bauteilschlankheit $l/d = 10$. In diesem Fall kann jedoch das Mittenmoment maßgebend sein, so dass zumindest bei größeren Verhältnissen a/l eine zusätzliche Überprüfung angeraten wird.

Mindestbemessungsmoment

Zur Berücksichtigung von Idealisierungen und unbeabsichtigten Abweichungen ist als Mindestbemessungsmoment $\min|M_{Ed}|$ am Auflagerrand mindestens 65 % des Moments bei An-

a) Biegeschlankheit *l/d* = 25

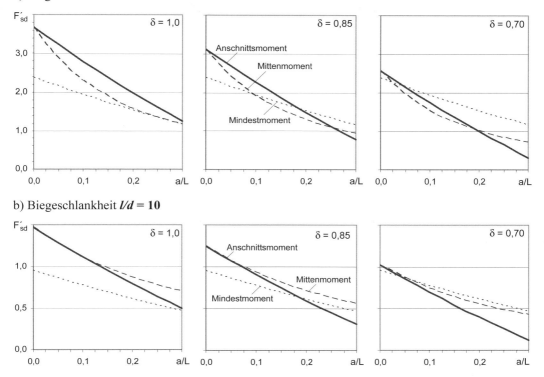

b) Biegeschlankheit *l/d* = 10

Abb. 1.15 Biegezugkraft an der Innenstütze eines Zweifeldträgers

nahme einer vollen Randeinspannung zu berücksichtigen. Für eine gleichmäßig verteilte Belastung erhält man

min $|M_{Ed}| \approx (1/12) \cdot f_d \cdot l_n^2$ an der ersten Innenstütze im Randfeld
(einseitige Einspannung)

min $|M_{Ed}| \approx (1/18) \cdot f_d \cdot l_n^2$ an den übrigen Innenstützen in Innenfeldern
(beidseitige Einspannung)

mit f_d als gleichmäßig verteilte Bemessungslast und l_n als lichte Weite zwischen den Auflagern.

Beispiel (Fortsetzung des Beispiels im Abschnitt 1.3)

Für eine zweifeldrige Platte soll das maßgebende Stützmoment bestimmt werden. Die Platte ist monolithisch mit dem Unterzug (Unterstützung) verbunden.

$|M_{Ed,I}| = |M_{Ed}| - |V_{Ed,li}| \cdot a/2$
$= 41{,}00 - 41{,}83 \cdot 0{,}15 = 34{,}73$ kNm/m
$|M_{Ed,II}| = |M_{Ed,I}|$ (wegen Symmetrie)

Überprüfung des Mindestmoments

min $|M_{Ed}| \approx (1/12) \cdot F_d \cdot l_n^2 = (1/12) \cdot (8{,}78+4{,}88) \cdot 4{,}75^2 = 25{,}68$ kNm/m

Das Mindestmoment wird nicht maßgebend.

1.6 Schnittgrößen von durchlaufenden (Platten-)Balken und Rahmentragwerken

1.6.1 Linear-elastische Berechnung ohne Umlagerungen

Das übliche Berechnungsverfahren ist das linear-elastische Verfahren mit den Steifigkeiten des Zustandes I. Wegen Rissbildung des Betons in der Zugzone gibt dieses Rechenverfahren das tatsächliche Tragverhalten allerdings nur bedingt wieder (vgl. Abschnitt 1.1). Dennoch liefert eine auf dieser Basis geführte Bemessung nach dem ersten Grenzwertsatz der Plastizitätstheorie ein sicheres Ergebnis, wenn

a) ein statischer Gleichgewichtszustand vorliegt,
b) die Fließmomente an keiner Stelle überschritten werden,
c) eine hinreichende Verformungsfähigkeit gegeben ist;

(vgl. [DAStb-H425 – 92]).

Bei einer linear-elastischen Berechnung sind Gleichgewichtsbedingungen grundsätzlich einzuhalten; sofern von Umlagerungen Gebrauch gemacht wird (s. nachfolgend), muss Gleichgewicht grundsätzlich beachtet werden. Die Bedingung a) ist daher bei diesen Berechnungsverfahren sichergestellt. Die Bedingung b), dass die Fließmomente an keiner Stelle überschritten werden, wird im Rahmen einer Bemessung selbst berücksichtigt, da die Querschnittstragfähigkeit unter Einhaltung von Grenzdehnungen und -spannungen zu bestimmen ist.

Eine hinreichende Verformungsfähigkeit in kritischen Abschnitten (Rotationsfähigkeit) gemäß Bedingung c) muss jedoch zusätzlich gewährleistet sein; sie wird entscheidend durch das Fließen der Bewehrung bestimmt. Sehr hohe Bewehrungsgrade sind daher zu vermeiden und die Mindestbewehrung ist einzuhalten.

Neben den konstruktiven Regelungen zur Mindestbewehrung ist nach EC2-1-1, 5.5 von den verschiedenen Einflüssen auf die Rotationsfähigkeit des Querschnitts das vorzeitige Versagen der Biegedruckzone bei hohen Bewehrungsgraden zu überprüfen. Dieser Nachweis gilt als erfüllt, wenn für Normalbeton bis zum C50/60 die Druckzonenhöhe auf $x_u/d \leq 0{,}45$ begrenzt wird (alternativ kommt ggf. auch eine enge Verbügelung in Frage; vgl. DIN 1045-1:2008). Diese vereinfachende Regelung ist allerdings auf „regelmäßige" Systeme begrenzt, d. h. auf durchlaufende Tragwerke – das sind in Querrichtung kontinuierlich gestützte Platten, Balken, Riegel in unverschieblichen Rahmen und andere überwiegend auf Biegung beanspruchte Bauteile – mit einem Stützweitenverhältnis der benachbarten Felder $0{,}5 < l_1/l_2 < 2{,}0$.

Wegen der großen praktischen Vorteile des linear-elastischen Verfahrens – übliche Rechenprogramme und Tabellenwerke gehen von der linear-elastischen Theorie aus und können daher angewendet werden, die Schnittgrößen können lastfallweise ermittelt und anschließend superponiert werden – ist es die überwiegend zur Anwendung kommende Berechnungsmethode (vgl. hierzu Abschn. 1.3, Beispiel). Aus wirtschaftlichen und konstruktiven Gründen kann es jedoch bei statisch unbestimmten Systemen sinnvoll sein, im begrenzten Maße von den so ermittelten Schnittgrößen abzuweichen, d.h. eine Umlagerung zuzulassen (s. Abschn. 1.6.2). Die Zulässigkeit dieses Vorgehens ist begründet durch von den rechnerischen Annahmen abweichenden Querschnittssteifigkeiten, durch nichtlineares Materialverhalten und vor allem durch die örtliche Ausbildung von Fließgelenken.

1.6.2 Linear-elastische Berechnung mit Umlagerungen

Die linear-elastisch ermittelten Momente dürfen unter Einhaltung der Gleichgewichtsbedingungen umgelagert werden. Eine Umlagerung darf jedoch nur vorgenommen werden, wenn das Rotationsvermögen bzw. eine ausreichende Verformbarkeit mit Sicherheit vorausgesetzt werden kann, d. h. die zur Umlagerung benötigten plastischen Verdrehungen θ im angenommenen Fließgelenk dürfen die zulässigen bzw. möglichen Verdrehungen des Querschnitts nicht überschreiten. Der Nachweis wird beim linear-elastischen Verfahren mit begrenzter Umlagerung in vereinfachter Form geführt.

Bei einer Momentenumlagerung werden i.d.R. zweckmäßigerweise die Stützmomente verringert, wodurch sich im betrachteten Lastfall die Feldmomente vergrößern. Daraus können sich folgende Vorteile ergeben

– eine übermäßige Bewehrungskonzentration im Stützbereich wird vermieden
– beim Plattenbalken mit obenliegender Platte werden Feld- und Stützmomente besser entsprechend den tatsächlichen Steifigkeiten ausgenutzt
– durch lastfallweise unterschiedliche Umlagerungen wird man zu wirtschaftlichen Konstruktionen kommen, wenn man nur die für die Stützmomente maßgebenden Lastfälle von der Stütze zum Feld umlagert, die Schnittgrößen der für die Feldmomente maßgebenden Lastfälle unverändert lässt. Bei Systemen mit großen Verkehrslastanteilen können auf diese Weise die obere und untere Momentengrenzlinie sich einander annähern.

Allerdings hat eine Umlagerung – abgesehen vom erhöhten Rechenaufwand – auch Nachteile, dass es nämlich zu größeren Verformungen im Tragwerk und zu einer verstärkten Rissbildung im Fließgelenk kommt.

Der Nachweis einer ausreichenden Verdrehungsfähigkeit in kritischen Schnitten wird für „Regelfälle" in vereinfachter Form geführt. Generell gilt jedoch zunächst, dass für verschiebliche Rahmen, in den Ecken vorgespannter Rahmen, bei großer Zwangsbeanspruchung eine Umlagerung nicht zulässig ist (ebenso für Leichtbetonkonstruktionen, die hier nicht behandelt werden). Für Durchlaufträger – das sind in Querrichtung kontinuierlich gestützte Platten, Balken, Riegel in unverschieblichen Rahmen und andere überwiegend auf Biegung beanspruchte Bauteile – mit einem Stützweitenverhältnis der benachbarten Felder $0{,}5 < l_1/l_2 < 2{,}0$ wird der Nachweis in der Form geführt, dass der Umlagerungsfaktor δ ($= M_{\text{mit Uml.}} / M_{\text{ohne Uml.}}$) zu begrenzen ist auf

$\delta \geq 0{,}64 + 0{,}80 \cdot x_u/d$ für Betonfestigkeitsklassen C ≤ C50/60   (1.1)
$\delta \geq 0{,}70$ für hochduktilen Stahl   (1.2a)
$\delta \geq 0{,}85$ für normalduktilen Stahl   (1,2b)

mit x_u/d als Verhältnis der Druckzonenhöhe x zur Nutzhöhe d nach Umlagerung. Für die Eckknoten unverschieblicher Rahmen sollte außerdem die Umlagerung auf $\delta = 0{,}9$ begrenzt werden. Für hochfesten Beton (C > C50/60) gelten verschärfte Bedingungen (s. EC2-1-1).

Eine Umlagerung ist damit nicht zulässig (d. h. $\delta = 1$), wenn das Verhältnis x_u/d den Wert 0,45 erreicht. Dieser Wert ist generell einzuhalten, wenn keine geeigneten konstruktiven Maßnahmen (z. B. enge Verbügelung) getroffen werden (s. Abschn. 1.6.1).

Generell gilt zudem, dass eine Umlagerung nur im Grenzzustand der Tragfähigkeit zulässig ist.

Schnittgrößen

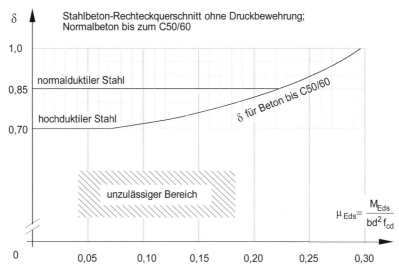

Abb. 1.16 Zulässiger Umlagerungsfaktor δ

Die Einhaltung der Bedingungen nach Gln. (1.1) und (1.2) erfordert im Regelfall eine Iteration, da der Faktor δ mit der bezogenen Druckzonenhöhe x_u/d nach Umlagerung zu ermitteln ist. Der zulässige Umlagerungsfaktor kann jedoch auch unmittelbar mit dem Diagramm in Abb. 1.16 bestimmt werden; bei der Aufstellung des Diagramms wurde für den Beton das Parabel-Rechteck-Diagramm der Querschnittsbemessung berücksichtigt. Eingangswert für das Diagramm ist das auf die Bewehrung bezogene Moment μ_{Eds} *vor* Umlagerung. Es kann dann unmittelbar in Abhängigkeit von der Duktilität des Stahls der zulässige Umlagerungsfaktor δ abgelesen werden. Wie zu sehen ist, können für den hochduktilen Stahl die größtmöglichen Umlagerungen nur bei geringer Beanspruchung ausgenutzt werden.

Beispiel

Für einen Zweifeldträger mit den Querschnittsabmessungen $b/h/d = 30/75/70$ cm (Abb. 1.17a) und den charakteristischen Lasten $g_k = 40$ kN/m und $q_k = 20$ kN/m soll die Momentengrenzlinie unter Ausnutzung der größtmöglichen Umlagerung des Stützmoments bestimmt werden.

Bemessungslasten: $g_d = \gamma_G \cdot g_k = 1{,}35 \cdot 40 = 54$ kN/m
$q_d = \gamma_Q \cdot q_k = 1{,}50 \cdot 20 = 30$ kN/m

Baustoffe: Beton C30/37;
Stahl B500 (B) (hochduktil)

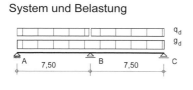

Abb. 1.17a Zweifeldträger mit Stützquerschnitt

Linear-elastische Berechnung

Für die Ermittlung der Momentengrenzlinie müssen drei Lastfälle untersucht werden:
- Eigenlast g_d in beiden Feldern, Verkehrslast q_d in beiden Feldern
- Eigenlast g_d in beiden Feldern, Verkehrslast q_d im linken Feld
- Eigenlast g_d in beiden Feldern, Verkehrslast q_d im rechten Feld

Man erhält

$M_{Ed,b} = -0{,}125 \cdot (54+30) \cdot 7{,}50^2 \qquad = -591$ kNm (q_d im Feld 1 und 2)
zug $M_{Ed,b} = -(0{,}125 \cdot 54 + 0{,}063 \cdot 30) \cdot 7{,}50^2 = -485$ kNm (q_d im Feld 1)
zug $V_{Ed,a} = 0{,}5 \cdot (54+30) \cdot 7{,}50 - 485/7{,}50 = 250$ kN (q_d im Feld 1)
max $M_{Ed,1} = 250^2 / (2 \cdot (54+30)) \qquad = 373$ kNm (q_d im Feld 1)

Lineare Berechnung mit begrenzter Umlagerung

Es wird zunächst mit Hilfe von Abb. 1.16 der zulässige Umlagerungsfaktor bestimmt. Eingangswert ist das bezogene Moment **vor** Umlagerung.

$\mu_{Eds} = 0{,}591 / [0{,}30 \cdot 0{,}70^2 \cdot (0{,}85 \cdot 30/1{,}5)] = 0{,}236$
$\Rightarrow$ zul $\delta = 0{,}87$ (hier unabhängig von der Duktilität des Stahls; s. Abb. 1.16)
$M_{Ed,b;\delta=0{,}87} = 0{,}87 \cdot (-591) = \mathbf{-514}$ **kNm**

Zur Kontrolle wird der zulässige Umlagerungsfaktor mit Gl. (1.1) bestimmt. Es wird die Druckzonenhöhe **nach** Umlagerung benötigt.

$\mu_{Eds} = 0{,}514 / [0{,}30 \cdot 0{,}70^2 \cdot (0{,}85 \cdot 30/1{,}5)] = 0{,}206$ (M_{Ed} s. o)
$\Rightarrow \xi = 0{,}29$ (aus μ_s-Tafeln; s. Band 1)
$\delta = 0{,}64 + 0{,}80 \cdot x_d/d = 0{,}64 + 0{,}80 \cdot 0{,}29 = 0{,}87 \geq 0{,}70$

Das Stützmoment $|M_{Ed}| = 514$ kNm nach Umlagerung in der Lastfallkombination „Volllast" (g_d und q_d in beiden Feldern) ist noch größer als das zugehörige Stützmoment $|M_{Ed}| = 485$ kNm in der Lastfallkombination „einseitige Verkehrslast". Für das Feldmoment bleibt damit das in der linear-elastischen Berechnung ermittelte Moment max $M_{Ed,1} = 373$ kNm maßgebend. Die für die Bemessung maßgebende Momentengrenzlinie ist in Abb. 1.17b dargestellt.

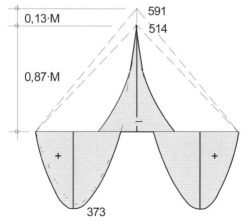

Abb. 1.17b Momentengrenzlinie nach umgelagertem Stützmoment

Schnittgrößen

1.6.3 Verfahren nach der Plastizitätstheorie / nichtlineare Verfahren

1.6.3.1 Allgemeine Grundlagen

Bei nichtlinearen Berechnungsverfahren wird für die Schnittgrößenermittlung (Querschnittswerte) und die Bemessung dasselbe Materialgesetz verwendet. Damit entfällt der im Abschn. 1.6.2 beschriebene Widerspruch und das tatsächliche Tragwerksverhalten kann zutreffender beschrieben werden.

Um die Beanspruchungen und Schnittgrößenverteilungen eines Tragwerks zu ermitteln, muss zur Bestimmung der Querschnittswerte zunächst die Bewehrung geschätzt werden. In einer Berechnung wird dann das Verhalten unter schrittweiser Laststeigerung verfolgt und so die Traglast bestimmt. Ist mit der so ermittelten Tragfähigkeit die tatsächlich vorhandene Beanspruchung nicht aufnehmbar, muss eine erneute Berechnung mit veränderter Bewehrung durchgeführt werden. Für die Berechnung selbst sind neben der schrittweisen Laststeigerung auch räumlich feine Unterteilungen zu wählen (vgl. a. [Schmitz – 08]).

Wenn neben dieser physikalischen Nichtlinearität zusätzlich das Gleichgewicht bei jedem Berechnungsschritt auch am verformten System formuliert und damit die geometrische Nichtlinearität berücksichtigt wird, eignen sich derartige genaue allgemeingültige Berechnungsverfahren für einen direkten Nachweis nach Theorie II. Ordnung und für Stabilitätsnachweise.

Eine Superposition von Schnittgrößen und Verformungen ist bei nichtlinearen Verfahren nicht zulässig, jede Lastfallkombination muss daher völlig separat betrachtet werden. Als Spannungs-Dehnungs-Linie ist für Beton das Parabeldiagramm gemäß Abb. 1.18, für Betonstahl ein bilineares Diagramm mit ansteigendem oberen Ast zu verwenden (Abb. 1.19).

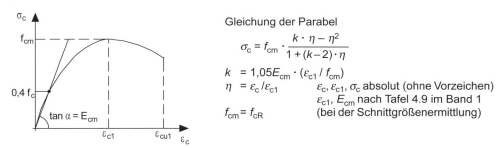

Abb. 1.18 Spannungs-Dehnungs-Linie des Betons für die Schnittgrößenermittlung

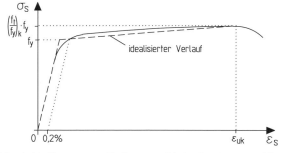

Abb. 1.19 Spannungs-Dehnungs-Linie des Betonstahls für die Schnittgrößenermittlung

Ein auf diesen Ansätzen beruhende nichtlineare Berechnung mit wirklichkeitsnaher Berücksichtigung des Materialverhaltens unter Einbeziehung des Rotationsvermögens ist wegen des hohen Aufwands im Allgemeinen nur EDV-gestützt durchzuführen.

Einen Sonderfall der nichtlinearen Berechnung stellen Verfahren nach der Plastizitätstheorie dar. Verfahren nach der Plastizitätstheorie dürfen nur für Nachweise im Grenzzustand der Tragfähigkeit verwendet werden (s. EC2-1-1, 5.6.1). Anwendungsvoraussetzung ist Betonstahl hoher Duktilität und die Verwendung von Normalbeton.

Tragwerksberechnungen nach der Elastizitätstheorie gehen von Systemversagen aus, wenn an einer beliebigen Stelle die Tragfähigkeit überschritten wird. Bei statisch unbestimmten Tragwerken kann sich jedoch noch ein stabiler Gleichgewichtszustand einstellen, wenn sich an dieser Stelle ein plastisches Gelenk ausbildet. Das plastische Gelenk bildet sich dabei in einem plastischen Bereich auf einer Länge L_{pl} aus (s. Skizze).

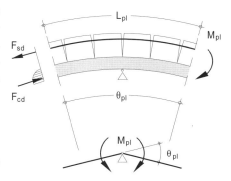

Erst wenn sich im Tragwerk eine kinematische Kette gebildet hat – d.h. ein instabiles System entstanden ist –, ist die Systemtraglast erreicht (vgl. Abb. 1.20). Für eine plastische Berechnung ist zu beachten, dass eine Fließgelenkkette zu finden bzw. zu wählen ist, die zur niedrigsten Traglast führt. Eine beliebig gewählte Fließgelenkkette liefert i.d.R. keine sichere Lösung. Voraussetzung für die Ausbildung von Fließgelenken ist eine ausreichende Duktilität des Tragwerks bzw. eine ausreichende Rotationsfähigkeit der plastischen Gelenke. Das Rotationsvermögen wird im Wesentlichen durch die Materialeigenschaften, die Belastungen und Systemeinflüsse beeinflusst.

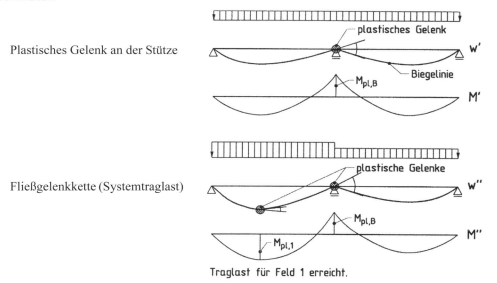

Abb. 1.20 Ausbildung eines plastischen Gelenks bei ausreichend duktilem Tragwerk [Schmitz – 08]

1.6.3.2 Nachweis der Rotationsfähigkeit

Die Rotationsfähigkeit in den plastischen Gelenken wird nachgewiesen, indem der im Querschnitt mögliche plastische Rotationswinkel $\theta_{pl,d}$ mit dem vorhandenen Rotationswinkel θ_E verglichen wird, der sich bei der umgelagerten Schnittgrößenverteilung ergibt

$$\theta_E \leq \theta_{pl,d}$$

Zusätzlich ist für Beton bis zum C50/60 eine bezogene Druckzonenhöhe $x_u/d \leq 0{,}45$ einzuhalten (für hochfesten Beton gilt $x_u/d \leq 0{,}35$, bei Leichtbeton sind plastische Verfahren nicht zulässig).

Möglicher Rotationswinkel $\theta_{pl,d}$

Der Bemessungswert des möglichen plastischen Rotationswinkels $\theta_{pl,d}$ wurde empirisch bestimmt (vgl. [Ahner/Kliver – 98] und [Ahner/Kliver – 99]). Er wird nach EC2-1-1, 5.6.3 ermittelt aus

$$\theta_{pl,d} = \theta_{pl,d;\lambda=3} \cdot k_\lambda$$

mit $\theta_{pl,d;\lambda=3}$ Grundwert der zulässigen Rotation für eine Schubschlankheit $\lambda = 3$ nach Abb. 1.21 (EC2-1-1/NA, 5.6)

k_λ Korrekturbeiwert für Schubschlankheiten $\lambda \neq 3$

Den Korrekturbeiwert k_λ erhält man aus EC2-1-1/NA, Gl. (5.11) zu

$$k_\lambda = \sqrt{\lambda/3}$$

mit λ als das Verhältnis aus dem Abstand zwischen Momentennullpunkt und -maximum nach Umlagerung zur statischen Nutzhöhe; vereinfachend darf gesetzt werden
$= M_{Ed}/(V_{Ed} \cdot d)$

Vorhandener Rotationswinkel θ_E

Die erforderliche Rotation bzw. der vorhandene Rotationswinkel θ_E wird vereinfachend konzentriert in einem plastischen Gelenk angenommen.

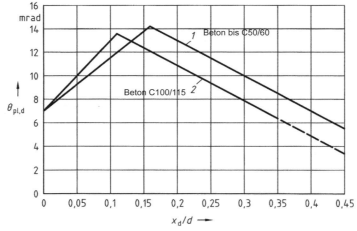

Abb. 1.21 Grundwert der zulässigen Rotation für $\lambda = 3$ nach EC2-1-1, 5.6

Balken

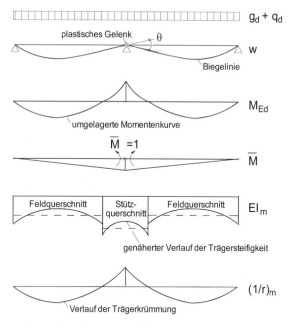

Abb. 1.22 Ermittlung des vorhandenen Rotationswinkels

Die Verdrehung wird mit Hilfe des Arbeitssatzes bestimmt, indem die (umgelagerte) Momentenfläche M_{Ed} mit der Einheitsfläche $\overline{M}$ überlagert wird (vgl. Abb. 1.22):

$$\theta_E = \int \frac{M_{Ed}}{EI_m} \cdot \overline{M}\, dx = \int (1/r)_m \cdot \overline{M}\, dx$$

Für die Steifigkeit EI_m ist dabei der Übergang in den Zustand II zu berücksichtigen, das heißt, sie ist über die Länge x veränderlich. Für die Berechnung wird jedoch die Steifigkeit nicht direkt ermittelt, aus praktischen Gründen wird die Integration über die Krümmung $(1/r)_m$ geführt.

Die mittlere Krümmung $(1/r)_m$ eines Querschnitts kann im Rahmen dieses Nachweises aus einer vereinfachten, trilinearen Momenten-Krümmungs-Beziehung ermittelt werden, die durch drei Punkte bestimmt ist (vgl. Abb. 1.23):

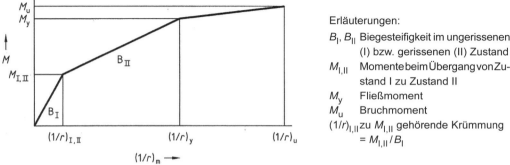

Abb. 1.23 Trilineare Momenten-Krümmungs-Beziehung (nach DIN 1045-1:2008, 8.5.2)

Schnittgrößen

- Übergang vom Zustand I zum Zustand II (Index I,II)
- Fließen der Bewehrung (Index y)
- Erreichen der Zugfestigkeit der Bewehrung (Index u)

Für einen gegebenen Stahlbetonquerschnitt (die Bewehrung muss bereits bekannt sein) werden diese Punkte bestimmt, indem für die Biegemomente $M_{I,II}$, M_y, und M_u die zugehörigen Randdehnungen bestimmt werden und daraus die Krümmung ermittelt wird (s. Abb. 1.24):

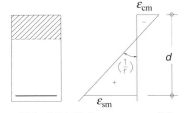

Abb. 1.24 Krümmungsermittlung

$$(1/r) = \frac{\varepsilon_{sm} + |\varepsilon_{cm}|}{d}$$

mit ε_{sm} als mittlere Dehnung der Zugbewehrung und ε_{cm} als mittlere Betonstauchung am Druckrand. Bei der Ermittlung der Krümmung bzw. der mittleren Dehnungen ist das Mitwirken des Betons zwischen den Rissen zu berücksichtigen. Ein entsprechender Berechnungsansatz ist in Abb. 1.25 dargestellt (vgl. [DAfStb-H252 – 03]). Danach werden unterschieden

a) ungerissen $\quad (0 < \sigma_s \le \sigma_{sr}) \quad \varepsilon_{sm} = \varepsilon_{s1}$

b) Rissbildung $\quad (\sigma_{sr} < \sigma_s \le 1{,}3\sigma_{sr}) \; \varepsilon_{sm} = \varepsilon_{s2} - \dfrac{\beta_t \cdot (\sigma_s - \sigma_{sr}) + (1{,}3\,\sigma_{sr} - \sigma_s)}{0{,}3\,\sigma_{sr}} \cdot (\varepsilon_{sr2} - \varepsilon_{sr1})$

c) abgeschl. Rissbild $(1{,}3\sigma_{sr} < \sigma_s \le f_y) \quad \varepsilon_{sm} = \varepsilon_{s2} - \beta_t \cdot (\varepsilon_{sr2} - \varepsilon_{sr1})$

d) Fließen des Stahls $(f_y < \sigma_s \le f_t) \quad \varepsilon_{sm} = \varepsilon_{sy} - \beta_t \cdot (\varepsilon_{sr2} - \varepsilon_{sr1}) + \delta \cdot (1 - \sigma_{sr}/f_y) \cdot (\varepsilon_{s2} - \varepsilon_{sy})$

Es sind ε_{sm} mittlere Stahldehnung unter Berücksichtigung der Zugversteifung
$\quad\quad\;\; \varepsilon_{su}$ Grenzstahldehnung (= 25 ‰)
$\quad\quad\;\; \varepsilon_{s1}$ Stahldehnung im ungerissenen Zustand
$\quad\quad\;\; \varepsilon_{s2}$ Stahldehnung im gerissenen Zustand im Riss
$\quad\quad\;\; \varepsilon_{sr1}$ Stahldehnung im ungerissenen Zustand unter Rissschnittgröße
$\quad\quad\;\; \varepsilon_{sr2}$ Stahldehnung im gerissenen Zustand unter Rissschnittgröße

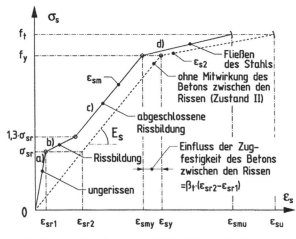

Abb. 1.25 Spannungs-Dehnungs-Beziehung bei Mitwirkung des Betons auf Zug (aus [Schmitz – 10])

β_t Beiwert zur Berücksichtigung des Einflusses der Belastungsdauer
Kurzzeitlast: $\beta_t = 0{,}40$
Dauerlast oder häufiger Lastwechsel: $\beta_t = 0{,}25$
σ_s Spannung in der Zugbewehrung im gerissenen Querschnitt
σ_{sr} Spannung in der Zugbewehrung im gerissenen Querschnitt unter der Rissschnittgröße
δ Beiwert zur Berücksichtigung der Duktilität der Bewehrung
normalduktiler Stahl $\delta = 0{,}6$
hochduktiler Stahl $\delta = 0{,}8$

Ermittlung der Spannungen und Dehnungen

Für die zuvor beschriebenen Berechnungsansätze werden jeweils Dehnungen und Spannungen benötigt. Für deren Ermittlung ist grundsätzlich zu unterscheiden zwischen dem Zeitpunkt unmittelbar vor Rissbildung (Zustand I) und nach Rissbildung (Zustand II).

Vor Rissbildung unter der Rissschnittgröße

Vor Rissbildung werden die Dehnungen mit den bekannten Ansätzen der technischen Biegelehre bestimmt; sie ergeben sich in Höhe der Zugbewehrung und am Druckrand bei Erreichen der Betonzugfestigkeit, d.h. unmittelbar vor Rissbildung, für reine Biegung zu

$$\varepsilon_{sr1} = \frac{M_{I,II}}{E_{cm} I_c} \cdot (z_1 - d_1)$$

$$\varepsilon_c = -\frac{M_{I,II}}{E_{cm} I_c} \cdot z_2$$

mit I_c Flächenmoment zweiten Grades (häufig genügend genau – insbesondere bei „Von-Hand-Rechnungen" – ohne Berücksichtigung der Bewehrung)
z_1 Abstand des Zugrandes vom Schwerpunkt des Querschnitts
z_2 Abstand des Druckrandes vom Schwerpunkt des Querschnitts
$M_{I,II} = f_{ctm} \cdot I_c / z_1$ (Rissmoment)

Nach Rissbildung unter der Rissschnittgröße

Unmittelbar nach Rissbildung unter der Rissschnittgröße ist zunächst die Betondruckspannung noch relativ gering; hierfür kann dann näherungsweise ein linearer Spannungsverlauf in der Druckzone angenommen werden.

Bei Ausfall der Betonzugspannungen erhält man die Druckzonenhöhe des Rechteckquerschnitts ohne Druckbewehrung unter reiner Biegung

$$\frac{x}{d} = \sqrt{(\alpha_e \cdot \rho)^2 + 2\alpha_e \cdot \rho} - \alpha_e \cdot \rho$$

mit $\alpha_e = E_s / E_{cm}$ und $\rho = A_s / (b \cdot d)$

Die gesuchte Betonstahlspannung und -dehnung ergibt sich dann aus

$$\sigma_{sr} = \frac{M_{I,II}}{A_s \cdot z} \quad \text{und} \quad \varepsilon_{sr} = \frac{1}{E_s} \cdot \frac{M_{I,II}}{A_s \cdot z}$$

mit $z = d - x/3$ als Abstand der Zugbewehrung von der resultierenden Betondruckkraft.

Schnittgrößen

Nach Rissbildung beim Erreichen der Streckgrenze

Beim Erreichen der Streckgrenze der Betonstahlbewehrung ε_{sy} können das vom Querschnitt aufnehmbare Fließmoment M_y und die Betondehnung ε_c iterativ bestimmt werden, wobei die Spannungs-Dehnungs-Linie des Betons für die Schnittgrößenermittlung gemäß Abb. 1.18 zu verwenden ist. Da wirklichkeitsnahe Verformungswerte zu bestimmen sind, werden der Berechnung rechnerische Mittelwerte der Baustoffkennwerte zugrunde gelegt:

Betonstahl
$f_{yR} = 1{,}1 f_{yk}$
$f_{tR} = 1{,}08 f_{yR}$ (hochduktiler Stahl)
$f_{tR} = 1{,}05 f_{yR}$ (normalduktiler Stahl)

Beton
$f_{cR} = 0{,}85 \, \alpha_{cc} f_{ck}$

Für den Systemwiderstand wird hierbei ein „globaler" Sicherheitsbeiwert $\gamma_R = 1{,}3$ berücksichtigt, Teilsicherheitsbeiwerte sind nicht anzusetzen.

Für den häufig vorkommenden Sonderfall der Biegung ohne Längskraft sind in [Schmitz – 10] die erforderlichen Kenngrößen in graphischer Form aufbereitet; beispielhaft ist in Abb. 1.26 das Diagramm für den Beton C30/37 wiedergegeben, weitere Erläuterungen erfolgen im Rahmen des Beispiels.

Bei Anwendung des Diagramms auf Plattenbalkenquerschnitte muss $x \leq h_f$ erfüllt sein (Druckzone in der Platte). Für die Breite b der Druckzone ist dann b_{eff} zu setzen.

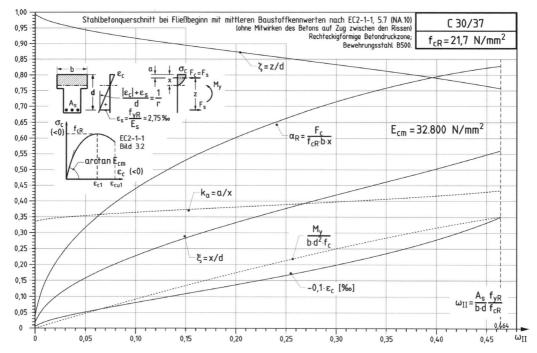

Abb. 1.26 Kenngrößen biegebeanspruchter Querschnitte im Zustand II bei Fließbeginn (aus [Schmitz – 10])

Beispiel

Es wird das Beispiel des Abschnitts 1.6.2 (S. 20f.) betrachtet. Aus wirtschaftlichen Gründen wird angestrebt, das Stützmoment im Lastfall „Volllast" soweit umzulagern, dass es mit dem Stützmoment aus einseitiger Verkehrslastanordnung identisch wird. Ebenso wie vorher werden die Nachweise vereinfachend ohne Momentenausrundung geführt.

$M_{Ed,b}$ = $-0{,}125 \cdot (54+30) \cdot 7{,}50^2$ = -591 kNm (q_d im Feld 1 und 2)
zug $M_{Ed,b}$ = $-(0{,}125 \cdot 54 + 0{,}063 \cdot 30) \cdot 7{,}50^2$ = -485 kNm (q_d im Feld 1)
zug $V_{Ed,a}$ = $0{,}5 \cdot (54+30) \cdot 7{,}50 - 485/7{,}50$ = 250 kN (q_d im Feld 1)
max $M_{Ed,1}$ = $250^2 / (2 \cdot (54+30))$ = 373 kNm (q_d im Feld 1)

Mit $M_{Ed,b} = -591$ kNm und zug $M_{Ed,b} = -485$ kNm erhält man als Umlagerungsfaktor

$\delta = 485/591 = 0{,}82$

Damit ergibt sich der in Abb. 1.27 dargestellte Momentenverlauf nach Umlagerung.

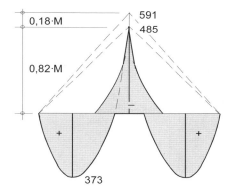

Abb. 1.27 Momentenverlauf bei einem Umlagerungsfaktor $\delta = 0{,}82$

Im vereinfachten Verfahren beträgt der zulässige Umlagerungsfaktor $\delta = 0{,}87$ (s. vorher), für die hier gewählte Umlagerung ist daher ein genauerer Nachweis der zulässigen Rotation erforderlich (plastisches Verfahren). Für den weiteren Berechnungsgang werden zunächst die Bewehrungsquerschnitte benötigt.

an der Stütze: $M_{Eds} = |M_{Ed,b}| = 485$ kNm
$\mu_{Eds} = 0{,}194$ → $\omega = 0{,}219$ [$\xi = 0{,}27 < 0{,}45$]
$A_s = 18{,}0$ cm²

im Feld: M_{Eds} = max $M_{Ed} = 373$ kNm
$\mu_{Eds} = 0{,}149$ → $\omega = 0{,}163$
$A_s = 13{,}4$ cm²

Das Mittragen des Betons zwischen den Rissen (Zugversteifung) wird nachfolgend vernachlässigt, außerdem wird grundsätzlich von Rissbildung in der Zugzone ausgegangen. **Es wird jedoch darauf hingewiesen, dass diese Vereinfachungen durchaus auf der unsicheren Seite liegen können!** *Genauerer Nachweis s. z.B. [Schmitz – 10].*

Schnittgrößen

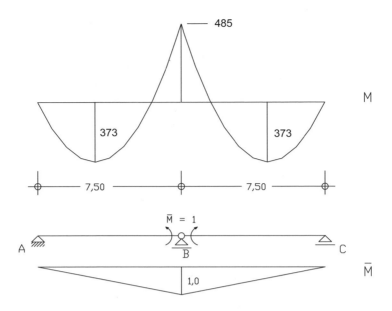

Abb. 1.28 Lastmomente und virtuelle Momente zur Ermittlung der plastischen Verdrehung θ_E

Die gegenseitige Verdrehung θ_{pl} an der Stütze B ergibt sich durch Integration der Lastmomente M und der virtuellen Momente $\overline{M}$ (s. Abb. 1.28).

Allgemein gilt:
$$\theta_E = \int [\overline{M} \cdot (M/EI_{cr})] \, dx = \int [\overline{M} \cdot (1/r)_{cr}] \, dx$$

mit EI_{cr} als Biegesteifigkeit im Zustand II und $(1/r)_{cr}$ als Krümmung im Zustand II. Das heißt, man erhält die Biegesteifigkeit EI_{cr} bei bekannter Krümmung $(1/r)_{cr}$ aus

$$EI_{cr} = M/(1/r)$$

wobei M das zu der jeweiligen Krümmung $(1/r)$ gehörende Moment ist.

Die Krümmumg $(1/r)_{cr}$ im Zustand II wird mit der ermittelten Bewehrung durch Einhaltung von Gleichgewichts- und Verträglichkeitsbedingungen ermittelt. Für die Formänderungen bzw. für die inneren Kräfte und Momente im Tragwerk gelten als Rechenwerte der Baustofffestigkeiten (s. vorher):

- Beton: $\quad f_{cR} = 0{,}85 \alpha_{cc} f_{ck} = 0{,}85 \cdot 0{,}85 \cdot 30 = 21{,}7 \text{ N/mm}^2$ (C30/37)
- Stahl: $\quad f_{yR} = 1{,}1 f_{yk} \quad\quad = 550 \text{ N/mm}^2$ (B500)

Die benötigten Dehnungen werden mit dem Diagramm in Abb. 1.26 bestimmt. Als Eingangswert wird der auf die Nutzhöhe bezogene mechanische Bewehrungsgrad benötigt

$$\omega_{II} = \frac{A_s}{b \cdot d} \cdot \frac{f_{yR}}{f_{cR}} \quad \rightarrow \quad \text{Feldquerschnitt} \quad \omega_{II} = 0{,}162$$
$$\text{Stützquerschnitt} \quad \omega_{II} = 0{,}217$$

Mit den Ablesewerten ε_c und ζ aus Abb. 1.26 erhält man die Krümmung $(1/r)_{cr}$ und das Moment M_y bei Erreichen der Fließgrenze der Bewehrung:

Feldquerschnitt

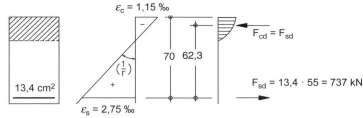

Krümmung	$(1/r)_{cr}$	$= (|\varepsilon_c| + |\varepsilon_s|)/d = (1{,}15 + 2{,}75) \cdot 10^{-3}/0{,}70 = 5{,}57 \cdot 10^{-3}\text{ m}^{-1}$
Hebelarm	z	$= \zeta \cdot d = 0{,}89 \cdot 0{,}70 = 0{,}623\text{ m}$
Fließmoment	M_y	$= F_{sd} \cdot z = 737 \cdot 0{,}623 = 459\text{ kNm}$

Stützquerschnitt

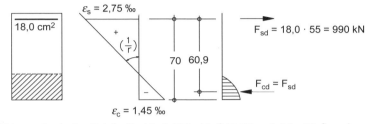

Krümmung	$(1/r)_{cr}$	$= (|\varepsilon_c| + |\varepsilon_s|)/d = (1{,}45 + 2{,}75) \cdot 10^{-3}/0{,}70 = 6{,}00 \cdot 10^{-3}\text{ m}^{-1}$
Hebelarm	z	$= \zeta \cdot d = 0{,}87 \cdot 0{,}70 = 0{,}609\text{ m}$
Fließmoment	M_y	$= F_{sd} \cdot z = 990 \cdot 0{,}609 = 603\text{ kNm}$

Die Weiterführung der Momenten-Krümmungs-Beziehung bis zur Höchstlast (Bruchmoment M_u gem. Abb. 1.23) wird hier nicht benötigt. Die Momenten-Krümmungs-Beziehung vereinfacht sich dadurch zu einem bilinearen und hier sogar – wegen Vernachlässigung der Zugtragwirkung des Betons – zu einem linearen Diagramm. Man erhält die in Abb. 1.29 dargestellte, stark vereinfachte Momenten-Krümmungs-Beziehung für das Feld und den Stützbereich.

Soweit die Bewehrung nicht gestaffelt wird und ohne Berücksichtigung einer jeweils vorhandenen konstruktiven Bewehrung in der Druckzone erhält man mit dieser Vereinfachung jeweils für den Feld- und Stützbereich eine konstante Biegesteifigkeit EI_{cr}, die sich wie folgt ergibt

- Feldbereich $EI_{cr,F} = 459/(5{,}57 \cdot 10^{-3}) = 82{,}4 \cdot 10^3\text{ kNm}^2$
- Stützbereich $EI_{cr,S} = 603/(6{,}00 \cdot 10^{-3}) = 100{,}5 \cdot 10^3\text{ kNm}^2$

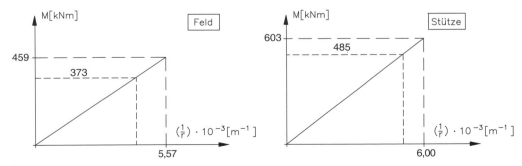

Abb. 1.29 Momenten-Krümmungs-Beziehung (ohne Berücksichtigung der Betonzugtragwirkung)

Schnittgrößen

Mit den so ermittelten Biegesteifigkeiten erhält man durch Integration des Momentenverlaufs M mit dem virtuellen Momentenverlauf $\overline{M}$ unter Berücksichtigung der Steifigkeitsverteilung die gegenseitige Verdrehung an der Stütze B. Wegen Symmetrie braucht für die Integration nur der halbe Träger betrachtet zu werden.

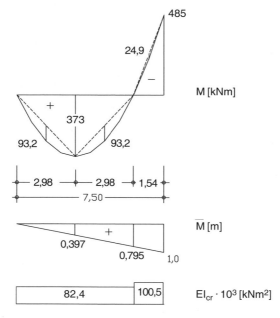

Abb. 1.30 Verlauf der Lastmomente M und der virtuellen Momente $\overline{M}$ sowie Steifigkeitsverteilung EI_{cr} im gerissenen Zustand

Vorhandene Rotation θ_E

Die Ermittlung der Verdrehung θ_E bzw. die Integration kann hier wegen der abschnittsweise konstanten Biegesteifigkeit in den jeweiligen Bereichen mit Hilfe der "M_i-M_k-Tafeln" erfolgen:

$$\theta_E = 2 \cdot \left[\frac{2{,}98}{3} \cdot \frac{373}{82400} \cdot 0{,}397 + \frac{2{,}98}{3} \cdot \frac{93{,}2}{82400} \cdot 0{,}397 \right.$$
$$+ \frac{2{,}98}{6} \cdot \frac{373}{82400} \cdot (2 \cdot 0{,}397 + 0{,}795) + \frac{2{,}98}{3} \cdot \frac{93{,}2}{82400} \cdot (0{,}397 + 0{,}795)$$
$$\left. - \frac{1{,}54}{6} \cdot \frac{485}{100500} \cdot (2 \cdot 1{,}000 + 0{,}795) + \frac{1{,}54}{3} \cdot \frac{24{,}9}{100500} \cdot (0{,}795 + 1{,}000) \right]$$
$$= 2 \cdot (2{,}23 + 4{,}91 - 3{,}23) \cdot 10^{-3} = \mathbf{7{,}82 \cdot 10^{-3}}$$

Zulässige Rotation $\theta_{pl,d}$

Die zulässige plastische Rotation $\theta_{pl,d}$ erhält man aus Abb. 1.21 in Abhängigkeit von der bezogenen Druckzonenhöhe ξ an der Stütze. Mit $\xi = x/d = 0{,}27$ (s. vorher) ergibt sich für $\lambda = 3$

$$\theta_{pl,d;\lambda=3} = 11 \cdot 10^{-3} \text{ [rad]}$$

Der Wert muss jedoch noch in Abhängigkeit von der tatsächlichen Schubschlankheit λ korrigiert werden mit

$k_\lambda = (\lambda/3)^{0,5}$

$\lambda = M_{Ed}/(V_{Ed} \cdot d)$

$M_{Ed} = -485$ kNm (Stützmoment nach Umlagerung)

$V_{Ed} = -0,5 \cdot (54+30) \cdot 7,50 - 485/7,50 = -380$ kN (zug. Querkraft an der Stütze)

$\lambda = 485/(380 \cdot 0,70) = 1,82$

$k_\lambda = (1,82/3)^{0,5} = 0,78$

Die zulässige plastische Rotation erhält man damit zu

$\theta_{pl,d} = 11,0 \cdot 0,78 \cdot 10^{-3} = 8,58 \cdot 10^{-3}$

Nachweis

Es ist nachzuweisen, dass die vorhandene Rotation θ_E die mögliche Verdrehung $\theta_{pl,d}$ nicht überschreitet.

$\theta_E = 7,82$ ‰ $< \theta_{pl,d} = 8,58$ ‰

Der Nachweis ist damit erfüllt, sodass für die Bemessung im Grenzzustand der Tragfähigkeit von der in Abb. 1.27 dargestellten Momentengrenzlinie ausgegangen werden darf. Die Auswirkungen der Momentenumlagerungen auf die Querkräfte sind zu beachten.

Für den *Grenzzustand der Gebrauchstauglichkeit* sind auf der Basis der linear-elastischen Schnittgrößen – plastische Verfahren sind nicht zugelassen! – Nachweise zur Spannungsbegrenzung, Rissbreitenbegrenzung und ggf. zur Begrenzung der Verformungen erforderlich.

Aus dem Beispiel wird der hohe Rechenaufwand für den Nachweis der Rotationsfähigkeit deutlich, obwohl der Nachweis durch den gewählten linearen Zusammenhang zwischen Momenten und Krümmungen schon deutlich vereinfacht wurde (es wurde bereits darauf hingewiesen, dass diese Vereinfachung nicht unbedingt auf der sicheren Seite liegt). In der Praxis wird dieser Nachweis daher wohl kaum als Handrechnung durchgeführt werden.

1.7 Schnittgrößenermittlung bei Platten

1.7.1 Allgemeines

Bei Platten erfolgt eine Schnittgrößenermittlung bei „Von-Hand-Rechnungen" i.d.R. nur an ausgewählten Stellen und für regelmäßige Systeme. Andere Bereiche und „Unregelmäßigkeiten" werden häufig konstruktiv und durch Näherungsverfahren erfasst. Hierzu gehören insbesondere

- ungewollte (rechnerisch nicht berücksichtigte) Einspannungen,
- Öffnungen,
- punkt- oder linienförmige Lasten,
- unterbrochene Stützungen,
- freie Ränder.

In diesem Abschnitt erfolgt daher nur eine kurze grundsätzliche Einführung zur Schnittgrößenermittlung. Weitere und detailliertere Hinweise zu üblichen Näherungsverfahren und zur Bewehrungsführung sind im Abschnitt 4.1 wiedergegeben.

1.7.2 Einachsig gespannte Platten

Bei Platten unter *Gleichflächenlasten* liegt in folgenden Fällen eine einachsige Tragwirkung vor (vgl. a. Abschn. 1.2.1)

- die Platte ist nur an den zwei gegenüberliegenden parallelen Rändern gelagert, die Haupttragrichtung ist dann parallel zum freien Rand (bzw. Stützweite ist der Abstand der aufgelagerten Ränder)
- eine vierseitig gelagerte Platte weist ein Stützweitenverhältnis $l_{max}/l_{min} \geq 2$ auf, es liegt überwiegend einachsiges Tragverhalten in Richtung der kürzeren Spannweite vor
- nach [Leonhardt-T3 – 77] können außerdem dreiseitig gelagerte Platten, deren ungestützter Rand kürzer als 2/3 der dazu senkrechten Seitenlänge ist, als einachsig gespannt betrachtet werden mit einer zum freien Rand parallelen Richtung als Hauptspannrichtung.

In diesen Fällen sind die infolge Querdehnung oder unregelmäßiger Lastverteilung auftretenden Querbiegemomente durch die konstruktive Querbewehrung (nach EC2-1-1, mindestens 20 % der Hauptbewehrung) abgedeckt. Die Schnittgrößenermittlung einachsig gespannter Platten erfolgt nach den Grundsätzen der Balkenstatik (s. Abschnitt 1.6). Auf weitere Erläuterungen zu den Berechnungsverfahren kann daher an dieser Stelle verzichtet werden.

Für die Bemessung und Konstruktion sind jedoch teilweise abweichende Vorschriften und Regelungen zu beachten. Diese gelten bei Bauteilen mit

$b \geq 5h$ (andernfalls handelt es sich um einen Balken)
$l_{min} \geq 3h$ (andernfalls gilt das Bauteil als Scheibe)

mit b als Breite, h als Bauhöhe und l_{min} als kürzere Stützweite der Platte.

Auf die Besonderheiten der Bewehrungsführung und baulichen Durchbildung, insbesondere auch unter Einschluss der im Abschnitt 1.7.1 genannten Sonderfälle, wird im Abschnitt 4.1.1 eingegangen.

1.7.3 Schnittgrößenermittlung bei zweiachsig gespannten Platten

1.7.3.1 Einführung

Bei zweiachsig gespannten Platten erfolgt die Lastabtragung über zwei Richtungen. Dieses zweidimensionale Tragverhalten ist schon bei der Schnittgrößenermittlung zu berücksichtigen. Zweiachsig gespannt gelten Platten dann, wenn das Verhältnis der längeren Stützweite zur kürzeren kleiner als 2 ist (s. a. Abschn.1.7.2).

Für die Schnittgrößenermittlung stehen verschiedene Tabellenwerke zur Verfügung. In der Regel werden allerdings nur die üblichen Grundfälle der einfeldrigen Platte behandelt. Davon ausgehend sind Verfahren zur Anwendung auf durchlaufende Platten entwickelt worden (vgl. Abschn. 1.7.3.2 und 1.7.3.3).

Von Bedeutung ist bei Plattentragwerken insbesondere, inwieweit eine ausreichende Drillsteifigkeit oder Drilltragfähigkeit gegeben ist. Eine zweiachsig gespannte Platte verformt sich mulden- oder schüsselförmig. Infolge dieser „Schüsselbildung" neigen die Plattenecken zum Abheben (vgl. Abb. 1.31). Nur wenn dieses Abheben durch Auflasten und/oder Verankerungen verhindert wird, ist eine volle Drilltragfähigkeit gegeben.

Die Drillmomente müssen dabei selbstverständlich durch eine entsprechende Bewehrung aufgenommen werden. Die daraus resultierenden Spannungen sind etwa in Richtung der Diagonale bzw. unter 45° (Oberseite) und senkrecht dazu (Unterseite) gerichtet. Das wird anschaulich direkt einsichtig, wenn man die Ecken der in Abb.1.31 dargestellten „schüsselnden" Platte belastet und damit wieder nach unten drückt. Aus baupraktischen Gründen wird man für die Drillmomente allerdings i.Allg. ein orthogonales Bewehrungsnetz wählen, das dann an Ober- und Unterseite vorhanden sein muss (vgl. Abschn. 4.1).

Entsprechend der zweiachsigen Beanspruchung erhält man eine statisch erforderliche Bewehrung in beiden Richtungen. Bei Ortbetonkonstruktionen liegen diese Bewehrungen i.d.R. direkt übereinander, sodass nahezu gleiche Nutzhöhen und damit dieselben Steifigkeiten in beiden Richtungen vorliegen. Insbesondere bei Deckenkonstruktionen mit Teilfertigung können die beiden Bewehrungslagen jedoch relativ weit voneinander entfernt liegen. Berechnungsansätze mit gleicher Steifigkeit in beiden Richtungen gelten nur, wenn die Längsbewehrung und die Querbewehrung in der Höhe max. 50 mm bzw. $d/10$ (der größere Wert ist maßgebend) auseinanderliegen.

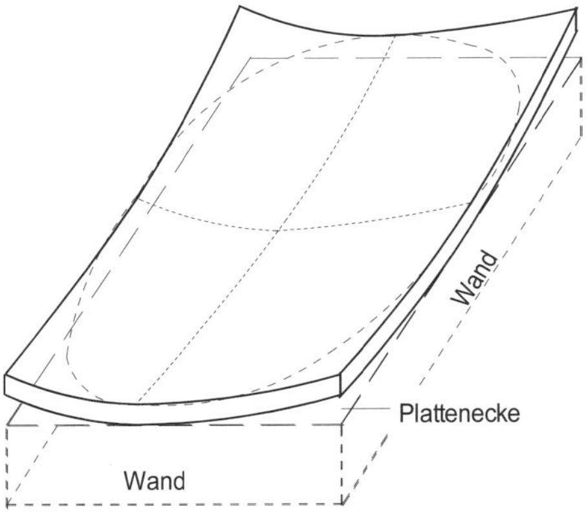

Abb. 1.31 „Schüsselbildung" einer Platte, deren Ecken nicht gegen Abheben gesichert sind

Schnittgrößen

Für die Berechnung von **einfeldrigen Platten** stehen umfangreiche Tabellenwerke zur Verfügung. Dabei werden i.d.R. sechs unterschiedliche Lagerungsarten der Ränder berücksichtigt (vgl. Abb. 1.32), die sich aus den unterschiedlichen Kombinationen von gelenkiger Lagerung und Einspannung und – bei zwei- oder dreiseitig gelagerten Platten – von ungestützten Rändern ergeben. Bei den in Abb.1.32 dargestellten Lagerungsarten 2, 3 und 5 ist zusätzlich zu beachten, ob jeweils ein längerer oder kürzerer Rand eingespannt ist.

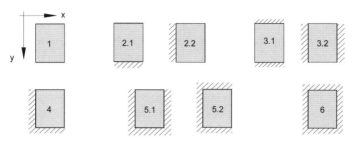

Abb. 1.32 Grundfälle der Lagerungen bei vierseitig gelagerten Platten

Durchlaufende Plattensysteme sind ebenso wie Balken unter Berücksichtigung der jeweils ungünstigen Anordnung einer veränderlichen Last zu berechnen. Für die Feldmomente ist die Verkehrslast schachbrettartig aufzubringen, wobei das betrachtete Feld selbst ebenfalls belastet ist. Bei den Stützmomenten sind die Verkehrslasten auf den beiden der betrachteten Stützung benachbarten Felder aufzubringen und die weiteren Felder dann ebenfalls schachbrettartig weiter zu belasten (vgl. Abb. 1.33).

Die Schnittgrößenermittlung von durchlaufenden Platten erfolgt häufig mit EDV-Programmen (FE-Methode), es wird auf Abschn. 1.9 und die einschlägige Literatur verwiesen. Bei „Von-Hand-Rechnungen" stehen prinzipiell zwei (Näherungs-)Verfahren zur Verfügung, die mit vertretbarem Aufwand genügend genaue Ergebnisse liefern

– das Lastumordnungsverfahren nach [DIN 1045 – 88] bzw. [DAfStb-H240 – 91]
– das Einspanngradverfahren (insbesondere das Verfahren nach [Pieper/Martens – 66])

Beide Verfahren beruhen darauf, dass nicht das Gesamtsystem, sondern jeweils Vergleichseinfeldplatten betrachtet werden.

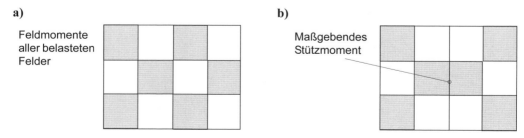

Abb. 1.33 Belastungsanordnung bei durchlaufenden Platten
          a) für die Feldmomente
          b) für die Stützmomente

1.7.3.2 Lastumordnungsverfahren

Beim Lastumordnungsverfahren wird die Berechnung am einfeldrigen Ersatzsystem durchgeführt. Die *Stützmomente* werden für die Gesamtlast – Eigenlasten und veränderliche Lasten – unter der Annahme einer starren Einspannung über den Stützen ermittelt. Bei der Ermittlung der *Feldmomente* gilt für die Eigenlast und für die halbe Verkehrslast wie vorher eine volle Einspannung, für die andere Hälfte der Verkehrslast jedoch eine freie Drehbarkeit über den Stützen, d. h. es wird für die veränderliche Last eine 50%ige Einspannung unterstellt. Das Lastumordnungsverfahren ist auf Fälle mit $l_{min}/l_{max} \geq 0{,}75$ beschränkt.

Bei diesem Verfahren werden Symmetriebedingungen ausgenutzt; es ist daher nur exakt, wenn diese auch tatsächlich vorliegen (vgl. hierzu die Erläuterungen in Abb 1.34).

(Beispiel zur Berechnung s. Abschn. 1.7.3.5)

a) Ermittlung des Stützmomentes

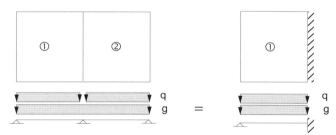

b) Ermittlung des Feldmomentes

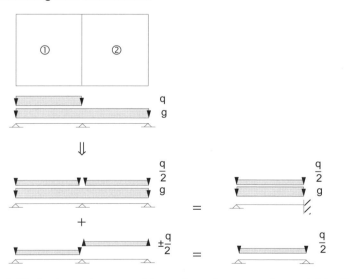

Abb. 1.34 Lastumordnungsverfahren; Ausnutzung von Symmetriebedingungen
(dargestellt für eine zweifeldrige Platte)
  a) für das Stützmoment
  b) für das Feldmoment im Feld 1

Schnittgrößen

Die nachfolgenden Tafeln gehen – anders als die im Abschnitt 1.7.3.3 wiedergegebene Tafel nach *Pieper/ Martens* – exakt von den dargestellten Lagerungsbedingungen aus. Soweit infolge Durchlaufwirkung eine nur teilweise Einspannung vorliegt, sind beispielsweise die entsprechenden Feldmomente nach dem zuvor dargestellten Lastumlagerungsverfahren zu ermitteln. Bei den Tafelwerten wird eine volle Drillsteifigkeit unterstellt und angenommen, dass die Ecken gegen Abheben gesichert sind (z. B. durch Auflasten).

Weitere Erläuterungen am Beispiel (s. Abschn. 1.7.3.5).

Tafel 1.4 Tafeln für gleichmäßig vollbelastete vierseitig gelagerte Rechteckplatten (Auszug*) aus [Czerny – 96])

Einspannungsfreie Lagerung der vier Ränder

Stützweitenverhältnis l_y / l_x ($l_x = l_{min}$)

	1,0	1,1	1,2	1,3	1,4	1,5	1,6	1,7	1,8	1,9	2,0
$m_{xm} =$ $q \cdot l_x^2 :$	27,2	22,4	19,1	16,8	15,0	13,7	12,7	11,9	11,3	10,8	10,4
$m_{ymax} =$	27,2	27,9	29,1	30,9	32,8	34,7	36,1	37,3	38,5	39,4	40,3
$m_{xye} = \pm$	21,6	19,7	18,4	17,5	16,8	16,3	15,9	15,6	15,4	15,3	15,1

Starre Lagerung des kurzen Randes und einspannungsfreie Lagerung der drei anderen Ränder

Stützweitenverhältnis l_y / l_x ($l_x = l_{min}$)

	1,0	1,1	1,2	1,3	1,4	1,5	1,6	1,7	1,8	1,9	2,0
$m_{xm} =$ $q \cdot l_x^2 :$	41,2	31,9	25,9	21,7	18,8	16,6	15,0	13,8	12,8	12,0	11,4
$m_{ymax} =$	29,4	28,8	28,9	29,7	30,8	32,3	33,6	34,9	36,2	37,5	38,8
$m_{yerm} = -$	11,9	10,9	10,1	9,6	9,2	8,9	8,7	8,5	8,4	8,3	8,2
$m_{xye} = \pm$	26,2	23,2	21,0	19,4	18,3	17,4	16,8	16,3	15,9	15,6	15,4

Starre Lagerung des langen Randes und einspannungsfreie Lagerung der drei anderen Ränder

Stützweitenverhältnis l_y / l_x ($l_x = l_{min}$)

	1,0	1,1	1,2	1,3	1,4	1,5	1,6	1,7	1,8	1,9	2,0
$m_{xm} =$ $q \cdot l_x^2 :$	31,4	27,3	24,5	22,4	21,0	19,8	19,0	18,3	17,8	17,4	17,1
$m_{xerm} = -$	11,9	10,9	10,2	9,7	9,3	9,0	8,8	8,6	8,4	8,3	8,3
$m_{ymax} =$	41,2	45,1	48,8	51,8	54,3	55,6	56,8	57,8	58,6	59,0	59,2
$m_{xye} = \pm$	26,2	24,9	24,0	23,5	23,0	22,8	22,6	22,5	22,4	22,4	22,4

Erläuterungen

m_{xm}, m_{ym} Feldmomente in Plattenmitte
$m_{x,max}$, $m_{y,max}$ größte Feldmomente im Plattenmittenschnitt
$m_{x,erm}$, $m_{y,erm}$ Einspannmomente im Randmittelpunkt des starr eingespannten Plattenrandes
m_{xye} Drillmomente in der Plattenecke, in der zwei frei drehbar gelagerte Ränder zusammentreffen

---

*) Die Tafeln sind hier nur soweit wiedergegeben, wie es zur Erläuterung des Beispiels im Abschn. 1.7.3.5 (s. nachfolgend) erforderlich ist. Bezüglich weiterer Lagerungsfälle und Schnittgrößen (Querkräfte u.a) wird auf [Czerny – 96] verwiesen.

1.7.3.3 Verfahren nach Pieper/Martens

Das Verfahren nach *Pieper/Martens* ist – auch für komplexere Systeme – einfach von der Handhabung her und liefert ausreichend zutreffende Ergebnisse. Es geht von folgenden Annahmen aus:

- Für die Stützmomente wird eine starre Einspannung an dem jeweils betrachteten Rand angenommen; unterschiedliche Stützmomente zweier benachbarter Platten für den selben Plattenrand werden gemittelt, jedoch sind mindestens immer 75 % des größeren Momentes zu berücksichtigen.
- Die Feldmomente werden für Volllast bei Annahme einer 50%igen Einspannung am durchlaufenden Plattenrand ermittelt. Diese Annahme liegt insbesondere bei Systemen mit gleichen Stützweiten auf der sicheren Seite, da dann tatsächlich für die Eigenlast allein eine 100%ige Einspannung – mit entsprechend kleineren Feldmomenten – vorliegt (vgl. Abb. 1.34).

Das Berechnungsverfahren nach *Pieper/Martens* geht von gleicher Steifigkeit in Längs- und Querrichtung aus. Es gelten folgende Belastungsgrenzen:

$$q \leq 2 \cdot (g+q)/3 \quad \text{bzw.} \quad q \leq 2 \cdot g$$

Die *Feldmomente* werden im Regelfall (Sonderfälle s. nachfolgend) wie folgt ermittelt

Platten mit voller Drilltragfähigkeit: $\quad m_{fx} = (g+q) \cdot l_x^2 / f_x \quad | \quad m_{fy} = (g+q) \cdot l_x^2 / f_y$

Platten mit begrenzter Drilltragfähigkeit: $\quad m_{fx} = (g+q) \cdot l_x^2 / f_x^0 \quad | \quad m_{fy} = (g+q) \cdot l_x^2 / f_y^0$

Für die *Stützmomente* gilt: $\quad m_{s0,x} = -(g+q) \cdot l_x^2 / s_x \quad | \quad m_{s0,y} = -(g+q) \cdot l_x^2 / s_y$

Bei unterschiedlichen Einspannmomenten von zusammenstoßenden Plattenrändern werden die Momente m_{s0} gemittelt (nicht zu mitteln sind Kragmomente und Einspannmomente in sehr steifen Bauteilen; s.u.):

Stützweitenverhältnis $l_1 : l_2 < 5 : 1 \rightarrow m_s \geq \begin{cases} |0{,}5 \cdot (m_{s0,1} + m_{s0,2})| \\ 0{,}75 \cdot \max(|m_{s0,1}|; |m_{s0,2}|) \end{cases}$

Stützweitenverhältnis $l_1 : l_2 > 5 : 1 \rightarrow m_s \geq \max(|m_{s0,1}|; |m_{s0,2}|)$

Die so gemittelten Stützmomente gelten unmittelbar als Bemessungswerte (s. a. [DAfStb-H240 – 91]).

Kragarme oder einspannende Systeme gelten hinsichtlich der Stützungsart des angrenzenden Feldes dann als einspannend, wenn das Kragmoment aus Eigenlast größer ist als das halbe Volleinspannmoment des Feldes bei Belastung durch $(g+q)$. Bei angrenzenden anderen einspannenden Systemen, z. B. dreiseitig gelagerten Platten, ist sinngemäß zu verfahren.

Das Verfahren muss jedoch modifiziert werden, wenn besondere Stützweitenverhältnisse vorliegen. Wenn zwei kurze Felder auf ein langes Feld folgen, kann das Stützmoment zwischen den beiden kurzen Feldern positiv werden (vgl. Abb. 1.35); die Feldmomente der kurzen Felder – und natürlich auch das Stützmoment zwischen den beiden kurzen Feldern – werden dann mit den Tafelwerten nicht mehr zutreffend ermittelt. Für diesen Sonderfall werden in [Pieper/Martens – 66] ausführliche Diagramme bereitgestellt (abgedruckt auch in [Schneider – 08]). Näherungsweise können jedoch nach [Schriever – 79] folgende Momente als Mindestwerte angesetzt werden:

Schnittgrößen

Tafel 1.5 Momentenbeiwerte für eine Berechnung nach *Pieper/Martens*

Stützungs-art	Bei-wert	\multicolumn{11}{c}{Stützweitenverhältnis l_y/l_x bzw. l_y'/l_x' (l_x bzw. $l_x' = l_{min}$)}
		1,0	1,1	1,2	1,3	1,4	1,5	1,6	1,7	1,8	1,9	2,0	→ ∞
1	f_x	27,2	22,4	19,1	16,8	15,0	13,7	12,7	11,9	11,3	10,8	10,4	8,0
	f_y	27,2	27,9	29,1	30,9	32,8	34,7	36,1	37,3	38,5	39,4	40,3	*
	f_x^0	20,0	16,6	14,5	13,0	11,9	11,1	10,6	10,2	9,8	9,5	9,3	8,0
	f_y^0	20,0	20,7	22,1	24,0	26,2	28,3	30,2	31,9	33,4	34,7	35,9	*
2.1	f_x	32,8	26,3	22,0	18,9	16,7	15,0	13,7	12,8	12,0	11,4	10,9	8,0
	f_y	29,1	29,2	29,8	30,6	31,8	33,5	34,8	36,1	37,3	38,4	39,5	*
	s_y	11,9	10,9	10,1	9,6	9,2	8,9	8,7	8,5	8,4	8,3	8,2	8,0
	f_x^0	26,4	21,4	18,2	15,9	14,3	13,0	12,1	11,5	10,9	10,4	10,1	8,0
	f_y^0	22,4	22,8	23,9	25,1	26,7	28,6	30,4	32,0	33,4	34,8	36,2	*
2.2	f_x	29,1	24,6	21,5	19,2	17,5	16,2	15,2	14,4	13,8	13,3	12,9	10,2
	f_y	32,8	34,5	36,8	38,8	40,9	42,7	44,1	45,3	46,5	47,2	47,9	*
	s_x	11,9	10,9	10,2	9,7	9,3	9,0	8,8	8,6	8,4	8,3	8,3	8,0
	f_x^0	22,4	19,2	17,2	15,7	14,7	13,9	13,2	12,7	12,3	12,0	11,8	10,2
	f_y^0	26,4	28,1	30,3	32,7	35,1	37,3	39,1	40,7	42,2	43,3	44,8	*
3.1	f_x	38,0	30,2	24,8	21,1	18,4	16,4	14,8	13,6	12,7	12,0	11,4	8,0
	f_y	30,6	30,2	30,3	31,0	32,2	33,8	35,9	38,3	41,1	44,9	46,3	*
	s_y	14,3	12,7	11,5	10,7	10,0	9,5	9,2	8,9	8,7	8,5	8,4	8,0
3.2	f_x	30,6	26,3	23,2	20,9	19,2	17,9	16,9	16,1	15,4	14,9	14,5	12,0
	f_y	38,0	39,5	41,4	43,5	45,6	47,6	49,1	50,3	51,3	52,1	52,9	*
	s_x	14,3	13,5	13,0	12,6	12,3	12,2	12,0	12,0	12,0	12,0	12,0	12,0
4	f_x	33,2	27,3	23,3	20,6	18,5	16,9	15,8	14,9	14,2	13,6	13,1	10,2
	f_y	33,2	34,1	35,5	37,7	39,9	41,9	43,5	44,9	46,2	47,2	48,3	*
	s_x	14,3	12,7	11,5	10,7	10,0	9,6	9,2	8,9	8,7	8,5	8,4	8,0
	s_y	14,3	13,6	13,1	12,8	12,6	12,4	12,3	12,2	12,2	12,2	12,2	11,2
	f_x^0	26,7	22,1	19,2	17,2	15,7	14,6	13,8	13,2	12,7	12,3	12,0	10,2
	f_y^0	26,7	27,6	29,2	31,4	33,8	36,2	38,1	39,8	41,4	42,8	44,2	*
5.1	f_x	33,6	28,2	24,4	21,8	19,8	18,3	17,2	16,3	15,6	15,0	14,6	12,0
	f_y	37,3	38,7	40,4	42,7	45,1	47,5	49,5	51,4	53,3	55,1	58,9	*
	s_x	16,2	14,8	13,9	13,2	12,7	12,5	12,3	12,2	12,1	12,0	12,0	12,0
	s_y	18,3	17,7	17,5	17,5	17,5	17,5	17,5	17,5	17,5	17,5	17,5	17,5
5.2	f_x	37,3	30,3	25,3	22,0	19,5	17,7	16,4	15,4	14,6	13,9	13,4	10,2
	f_y	33,6	34,1	35,1	37,3	39,8	43,1	46,6	52,3	55,5	60,5	66,1	*
	s_x	18,3	15,4	13,5	12,2	11,2	10,6	10,1	9,7	9,4	9,0	8,9	8,0
	s_y	16,2	14,8	13,9	13,3	13,0	12,7	12,6	12,5	12,4	12,3	12,3	11,2
6	f_x	36,8	30,2	25,7	22,7	20,4	18,7	17,5	16,5	15,7	15,1	14,7	12,0
	f_y	36,8	38,1	40,4	43,5	47,1	50,6	52,8	54,5	56,1	57,3	58,3	*
	s_x	19,4	17,1	15,5	14,5	13,7	13,2	12,8	12,5	12,3	12,1	12,0	12,0
	s_y	19,4	18,4	17,9	17,6	17,5	17,5	17,5	17,5	17,5	17,5	17,5	17,5

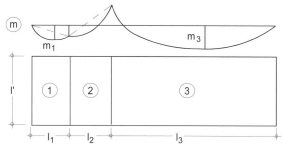

Abb. 1.35 Auf zwei kurze Felder folgt ein langes Feld

$$\begin{aligned}
l'/l_3 \geq 1{,}00 &\quad\rightarrow\quad m_1 \geq 0{,}6\,m_3 \\
1{,}00 > l'/l_3 \geq 0{,}77 &\quad\rightarrow\quad m_1 \geq 0{,}5\,m_3 \\
0{,}77 > l'/l_3 &\quad\rightarrow\quad m_1 \geq 0{,}3\,m_3
\end{aligned}$$

Zusätzlich sind die Momente nach dem „Regel"-Verfahren (s. vorher) zu ermitteln, der ungünstigere Wert ist maßgebend.

Das positive Stützmoment und das Feldmoment im Feld 2 werden konstruktiv abgedeckt, indem die für das Feld 1 ermittelte Bewehrung über beide Felder durchgeführt wird. Die obere Bewehrung über der Stütze zwischen den Feldern 1 und 2 ist nach dem Verfahren für normale Stützweitenverhältnisse zu bestimmen und entsprechend anzuordnen.

1.7.3.4 Momentenverläufe; Auflager-, Querkräfte und Eckabhebekräfte

Vereinfachte *Momentenverläufe* für zweiachsig gespannte Platten sind in [Czerny – 96] enthalten und in Tafel 1.6 für ein Stützweitenverhältnis $l_y/l_x = 1{,}5$ wiedergegeben. Sie können als Grundlage für eine Bewehrungsführung herangezogen werden.

Die *Auflagerkräfte* können näherungweise nach Tafel 1.7 bestimmt werden. Für Balken (Unterzüge) als Auflager von zweiachsig gespannten, gleichmäßig belasteten Platten werden die Lastbilder näherungweise berechnet aus der Zerlegung der Grundrissfläche der Platte in Trapeze und Dreiecke [DAfStb-H240 – 91]. Für den Zerlegungswinkel gilt in Ecken mit zwei Rändern gleichartiger Stützung 45°, in Ecken mit einem eingespannten und einem frei drehbar gelagerten Rand 60° zum eingespannten Rand hin. Bei Platten mit teilweiser Einspannung darf der Zerlegungswinkel zwischen 45° und 60° angenommen werden.

Aus der Zerlegung der Last F_d unter 45° und 60° ergeben sich die dargestellten Ersatzlastbilder. Werden die Eckabhebekräfte R (Berechnung s. unten) in den Plattenecken nicht gesondert erfasst, wird in [DAfStb-H240 – 91] empfohlen, eine *rechteckförmige* Ersatzlast mit dem angegebenen Maximalwert als Lastordinate anzusetzen.

Die *Eckabhebekräfte* werden aus den Drillmomenten berechnet. Es können die Werte nach Tafel 1.7 angesetzt werden. Die Platten sind in den Ecken entsprechend gegen Abheben zu sichern (entsprechende Auflasten oder Verankerungen). Soweit die Ecken nicht gegen Abheben gesichert werden, können sie nicht als drillsteif angesehen werden. Falls die Biegemomente dennoch z.B. mit Tafel 1.4 oder 1.5 ermittelt werden, sind sie angemessen zu erhöhen (Erhöhungsfaktoren s. z.B. [DAfStb-H240 – 91]).

Schnittgrößen

Tafel 1.6 Vereinfachte Momentengrenzlinien für Einfeldplatten mit $l_y / l_x = 1{,}5$

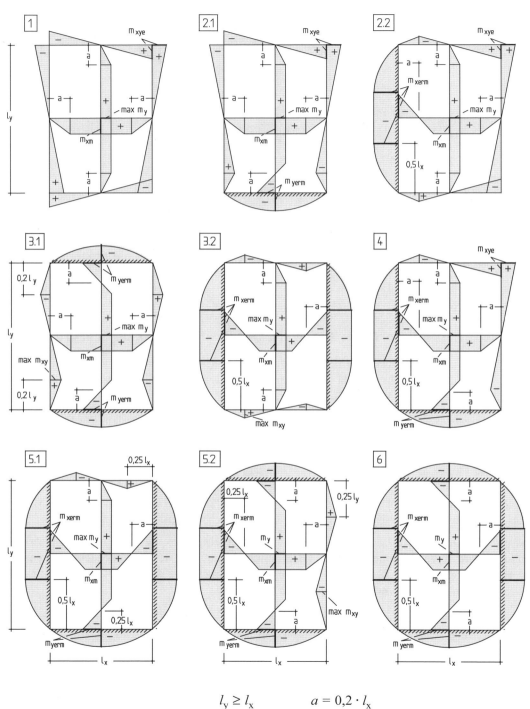

$$l_y \geq l_x \qquad a = 0{,}2 \cdot l_x$$

Tafel 1.7 Auflagerkräfte vierseitig gelagerter Platten

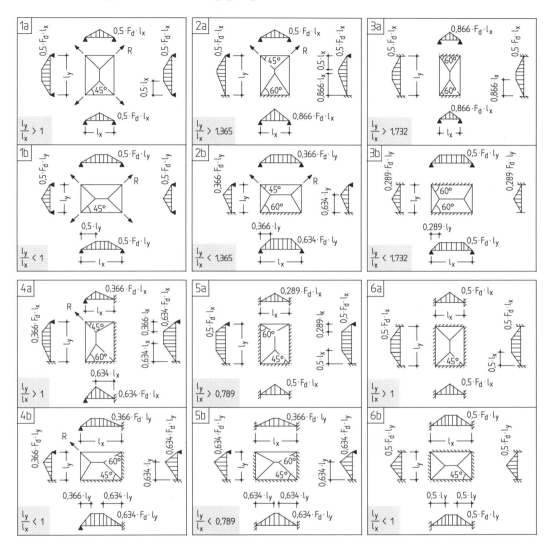

Tafel 1.8 Eckabhebekräfte vierseitig gelagerter Platten bei Gleichflächenlast F_d

$$R = F_d \cdot l_x^2 / \kappa \quad (\kappa \text{ nach Tafel})$$

$\varepsilon = l_y / l_x$ Stützung	1,00	1,10	1,20	1,30	1,40	1,50	1,60	1,70	1,80	1,90	2,00
1	10,8	9,85	9,20	8,75	8,40	8,15	7,95	7,80	7,70	7,65	7,55
2.1	13,1	11,6	10,5	9,70	9,10	8,70	8,40	8,10	7,90	7,80	7,70
2.2	13,1	12,4	12,0	11,7	11,5	11,4	11,3	11,2	11,2	11,2	11,2
4	13,9	13,0	12,4	12,0	11,7	11,5	11,4	11,3	11,2	11,2	11,2

Schnittgrößen

1.7.3.5 Zusammenfassende Beispiele

Beispiel 1

Zunächst sollen an einem einfachen Beispiel (zweifeldrige Platte gem. Abb.) die im Abschn. 1.7.3.2 und Abschn. 1.7.3.3 dargestellten Verfahren erläutert werden.

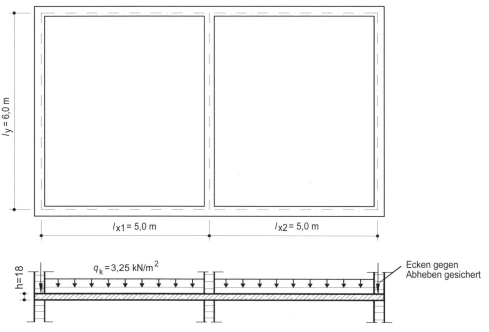

Baustoffe: C20/25; BSt 500 S

Belastung Eigenlasten: Konstruktion $g_{k1} = 0{,}18 \cdot 25{,}0 = 4{,}50$ kN/m²
Ausbaulast $g_{k2} = \underline{1{,}00}$ kN/m²
$g_k = \mathbf{5{,}50}$ kN/m²
Nutzlast (veränderliche Lasten): $q_k = 3{,}25$ kN/m²

Ermittlung der Biegemomente

Bemessungslasten: $g_d = \gamma_G \cdot g_k = 1{,}35 \cdot 5{,}50 = 7{,}43$ kN/m²
$q_d = \gamma_Q \cdot q_k = 1{,}50 \cdot 3{,}25 = 4{,}88$ kN/m²
$g_d + q_d = \mathbf{12{,}31}$ kN/m²

Stützweitenverhältnis $l_y/l_x = 6{,}0/5{,}0 = 1{,}2$

Berechnung nach dem Lastumordnungsverfahren
(Tabellenwerte nach [Czerny – 96]; vgl. Tafel 1.4)

Die Feldmomente werden für die Belastung ($g_d + 0{,}5q_d$) am statischen System der einseitig starr eingespannten Platte (Lagerungsfall 2.2 gem. Tafel 1.4), für $0{,}5q_d$ an der frei drehbar gelagerten Platte (Lagerungsfall 1 gem. Tafel 1.4) ermittelt. Das Einspannmoment wird für Volllast an der einseitig starr eingespannten Platte bestimmt.

Feldmomente

$$m_{xm} = \frac{(g_d+0{,}5q_d) \cdot l_x^2}{TW_{2.2}} + \frac{0{,}5q_d \cdot l_x^2}{TW_1} \qquad \bigg| \begin{array}{l} TW_1 \quad \text{Tafelwert der Platte 1 gem. Tafel 1.4} \\ TW_{2.2} \quad \text{Tafelwert der Platte 2.2 gem. Tafel 1.4} \end{array}$$

$$= \frac{(7{,}43+2{,}44) \cdot 5{,}00^2}{24{,}5} + \frac{2{,}44 \cdot 5{,}00^2}{19{,}1} = 13{,}3 \text{ kNm/m}$$

$$m_{ymax} = \frac{(g_d+0{,}5q_d) \cdot l_x^2}{TW_{2.2}} + \frac{0{,}5q_d \cdot l_x^2}{TW_1}$$

$$= \frac{(7{,}43+2{,}44) \cdot 5{,}00^2}{48{,}8} + \frac{2{,}44 \cdot 5{,}00^2}{29{,}1} = 7{,}15 \text{ kNm/m}$$

Stützmomente

$$m_{xerm} = -\frac{(g_d+q_d) \cdot l_x^2}{TW_{2.2}} \qquad \bigg| \; TW_{2.2} \quad \text{Tafelwert der Platte 2.2 gem. Tafel 1.4}$$

$$= -\frac{(7{,}43+4{,}88) \cdot 5{,}00^2}{10{,}2} = -30{,}2 \text{ kNm/m}$$

Berechnung nach Pieper/ Martens

Feldmomente

$$m_{fx} = \frac{(g_d+q_d) \cdot l_x^2}{f_{x,2.2}}$$

$$= \frac{(7{,}43+4{,}88) \cdot 5{,}00^2}{21{,}5} = 14{,}3 \text{ kNm/m}$$

$$m_{fy} = \frac{(g_d+q_d) \cdot l_x^2}{f_{y,2.2}}$$

$$= \frac{(7{,}43+4{,}88) \cdot 5{,}00^2}{36{,}8} = 8{,}36 \text{ kNm/m}$$

$f_{x,2.2}, f_{y,2.2}$ Tafelwert nach Tafel 1.5, Platte 2.2

Den Beiwerten $f_{x,2.2}$ und $f_{y,2.2}$ für die Platte 2.2 gem. Tafel 1.5 liegt für die Gesamtlast – nicht nur für die Verkehrslast – eine 50%ige Einspannung zu Grunde.

Stützmomente

$$m_{sx} = \frac{(g_d+q_d) \cdot l_x^2}{s_{x,2.2}}$$

$$= -\frac{(7{,}43+4{,}88) \cdot 5{,}00^2}{10{,}2} = -30{,}2 \text{ kNm/m}$$

$s_{x,2.2}$ Tafelwert nach Tafel 1.5, Platte 2.2

Den Beiwerten $s_{x,2.2}$ für die Platte 2.2 gem. Tafel 1.5 liegt für die Gesamtlast eine 100%ige Einspannung zu Grunde.

Eine Mittelwertbildung der Stützmomente für die Platte links und rechts entfällt hier, da sich für beide Platten derselbe Wert ergibt.

Ein Vergleich zwischen den beiden Verfahren – Lastumordnungsverfahren, Verfahren nach Pieper/Martens – zeigt für das berechnete Beispiel, dass das Verfahren nach Pieper/Martens auf der sicheren Seite liegende Feldmomente (i.d.R. allerdings nur geringfügig) liefert, während die Stützmomente in beiden Fällen identisch sind.

Von der Handhabung ist das Verfahren nach Pieper/Martens jedoch deutlich einfacher, sodass es für Handrechnungen bevorzugt wird. Das gilt insbesondere für größere Plattensysteme.

Beispiel 2 (vgl. [Schneider – 10])

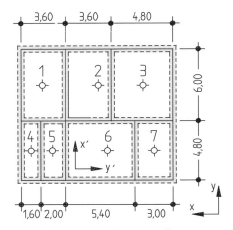

Für das dargestellte Plattensystem sollen die Biegemomente im Grenzzustand der Tragfähigkeit bestimmt werden. Berechnung nach Pieper/Martens.

Belastung $g_k = 6{,}00$ kN/m²
$q_k = 2{,}75$ kN/m²
(incl. Leichtwandzuschlag)
$\rightarrow (g_d + q_d) = 1{,}35 \cdot 6{,}00 + 1{,}5 \cdot 2{,}75 = 12{,}23$ kN/m²

Es empfiehlt sich eine Rechnung mit globalen Koordinaten (x/y) für das gesamte Plattensystem und mit lokalen Koordinaten (x'/y') für das einzelne Plattenfeld. Ob für das einzelne Feld das Verhältnis $\varepsilon = l_y / l_x$ oder $\varepsilon' = l'_y / l'_x$ zu bilden ist, hängt von der Lage der eingespannten Ränder im Koordinatensystem ab. Die Beiwerte f und s werden in der Berechnungstabelle durch entsprechendes Vertauschen unmittelbar auf globale Koordinaten bezogen.

Momente in kNm/m

Platten-Nr.	Stützung	l_x / l'_y	l_y / l'_x	$\varepsilon = l_y/l_x$ / $\varepsilon' = l'_y/l'_x$	f_x	f_y	s_x	s_y	Feldmomente m_{fx}	m_{fy}	Stützmomente m_{s0x}	m_{s0y}
1	4	3,60	6,00	1,67	15,2	44,4	9,0	12,2	10,43	3,57	–17,61	–12,99
2	5.1	3,60	6,00	1,67	16,6	50,8	12,2	17,5	9,55	3,12	–12,99	–9,06
3	4	4,80	6,00	1,25	22,0	36,6	11,1	13,0	12,81	7,70	–25,39	–21,68
4	4	1,60	4,80	3,00	[1]	*	8,0	11,2	4,10[1]	*	–3,91	–2,80
5	5.1	2,00	4,80	2,40	12,0	*	12,0	17,5	4,08	*	–4,08	–2,80
6	5.2	5,40	4,80	1,13	34,4	29,0	14,6	14,9	8,19	9,71	–19,30	–18,91
7	4	3,00	4,80	1,60	15,8	43,5	9,2	12,3	6,97	2,53	–11,96	–8,95

[1] Sonderfall gem. Abschn. 1.7.3.3 (s. Abb. 1.35); wegen $l'/l_3 = 4{,}80/5{,}40 = 0{,}89$ ist $m_{fx,4} = 0{,}5\ m_{fx,6}$ als Mindestwert zu berücksichtigen.

Stützmomente in kNm/m

Die Ränder werden durch die Nummern der beiden benachbarten Felder bezeichnet. Das Stützmoment $\min m_{sik}$ wird aus dem Mittelwert $0{,}5 \cdot (m_{ik} + m_{ki})$ bzw. $0{,}75 \cdot \min m_{s0}$ gebildet, soweit nicht ingenieurgemäße korrigierende Überlegungen für die Bemessung nach dem Volleinspannmoment sprechen (hier werden über der ganzen Mittellängswand die Volleinspannmomente zugrunde gelegt). Die Drillmomente in den Ecken sind zusätzlich abzudecken.

Rand i - k / m	x-Richtung					y-Richtung			
	1 - 2	2 - 3	4 - 5	5 - 6	6 - 7	1 - 4/5	2 - 6	3 - 6	3 - 7
$m_{s0} = m_{ik}$	–17,61	–12,99	–3,91	–4,08	–19,30	–12,99	–9,06	–21,68	–21,68
$m_{s0} = m_{ki}$	–12,99	–25,39	–4,08	–19,30	–11,96	–2,80	–18,91	–18,91	–8,95
$0{,}5 \cdot (m_{ik} + m_{ki})$	–15,30	–19,19	–4,00	–11,70	–15,63	Bemessung für Volleinspannmomente wegen durchgehender Mittellängswand			
$0{,}75 \cdot \min m_{s0}$	–13,21	–19,04	–3,06	–14,48	–14,48				
$\min m_{sik}$	–15,30	–19,19	–4,00[2]	–14,48	–15,63	–12,99	–18,91	–21,68	–21,68

[2] Ohne genaueren Nachweis ist auch für das positive Feldmoment $m_{fx,4} = +4{,}10$ kNm/m zu bemessen.

1.7.4 Punktförmig gestützte Platten

Punktförmig gestützte Platten sind Deckenkonstruktionen, bei denen das Plattentragwerk direkt auf Stützen aufgelagert wird. Wenn die Stützenköpfe ohne Verstärkung ausgeführt werden, spricht man von einer Flachdecke, andernfalls von einer Pilzdecke. Bei punktförmig gestützten Platten treten hohe Beanspruchungen im Bereich der Lasteintragung auf. Ein ähnliches Tragverhalten weisen auch Fundamentplatten auf, die durch Einzelstützen belastet sind.

Die Schnittgrößenermittlung erfolgt in der Regel mit Hilfe von FE-Programmen. An den Stützungen treten bei Annahme einer punktförmigen Lagerung theoretisch sehr große Momentenspitzen auf; sie sind jedoch nicht bemessungsrelevant, da wegen einer örtlichen Plastifizierung der Platte, wegen einer begrenzten Nachgiebigkeit der Unterstützung und bei Berücksichtigung der tatsächlichen Lasteinleitungsfläche die Momentenspitzen deutlich abgebaut werden.

Im Gegensatz zu den umfanggelagerten Platten treten bei punktförmig gelagerten Platten die größten Biegemomente in Richtung der längeren Stützweite auf. Für einfache Fälle und zur Kontrolle elektronischer Berechnungen bietet sich zur Schnittgrößenermittlung das im [DAfStb-H240 – 91] angegebene Näherungsverfahren an.

Näherungsverfahren zur Ermittlung der Momente von Flachdecken nach DAfStb-H240

Nach [DAfStb-H240 – 91] kann die Berechnung mit Hilfe von Ersatzrahmen, wenn Stütze und Platte biegesteif miteinander verbunden sind, oder von Ersatzdurchlaufträgern bei gelenkiger Verbindung von Stütze und Platte erfolgen. Das Verfahren gilt bei vorwiegend lotrechter Belastung (ausgesteiftes System) und bei einem Stützweitenverhältnis von $0{,}75 \leq l_x/l_y \leq 1{,}33$.

Die beiden sich kreuzenden Richtungen x und y werden als durchlaufende kontinuierlich gestützte Balken bzw. Rahmenriegel betrachtet. Für jede Richtung ist dabei die volle Belastungsbreite zu berücksichtigen. Die Feld- und Stützmomente werden dann mit den üblichen Methoden

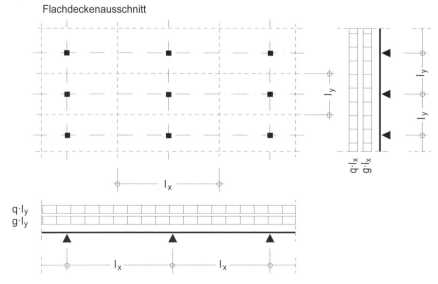

Abb. 1.36 Ersatzdurchlaufträger bei gelenkigem Anschluss zwischen Platte und Stütze

Schnittgrößen

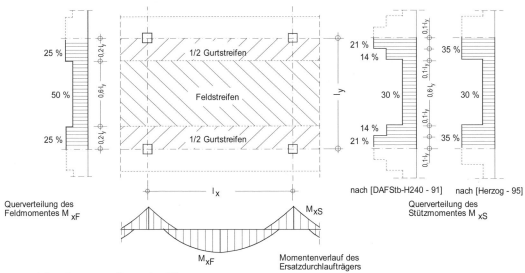

Abb. 1.37 Querverteilung der Biegemomente

der Stabstatik bestimmt. Die so ermittelten (Gesamt-)Biegemomente werden in Querrichtung mittels Verteilungszahlen auf Gurt- und Feldstreifen aufgeteilt (vgl. Abb. 1.37).

Beispiel

Es ist das Innenfeld einer über viele Felder durchlaufenden Flachdecke gegeben (s. Abb. 1.38). Als Belastung ist zu berücksichtigen (es sind unmittelbar Bemessungslasten angegeben):

    Eigenlasten $g_d = 10{,}13$ kN/m²   (incl. einer Ausbaulast)
    Verkehrslast $q_d = 4{,}88$ kN/m²

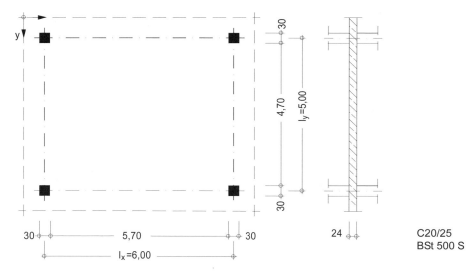

Abb. 1.38 Geometrie und Belastung des untersuchten Flachdeckenbereichs

50

Biegemomente

x-Richtung

Balkenschnittgrößen: $M_{xF} = (0{,}042 \cdot 10{,}13 + 0{,}083 \cdot 4{,}88) \cdot 5{,}00 \cdot 6{,}00^2 = 149{,}5$ kNm
$M_{xS} = -(0{,}083 \cdot 10{,}13 + 0{,}114 \cdot 4{,}88) \cdot 5{,}00 \cdot 6{,}00^2 = -251{,}5$ kNm

Plattenschnittgrößen im Feld
- Gurtstreifen ($b_G = 1{,}00$ m): $m_{xF,G} = 0{,}25 \cdot 149{,}5/1{,}00 = 37{,}38$ kNm/m
- Feldstreifen ($b_F = 3{,}00$ m): $m_{xF,F} = 0{,}50 \cdot 149{,}5/3{,}00 = 24{,}92$ kNm/m

Plattenschnittgrößen an der Stütze
- Gurtstreifen, Achse ($b_{GA} = 0{,}50$ m): $m_{xS,GA} = -0{,}21 \cdot 251{,}5/0{,}50 = -105{,}63$ kNm/m
- Gurtstreifen, Rand ($b_{GR} = 0{,}50$ m): $m_{xS,GR} = -0{,}14 \cdot 251{,}5/0{,}50 = -70{,}42$ kNm/m
- im Feld, Feldstreifen ($b_F = 3{,}00$ m): $m_{xS,F} = -0{,}30 \cdot 251{,}5/3{,}00 = -25{,}15$ kNm/m

y-Richtung

Balkenschnittgrößen: $M_{yF} = (0{,}042 \cdot 10{,}13 + 0{,}083 \cdot 4{,}88) \cdot 6{,}00 \cdot 5{,}00^2 = 124{,}6$ kNm
$M_{yS} = -(0{,}083 \cdot 10{,}13 + 0{,}114 \cdot 4{,}88) \cdot 6{,}00 \cdot 5{,}00^2 = -209{,}6$ kNm

Plattenschnittgrößen im Feld
- Gurtstreifen ($b_G = 1{,}20$ m): $m_{yF,G} = 0{,}25 \cdot 124{,}6/1{,}20 = 25{,}96$ kNm/m
- Feldstreifen ($b_F = 3{,}60$ m): $m_{yF,F} = 0{,}50 \cdot 124{,}6/3{,}60 = 17{,}31$ kNm/m

Plattenschnittgrößen an der Stütze
- Gurtstreifen, Achse ($b_{GA} = 0{,}60$ m): $m_{yS,GA} = -0{,}21 \cdot 209{,}6/0{,}60 = -73{,}36$ kNm/m
- Gurtstreifen, Rand ($b_{GR} = 0{,}60$ m): $m_{yS,GA} = -0{,}14 \cdot 209{,}6/0{,}60 = -48{,}91$ kNm/m
- im Feld, Feldstreifen ($b_F = 3{,}60$ m): $m_{yS,F} = -0{,}30 \cdot 209{,}6/3{,}60 = -17{,}47$ kNm/m

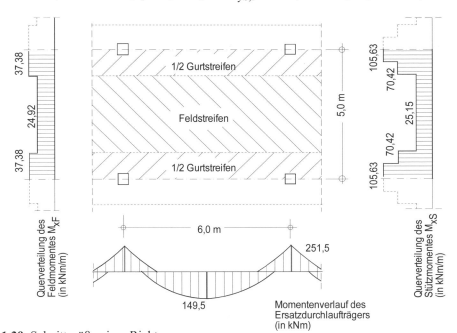

Abb. 1.39 Schnittgrößen in *x*-Richtung

Schnittgrößen

1.7.5 Sonderfälle der Plattenberechnung

Für zweiachsig gespannte Platten haben neben den linearen Verfahren mit oder ohne Umlagerung die plastischen Verfahren eine Bedeutung. Verfahren der Plastizitätstheorie sind
- die Streifenmethode nach *Hillerborg*
- die Bruchlinientheorie.

Die Streifenmethode als statisches Verfahren der Plastizitätstheorie liefert eine untere Schranke der Tragfähigkeit und liegt daher grundsätzlich auf der sicheren Seite. Die Bruchlinientheorie ist dagegen ein sog. kinematisches Verfahren, bei dem zusätzliche Betrachtungen erforderlich sind, um sicherzustellen, dass der maßgebende Grenzzustand mit ausreichender Näherung erfasst worden ist.

Die Bruchlinien- oder Fließgelenktheorie geht von Versuchsbeobachtungen an Stahlbetonplatten im Bruchzustand aus, bei denen sich Rissbereiche mit einer geometrischen Regelmäßigkeit ausbilden. Diese Rissbereiche werden vereinfachend in Linien konzentriert angenommen, in denen eine Plastifizierung angenommen wird (vgl. Abb. 1.40).

Damit sich diese plastischen Gelenke ausbilden können, müssen die Querschnitte eine ausreichende Rotationsfähigkeit aufweisen. Dies darf nach EC2-1-1 ohne direkten Nachweis unterstellt werden, wenn die nachfolgenden Regelungen eingehalten werden:
- die bezogene Druckzonenhöhe ξ darf folgende Werte nicht überschreiten
  $\xi = x/d = 0{,}25$ für Beton bis C 50/60
  (für Beton ab C 55/57 gilt $\xi = x/d = 0{,}15$)
- es ist Betonstahl mit hoher Duktilität zu verwenden
- das Verhältnis von Stütz- zu Feldmomenten muss zwischen 0,5 und 2,0 liegen.

An dieser Stelle wird auf weitere Erläuterungen verzichtet, es wird auf die einschlägige Literatur verwiesen.

Hinzuweisen ist jedoch insbesondere darauf, dass plastische Verfahren mit ihrem hohen Vereinfachungsgrad nur für den Grenzzustand der Tragfähigkeit angewendet werden dürfen. Der Grenzzustand der Gebrauchstauglichkeit (Rissbreitenbegrenzung, Begrenzung von Verformungen) ist mit anderen Verfahren (i.d.R. nach der Elastizitätstheorie) nachzuweisen.

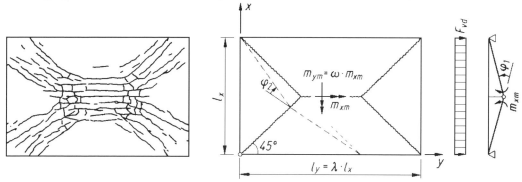

Abb. 1.40 Rissbild und idealisierte Bruchfigur einer vierseitig, gelenkig gelagerten Platte unter Gleichlast ([Litzner – 96])

1.8 Scheiben, wandartige Träger

Mit praxisüblichen Rechenprogrammen auf der Basis isotroper Materialeigenschaften können die Zug- und Druckkräfte im Zustand II ggf. näherungsweise durch Berechnung mit oberen und unteren Grenzen des E-Moduls abgeschätzt werden. Die Bewehrung muss für die Resultierende der Zugspannungen ausgelegt sein, sodass in jedem Falle Gleichgewicht erfüllt ist (s. Abb. 1.41).

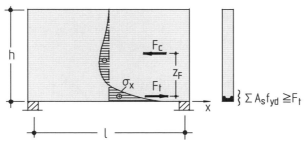

Abb. 1.41 Spannungsverteilung und Resultierende der Spannungen bei einer einfeldrigen Scheibe

Näherungsverfahren nach [DAfStb-H240 – 91]

Das Verfahren beruht im Prinzip darauf, dass die Schnittgrößenermittlung mit den bekannten Methoden der Balkenstatik erfolgt. Bei der Bemessung für die resultierenden Druck- und Zugkräfte wird jedoch die von der Balkentheorie abweichende Spannungsverteilung berücksichtigt, indem der Hebelarm der inneren Kräfte z entsprechend dem bei Scheiben vorliegenden Spannungsverlauf abgeschätzt wird (s. Abb. 1.41).

Ermittlung der Zugkräfte (Biegezugbewehrung)

Die Längszugkräfte werden aus den für Balken bestimmten Schnittmomenten M_{Ed} im Feld oder an der Stütze ermittelt, wobei der Hebelarm der inneren Kräfte z angepasst wird. Es gilt:

Resultierende Zugkraft im Feld: $F_{td,F} = M_{Ed,F} / z_F$
Resultierende Zugkraft an der Stütze: $F_{td,S} = M_{Ed,S} / z_S$

Es sind $M_{Ed,F}$ und $M_{Ed,S}$ das Bemessungsfeldmoment und Stütz- bzw. Kragmoment eines entsprechend schlanken Trägers und z_F und z_S der rechnerische Hebelarm der inneren Kräfte im Feld und an der Stütze. Der Hebelarm z kann nach [DAfStb-H240 – 91] abgeschätzt werden zu (ggf. auch genauer bestimmt werden mit den dort wiedergegebenen Tabellen):

- Einfeldträger mit $0{,}5 < h/l < 1{,}0$: $z_F = 0{,}3\,h\,(3 - h/l)$
  $h/l \geq 1{,}0$: $z_F = 0{,}6\,l$
- Endfelder von Durchlaufträgern mit $0{,}4 < h/l < 1{,}0$: $z_F = z_S = 0{,}5\,h\,(1{,}9 - h/l)$
  $h/l \geq 1{,}0$: $z_F = z_S = 0{,}45\,l$
- Innenfeld von Durchlaufträgern mit $0{,}3 < h/l < 1{,}0$: $z_F = z_S = 0{,}5\,h\,(1{,}8 - h/l)$
  $h/l \geq 1{,}0$: $z_F = z_S = 0{,}4\,l$
- Kragträger mit $1{,}0 < h/l_k < 2{,}0$: $z_S = 0{,}65\,l_k + 0{,}10\,h$
  $h/l_k \geq 2{,}0$: $z_S = 0{,}85\,l_k$

(h Bauhöhe, l Stützweite, l_k Kraglänge)

Schnittgrößen

Nachweis der Druckspannungen im Beton

Die maßgebenden auflagernahen Hauptdruckspannungen im Zustand II sind auf die zulässigen Werte zu begrenzen. Für Normalbeton ist i.d.R. die Bedingung $\sigma_{cd} \leq 0{,}75 f_{cd}$ einzuhalten (unter bestimmten Voraussetzungen kommen auch andere Werte in Frage; s. EC2-1-1 und DAfStb-H525).

Besonderheiten der Bewehrungsführung

Die Bewehrung von wandartigen Trägern muss je Außenfläche und je Richtung mindestens $a_s = 1{,}5\,\text{cm}^2/\text{m}$ und 0,075 % der Betonfläche betragen (EC2-1-1, 9.7). Für die Hauptbewehrung gilt nach [DAfStb-H240 – 91]:

– Die Feldbewehrung ist vollständig über die Auflager zu führen und dort für eine Zugkraft $0{,}8\,F_{td,F}$ zu verankern; stehende Haken sind zu vermeiden.
– Die Feldbewehrung wird über eine Höhe von $0{,}1\,h$ bzw. $0{,}1\,l$ (der kleinere Wert ist maßgebend) angeordnet.
– Die Stütz- und Kragbewehrung*⁾ ist nach Abb. 1.42a und 1.42b anzuordnen und zu verteilen.

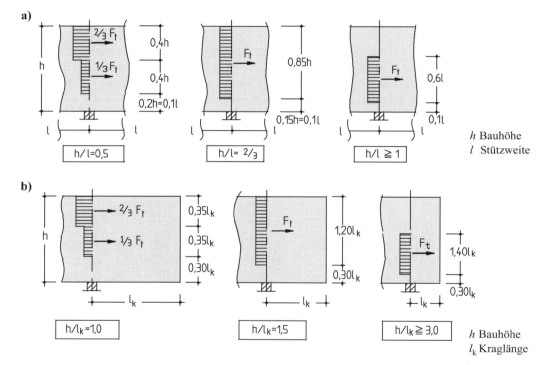

Abb. 1.42 Verteilung der Hauptbewehrung*⁾ für die Zugkraft F_t
a) über dem Innenauflager einer durchlaufenden Scheibe
b) über dem Auflager einer Kragscheibe

---

*⁾ Spalt- und Randzugkräfte unter Einzellasten und eine Aufhängebewehrung bei unten angreifenden Lasten sind zusätzlich zu beachten.

Plastische Verfahren

Neben der linearen Berechnung sind insbesondere Verfahren nach der Plastizitätstheorie zu nennen. Die Tragwerke werden dabei durch statisch bestimmte Stabwerke idealisiert. Elemente dieser Stabwerke sind

- fiktive gerade Druckstreben zur Übertragung von Druckkräften im Beton
- Zugstreben aus Bewehrung zur Übertragung von Zugkräften.

Die Kräfte im Stabwerk werden aus Gleichgewichtsbedingungen bestimmt. Die Zugkräfte müssen durch ausreichende Bewehrung aufgenommen werden, wobei im Stahl der Bemessungswert der Stahlspannung $\sigma_{sd} \leq f_{yd}$ nicht überschritten werden darf. In den Druckstreben müssen die Betondruckspannungen nachgewiesen werden (für Normalbeton $\sigma_{cd} \leq 0{,}75 f_{cd}$; ggf. kommen auch andere Werte in Frage, s. vorher).

Um die Verträglichkeit sicherzustellen, sollten sich Lage und Richtung der Druck- und Zugstreben des Stabwerks an der Spannungsverteilung der Elastizitätstheorie orientieren (s. Abb. 1.43; ausführliches Beispiel s. Abschn. 4.4).

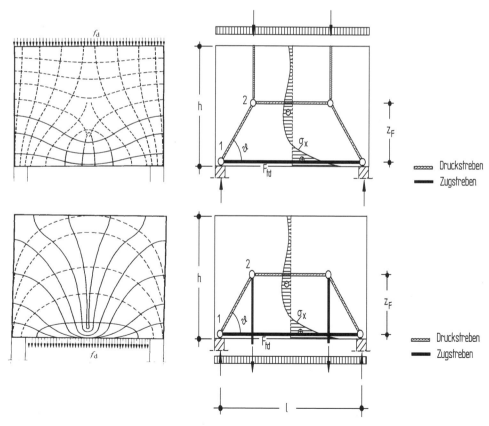

Abb. 1.43 Stabwerkmodelle für einfeldrige Scheiben mit von oben wirkenden und von unten angehängten Lasten

1.9 EDV-Berechnungen

Berechnungen mit EDV-Programmen sind heute in der Ingenieurpraxis unverzichtbares Hilfsmittel. Auch im Studium gehört neben der allgemeinen Bauinformatik die Anwendungen von professionell erstellten EDV-Programmen zum Standard. Der Anwender dieser Software sollte grundsätzliche Kenntnisse über deren Hintergründe und Leistungsfähigkeit haben.

Grundsätzlich sind die Ergebnisse von EDV-Berechnungen zu kontrollieren; hierzu gehören insbesondere Gleichgewichtskontrollen und überschlägliche „Von-Hand-Berechnungen" an einfachen Ersatzsystemen. Hilfreich sind dabei auch grafische Ausgaben, die durch ungewöhnliche Verläufe – Unstetigkeiten, Sprünge usw. – auf Eingabe- und Berechnungsfehler hinweisen können.

An dieser Stelle soll mit einigen Hinweisen exemplarisch auf häufige Fehlerquellen und Problempunkte hingewiesen werden.

1.9.1 Stabwerkprogramme (vgl. a. [Falter – 10])

Bei der Eingabe sind zunächst die Erläuterungen zur Topologie zu beachten (Koordinatensysteme, Vorzeichenregelungen). Im Allgemeinen wird unterschieden zwischen einer Ein- und Ausgabe im globalen Koordinatensystem (Koordinatensystem, das für die Gesamtstruktur gilt) und lokalen Koordinaten, die sich auf die jeweilige Stabachse beziehen.

Große Steifigkeitssprünge sind zu vermeiden, da sie zu numerischen Problemen führen können. Unterschiede in den Steifigkeiten resultieren dabei aus sprunghaften Querschnittsänderungen und/oder aus stark unterschiedlichen Stablängen (z. B. Stab 1 mit $l_1 = 10$ m schließt an Stab 2 mit $l_2 = 0{,}10$ m an).

Die Systeme müssen kinematisch bestimmt sein, d. h. es dürfen keine Gelenkketten, unvollständig gelagerte Systeme u. Ä. vorhanden sein. Die Berechnung wird dann in der Regel mit einer Fehlermeldung abgebrochen. Als Ursache kommen folgende Möglichkeiten in Betracht:

    Lagerung: unvollständig gelagerte Systeme
                         Ausfall von Bettungen (Auftreten von Zugkräfte)
    Stäbe: Kugelgelenke am Anfang und Ende eines Stabes
                         Gelenkketten
                         Systemversagen durch Fließgelenke (nichtlineare Berechnungen)
                         Systemversagen durch Stabknicken
                         Ausfall von (Zug-)Stäben/Seilen

Hinweise auf die genannten Ursachen können aber auch unrealistisch große Verformungen sein.

1.9.2 Anwendung von FE-Programmen
(vgl. [Avak – 04], [Schmitz – 02], [Werkle – 03], [Werkle – 10])

Grundsätzliches

Die Berechnung mit FE-Programmen gehört heute zum Alltag in der Ingenieurpraxis. Nachfolgend werden einige Hinweise zur Anwendung insbesondere bei Platten gegeben. Bzgl. der theoretischen Grundlagen wird z. B. auf [Werkle – 03] verwiesen.

Der Anwender muss sich zunächst grundsätzlich darüber im Klaren sein, dass die FEM nicht generell genauere Ergebnisse liefert. 20-prozentige Abweichungen von den „richtigen" Werten sind insbesondere in Problembereichen nicht ungewöhnlich. Vor allem Schnittgrößen an Unstetigkeitsstellen (Ecken, Einzelstützen, unterbrochene Stützungen usw.) sind besonders kritisch zu betrachten. Hier können die Ergebnisse durch eine Verdichtung des Elementnetzes und durch Berücksichtigung realistischer Auflagerbedingungen (s. u.) verbessert werden.

Elementnetz

Elementnetze werden in einer Grundstruktur von üblichen FE-Programmen selbständig generiert; vom Anwender sind dabei Zwangspunkte und Zwangslinien (i. d. R. Auflagerungen) festzulegen. Knoten sollten außerdem so gelegt werden, dass eine Ergebnisausgabe an interessierten Punkten möglich ist (z. B. Anschnitt von Unterstützungen). Zu beachten ist dabei, dass Ergebnisse in Elementmitte und nicht unbedingt in den Knoten ausgegeben werden.

In Bereichen von Diskontinuitäten ist die im Normalbereich gewählte Netzeinteilung deutlich zu verdichten. Hierzu gehören insbesondere

Lagerung: Punktlagerungen, unterbrochene Stützung, Ecken
Geometrie: Steifigkeitssprünge, Öffnungen
Belastung: Orte mit Einzellasten u. Ä.

Bei Plattentragwerken sollten die Elemente möglichst quadratisch sein, Seitenverhältnisse von 1:2 sollten nicht überschritten werden. In Richtung der kürzeren Stützweite sollten mindestens etwa 8 bis 12 Elemente angeordnet werden, die Elementlänge sollte weniger als die dreifache Plattendicke betragen. In Problembereichen kann eine Verdichtung bis auf 10 cm Netzweite sinnvoll sein.

Lagerungsbedingungen, Interpretation der Ergebnisse

Die Lagerungsbedingungen sollten möglichst wirklichkeitsnah formuliert werden. Hierzu gehört, dass die Elastizität bzw. Federsteifigkeit der Unterstützungen berücksichtigt wird. Der Einfluss der Federsteifigkeit ist insbesondere bei Einzelstützen und bei unterbrochener Linienlagerung besonders groß.

Starre **Linienlager** führen an Unterbrechungsstellen zu Singularitäten der Momente und unrealistisch hohen Auflagerkräften. An diesen Stellen sollte die Federsteifigkeit der Unterstützung berücksichtigt werden. Sie kann pro m ermittelt werden aus

$$k_w = E \cdot b / l_w$$

mit E als Elastizitätsmodul der Wand, b als Wanddicke und l_w als lichte Wandhöhe.

Schnittgrößen

Einzelstützen z. B. bei Flachdecken führen, wenn sie als starre punktförmige Lager erfasst werden, zu Singularitäten und damit zu theoretisch unendlich großen Momentenwerten. Im Bereich der Stütze sollte daher die Bettung mit berücksichtigt werden, die zu einer deutlichen Abminderung und zu realistischen Schnittgrößen führt (Abb. 1.44).

Aus der Dehnsteifigkeit der Stütze ergibt sich der Bettungsmodul zu $K = E/l_w$ mit E als Elastizitätsmodul und l_w als lichte Höhe der Stütze. Nach [Werkle – 10] ist es jedoch sinnvoller, generell die Biegesteifigkeit der Stützen zu berücksichtigen, d. h. als Bettungsziffer der einzelnen Stütze $K = 3 \cdot E/l_w$ bei gelenkiger Lagerung bzw. $K = 4 \cdot E/l_w$ bei starrer Einspannung anzusetzen (das gilt insbesondere für Rand- und Eckstützen, wenn die einspannende Wirkung genauer erfasst werden soll).

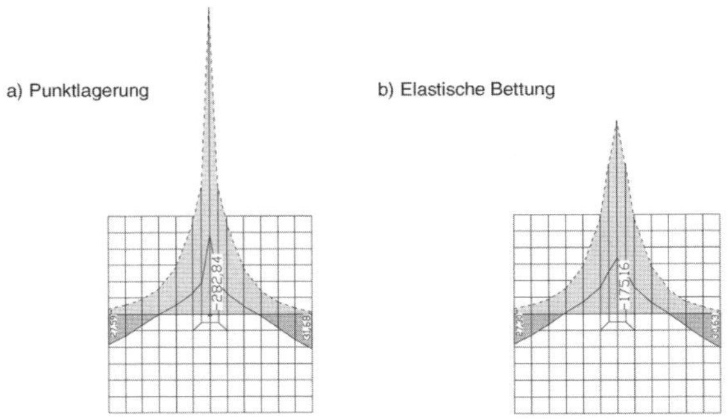

Abb. 1.44 Stütze einer Flachdecke
a) starre Punktlagerung
b) elastische Bettung

Für die Bemessung ist zu beachten, dass die Biegemomente sehr rasch abfallen und die maximale Bewehrung quer zur Beanspruchungsrichtung nur im Zentimeterbereich erforderlich wäre. Bedingt durch ein begrenztes Plastifizieren der Platte genügt eine Bemessung für das *integrierte Moment* auf einer Streifenbreite b_s. Dabei bleibt die Gesamtbewehrungsmenge erhalten, sie wird jedoch innerhalb der Streifenbreite gleichmäßig verteilt angeordnet. Die Streifenbreite b_s kann dabei für übliche Plattentragwerke des Hochbaus z. B. in Anlehnung an DAfStb-H240 (vgl. Abschn. 1.7) gewählt werden. Danach ergibt sich eine Stützstreifenbreite von jeweils $0,1L$ (innerer bzw. äußerer Stützstreifen). Abb. 1.45 zeigt das Verfahren und die Vorgehensweise (vgl. hierzu auch nachfolgendes erläuterndes Beispiel).

Die für das Durchstanzen benötigten Querkräfte sollten aus der Auflagerkraft der Stütze bestimmt werden und nicht mit den i. Allg. ungenaueren FE-Querkräften der Platte.

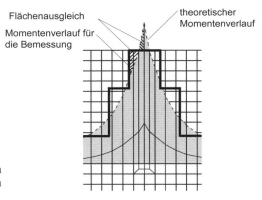

Abb. 1.45 Bemessung für integrale Momente an Stellen mit großen Momentengradienten

EDV-Berechnungen

Erläuterndes Zahlenbeispiel

Für eine Flachdecke sollen nachfolgend die Ergebnisse einer FE-Berechnung mit der Näherungslösung nach DAfStb-H240 verglichen werden. Gegeben sei das Innenfeld einer 5-feldrigen Flachdecke mit $l_x = 6{,}30$ m und $l_y = 5{,}10$ m. Als Bemessungslasten werden berücksichtigt:

Eigenlasten $\quad g_d = 10{,}80$ kN/m² $\quad$ (incl. einer Ausbaulast)
Verkehrslast $\quad q_d = 7{,}50$ kN/m²

Hierfür erhält man nach der FE-Methode*) die in Abb. 1.46a und 1.46b dargestellten Biegemomente. Für die Stützen wurde die elastische Bettung berücksichtigt. Die Näherungslösung nach DAfStb-H240 ist jeweils im Schnitt an der Stütze und in Feldmitte als Querverteilungsprofil dargestellt (aus [Bender – 04]).

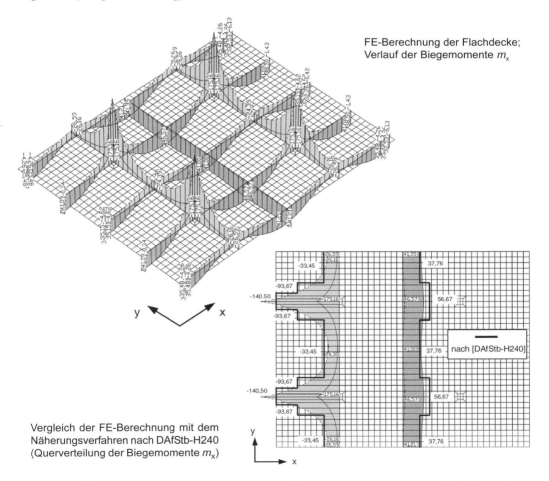

Abb. 1.46a FE-Berechnung und Vergleich mit dem Näherungsverfahren nach DAfStb-H240; Biegemomente m_x

---
*) Die FE-Berechnung wurde mit dem Programmsystem *InfoGraph*® durchgeführt.

Schnittgrößen

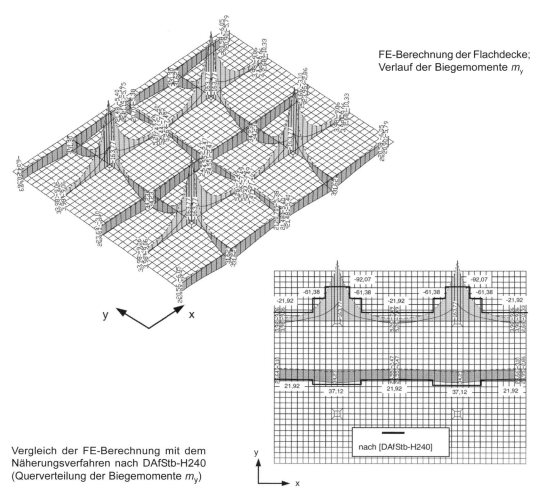

Abb. 1.46b FE-Berechnung und Vergleich mit dem Näherungsverfahren nach DAfStb-H240; Biegemomente m_y

Unterzüge (analog Überzüge) werden in einer „Von-Hand-Berechnung" üblicherweise durch starre Lagerungen ersetzt. Tatsächlich stellen Unterzüge jedoch gegenüber Wänden eine nachgiebigere Lagerung dar. Je nach Steifigkeit treten daher bei dieser vereinfachenden Annahme mehr oder weniger große Abweichungen von den tatsächlichen Schnittgrößen auf.

Bei einer FE-Modellierung müssen die Biegesteifigkeiten möglichst realitätsnah wiedergegeben werden. Grundsätzlich kommen folgende Möglichkeiten in Frage:

- Unterzug als (stärkeres) Plattenelement
- Unterzug als zentrischer Balken
- Unterzug als exzentrischer Stab
- Unterzug als Schalenelement

EDV-Berechnungen

Hinweise zur Berechnung und Bemessung sind den Programmbeschreibungen der Softwarehäuser zu entnehmen. Die nachfolgende Zusammenstellung zeigt nur die prinzipielle Modellbildung und gibt einen groben Überblick.

a) Unterzug als (stärkeres) Plattenelement

Das Trägheitsmoment des Plattenbalkens wird in eine Ersatzplattendicke umgerechnet und entsprechend als Plattenelement modelliert. Dabei ist zu beachten, dass die Dicke des Plattenelements als Ersatzhöhe aus dem Flächenmoment 2. Grades des Plattenbalkens I_{ges} bestimmt wird (und nicht gleich der Balkenhöhe h gesetzt wird):

$$h_{ers} = \sqrt[3]{12 \cdot I_{ges}/b_w}$$

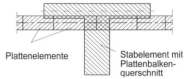
Plattenelemente

In den stärkeren Plattenelementen sollte die Querdehnzahl zu null gesetzt werden, damit die Querbiegemomente realistisch ermittelt werden. (Weitere Erläuterungen s. a. nachfolgendes Modell b).)

b) Unterzug als zentrischer Balken

Für den Unterzug wird ein Stab mit der Biegesteifigkeit des Plattenbalkens I_{ges} angesetzt. Die Steifigkeit der Platte wird dabei auf der Breite b_{eff} doppelt berücksichtigt; dies führt bei Plattenbalken mit dünnen Platten und größerer Gesamthöhe (d. h. Eigenträgheitsmoment der Platte $I_{Pl} = b_f \cdot h_f^3/12$ gering) zu einer brauchbaren Näherungslösung.

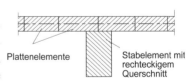
Plattenelemente   Stabelement mit Plattenbalkenquerschnitt

Insbesondere bei Plattenbalken mit großer Breite und mit niedriger Bauhöhe ist jedoch der dabei entstehende Fehler nicht mehr vernachlässigbar. Prinzipiell lässt sich das Modell dann noch anwenden, wenn man als Ersatzflächenmoment 2. Grades $I_{ers} = I_{ges} - I_{Pl}$ berücksichtigt. Für die Bemessung des Gesamtquerschnitts ist zusätzlich die Längskraft N (Abb. 1.47) zu berücksichtigen (s. z. B. [Werkle – 03]).

c) Unterzug als exzentrischer Stab

Für den Unterzug wird ein exzentrisch angeschlossener *Stab* (Koppelelement) mit der Steifigkeit des Steges berücksichtigt. (Das Modell enthält einen Diskretisierungsfehler, da im Koppelelement „Balken" die Längskräfte elementweise konstant sind.) Das Bemessungsmoment für den Plattenbalken setzt sich zusammen aus dem Plattenmoment, aus dem Balkenmoment und aus der Exzentrizität der Längskraft:

$$M = M_{Pl} + M_B + N \cdot e$$

(M_{pl} ist i.d.R schon in der Plattenbemessung enthalten, die Bewehrung ist ggf. umzuverteilen.)

Das Modell kann auch in der Weise modifiziert werden, dass die „Platte" direkt mit Schalenelementen abgebildet wird, so dass die Längskräfte in der Platte erfasst werden.

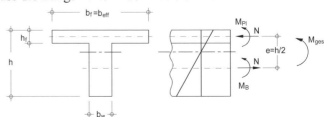

Abb. 1.47 Bezeichnungen und Schnittgrößen

Schnittgrößen

d) Faltwerkmodell

In diesem Fall werden Platte und Steg durch Schalenelemente abgebildet. Das Faltwerkmodell gibt das Tragverhalten am genauesten wieder. Es hat jedoch den Nachteil, dass der Eingabeaufwand und auch die Nachbereitung (es ist keine automatische Bemessung möglich) am größten ist.

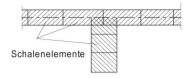

Kontrolle und Dokumentation

Wie bei allen EDV-Berechnungen sind Kontrollen und Dokumentation unumgänglich, um einerseits Fehler auszuschließen und andererseits Ein- und Ausgabewerte für eine leichte Überprüfung verfügbar zu machen.

Zu den wesentlichen **Kontrollen** einer FE-Berechnung gehören:

– Gleichgewichtskontrollen, Kontrollen der Auflagerkräfte

  Eine Überprüfung des Gleichgewichts sollte generell erfolgen. Dabei sollte die Summe der Belastungen unabhängig von den Eingabewerten von Hand ermittelt werden und mit der Summe der Reaktionen aus der FE-Berechnung verglichen werden. Fehler weisen häufig auf unvollständige Lasteingaben hin.

  Soweit an den Auflagern Zugkräfte auftreten, ist zu überprüfen, ob sie überhaupt aufgenommen werden können (ggf. Neuberechnung unter Ausfall der Zuglager).

– Verformungskontrollen

  Die graphische Ausgabe der Verformungen ermöglicht eine rasche Kontrolle, ob beispielsweise das Elementnetz vollständig ist, Auflager vorhanden sind, größere Steifigkeitssprünge vorhanden sind usw.

– Plausibilitäts-, Konvergenzkontrollen

  Schnittgrößenverläufe werden auf Plausibilität überprüft. Hierzu gehören die Kontrollen der Verläufe und Kontrollrechnungen an einfachen Ersatzsystemen.

  An Stellen mit großen Momentengradienten ist ggf. eine Netzverdichtung und anschließende Neuberechnung durchzuführen.

Zu kontrollieren ist selbstverständlich auch, ob das Berechnungsmodell mit den Planunterlagen übereinstimmt (ggf. unter Einschluss von nachträglichen Änderungen).

Die **Dokumentation** umfasst *mindestens*

– FE-Programm   Programmversion, verwendete Elementtypen
– Eingabe   Systemdarstellung mit Abmessungen, Materialkennwerten, Auflagerungen, Elementnetz, Lasten, Lastfallkombinationen
– Ausgabe   Auflagerkräfte, Schnittgrößenverläufe (Extremwerte auch als Zahlenwerte), Bewehrungsangaben, Verformungen.

2 Gesamtstabilität und Unverschieblichkeit

Bauwerke müssen in der Lage sein, neben den vertikalen auch alle horizontalen oder geneigten Einwirkungen aufzunehmen. Ist ein Bauwerk durch Raumfugen in Bauwerksabschnitte unterteilt, dann gilt dieses für jeden Abschnitt. Bei den horizontalen Einwirkungen sind neben den Windlasten auch Einwirkungen aus Imperfektionen (Schiefstellungen) zu berücksichtigen.

2.1 Stabilisierung von Tragkonstruktionen

2.1.1 Grundsätzliches

Für die Sicherstellung der Gesamtstabilität einer Tragkonstruktion gibt es prinzipiell folgende Möglichkeiten, die auch miteinander kombiniert werden können:

– **Rahmenstabilisierung**

  Hierbei werden Rahmenkonstruktionen oder auch eingespannte Einzelstützen ohne zusätzliche Verbände und Scheiben ausgebildet; sie müssen alle einwirkenden Lasten aufnehmen und in den tragfähigen Baugrund weiterleiten können.

  Diese Form der Stabilisierung kommt insbesondere bei ein- und zweigeschossigen Tragwerken (Industriehallen) vor. Als Tragsystem werden dann z. B. im Fertigteilbau eingespannte Stützen mit einem gelenkig aufgelagerten Riegel gewählt (vgl. Abb. 2.1a).

  Die Rahmensysteme selbst bzw. die Stützen sind verschieblich, da der Stützenkopf nicht gehalten ist.

– **Scheibenstabilisierung**

  Durch eine ausreichende Anzahl von horizontalen und vertikalen Scheiben werden alle horizontalen Einwirkungen aufgenommen. Die Stützen im Gebäude werden nur noch zur vertikalen Lastabtragung herangezogen. (Im Holz- und Stahlbau erfolgt die „Scheibenbildung" häufig durch Verbände; hierauf wird im Rahmen dieses Beitrags nicht eingegangen.)

  Eine Scheibenstabilisierung ist insbesondere bei mehrgeschossigen Wohn- und Bürogebäuden wirtschaftlich, da Decken als horizontale und Wände als vertikale Scheiben i. d. R. ohnehin vorhanden sind.

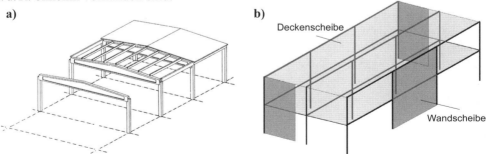

Abb. 2.1 Tragwerksstabilisierungen
a) Rahmenstabilisierung (eingespannte Stützen mit gelenkig gelagertem Riegel)
b) Scheibenstabilisierung

Gesamtstabilität

Die Stützen und Rahmen innerhalb des Tragwerks gelten dann als unverschieblich; die Rahmenknoten werden durch – im Vergleich zu den Rahmen und Stützen – sehr steife Decken- und Wandscheiben gehalten. Die geringe Verformungsfähigkeit bzw. die ausreichende Steifigkeit der Scheiben muss, wenn sie nicht zweifelsfrei feststeht, rechnerisch nachgewiesen werden. Dabei sind die Verschiebungen in beiden Richtungen und die Verdrehung des Gesamttragwerks zu untersuchen.

2.1.2 Scheibenstabilisierung

Bei einer Scheibenstabilisierung werden alle horizontalen Einwirkungen den aussteifenden Scheiben zugewiesen, die hierfür entsprechend zu bemessen sind. Die horizontalen Einwirkungen resultieren dabei aus den Beanspruchungen infolge Wind, Gebäudeschiefstellung sowie ggf. weiteren Lasten (z. B. Erdbeben). Für die Lastabtragung werden

– horizontale Scheiben und
– vertikale Scheiben

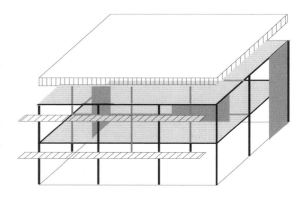

benötigt, die miteinander verbunden sind. Den aussteifenden Elementen fällt dabei eine Doppelfunktion zu; die vertikalen Lasten werden über die Geschossdecken (Plattentragwirkung) zu den Wänden und Stützen weitergeleitet (i. d. R. primäre Funktion der Decken), die horizontalen Lasten über die Geschossdecken (Scheibentragwirkung) zu den Wänden bzw. lotrechten Scheiben.

Horizontale Scheiben

Die horizontalen Scheiben werden im Stahlbetonbau i. d. R. durch die Deckenkonstruktion gebildet, die für die vertikale Lastabtragung ohnehin vorhanden sind. Die horizontalen Scheiben müssen kraftschlüssig mit den vertikalen verbunden sein. Bei Ortbeton- und auch bei Teilfertigdecken mit Ortbetonergänzung ist diese Voraussetzung im Allg. erfüllt. Für die Weiterleitung der horizontalen Lasten ist in der Deckenscheibe eine Randzugbewehrung erforderlich, die je nach Abmessung nach der Balken- oder Scheibentheorie zu bemessen ist.

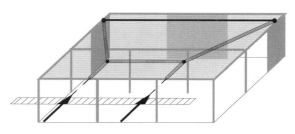

Insbesondere bei „reinen" Fertigteilkonstruktionen ist jedoch zu beachten, dass die Decken aus einzelnen Elementen zusammengesetzt sind und damit die Scheiben durch Fugen unterbrochen sind. Die Erläuterung der Tragwirkung und auch die Bemessung der Scheibenwirkung kann dann am besten durch Stabwerkmodelle erfolgen (vgl. Abb. 2.2).

Die Fugen müssen für die Druckstreben des Fachwerkmodells durch Verguss miteinander verbunden sein; die Druckkräfte werden schräg über die Fugen hinweggeführt. Die erforderlichen Zugglieder werden durch Längsbewehrung in den Fugen bzw. in den Randgliedern ge-

Stabilisierung von Tragkonstruktionen

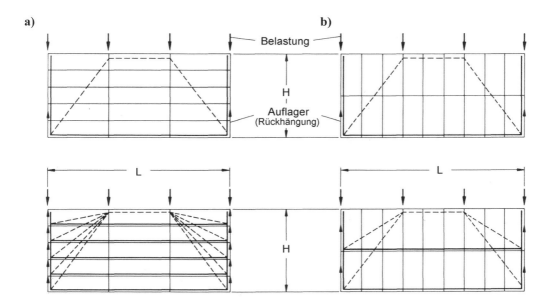

Abb. 2.2 Stabwerkmodelle für Deckenscheiben aus Fertigteilen mit Randlagerung
 a) Fugen quer zur Stützrichtung
 b) Fugen parallel zur Stützrichtung

bildet (sog. *Ringanker*). Häufig wird das Zugband nur am Rand angeordnet. Es ist jedoch auch möglich, das Zugband auf mehrere Fugen zu verteilen. Dabei ist zu unterscheiden, ob die Fugen quer oder parallel zur Richtung der unterstützenden Scheiben verlaufen (Abb. 2.2a und b). Im Falle a) sollte die Ringzugbewehrung allerdings nur in den äußeren Längsfugen rechnerisch berücksichtigt werden, die weiteren Längsfugen werden konstruktiv bewehrt (weitere Hinweise s. [Steinle/Hahn – 95]).

Vertikale Scheiben

Bei den vertikalen Scheiben ist im Stahlbetonbau grundsätzlich zu beachten, dass sie genügend vertikale Auflast aus den Geschossdecken erhalten, damit sie unter horizontaler Kraftwirkung keine oder nur sehr geringe Zugspannungen erhalten. Die volle Biegesteifigkeit des ungerissenen Querschnitts darf nur berücksichtigt werden, wenn unter der maßgebenden Einwirkungskombination die Zugspannungen die mittlere Zugfestigkeit f_{ctm} nicht überschreiten.

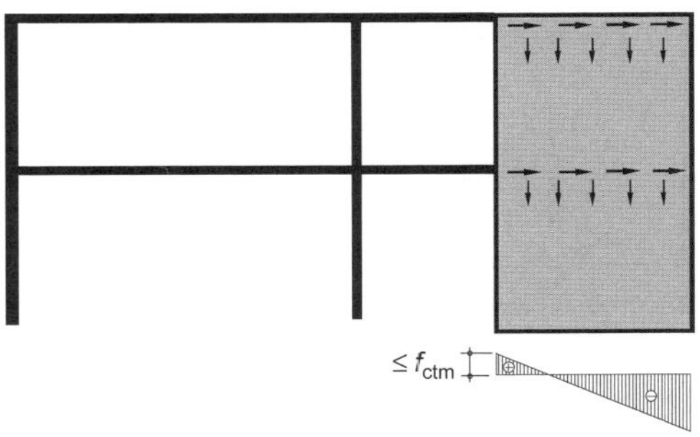

Abb. 2.3 Zulässigkeit von Zugspannung in stabilisierenden Stahlbetonscheiben, die mit der Biegesteifigkeit des Zustandes I berücksichtigt werden

$\leq f_{ctm}$

Gesamtstabilität

Für eine Stabilisierung sind mindestens drei vertikale aussteifende Wandscheiben erforderlich, die durch eine – horizontale – Deckenscheibe miteinander verbunden sind (bei Anordnung von genau drei vertikalen Scheiben handelt es sich um eine *statisch bestimmte Stabilisierung*; vgl. Abschn. 2.4.1). Die Scheiben müssen in der Lage sein, Einwirkungen in beiden Längsrichtungen aufzunehmen und eine Verdrehung der Tragkonstruktion zu verhindern.

Für eine Gebäudeaussteifung und die Lage der stabilisierenden Scheiben können folgende Empfehlungen gegeben werden (vgl. [Theile et al. – 03]):

- die lotrechten Scheiben sollten eine möglichst große Vertikallast aus den Geschossdecken erhalten, damit sie überdrückt sind (vgl. Abb. 2.3);
- die Anordnung sollte im Grundriss so erfolgen, dass Zwängungen in der horizontalen Deckenscheibe gering bleiben;
- Schubmittelpunkt und Schwerpunkt sollten nah beieinander liegen, um große Ausmitten der angreifenden Horizontallasten zu vermeiden;
- die Scheiben sollten möglichst an den Gebäudeaußenseiten angeordnet werden, um einen großen Hebelarm gegen Verdrehungen zu haben;
- die aussteifenden Scheiben sollten über die gesamte Gebäudehöhe vorhanden sein, d. h. ungeschwächt vom Fundament bis zum Dach durchlaufen.

Auf der anderen Seite lassen sich auch Mindestanforderungen formulieren, die in jedem Falle zu beachten sind, da andernfalls ein instabiles Stabilisierungssytem entsteht:

- die Wirkungslinien der Scheiben dürfen sich nicht in einem Punkt schneiden, damit eine Verdrehung um den gemeinsamen Schnittpunkt ausgeschlossen ist;
- die Scheiben dürfen nicht parallel zueinander stehen (andernfalls ist die Unverschieblichkeit in eine Richtung nicht gegeben).

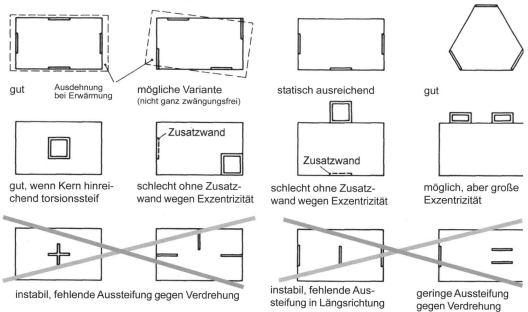

Abb. 2.4 Anordnung der Gebäudeaussteifung im Grundriss (nach [Steinle/Hahn – 95])

2.2 Rechnerischer Nachweis der Gesamtstabilität

2.2.1 Grundsätzliches

Hochbauten werden häufig durch eine ausreichende Anzahl von vertikalen Aussteifungselementen – Wände, Treppenhauskerne u. Ä. – und durch Decken mit Scheibenwirkung – horizontale Aussteifungselemente – ausgesteift. *Offensichtlich ausreichend ausgesteifte* Tragwerke dürfen als unverschieblich gehalten angesehen werden.

In Zweifelsfällen dient der Aussteifungsbeurteilung von Bauwerken mit aussteifenden Bauteilen die in EC2-1-1, 5.8.3.3 angegebene „Labilitätszahl". Aussteifende Bauteile müssen alle Horizontallasten aufnehmen und in die Fundamente weiterleiten können. Entsprechend den Bewegungsmöglichkeiten eines Bauwerks wird zwischen Verschiebungen in Richtung der Gebäudehauptachsen y und z (Translation) und Verdrehungen (Rotation) unterschieden. Vertikale aussteifenden Bauteile sollten möglichst annähernd symmetrisch angeordnet werden.

Vertikale Aussteifungselemente sollten einen möglichst großen Abstand zum Gesamtschubmittelpunkt haben, um die Verdrehung des Bauwerks klein zu halten. Im Zweifelsfalle kann die Verdrehungssteifigkeit mit Hilfe von EC2-1-1, Abschn. 5.8.3.4 (s. a. [Brandt – 76/77]) für Verdrehung beurteilt werden.

2.2.2 Unverschieblichkeit von Tragwerken

Die Beurteilung, ob ein Tragwerk oder ein Tragwerksteil als unverschieblich anzusehen ist, kann mit EC2-1-1 erfolgen. Im Einzelnen müssen ggf. folgende Kriterien überprüft werden:

- Translationssteifigkeit des Tragwerks
- Rotationssteifigkeit des Tragwerks.

2.2.2.1 Translationssteifigkeit von Tragwerken mit aussteifenden Bauteilen

Tragwerke dürfen als unverschieblich betrachtet werden, wenn die nachfolgende Bedingung eingehalten wird (sie muss für jede der beiden Gebäudehauptachsen y und z erfüllt sein).

$$\frac{F_{V,Ed} \cdot H^2}{\sum E_{cd} I_c} \leq K_i \cdot \frac{n_s}{n_s + 1{,}6} \tag{2.1}$$

Es sind (s.a. Abb. 2.5):

H Gesamthöhe des Tragwerkes über OK Einspannebene (in EC2 mit L bezeichnet)
n_s Anzahl der Geschosse
$F_{V,Ed}$ Summe aller Vertikallasten $F_{V,Ed,nj}$ im Gebrauchszustand (d. h. $\gamma_F = 1$), die auf die aussteifenden und auf die nicht aussteifenden Bauteile wirken
$E_{cd} I_c$ Summe der Nennbiegesteifigkeiten aller vertikalen aussteifenden Bauteile, die in der betrachteten Richtung wirken
K_i $= K_1 = 0{,}31$ im Allgemeinen
K_i $= K_2 = 0{,}62$, wenn in den aussteifenden Bauteilen die Betonzugspannung unter der maßgebenden Einwirkungskombination des Gebrauchszustandes den Wert f_{ctm} nicht überschreiten (mit f_{ctm} als mittlere Zugfestigkeit des Betons)

Gesamtstabilität

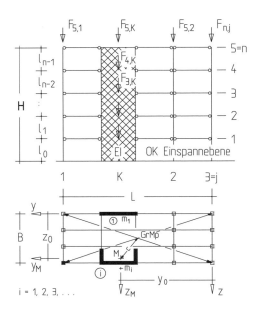

Abb. 2.5 Nachweis der Unverschieblichkeit $i = 1, 2, 3, \ldots$

Ersatzbiegesteifigkeit EI^* von Wandscheiben mit veränderlichem EI

Bei über die Höhe veränderlicher Steifigkeit kann mit einer Ersatzsteifigkeit gerechnet werden; sie wird ermittelt durch Gleichsetzung der maximalen Horizontalverschiebungen. Ohne Schubverformungen – nur bei „schlanken" Aussteifungssystemen zulässig – erhält man

für das tats. System $\quad f = \int \dfrac{\bar{M} M}{E \cdot I} dh$

für das Ersatzsystem $\quad f^* = \dfrac{w \cdot H^4}{8 \cdot (EI)^*}$

aus $f = f^*$ folgt $\quad (EI)^* = \dfrac{w \cdot H^4}{8 \cdot f}$

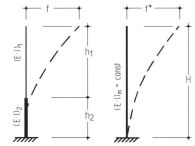

Beispiel (vgl. [Schneider – 10])

Für das dargestellte System mit abschnittsweise konstantem $(EI)_i$ ist die Ersatzbiegesteifigkeit $(EI)^*$ zu ermitteln (E = const.). Es sind $I_1 = 0{,}54$ m^4, $I_2 = 0{,}82$ m^4 und $I_3 = 0{,}45$ m^4.
Gew.: Vergleichsträgheitsmoment $I_c = I_1 = 0{,}54$ m^4

$EI_c \cdot f = 8{,}25^2 \cdot 34{,}0/4 + (0{,}54/0{,}82) \cdot (2{,}75/6) \cdot [34{,}0 \cdot 8{,}25 + 2 \cdot 46{,}32 \cdot (8{,}25 + 11{,}0) + 60{,}5 \cdot 11{,}0]$
$\quad + (0{,}54/0{,}45) \cdot (5{,}50/6) \cdot [60{,}5 \cdot 11{,}0 + 2 \cdot 94{,}5 \cdot (11{,}0 + 16{,}5) + 136{,}1 \cdot 16{,}5] = 10\,322$ kNm^3

$\rightarrow f = 10\,322 / (0{,}54 \cdot E) = 19\,115 / E$

Damit erhält man als Ersatzbiegesteifigkeit bzw. als „mittleres" Flächenmoment 2. Ordnung

$EI^* = 1 \cdot 16{,}5^4 / (8 \cdot 19115 / E) = 0{,}4847 \cdot E$

$\rightarrow I_m \approx 0{,}48$ m^4

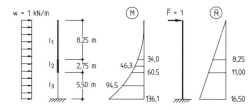

Wandscheiben mit Öffnungsreihen

Aussteifende Wandscheiben sind häufig durch Öffnungen für Fenster, Türen u.a.m. unterbrochen. Das Verformungsverhalten und die Stabilität kann dadurch maßgebend beeinflusst werden. Insbesondere für Überschlagsrechnungen kann man die gegliederte Scheibe durch einen Biegestab mit einem Ersatzträgheitsmoment I^* und Ersatzschubfläche A_V^* herleiten. Für die Ermittlung der Ersatzsteifigkeit wird wie folgt vorgegangen (vgl. Abb. 2.6a)

- Bestimmung der Kopfauslenkung f_1 und einer weiteren Auslenkung f_2 (z. B. mit EDV)
- Ermittlung der Ersatzgrößen I^* und A_V^* aus den ermittelten Verformungen.

Für den in Abb. 2.6a dargestellten Fall (Verformung f_2 auf halber Höhe, Gleichstreckenlast) erhält man die Verformungen $f_1 = f_1^*$ und $f_2 = f_2^*$

$$f_1^* = \frac{qh_1^4}{8EI^*} + \frac{qh_1^2}{2GA_V^*} \qquad f_2^* = \frac{qh_1^4}{24EI^*} \cdot \left(3 - 4\cdot\frac{h_2}{h_1} + \left(\frac{h_2}{h_1}\right)^4\right) + \frac{q\cdot(h_1^2 - h_2^2)}{2GA_V^*}$$

und daraus die in Abb. 2.6 angegebenen Ersatzwerte. Bei Vernachlässigung der Schubverformung vereinfacht sich die Vorgehensweise; es genügt dann die Ermittlung der Kopfauslenkung mit $f_1 = f_1^* = qh^4/8EI^*$, woraus dann unmittelbar die Ersatzbiegesteifigkeit folgt.

Für die f-Werte bei einfeldrigen, regelmäßig gegliederten Scheiben unter Berücksichtigung der elastischen Verdübelung durch die Riegel wird auf [König/Liphardt – 03] verwiesen.

Bei Scheiben mit großen Öffnungen sollte eine genauere Berechnung mit FE-Programmen erfolgen, die Verformungen können sich beträchtlich vergrößern (Linie a gegenüber Linie b in Abb. 2.6b). Näherungsweise gilt für den Fall einer Wandscheibe mit großer Öffnung im unteren Geschoss die Ersatzsteifigkeit gem. Abb. 2.6b.

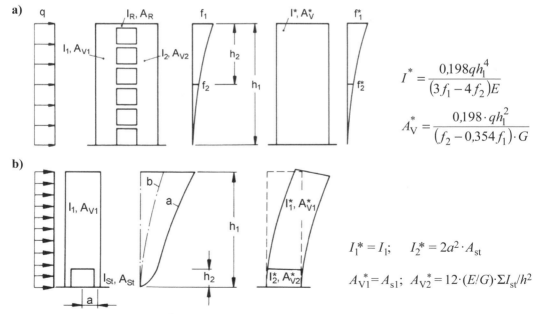

Abb. 2.6 Wandscheiben mit Öffnungen
a) Gegliederte Wandscheibe und zugehörige Ersatzscheibe (aus [Steinle/Hahn – 95])
b) Wandscheibe mit großer Öffnung

Gesamtstabilität

2.2.2.2 Unverschieblichkeit von nicht ausgesteiften Tragwerken oder Bauteilen

Grundsätzlich ist zu unterscheiden nach ausgesteiften oder nicht ausgesteiften Tragwerken (je nach Vorhandensein von aussteifenden Bauteilen; s. vorher) und nach unverschieblichen oder verschieblichen Tragwerken und Bauteilen (je nach Einfluss von Bauteilverformungen).

Nicht ausgesteifte Bauteile gelten als unverschieblich, wenn die Auswirkungen von Bauteilverformungen die Tragfähigkeit um weniger als 10 % verringern. Eine Abschätzung dieses Sachverhalts kann mit EC2-1-1, 5.8.3.1 erfolgen, wonach *Einzelbauteile* als unverschieblich gelten, wenn die Grenzschlankheit λ_{max} nicht überschritten wird:

$$\lambda_{max} = \begin{cases} 16/\sqrt{n_{Ed}} & \text{für } |n_{Ed}| < 0{,}41 \\ 25 & \text{für } |n_{Ed}| \geq 0{,}41 \end{cases} \quad \text{mit } n_{Ed} = \frac{N_{Ed}}{A_c \cdot f_{cd}}$$

Die Grenzschlankheiten λ_{max} sind in untenstehender Grafik dargestellt.

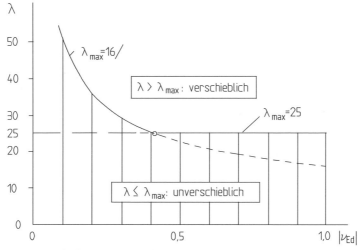

Abb. 2.7 Abgrenzung zwischen verschieblichen und unverschieblichen Einzelbauteilen

2.2.2.3 Rotationssteifigkeit von Tragwerken mit aussteifenden Bauteilen

Die Beurteilung der Rotationssteifigkeit erfolgt mit EC2-1-1/NA, Abschn. 5.8.3.3. Danach ergibt sich

$$\frac{1}{\left(\dfrac{1}{H}\sqrt{\dfrac{E_{cd}I_\omega}{\sum_j F_{V,Ed,j} \cdot r_j^2}} + \dfrac{1}{2{,}28}\sqrt{\dfrac{G_{cd}I_T}{\sum_j F_{V,Ed,j} \cdot r_j^2}}\right)^2} \leq K_i \cdot \frac{n_s}{n_s + 1{,}6} \qquad (2.2)$$

Es sind (vgl. hierzu Abb. 2.8):

n_s Anzahl der Geschosse
$F_{V,Ed,j}$ Vertikallast der Stütze j im Gebrauchszustand (d.h. $\gamma_F = 1$)
r_j Abstand der Stütze j vom Schubmittelpunkt M des Gesamtsystems
H Gesamthöhe über Einspannebene der lotrechten aussteifenden Bauteile in m
$E_{cm}I_\omega$ Summe der Nennwölbsteifigkeiten aller gegen Verdrehung aussteifenden Bauteile

$$E_{cm}I_\omega = \Sigma \, (E_{cm,i} \cdot I_{cy,i} \cdot y^2_{Mmi} + E_{cm,i} \cdot I_{cz,i} \cdot z^2_{Mmi} + E_{cm,i} \cdot I_{\omega i} - 2E_{cm,i} \cdot I_{yz,i} \cdot y_{Mmi} \cdot z_{Mmi})$$

$I_{cy,i}; I_{cz,i}$ Flächenmoment 2. Grades des aussteifenden Bauteils i
$I_{yz,i}$ Flächenzentrifugalmoment des aussteifenden Bauteils i
$I_{\omega,i}$ Wölbflächenmoment 2. Grades des aussteifenden Bauteils i
$y_{Mmi}; z_{Mmi}$ Abstände zwischen M und m_i
M Schubmittelpunkt $(y_0; z_0)$ der zu einem Gesamtstab zusammengefassten lotrechten aussteifenden Bauteile i im Zustand I nach der Elastizitätstheorie (s. Abb. 2.8)
m_i Schubmittelpunkt des aussteifenden Bauteils i

G_{cm} Schubmodul in MN/m²; $G_{cm} = E_{cm} / [2(1+\mu)]$
  $\mu = 0 \rightarrow E_{cm}/G_{cm} = 2$; $\mu = 0{,}2 \rightarrow E_{cm}/G_{cm} = 2{,}4$
I_T St. Venantsches Torsionsflächenmoment

Koordinaten des Schubmittelpunktes M bei gleich hohen Aussteifungselementen
(Darstellung vereinfachend ohne materialbezogene Indizes „c" bzw. „cm")

allgemein	$y_0 = \dfrac{(\Sigma EI_{y,i} \cdot y_i - \Sigma EI_{yz,i} \cdot z_i) \cdot \Sigma EI_{z,i} - (\Sigma EI_{yz,i} \cdot y_i - \Sigma EI_{z,i} \cdot z_i) \cdot \Sigma EI_{yz,i}}{\Sigma EI_{y,i} \cdot \Sigma EI_{z,i} - (\Sigma EI_{yz,i})^2}$ $z_0 = \dfrac{(\Sigma EI_{y,i} \cdot y_i - \Sigma EI_{yz,i} \cdot z_i) \cdot \Sigma EI_{yz,i} - (\Sigma EI_{yz,i} \cdot y_i - \Sigma EI_{z,i} \cdot z_i) \cdot \Sigma EI_{y,i}}{\Sigma EI_{y,i} \cdot \Sigma EI_{z,i} - (\Sigma EI_{yz,i})^2}$	
$\Sigma EI_{yz,i} = 0$ und $\Sigma (EI_{yz,i} \cdot z_i) = 0$, $\Sigma (EI_{yz,i} \cdot y_i) = 0$	$y_0 = (\Sigma I_{y,i} \cdot y_i)/(\Sigma I_{y,i})$ $z_0 = (\Sigma I_{z,i} \cdot z_i)/(\Sigma I_{z,i})$	für E = const

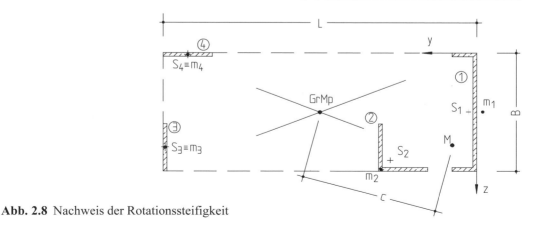

Abb. 2.8 Nachweis der Rotationssteifigkeit

Gesamtstabilität

Näherung für den Nachweis der Rotationssteifigkeit

Die Beurteilung der Rotationssteifigkeit erfolgt nach Gl. (2.2). Hieraus lässt sich für den Fall, dass eine große Anzahl von Vertikallasten $F_{V,Ed,j}$ der Stützen nach Lage und Größe gleichmäßig über den Grundriss verteilt ist, für Gebäude mit rechteckigem Grundriss herleiten (s. hierzu auch [Brandt – 76/77]):

$$\frac{1}{\left(\dfrac{1}{H}\sqrt{\dfrac{E_{cd}I_\omega}{F_{V,Ed,j}\cdot\left(d^2/12+c^2\right)}}+\dfrac{1}{2,28}\sqrt{\dfrac{G_{cd}I_T}{F_{V,Ed,j}\cdot\left(d^2/12+c^2\right)}}\right)^2} \leq K_i \cdot \frac{n_s}{n_s+1,6} \quad (2.3)$$

mit $F_{V,Ed,j}$ Summe aller Vertikallasten $F_{Ed,j}$
    d Grundrissdiagonale in m ($d^2 = L^2 + B^2$; s. Abb. 2.5)
    c Abstand zwischen Schubmittelpunkt M und Grundrissmittelpunkt GrMp (s. Abb. 2.8)

Diese Gleichung vereinfacht den Nachweis teilweise erheblich, sodass sie zumindest für Überschlagsrechnungen von Bedeutung ist.

2.2.2.4 Zusammenfassendes Beispiel

Für das in Abb. 2.9 dargestellte 2-geschossige Bürogebäude ist der Nachweis der Unverschieblichkeit zu führen. Der Nachweis wird zunächst überschlägig geführt.

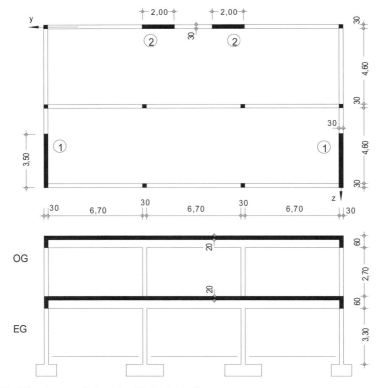

Abb. 2.9 Hochbaukonstruktion der Beispielrechnung

Rechnerischer Nachweis

Überschlägiger Nachweis

Belastung (Vertikallasten)

Decke über OG:	Konstruktionseigenlasten	$0{,}20 \cdot 25{,}0 =$	$5{,}00$ kN/m²
	Ausbaulasten (Vorgabe)		$0{,}50$ kN/m²
	Zuschlag[a] für Unterzüge, Stützen, Wände		$\approx 2{,}50$ kN/m²
		$\Sigma g_k =$	$8{,}00$ kN/m²
	Schnee[b]:	$\Sigma q_k =$	$1{,}00$ kN/m²
Decke über EG:	Konstruktionseigenlasten	$0{,}20 \cdot 25{,}0 =$	$5{,}00$ kN/m²
	Ausbaulasten (Vorgabe)		$1{,}50$ kN/m²
	Zuschlag[a] für Unterzüge, Stützen, Wände		$\approx 2{,}50$ kN/m²
		$\Sigma g_k =$	$9{,}00$ kN/m²
	Nutzlast (incl. Trennwandzuschlag)[c]	$\Sigma q_k =$	$3{,}20$ kN/m²

Labilitätszahl

- *Translation in y-Richtung* (Biegung um die z-Achse)

$$\frac{F_{V,Ed} \cdot H^2}{\sum E_{cd} I_c} \leq K_i \cdot \frac{n_s}{n_s + 1{,}6}$$

$H = 7{,}20$ m
$F_{V,Ed} = (8{,}00+1{,}00) \cdot 21{,}30 \cdot 10{,}10 + (9{,}00+3{,}20) \cdot 21{,}30 \cdot 10{,}10$
$\quad\quad\; = 1936+2625 = 4561$ kN   (ermittelt mit $\gamma_F = 1{,}0$!)
$E_{cd} = E_{cm}/\gamma_{CE} = 33\,000/1{,}2 = 27\,500$ MN/m²   (Beton C30/37)
$I_{c,z} = 2 \cdot 1/12 \cdot 0{,}3 \cdot 2{,}0^3 = 0{,}400$ m⁴
$K_i = K_2 = 0{,}62$ (Annahme: Zustand I; s. S. 79 ff)

$$\frac{4{,}561 \cdot 7{,}20^2}{27500 \cdot 0{,}40} = 0{,}021 \leq 0{,}62 \cdot \frac{2}{2+1{,}6} = 0{,}34$$

- *Translation in z-Richtung* (Biegung um die y-Achse)

   Bei größerer Steifigkeit der aussteifenden Scheiben ohne Nachweis.

- *Rotation um die x-Achse*

   Der Nachweis wird zunächst näherungsweise nach [Brand – 76/77] geführt, s. Gl. (2.3):

   Torsionsflächenmoment $I_T \approx 2 \cdot 1/3 \cdot 3{,}50 \cdot 0{,}30^3 + 2 \cdot 1/3 \cdot 2{,}00 \cdot 0{,}30^3 = 0{,}10$ m⁴
   Schubmodul $G_{cd} = 27\,500/[2 \cdot (1+0{,}2)] = 11\,500$ MN/m²
   Wölbflächenmoment $I_\omega \approx \Sigma(I_{y,i} \cdot y^2_{Mmi} + I_{z,i} \cdot z^2_{Mmi})$
   $\quad\quad\quad\quad\quad\quad\quad\quad\quad\; = \Sigma(2 \cdot 1/12 \cdot 0{,}30 \cdot 3{,}50^3 \cdot 10{,}50^2 + 0) = 236$ m⁶
   Σ Vertikallasten $F_{Ed} = 4{,}561$ MN
   Grundrissdiagonale $d^2 = (21{,}30^2 + 10{,}10^2) = 555{,}7$ m²

---

[a] Die Lasten werden zunächst überschlägig ermittelt; genauere Lastzusammenstellung s. Abb. 2.11.
[b] Annahme: Schneelastzone 2a, Geländehöhe 330 m ü NN →
   Schneelast auf dem Boden: $s_k = 1{,}25 \cdot (0{,}25 + 1{,}91 \cdot ((330+140)/760)^2) = 1{,}23$ kN/m²
   Schneelast auf dem Flachdach: $\mu_1 \cdot s_k = 0{,}8 \cdot 1{,}23 = 0{,}98$ kN/m² $\approx 1{,}00$ kN/m²
[c] Nutzlast für Büroflächen: $q_{k1} = 2{,}00$ kN/m²
   Zuschlag für leichte nichttragende Wände: $q_{k2} = 1{,}20$ kN/m²

Gesamtstabilität

Abstand M – GrMp $\quad c^2 = 4{,}90^2 = 24{,}01 \text{ m}^2 \quad$ (s. nachfolgend; vgl. a. Abb. 2.9)

Schubmittelpunkt $\quad y_0 = \dfrac{\sum I_{y,i} \cdot y_i}{\sum I_{y,i}} = \dfrac{I_{y,1} \cdot 0{,}0 + I_{y,1} \cdot 21{,}0}{2 \cdot I_{y,1}} = 10{,}50 \text{ m}$

$\quad\quad\quad\quad\quad\quad\quad\quad z_0 = \dfrac{\sum I_{z,i} \cdot z_i}{\sum I_{z,i}} = \dfrac{I_{z,2} \cdot 0{,}0 + I_{z,2} \cdot 0{,}0}{2 \cdot I_{z,2}} = 0 \text{ m}$

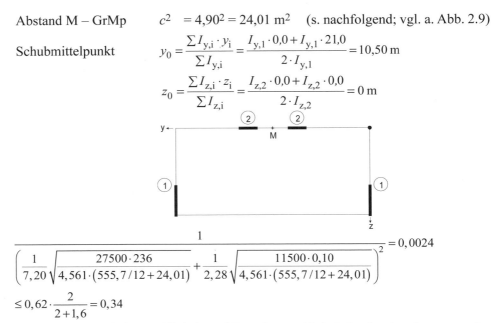

$$\dfrac{1}{\left(\dfrac{1}{7{,}20}\sqrt{\dfrac{27500 \cdot 236}{4{,}561 \cdot (555{,}7/12 + 24{,}01)}} + \dfrac{1}{2{,}28}\sqrt{\dfrac{11500 \cdot 0{,}10}{4{,}561 \cdot (555{,}7/12 + 24{,}01)}}\right)^2} = 0{,}0024$$

$$\leq 0{,}62 \cdot \dfrac{2}{2 + 1{,}6} = 0{,}34$$

Eine ausreichende Translationssteifigkeit und Rotationssteifigkeit ist damit näherungsweise nachgewiesen. Wegen des deutlichen Abstands von den zulässigen Grenzen könnte hier ein genauerer Nachweis entfallen. Der Nachweis wird zur Demonstration geführt.

Genauerer Nachweis

Belastung (Vertikallasten)

Die resultierenden Gesamtlasten sind nach Lage und Größe genauer zu bestimmen. In einer hier nicht dargestellten Berechnung wurden die in Abb. 2.10 dargestellten Lasten in der Gründungsebene ermittelt (mit $\gamma_F = 1{,}0$). Zu beachten ist, dass dabei sowohl die Stützenlasten bzw. -längskräfte aller auszusteifenden Stützen als auch die vertikalen Auflasten und die Eigenlasten der aussteifenden Scheiben selbst zu berücksichtigen sind.

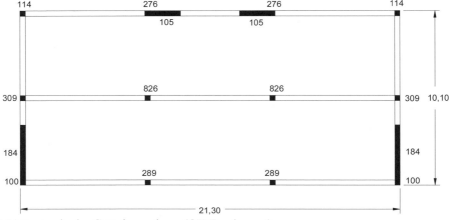

Abb. 2.10 Lasten in der Gründungsebene (OK Fundament)

Labilitätszahl

- *Translation in y- und z-Richtung*

  Die Summe der Vertikallasten der genaueren Lastermittlung (F_{Ed} = 4,406 MN; s. nachfolgend) stimmt ausreichend genau mit der Überschlagsberechnung (F_{Ed} = 4,571 MN) überein. Der Nachweis erübrigt sich daher.

- *Rotation um die x-Achse*

  Abweichend von der Überschlagsrechnung ist der Rotationsanteil der einzelnen Vertikallasten nach Lage und Größe separat zu berücksichtigen. Nach Gl. (2.2) gilt

$$\frac{1}{\left(\dfrac{1}{H}\sqrt{\dfrac{E_{cd}I_\omega}{\sum_j F_{V,Ed,j}\cdot r_j^2}}+\dfrac{1}{2{,}28}\sqrt{\dfrac{G_{cd}I_T}{\sum_j F_{V,Ed,j}\cdot r_j^2}}\right)^2} \leq K_i \cdot \frac{n_s}{n_s + 1{,}6}$$

mit $r_j^2 = (y_0 - y_j)^2 + (z_0 - z_j)^2$ erhält man

$$
\begin{array}{rll}
\Sigma F_{V,Ed,j}\cdot r_j^2 &= 0{,}114 \cdot [\ \ (10{,}50)^2 + (0{,}00)^2] & 12{,}6 \\
&+ 0{,}276 \cdot [\ \ \ (3{,}50)^2 + (0{,}00)^2] & 3{,}4 \\
&+ 0{,}105 \cdot [\ \ \ (2{,}65)^2 + (0{,}00)^2] & 0{,}7 \\
&+ 0{,}105 \cdot [\ (-2{,}65)^2 + (0{,}00)^2] & 0{,}7 \\
&+ 0{,}276 \cdot [\ (-3{,}50)^2 + (0{,}00)^2] & 3{,}4 \\
&+ 0{,}114 \cdot [(-10{,}50)^2 + (0{,}00)^2] & 12{,}6 \\
&+ 0{,}309 \cdot [\ \ (10{,}50)^2 + (4{,}90)^2] & 41{,}5 \\
&+ 0{,}826 \cdot [\ \ \ (3{,}50)^2 + (4{,}90)^2] & 30{,}0 \\
&+ 0{,}826 \cdot [\ (-3{,}50)^2 + (4{,}90)^2] & 30{,}0 \\
&+ 0{,}309 \cdot [(-10{,}50)^2 + (4{,}90)^2] & 41{,}5 \\
&+ 0{,}184 \cdot [\ \ (10{,}50)^2 + (8{,}20)^2] & 32{,}7 \\
&+ 0{,}184 \cdot [(-10{,}50)^2 + (8{,}20)^2] & 32{,}7 \\
&+ 0{,}100 \cdot [\ \ (10{,}50)^2 + (9{,}80)^2] & 20{,}6 \\
&+ 0{,}289 \cdot [\ \ \ (3{,}50)^2 + (9{,}80)^2] & 31{,}3 \\
&+ 0{,}289 \cdot [\ (-3{,}50)^2 + (9{,}80)^2] & 31{,}3 \\
&+ 0{,}100 \cdot [(-10{,}50)^2 + (9{,}80)^2] & 20{,}6 \\
\hline
\Sigma \quad & \mathbf{4{,}406}\ [\text{MN}] & \mathbf{345{,}6}\ [\text{MNm}^2]
\end{array}
$$

$$\frac{1}{\left(\dfrac{1}{7{,}20}\sqrt{\dfrac{27500 \cdot 236}{345{,}6}}+\dfrac{1}{2{,}28}\sqrt{\dfrac{11500 \cdot 0{,}10}{345{,}6}}\right)^2} = 0{,}025 < 0{,}34$$

Der Nachweis ist damit – geringfügig ungünstiger als im Näherungsverfahren – erfüllt.

In der bisherigen Berechnung wurden die Steifigkeiten des ungerissenen Betonquerschnitts zugrunde gelegt. Das setzt voraus, dass die stabilisierenden Scheiben im Zustand I verbleiben. Hierfür ist nach EC2-1-1 nachzuweisen, dass die größte Zugspannung der Scheiben im Gebrauchszustand die mittlere Betonzugfestigkeit f_{ctm} nicht überschreitet. Der Nachweis wird im Abschnitt 2.4.3 geführt.

Gesamtstabilität

2.3 Einwirkungen

Bei einer Scheibenstabilisierung müssen die Decken- und Wandscheiben alle einwirkenden Horizontallasten aufnehmen, und sie sind entsprechend hierfür zu bemessen. Als einwirkende Lasten sind insbesondere zu berücksichtigen (ggf. weitere Lasten aus Erdbeben u.a.m.)
- Windlasten
- Imperfektionen (Schiefstellungen) des Systems

Imperfektionen

Imperfektionen sind im Grenzzustand der Tragfähigkeit (außer in der außergewöhnlichen Bemessungssitutation) und beim Nachweis der Unverschieblichkeit zu berücksichtigen. Bei der Schnittgrößenermittlung am Tragwerk als Ganzes dürfen die Auswirkungen der Imperfektionen über eine Schiefstellung des Tragwerks um den Winkel θ_i erfasst werden:

$$\boxed{\theta_i = \theta_0 \cdot \alpha_h \cdot \alpha_m} \quad \text{(im Bogenmaß)} \tag{2.4}$$

mit $\theta_0 = 1/200$ und $0 \leq \alpha_h = 2/l^{0,5} \leq 1,0$ (EC2-1-1/NA, 5.2(5)); dabei ist l die Gesamthöhe h_{ges} des Bauwerks in Metern über der Einspannebene. Beim Zusammenwirken von m lotrechten Baugliedern darf θ_0 außerdem mit dem Faktor α_m abgemindert werden:

$$\alpha_m = \sqrt{0,5 \cdot \left(1 + \frac{1}{m}\right)} \tag{2.5}$$

Bei α_m dürfen allerdings nur die lotrechten Bauglieder m berücksichtigt werden, die mindestens 70 % einer mittleren Längskraft $N_{Ed,m} = F_{Ed}/m$ aufnehmen, wobei F_{Ed} die Summe der Längskräfte im betrachteten Geschoss ist. In Abhängigkeit von den lotrechten Baugliedern m erhält man die in Tafel 2.1 zusammengestellten Abminderungsfaktoren.

Tafel 2.1 α_m-Werte

m	1	2	3	4	5	10	$\to \infty$
α_m	1	0,87	0,82	0,79	0,77	0,74	0,71

Alternativ zu der Schiefstellung nach Gl. (2.5) dürfen die Abweichungen von der Vertikalen durch die Wirkung äquivalenter Horizontalkräfte ersetzt werden (s. Abb. 2.11; es sind *beide* Alternativen – Schiefstellung oder Ersatzhorizontalkräfte – gleichzeitig dargestellt):

$$\Delta H_j = \sum_{i=1}^{n} V_{ji} \cdot \theta_i \tag{2.6}$$

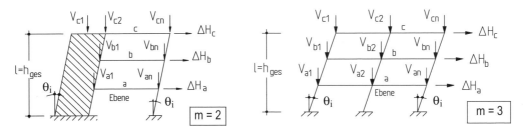

Abb. 2.11 Schiefstellung und Ersatzhorizontalkräfte

Einwirkungen

Waagerechte aussteifende Bauteile

Bauteile, die Stabilisierungskräfte von den auszusteifenden Bauteilen zu den aussteifenden Bauteilen übertragen, sind für die Aufnahme einer zusätzlichen Horizontalkraft zu bemessen:

$$H_{fd} = (N_{bc} + N_{ba}) \cdot \theta_{i,w} \tag{2.7}$$

mit $\theta_{i,w} = 0{,}008/(2m)^{0,5}$ und m als Anzahl der auszusteifenden Tragwerksteile im betrachteten Geschoss ($\theta_{i,w}$ im Bogenmaß); s. [Stoffregen/König – 79]. Die Ersatzhorizontalkräfte H_{fd} sind als eigenständige Einwirkungen zu betrachten und dürfen nicht zusätzlich durch Kombinationsfaktoren abgemindert werden, da diese bereits in den vertikalen Längskräften enthalten sind. (H_{fd} braucht nicht für die Bemessung der vertikalen aussteifenden Bauteile berücksichtigt zu werden.)

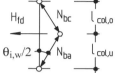

Abb. 2.12 Schiefstellung und Ersatzhorizontalkräfte für die waagerecht aussteifenden Bauteile

Beispiel (vgl. [Schneider – 10])

Tragwerk nach Abb. 2.13 mit Bemessungslasten bzw. -kräften (d.h. incl. Sicherheitsbeiwerte γ_F)

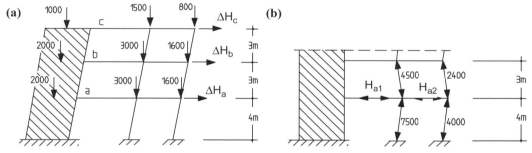

Abb. 2.13 Tragwerk mit Bemessungslasten; lotrecht aussteifendes Bauteil **(a)** und waagerecht aussteifendes Bauteil **(b)**

Lotrecht aussteifendes Bauteil

Schiefstellung: $\theta_0 = 1/200$ — Grundwert; vgl. Erl. zu Gl. (2.4)

Abminderung: $\alpha_h \cdot \alpha_m = (2/\sqrt{10}) \cdot \sqrt{0{,}5 \cdot (1+1/3)} = 0{,}52$ — Gl. (2.4) und (2.5); es dürfen alle 3 „Stützen"-reihen berücksichtigt werden, da z. B. für Ebene a gilt:
$0{,}7 \cdot N_{Ed,m}$
$= 0{,}7 \cdot (2000 + 3000 + 1600) / 3$
$= 1540$ kN $< N_{Ed,min} = 1600$ kN

Ersatzhorizontalkräfte:

$\Delta H_c = (800+1500+1000) \cdot 0{,}52 / 200 = 8{,}6$ kN
$\Delta H_b = (1600+3000+2000) \cdot 0{,}52 / 200 = 17{,}1$ kN
$\Delta H_a = (1600+3000+2000) \cdot 0{,}52 / 200 = 17{,}1$ kN

Waagerecht aussteifendes Bauteil (z. B. Decke a):

Schiefstellung: $\theta_{iw,k=1} = 0{,}008/\sqrt{2 \cdot 1} = 0{,}0056$
$\theta_{iw,k=2} = 0{,}008/\sqrt{2 \cdot 2} = 0{,}0040$

s. Erläuterung zu Gl. (2.7)

Ersatzhorizontalkräfte:

$H_{a2} = (2400+4000) \cdot 0{,}0056/2 = 36{,}2$ kN — Gl. (2.7) für $m = 1$
$H_{a1} = (2400+4000+4500+7500) \cdot 0{,}0040/2 = 73{,}6$ kN — Gl. (2.7) für $m = 2$

Gesamtstabilität

2.4 Lastaufteilung horizontaler Lasten auf gleich hohe aussteifende Bauteile

2.4.1 Statisch bestimmte Aussteifungssysteme

Die infolge von Horizontallasten z. B. aus Wind W auf die Scheiben entfallenden Kräfte werden allein aus den Gleichgewichtsbedingungen (rechnerisch oder graphisch) bestimmt. Voraussetzungen [König/Liphardt – 03]:

– Drillsteifigkeiten der Einzelscheiben werden vernachlässigt;
– Berücksichtigung der Biegesteifigkeiten der Einzelscheiben nur in der Hauptrichtung;
– Betrachtung der Decken als starre Scheiben.

Beispiele

a) Rechnerische Lastaufteilung

Die infolge W auf die Scheiben entfallenden Kräfte werden rechnerisch aus Gleichgewichtsbedingungen bestimmt:

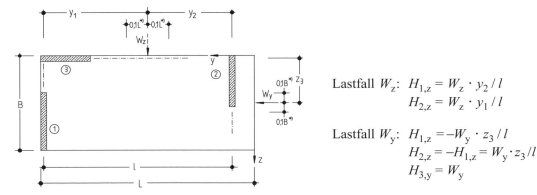

Lastfall W_z: $H_{1,z} = W_z \cdot y_2 / l$
$H_{2,z} = W_z \cdot y_1 / l$

Lastfall W_y: $H_{1,z} = -W_y \cdot z_3 / l$
$H_{2,z} = -H_{1,z} = W_y \cdot z_3 / l$
$H_{3,y} = W_y$

b) Graphische Lastaufteilung

Die infolge W auf die Scheiben entfallenden Kräfte S werden graphisch (z. B. nach *Culmann*) ermittelt.

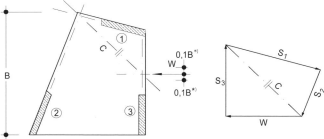

---

*) Bei der Ermittlung von H_{max} bzw. H_{min} einer jeden Scheibe ist eine mögliche Exzentrizität des Windangriffs von ±10% der entsprechenden Gebäudeseitenlänge zu berücksichtigen. Das erfordert eine Berechnung mehrerer Lastfälle. In den Beispielen wurde jeweils nur die mittige Laststellung von W behandelt.

2.4.2 Statisch unbestimmte Aussteifungssysteme

Nachfolgende Gleichungen gelten ohne Berücksichtigung des Flächenzentrifugalmoments I_{yz}, der Wölbsteifigkeiten $I_{\omega,i}$ und der St. Venantschen Torsionssteifigkeit der Einzelelemente sowie der Torsionssteifigkeit $G_{cm}I_T$ des Gesamtstabes; nach [König/Liphardt – 90] ist dies zulässig bei

$$h_{ges} \cdot [I_T/((E_{cd}/G_{cd}) \cdot I_\omega)]^{0,5} \leq 0,5$$

Lastanteile aus Translation ($i = 1, 2 \ldots n$)   *Lastanteil aus Rotation* ($i = 1, 2 \ldots n$)

$$\overleftarrow{H}_{y,i} = (H_{y,M} \cdot E_{cd} \cdot I_{cz,i}) / (\sum_1^n E_{cd} \cdot I_{cz,i}) \qquad \overset{\curvearrowleft}{H}_{y,i} = -(M_{x,M} \cdot E_{cd} I_{cz,i} \cdot z_{Mmi}) / (\sum_1^n E_{cd} I_\omega)$$

$$\overleftarrow{H}_{z,i} = (H_{z,M} \cdot E_{cd} \cdot I_{cy,i}) / (\sum_1^n E_{cd} \cdot I_{cy,i}) \qquad \overset{\curvearrowleft}{H}_{z,i} = +(M_{x,M} \cdot E_{cd} I_{cy,i} \cdot y_{Mmi}) / (\sum_1^n E_{cd} I_\omega)$$

Resultierende Lastanteile für Scheibe i ($i = 1, 2 \ldots n$)

$$H_{y,i} = \overleftarrow{H}_{y,i} + \overset{\curvearrowleft}{H}_{y,i}; \qquad H_{z,i} = \overleftarrow{H}_{z,i} + \overset{\curvearrowleft}{H}_{z,i}$$

Hierin sind (s. a. Bezeichnungen vorher):

$H_{y,M}; H_{z,M}$ resultierende, auf den Schubmittelpunkt bezogene Horizontallast
$M_{x,M}$ resultierendes, auf den Schubmittelpunkt bezogenes Torsionsmoment

2.4.3 Beispiel
(Fortsetzung des Beispiels von Abschn. 2.2.2.4)

Für die Scheiben 1 und 2 des Aussteifungssystems nach Abschn. 2.2.2.4 ist nachzuweisen, dass die Scheiben im Gebrauchszustand im Zustand I verbleiben und die Beanspruchungen die Betonzugfestigkeit f_{ctm} nicht überschreiten. Es sind folgende Lastfälle zu untersuchen

– Vertikallasten inf. Eigenlasten und Nutz-/Schneelasten
– (Ersatz-)Horizontallasten infolge Schiefstellung
– Horizontallasten infolge Windeinwirkung.

Nicht eindeutig sind die Regelungen in EC2-1-1, wonach die Betonzugspannungen f_{ctm} in der „maßgebenden Einwirkungskombination" nachzuweisen sind. In diesem Beispiel wird die *seltene* Lastfallkombination gewählt.

Ohne Nachweis wird nachfolgend der Wind als Leiteinwirkung, d. h. ohne Kombinationsfaktor, angesetzt. Die weiteren veränderlichen Lasten werden mit folgenden Kombinationsfaktoren überlagert

Schnee S (Lage bis zu 1000 m ü NN) $\psi_0 = 0,5$
Nutzlast Q (Bürogebäude) $\psi_0 = 0,7$
Schiefstellung – *)

---
*) Ein Kombinationsfaktor wird nicht berücksichtigt; dieser ist bereits bei den Vertikallasten erfasst und darf hier nicht zusätzlich in Rechnung gestellt werden. Im Rahmen des Beispiels wird allerdings vereinfachend bei der Ermittlung der Ersatzhorizontallasten aus Schiefstellung die Schnee- und Nutzlast ohne Abminderung angesetzt.

Gesamtstabilität

Nachweis der Scheibe 1

- *Vertikallasten*

  Näherungsweise werden die in Abb. 2.10 angegebenen Lasten mit ihren Exzentrizitäten berücksichtigt. Es wird jedoch darauf hingewiesen, dass für diesen Nachweis (insbesondere für die Bemessung der Scheiben) die örtliche Lastabtragung*⁾ genauer zu untersuchen ist. Zur Vereinfachung des Beispiels wird hierauf jedoch verzichtet.

  $N_{1,G} = -184 - 79 = -263$ kN $\qquad M_{1,G} = 79 \cdot 1{,}60 = 126$ kNm
  $N_{1,S} = -5 \qquad\quad = -5$ kN $\qquad M_{1,S} = 5 \cdot 1{,}60 = 8$ kNm
  $N_{1,Q} = -16 \qquad\quad = -16$ kN $\qquad M_{1,Q} = 16 \cdot 1{,}60 = 26$ kNm

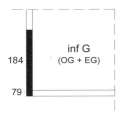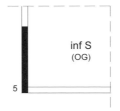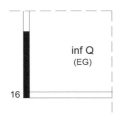

- *(Ersatz-)Horizontallasten aus Schiefstellung*

  Ersatzhorizontallasten: $\quad \Delta H = \Sigma V_i \cdot \theta_i$

  Schiefstellungswinkel: $\quad \theta_i = \dfrac{2}{200 \cdot \sqrt{l}} = \dfrac{1}{100 \cdot \sqrt{7{,}20}} = \mathbf{0{,}0037}$ ($< \dfrac{1}{200} = 0{,}005$)

  Auf eine Abminderung von θ_i wegen der Zusammenwirkung von mehreren lotrechten Baugliedern wird verzichtet; s. vorher.

---

*⁾ Dies erfolgt zweckmäßigerweise durch Aufteilung der Decken- bzw. Belastungsflächen gemäß Tafel 1.6. Für den „Aufteilungs"-Winkel gilt bei Ecken mit zwei Rändern gleichartiger Stützung 45°, in Ecken mit einem eingespannten und einem frei drehbar gelagerten Rand 60° zum eingespannten Rand hin. Für die Scheibe 1 kämen danach die nachfolgend dargestellten Verteilungsflächen in Frage. Diese „genauere" Untersuchung stellt zwar immer noch eine Näherung dar, da beispielsweise Ungenauigkeiten bei den unterstellten Einspanngraden entstehen; in vielen praxisrelevanten Fällen liefert sie jedoch genügend genaue Ergebnisse. Zusätzlich sind dann die Eigenlasten der Unterzüge und der Scheibe selbst zu berücksichtigen.

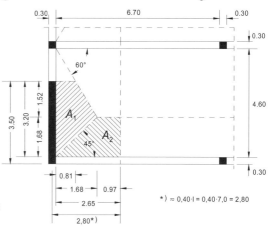

Lastaufteilungsflächen für die Ermittlung der Beanspruchung in Scheibe 1

Lastaufteilung

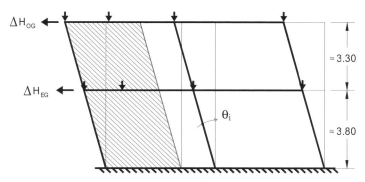

Abb. 2.14 Schiefstellung und Ersatzhorizontallasten

$\Delta H_{OG} = 1936 \cdot 0{,}0037 = 7{,}2$ kN $\quad M_{1,OG} = 0{,}5 \cdot 7{,}2 \cdot 7{,}10 = 25{,}6$ kNm (je Scheibe)
$\Delta H_{EG} = 2635 \cdot 0{,}0037 = 9{,}7$ kN $\quad M_{1,EG} = 0{,}5 \cdot 9{,}7 \cdot 3{,}80 = \underline{18{,}5 \text{ kNm}}$ (je Scheibe)
$\hspace{8cm}\mathbf{44{,}1 \text{ kNm}}$

- **Horizontallasten aus Wind**

  Windlast: $\quad w = 1{,}3 \cdot 0{,}50 = 0{,}65$ kN/m²
  (Staudruck $q = 0{,}5$ kN/m² bis 8 m Höhe; Druck- und Sogbeiwert $c_f = 1{,}3$)
  Exzentrizität: $\quad e = \pm 0{,}1 \cdot a = \pm 0{,}1 \cdot 21{,}3 = \pm 2{,}13$ m

  Der Wind soll jeweils über die Decken in die Wandscheiben eingeleitet werden.

  $\Sigma W_{OG} = 0{,}65 \cdot 21{,}30 \cdot 3{,}30/2 \quad\quad = 22{,}8$ kN
  $\Sigma W_{EG} = 0{,}65 \cdot 21{,}30 \cdot (3{,}30+3{,}90)/2 = 49{,}8$ kN

  Die Aufteilung der resultierenden Windlast auf die Scheiben erfolgt über Gleichgewichtsbedingungen (es wird vereinfachend „statisch bestimmt" gerechnet; s. Abb. 2.10).

  $W_{1,OG} = 22{,}8 \cdot (12{,}63/21{,}00) = 13{,}7$ kN $\quad M = 13{,}7 \cdot 7{,}10 = 97{,}3$ kNm
  $W_{1,EG} = 49{,}8 \cdot (12{,}63/21{,}00) = 30{,}0$ kN $\quad M = 30{,}0 \cdot 3{,}80 = 114{,}0$ kNm
  $\hspace{8cm}\mathbf{211{,}3 \text{ kNm}}$

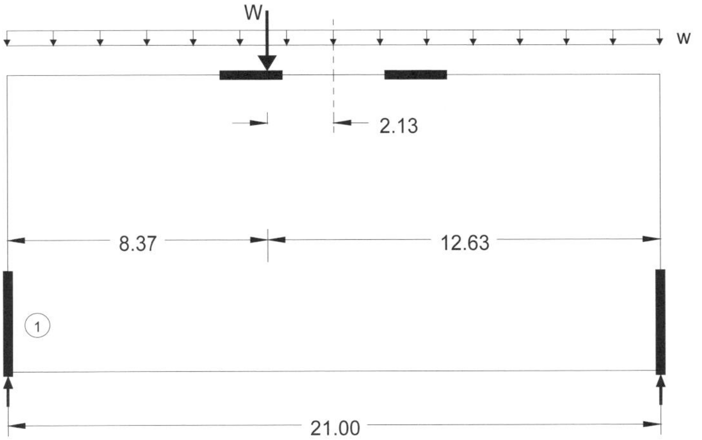

Abb. 2.15 Ansatz der resultierenden Windlasten

Gesamtstabilität

- **Gesamtbeanspruchung N und M**

  Die Ergebnisse werden nachfolgend in Tabellenform zusammengestellt.

	Eigenlast	Schnee	Nutzlast	Schiefstellung	Wind
N [kN]	–263	–5	–16	–	–
M [kNm]	126	8	26	44	211

  Die Windlast ist Leiteinwirkung, die übrigen veränderlichen Lasten werden mit einem Kombinationsfaktor berücksichtigt.

  $N = -263 - 0{,}5 \cdot 5 - 0{,}7 \cdot 16 \quad = -277 \text{ kN}$
  $M = 126 + 0{,}5 \cdot 8 + 0{,}7 \cdot 26 + 44 + 211 = 403 \text{ kNm}$

Randspannungen in Scheibe 1

$\sigma = \dfrac{N}{A} \pm \dfrac{M}{W} = \dfrac{-0{,}277}{1{,}05} \pm \dfrac{0{,}403}{0{,}61} = \begin{array}{l} -0{,}92 \text{ MN/m}^2 \\ +0{,}40 \text{ MN/m}^2 \end{array}$ $\qquad A = 0{,}30 \cdot 3{,}50 = 1{,}05 \text{ m}^2$
$W = 0{,}30 \cdot 3{,}50^2/6 = 0{,}61 \text{ m}^3$

Die größte Zugspannung in Scheibe 1 beträgt somit 0,40 MN/m² und ist kleiner als die Zugfestigkeit $f_{ctm} = 2{,}90$ MN/m² (C30/37). Es kann daher davon ausgegangen werden, dass die Scheiben im Zustand I verbleiben.

Nachweis der Scheibe 2

- *Vertikallasten*

  Vertikallasten gemäß Abb. 2.10; es wird auf die Anmerkung zu Scheibe 1 hingewiesen.

  $N_{1,G} = -216 - 105 \quad = -321 \text{ kN} \qquad M_{1,G} = 216 \cdot 1{,}00 = 216 \text{ kNm}$
  $N_{1,S} = -14 \qquad\quad = -14 \text{ kN} \qquad M_{1,S} = 14 \cdot 1{,}00 = 14 \text{ kNm}$
  $N_{1,Q} = -46 \qquad\quad = -46 \text{ kN} \qquad M_{1,Q} = 46 \cdot 1{,}00 = 46 \text{ kNm}$

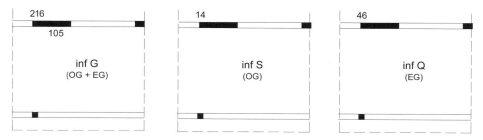

- *(Ersatz-)Horizontallasten aus Schiefstellung*

  Ersatzhorizontallasten: $\quad \Delta H = \Sigma V_i \cdot \theta_i$

  Schiefstellungswinkel: $\quad \theta_i = \dfrac{1}{100 \cdot \sqrt{l}} = \dfrac{1}{100 \cdot \sqrt{7{,}20}} = \mathbf{0{,}0037} \; (< \dfrac{1}{200} = 0{,}005)$

  Auf eine Abminderung von θ_i wegen der Zusammenwirkung von mehreren lotrechten Baugliedern wird verzichtet.

Lastaufteilung

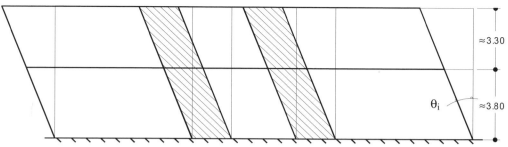

Abb. 2.16 Schiefstellung und Ersatzhorizontallasten

$\Delta H_{OG} = 1936 \cdot 0{,}0037 = 7{,}2$ kN $\quad M_{1,OG} = 0{,}5 \cdot 7{,}2 \cdot 7{,}10 = 25{,}6$ kNm (je Scheibe)
$\Delta H_{EG} = 2635 \cdot 0{,}0037 = 9{,}7$ kN $\quad M_{1,EG} = 0{,}5 \cdot 9{,}7 \cdot 3{,}80 = \underline{18{,}5 \text{ kNm}}$ (je Scheibe)
$\hspace{9cm}\mathbf{44{,}1\text{ kNm}}$

- **Horizontallasten aus Wind**

  Windlast: $w = 1{,}3 \cdot 0{,}50 = 0{,}65$ kN/m²
  (Staudruck $q = 0{,}5$ kN/m² bis 8 m Höhe; Druck- und Sogbeiwert $c_f = 1{,}3$)
  Exzentrizität: $e = \pm 0{,}1 \cdot a = \pm 0{,}1 \cdot 10{,}10 = \pm 1{,}01$ m

Der Wind soll jeweils über die Decken in die Wandscheiben eingeleitet werden.
$\Sigma W_{OG} = 0{,}65 \cdot 10{,}10 \cdot 3{,}30/2 = 10{,}8$ kN
$\Sigma W_{EG} = 0{,}65 \cdot 10{,}10 \cdot (3{,}30+3{,}90)/2 = 23{,}6$ kN

Die Aufteilung der resultierenden Windlast auf die Scheiben erfolgt über Gleichgewichtsbedingungen (es wird vereinfachend „statisch bestimmt" gerechnet; s. Abb. 2.10).

$W_{1,OG} = 10{,}8 \cdot 0{,}50 = 5{,}4$ kN $\qquad M = 5{,}4 \cdot 7{,}10 = 38{,}3$ kNm
$W_{1,EG} = 23{,}6 \cdot 0{,}50 = 11{,}8$ kN $\qquad M = 11{,}8 \cdot 3{,}80 = \underline{44{,}8 \text{ kNm}}$
$\hspace{9cm}\mathbf{83{,}1\text{ kNm}}$

(Zusätzlich treten Beanspruchungen in den Scheiben 1 auf – s. Abb. 2.17 –, die hier aber nicht nachgewiesen werden müssen.)

Abb. 2.17 Ansatz der resultierenden Windlasten

Gesamtstabilität

- **Gesamtbeanspruchung N und M**

  Die Ergebnisse werden nachfolgend in Tabellenform zusammengestellt.

	Eigenlast	Schnee	Nutzlast	Schiefstellung	Wind
N [kN]	–321	14	46	–	–
M [kNm]	216	14	46	44	83

  Die Windlast ist Leiteinwirkung, die übrigen veränderlichen Lasten werden mit einem Kombinationsfaktor berücksichtigt.

  $N = -321 - 0{,}5 \cdot 14 - 0{,}7 \cdot 46 \qquad = -360 \text{ kN}$
  $M = 216 + 0{,}5 \cdot 14 + 0{,}7 \cdot 46 + 44 + 83 = 382 \text{ kNm}$

Randspannungen in Scheibe 2

$$\sigma = \frac{N}{A} \pm \frac{M}{W} = \frac{-0{,}360}{0{,}60} \pm \frac{0{,}382}{0{,}20} = \begin{array}{l} -2{,}51 \text{ MN/m}^2 \\ +1{,}31 \text{ MN/m}^2 \end{array} \qquad \begin{array}{l} A = 0{,}30 \cdot 2{,}00 = 0{,}60 \text{ m}^2 \\ W = 0{,}30 \cdot 2{,}00^2/6 = 0{,}20 \text{ m}^3 \end{array}$$

Die größte Zugspannung in Scheibe 2 beträgt somit 1,31 MN/m² und ist kleiner als die Zugfestigkeit f_{ctm} = 2,90 MN/m² (C30/37). Es kann daher auch hier davon ausgegangen werden, dass die Scheiben im Zustand I verbleiben.

Abschließende Anmerkung

In den vorhergehenden Berechnungen wurde nachgewiesen, dass in den Scheiben 1 und 2 bei einer Beanspruchung als Scheibe *in Richtung ihrer Bauhöhe* keine unzulässigen Zugbeanspruchungen auftreten. Hinzuweisen ist an dieser Stelle darauf, dass wegen der Lage der Scheiben an den Gebäuderändern aus der vertikalen Lasteintragung ggf. Querbiegemomente entstehen, die Zugspannungen hervorrufen können. Im Rahmen des Beispiels wird jedoch auf einen entsprechenden Nachweis verzichtet, da die Scheiben selbst bei einer Reduzierung der Breite um 50 % noch ausreichend steif sind, um eine Unverschieblichkeit zu gewährleisten.

2.5 Zusammenfassendes Beispiel

Das nachfolgende Beispiel ist [Schmitz/Goris – 09] entnommen, weitere Hinweise s. dort. Zusätzlich wird hier jedoch die Berechnung der Lastverteilung auf die aussteifenden Scheiben unter Einheitslasten gezeigt.

Ausgangssituation

Es handelt sich um ein 4-geschossiges Bauwerk; das Aussteifungssystem ist in Abb. 2.18 im Grundriss dargestellt. Es wird unterstellt, dass die dargestellte Situation über die gesamte Gebäudehöhe vorhanden ist.

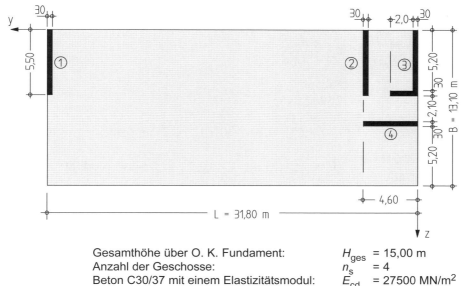

Gesamthöhe über O. K. Fundament: H_{ges} = 15,00 m
Anzahl der Geschosse: n_s = 4
Beton C30/37 mit einem Elastizitätsmodul: E_{cd} = 27500 MN/m²

Abb. 2.18 Geometrie der aussteifenden Scheiben

Belastungen (Vertikallasten)

Decke über 3. OG (Dachdecke):

Konstruktionseigenlast, Ausbaulasten	=	6,25 kN/m²
Zuschlag für Unterzüge, Wände, Fassaden usw.	≈	2,00 kN/m²
	Σg_k =	8,25 kN/m²
Schnee	s_k =	0,80 kN/m²
Gesamtlast		**9,05 kN/m²**

Decke über EG, 1. und 2. OG:

Konstruktionseigenlast, Ausbaulasten	=	6,00 kN/m²
Zuschlag für Unterzüge, Wände, Fassaden usw.	≈	3,50 kN/m²
	Σg_k =	9,50 kN/m²
Nutzlast	q_k =	5,00 kN/m²
Gesamtlast		**14,50 kN/m²**

Gesamtstabilität

Seitensteifigkeit

z-Richtung $\quad \dfrac{F_{V,Ed} \cdot H^2}{\sum E_{cd} I_c} \leq K_i \cdot \dfrac{n_s}{n_s + 1,6}$

$H_{ges} = 15,00$ m
$E_{cd} = 27\,500$ MN/m²
$F_{V,Ed} = 31,80 \cdot 13,10 \cdot (9,05 + 3 \cdot 14,50) = 21\,900$ kN ≡ 21,9 MN
$I_{c,y} = (0,30 + 2 \cdot 0,30) \cdot 5,50^3 / 12 = 12,5$ m⁴ (näherungsweise; s.a. unten)
$K_i = K_1 = 0,31$ (ungünstig Annahme)

$\dfrac{21,9 \cdot 15,0^2}{27500 \cdot 12,5} = 0,014 \leq 0,31 \cdot \dfrac{4}{4+1,6} = 0,22 \quad \rightarrow$ Nachweis erfüllt

z-Richtung $\quad \dfrac{F_{V,Ed} \cdot H^2}{\sum E_{cd} I_c} \leq K_i \cdot \dfrac{n_s}{n_s + 1,6}$

$h_{ges} = 15,00$ m
$E_{cd} = 27\,500$ MN/m²
$F_{V,Ed} = 21,9$ MN (s.o.)
$I_{c,z} = (0,30 \cdot 4,60^3 + 0,30 \cdot 2,30^3)/12 = 2,74$ m⁴ (näherungsweise; s.a. unten)

$\dfrac{21,9 \cdot 15,0^2}{27500 \cdot 2,74} = 0,065 \leq 0,31 \cdot \dfrac{4}{4+1,6} = 0,22 \rightarrow$ Nachweis erfüllt

Verdrehungssteifigkeit

Es wird unterstellt, dass die Torsionssteifigkeit $G_{cd} I_T$ vernachlässigbar klein ist und eine große Anzahl von Stützenlasten $F_{V,Ed,j}$ nach Lage und Größe gleichmäßig über den Grundriss verteilt ist. Es gilt dann gemäß Abschnitt 2.2.2.3 (vgl. a. Abb. 2.8)

$$\dfrac{1}{\left(\dfrac{1}{H}\sqrt{\dfrac{E_{cd} I_\omega}{F_{V,Ed,j} \cdot (d^2/12 + c^2)}}\right)^2} \leq K_i \cdot \dfrac{n_s}{n_s + 1,6}$$

Für die Ermittlung der Wölbsteifigkeit I_ω werden die Flächenwerte und der Schubmittelpunkt M des Aussteifungssystems benötigt.

Flächenwerte des Aussteifungssystems (vgl. Abb. 2.18 und 2.19)

Bauteil i	$I_{y,i}$ m⁴	$I_{z,i}$ m⁴	$I_{yz,i}$ m⁴	y_i[1] m	z_i[1] m	$I_{y,i} \cdot y_i$ m⁵	$I_{z,i} \cdot z_i$ m⁵	$I_{yz,i} \cdot y_i$ m⁵	$I_{yz,i} \cdot z_i$ m⁵
1	4,16	≈ 0	0	31,65	2,75	131,7	0	0	0
2	4,16	≈ 0	0	4,45	2,75	18,5	0	0	0
3	7,11	0,79	1,32	0,15	5,35	1,1	4,2	0,2	7,1
4	≈ 0	2,43	0	2,30	7,75	0	18,8	0	0
Σ	15,43	3,22	1,32			151,3	23,0	0,2	7,1

[1] Koordinaten des Schubmittelpunkts des Einzelbauteils i

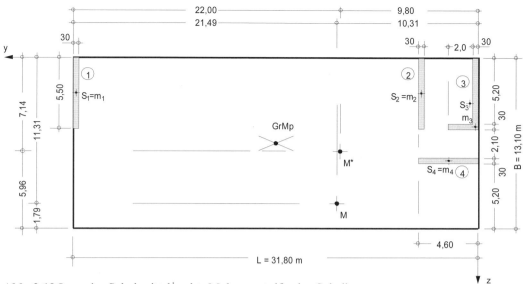

Abb. 2.19 Lage des Schubmittelpunkts M der aussteifenden Scheiben

Schubmittelpunktkoordinaten M (vgl. Abschn. 2.2.2.3)

$$y_0 = \frac{(151{,}3 - 7{,}1) \cdot 3{,}22 - (0{,}2 - 23{,}0) \cdot 1{,}32}{(15{,}43 \cdot 3{,}22 - 1{,}32^2)} = 10{,}31 \text{ m}$$

$$z_0 = \frac{(151{,}3 - 7{,}1) \cdot 1{,}32 - (0{,}2 - 23{,}0) \cdot 15{,}43}{(15{,}43 \cdot 3{,}22 - 1{,}32^2)} = 11{,}31 \text{ m}$$

Bei Vernachlässigung von $I_{yz,i}$ (vgl. Abschn. 2.2.2.3)

$y_0^* = (\Sigma I_{y,i} \cdot y_i)/(\Sigma I_{y,i}) = 151{,}3/15{,}43 = 9{,}80$ m
$z_0^* = (\Sigma I_{z,i} \cdot z_i)/(\Sigma I_{z,i}) = 23{,}0/\ 3{,}22 = 7{,}14$ m

Ermittlung der Wölbsteifigkeit I_ω (und Torsionssteifigkeit I_T)

Die Wölbsteifigkeit wird vereinfachend unter Vernachlässigung von $I_{yz,i}$ und von I_ω bestimmt

Bauteil i	$I_{y,i}$ m⁴	$I_{z,i}$ m⁴	y_{Mmi} m	z_{Mmi} m	$I_{y,i} \cdot y_{Mmi}$ m⁵	$I_{z,i} \cdot z_{Mmi}$ m⁵	$I_{y,i} \cdot y^2_{Mmi}$ m⁶	$I_{z,i} \cdot z^2_{Mmi}$ m⁶	$I_{T,i}$ m⁴
1	4,16	≈0	21,34	−8,56	88,77	0	1894,45	0	0,05
2	4,16	≈0	−5,86	−8,56	−24,38	0	142,85	0	0,05
3	7,11	0,79	−10,16	−5,96	−72,24	−4,71	733,93	28,06	0,07
4	≈0	2,43	−8,01	−3,56	0	−8,65	0	30,80	0,04
Σ	15,43	3,22	–	–	–	–	2771,23	58,86	**0,21**

$I_\omega = 2771 + 59 \approx \mathbf{2830}$ m⁶

Mit den zuvor genannten Voraussetzungen und Vereinfachungen erhält man mit den weiteren Größen für die Grundrissdiagonale d und den Abstand c zwischen Schubmittelpunkt (M) und Grundrissmittelpunkt (GrMp):

Gesamtstabilität

$$d^2 = (31{,}80^2 + 13{,}10^2) = 1183 \text{ m}^2$$
$$c^2 = (5{,}59^2 + 4{,}76^2) = 53{,}9 \text{ m}^2$$
$$F_{V,Ed} = 21{,}9 \text{ MN}$$
$$I_\omega = 2830 \text{ m}^6; \quad H_{ges} = 15{,}00 \text{ m}$$

$$\cfrac{1}{\left(\cfrac{1}{15{,}00}\sqrt{\cfrac{27500 \cdot 2830}{21{,}9 \cdot (1183/12 + 53{,}9)}}\right)^2} = 0{,}010 \leq 0{,}31 \cdot \frac{4}{4+1{,}6} = 0{,}22$$

(erfüllt)

Lastaufteilung

Es liegt ein statisch unbestimmtes Aussteifungssystem vor. Die Lastaufteilung erfolgt gemäß Abschn. 2.4.2, die dort angegebenen Gleichungen gelten ohne Berücksichtigung des Flächenzentrifugalmoments I_{yz}, der Wölbsteifigkeiten $I_{\omega,i}$ und der St. Venantschen Torsionssteifigkeit der Einzelelemente sowie der Torsionssteifigkeit $G_{cd}I_T$ des Gesamtstabes; die Voraussetzung

$$H_{ges} \cdot [I_T/((E_{cd}/G_{cd}) \cdot I_\omega)]^{0,5} \leq 0{,}5 \quad \leftrightarrow \quad 15{,}0 \cdot [0{,}21/(2{,}4 \cdot 2830)]^{0,5} = 0{,}083 < 0{,}5$$

ist hier erfüllt.

Die Lastaufteilung auf die Einzelscheiben wird für $H_y = 100$ kN, $H_z = 100$ kN und $M_x = 100$ kNm (Einheitslastfälle) gezeigt (Abb. 2.20).

Berechnung der Kennwerte für die Lastaufteilung [1)]

Bauteil i	$I_{y,i}$ m^4	$I_{z,i}$ m^4	y^*_{Mmi} m	z^*_{Mmi} m	$I_{y,i} \cdot y^*_{Mmi}$ m^5	$I_{z,i} \cdot z^*_{Mmi}$ m^5	$I_{y,i} \cdot y^{*2}_{Mmi}$ m^6	$I_{z,i} \cdot z^{*2}_{Mmi}$ m^6
1	4,16	≈0	21,85	−4,39	90,90	0	1986,1	0
2	4,16	≈0	−5,35	−4,39	−22,26	0	119,1	0
3	7,11	0,79	−9,65	−1,79	−68,61	−1,41	662,1	2,5
4	≈0	2,43	−7,50	+0,61	0	+1,48	0	0,9
Σ	15,43	3,22	–	–	≈0	≈0	Σ ≈ 2771	

[1)] Bei Vernachlässigung von $I_{yz,i}$ und $I_{\omega,i}$; die Abstände y^*_{Mmi} und z^*_{Mmi} sind auf M* bezogen.

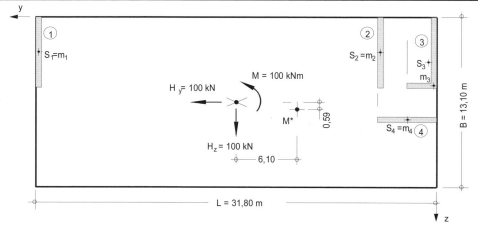

Abb. 2.20 Einheitslastfälle und Abstand des Grundrissmittelpunktes vom Schubmittelpunkt M*

Beispiel

a) Lastfall $H_y = H_{yM^*} = 100$ kN $\rightarrow$ $\quad M_{x,M} = 100 \cdot 0{,}59 = 59{,}0$ kNm;
$\quad\quad\quad\quad\quad\quad\quad\quad\quad\quad\quad\quad\quad\quad\quad M_{x,M}/I_\omega = 59{,}0/2771 = 0{,}021$

Lastanteile infolge	y-Richtung				infolge	z-Richtung			
	$i=1$	2	3	4		$i=1$	2	3	4
$H_{y,i} = 100 \cdot I_{z,i}/3{,}22$	0	0	24,53	75,47	-	-	-	-	-
$H_{y,i} = -0{,}021 \cdot I_{z,i} \cdot z^*_{Mmi}$	0	0	0,03	–0,03	$H_{z,i} = 0{,}021 \cdot I_{y,i} \cdot y^*_{Mmi}$	1,91	–0,47	–1,44	0
$\Sigma H_{y,i}$	0	0	24,56	75,44	$\Sigma H_{z,i}$	1,91	–0,47	–1,44	0

Kontrolle der Gleichgewichtsbedingungen:

$\Sigma H_{y,i} = 0 + 0 + 24{,}56 + 75{,}44$ $\quad\quad\quad\quad\quad = 100$ kN $\quad \equiv 100$ kN
$\Sigma H_{z,i} = 1{,}91 - 0{,}47 - 1{,}44 + 0$ $\quad\quad\quad\quad\quad = 0$ kN $\quad \equiv 0$ kN
$\Sigma M_{x,M^*} = 1{,}91 \cdot 21{,}85 + 0{,}47 \cdot 5{,}35 + 1{,}44 \cdot 9{,}65$
$\quad\quad\quad -[24{,}56 \cdot (-1{,}79) + 75{,}44 \cdot 0{,}61]$ $\quad\quad\quad\quad\quad\quad = 56{,}1$ kNm ≈ 59 kNm

b) Lastfall $H_z = H_{zM^*} = 100$ kN $\rightarrow$ $\quad M_{x,M^*} = 100 \cdot 6{,}10 = 610$ kNm
$\quad\quad\quad\quad\quad\quad\quad\quad\quad\quad\quad\quad\quad\quad\quad M_{x,M^*}/I_\omega^* = 610/2771 = 0{,}220$

Lastanteile infolge	y-Richtung				infolge	z-Richtung			
	$i=1$	2	3	4		$i=1$	2	3	4
	-	-	-	-	$H_{z,i} = 100 \cdot I_{y,i}/15{,}43$	26,96	26,96	46,08	0
$H_{y,i} = -0{,}220 \cdot I_{z,i} \cdot z^*_{Mmi}$	0	0	0,31	–0,32	$H_{z,i} = 0{,}220 \cdot I_{y,i} \cdot y^*_{Mmi}$	20,00	–4,90	–15,09	0
$\Sigma H_{y,i}$	0	0	0,31	–0,32	$\Sigma H_{z,i}$	46,96	22,06	30,99	0

Kontrolle der Gleichgewichtsbedingungen:

$\Sigma H_{y,i} = +0{,}31 - 0{,}32$ $\quad\quad\quad\quad\quad\quad\quad\quad\quad = -0{,}01$ kN ≈ 0 kN
$\Sigma H_{z,i} = 46{,}96 + 22{,}06 + 30{,}99$ $\quad\quad\quad\quad\quad = 100{,}0$ kN $\equiv 100$ kN
$\Sigma M_{x,M^*} = 46{,}96 \cdot 21{,}85 + 22{,}06 \cdot (-5{,}35) + 30{,}99 \cdot (-9{,}65)$
$\quad\quad\quad -[0{,}31 \cdot (-1{,}79) + (-0{,}32) \cdot 0{,}61]$ $\quad\quad\quad\quad = 610$ kNm $\equiv 610$ kNm

c) Lastfall $M = 100$ kNm $\rightarrow$ $\quad M_{x,M^*} = 100 = 100$ kNm;
$\quad\quad\quad\quad\quad\quad\quad\quad\quad\quad\quad\quad M_{x,M^*}/I_\omega^* = 100/2771 = 0{,}036$

Lastanteile infolge	y-Richtung				infolge	z-Richtung			
	$i=1$	2	3	4		$i=1$	2	3	4
$H_{y,i} = -0{,}036 \cdot I_{z,i} \cdot z^*_{Mmi}$	0	0	0,05	–0,05	$H_{z,i} = 0{,}036 \cdot I_{y,i} \cdot y^*_{Mmi}$	3,27	–0,80	–2,47	0

Kontrolle der Gleichgewichtsbedingungen:

$\Sigma H_{y,i} = 0{,}05 - 0{,}05$ $\quad\quad\quad\quad\quad\quad\quad\quad\quad = 0$ kN $\quad \equiv 0$ kN
$\Sigma H_{z,i} = 3{,}27 - 0{,}80 - 2{,}47$ $\quad\quad\quad\quad\quad\quad = 0$ kN $\quad \equiv 0$ kN
$\Sigma M_{x,M^*} = 3{,}27 \cdot 21{,}85 + 0{,}80 \cdot 5{,}35 + 2{,}47 \cdot 9{,}65$
$\quad\quad\quad -[0{,}05 \cdot (-1{,}79) + (-0{,}05) \cdot 0{,}61]$ $\quad\quad\quad\quad\quad = 99{,}7$ kNm ≈ 100 kNm

3 Grundlagen der Bewehrungsführung

3.1 Betonstahlbewehrung

3.1.1 Eigenschaften, Kurzzeichen, Duktilitätseigenschaften

Nach EC2-1-1/NA ist Betonstahl nach DIN 488 oder nach bauaufsichtlicher Zulassung zu verwenden; die Regelungen des EC2-1-1 gelten nach NA nur für eine Streckgrenze f_{yk} = 500 N/mm².

Es ist zu unterscheiden nach

- Lieferform: gerade Stäbe (Betonstabstahl); Betonstahlmatten; Betonstahl im Ring; Gitterträger; Bewehrungsdraht
- Duktilität: Klasse A mit $R_m/R_e \geq 1{,}05$ und $A_{gt} \geq 2{,}5\,\%$
  Klasse B mit $R_m/R_e \geq 1{,}08$ und $A_{gt} \geq 5{,}0\,\%$
  Es sind
  R_m/R_e Streckgrenzenverhältnis (Bezeichnung in EC2-1-1: $(f_t/f_y)_y$)
  A_{gt} Gesamtdehnung unter Höchstkraft (nach EC2-1-1: ε_{uk})
- Oberflächengestaltung: Betonstabstahl   gerippt
  Betonstahlmatte   gerippt
  Bewehrungsdraht   glatt oder profiliert (für Sonderzwecke)
- Herstellverfahren: warmgewalzt (ohne oder mit Nachbehandlung); warmgewalzt und kaltgereckt; kaltverformt
- Kennzeichnung: Betonstahl B500A durch drei Rippenreihen (s. Abb.)
  Betonstahl B500B durch zwei oder vier Rippenreihen (s. Abb.)

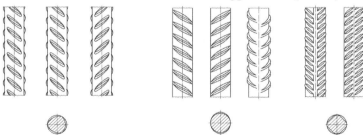

Für Sonderfälle existieren weitere Anwendungen wie z.B. Sonderdyn-Matten, beschichteter Betonstahl, Gewindestäbe u.a.m. Betonstähle aus glattem oder profiliertem Bewehrungsdraht erfüllen die Anforderungen von EC2-1-1 an die Verbundeigenschaften nicht und dürfen nur für Sonderzwecke eingesetzt werden. Diese Stähle werden daher hier nicht behandelt.

3.1.2 Betonstabstahl, Betonstahl vom Ring

Betonstabstahl wird entweder als gerader Stab oder als Betonstahl vom Ring zum Richten geliefert. Für gerade Einzelstäbe können folgende Anwendungen genannt werden

- Durchmesser: 6, 8, 10, 12, 14, 16, 20, 25, 28, 32, 40 mm
- Lieferlängen: 12 m oder 14 m (bis 18 m)

Die Normbezeichnung für Erzeugnisse nach DIN 488 erfolgt in der Reihenfolge → Benennung → DIN-Norm → Kurzname (oder Werkstoffnummer) → Nenndurchmesser.

Beispiel:
Bezeichnung von geripptem Betonstabstahl B500B mit einem Nenndurchmesser von 20 mm:
Betonstabstahl DIN 488 – B500B – 20,0

Betonstahl vom Ring wird als B500A und B500B mit Stabdurchmessern $d_s \leq 16$ mm (d. h. Durchmesserbereich 6, 8, 10, 12, 14 und 16 mm; ⌀ 14 und 16 nur als B500B) geliefert mit Ringgewichten von 500 kg bis 3000 kg. Der Betonstahl wird vor dem Einbau gerichtet (Richtanlage). Der Biegebetrieb muss die Eignung für das Weiterverarbeiten (Richten) nachweisen, d. h. er muss einen gültigen bauaufsichtlichen Eignungsnachweis besitzen.

Beispiel:
Bezeichnung von geripptem Betonstahl B500B in Ringen mit einem Nenndurchmesser von 12mm:
Betonstahl in Ringen DIN 488 – B500B – 12,0

3.1.3 Betonstahlmatten

Mit Betonstahlmatten wird eine werksmäßig vorgefertigte flächige Bewehrung bezeichnet. Sie werden vorzugsweise für flächige Bewehrungen eingesetzt. Betonstahlmatten bestehen aus zwei rechtwinklig sich kreuzenden Stabscharen, die scherfest miteinander verschweißt sind. Sie werden als B500A und B500B ausgeführt. Die Stabdurchmesser liegen zwischen 5 mm und 12 mm (bis 14 mm nur für B500B).

Grundsätzlich lässt sich unterscheiden
- Lagermatten
- Nichtlagermatten

Lagermatten werden nach einem festen Programm hergestellt; die Matten sind 2,30 m bzw. 2,35 m breit und haben eine Länge von 6,0 m, Bewehrungsquerschnitte zwischen 1,88 cm^2/m und 5,24 cm^2/m (sog. R-Matten) bzw. 6,36 cm^2/m (sog. Q-Matten).

Bei Nichtlagermatten kann der Mattenaufbau weitgehend frei gewählt werden und die Bewehrung der jeweiligen Aufgabe angepasst werden.

Lagermatten

Die Matten werden durch Kurzzeichen charakterisiert. Die Kennzeichnung gibt an
- Art der Lagermatten
  R-Matten, die bei einachsiger Lastabtragung eingesetzt werden. Die Haupttragrichtung verläuft in Richtung der längeren Richtung, in Querrichtung sind mindestens 20 % der Längsrichtung vorhanden.
  Q-Matten, die in Längs- und Querrichtung näherungsweise den gleichen Querschnitt aufweisen und eingesetzt werden, wenn die Beanspruchung in beiden Richtungen etwa gleich groß ist.
- Stahlquerschnitt in mm^2/m
  Nach dem Kurzzeichen „R" bzw „Q" erfolgt die Angabe des Bewehrungsquerschnitts der Längsrichtung in mm^2/m.

Grundlagen der Bewehrungsführung

Die größeren Lagermatten werden als sog. *Randsparmatten* ausgebildet. Hierbei werden – in Längsrichtung gesehen – die Randbereiche geschwächt, indem statt der im Normalbereich vorhandenen Doppelstäbe im Randbereich Einzelstäbe verwendet werden. Mattenaufbau der Lagermatten ist Abb. 3.1 zu entnehmen, tabellarische Zusammenstellung s. Abschn. 9.

a) R-Matten

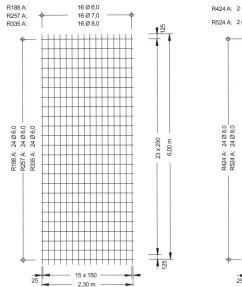
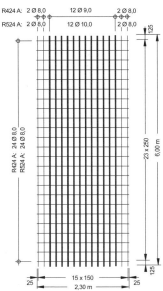

b) Q-Matten

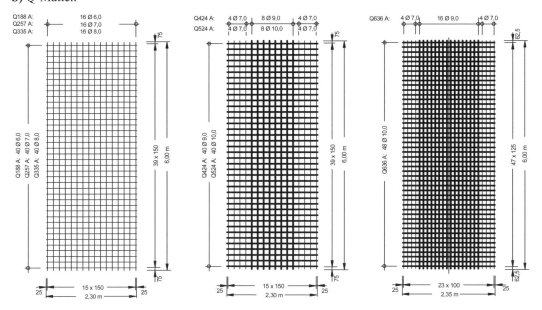

Abb. 3.1 Lagermatten; Mattenaufbau der R- und Q-Matten

Nichtlagermatten

Listenmatten

Listenmatten sind Matten, deren Stababstände, Stabdurchmesser und Mattenabmessungen vom Besteller festgelegt werden. Für den Mattenaufbau sind jedoch bestimmte Vorgaben zu beachten

- Abmessungen: Mattenlänge von 3,00 m bis 12,00 m
  Mattenbreite von 1,85 m bis 3,00 m
- Längsstäbe: Einzel- oder Doppelstäbe,
  max. zwei unterschiedliche Durchmesser
  Längsstäbe sind staffelbar (Feldspareffekt)
- Querstäbe: Einzelstäbe (keine Doppelstäbe möglich)
  keine unterschiedlichen Durchmesser
  Querstäbe nicht staffelbar
- Überstände: Minimale Mattenüberstände 25 mm
  maximale Mattenüberstände $100\,d_s$

Die wählbaren Längs- und Querstabdurchmesser sowie Abstände sind in Tafel 3.1 wiedergegeben [Rußwurm/Fabritius – 02]. Zur eindeutigen Beschreibung der Matten wird bei regelmäßigem Mattenaufbau eine nach Längs- und Querrichtung achsengetrennte Schreibweise verwendet.

Tafel 3.1 Listenmatten; Durchmesserkombinationen und Querschnitte

Längsstab-durchmesser	↓	Querschnitt der Längsstäbe $a_{s,längs}$											↓	Verschweißbarkeit			
		vorrangig verwendete Querschnitte grau unterlegt												Einfachlängsstäbe	verschweißbar mit Einfachquerstäben	Doppellängsstäbe	verschweißbar mit Einfachquerstäben
		Längsstababstand in mm															
	50	-	100	-	150	-	200	-	250	-	300	-	-				
	100d*		150d*		200d*												
mm	cm²/m													⌀(mm)	⌀(mm)	⌀(mm)	⌀(mm)
6,0	5,65	3,77	2,82	2,26	1,88	1,62	1,41	1,26	1,13	1,03	0,94	0,87	0,81	6,0	6 - 8	6,0d	6 - 8
7,0	7,70	5,13	3,85	3,08	2,57	2,20	1,92	1,71	1,54	1,40	1,28	1,18	1,10	7,0	6 - 10	7,0d	6 - 10
8,0	10,1	6,70	5,03	4,02	3,35	2,87	2,51	2,23	2,01	1,83	1,67	1,55	1,44	8,0	6 - 11	8,0d	7 - 11
9,0	12,7	8,48	6,36	5,09	4,24	3,63	3,18	2,83	2,54	2,31	2,12	1,96	1,82	9,0	7 - 12	9,0d	8 - 12
10,0	15,7	10,5	7,85	6,28	5,24	4,49	3,92	3,49	3,14	2,85	2,61	2,42	2,24	10,0	7 - 12	10,0d	8 - 12
11,0	19,0	12,7	9,50	7,60	6,34	5,43	4,74	4,22	3,80	3,45	3,16	2,92	2,71	11,0	8 - 12	11,0d	9 - 12
12,0	22,6	15,1	11,3	9,04	7,54	6,46	5,66	5,02	4,52	4,11	3,76	3,48	3,23	12,0	9 - 12	12,0d	10 - 12
mm	cm²/m																
Querstabdurchmesser	50	75	100	125	150	175	200	225	250	275	300	325	350				
	Querstababstand in mm																
	vorrangig verwendete Querschnitte grau unterlegt																
	↑	Querschnitt der Querstäbe $a_{s,quer}$											↑				

* d: Doppelstäbe (nur als Längsstäbe)

Grundlagen der Bewehrungsführung

Mattenbeschreibung

	Mattenaufbau	Umriss	Überstände	weitere Angaben
Längsrichtung	$P_L \cdot d_{L1} / d_{L2} - n_{links} / n_{rechts}$	L	u_1 / u_2	...
Querrichtung	$P_c \cdot d_{c3} / d_{c4}$	B	u_3 / u_4	...

Erläuterungen

P_L	Abstand der Längsstäbe in mm
P_c	Abstand der Querstäbe in mm
d_{L1}	Längsstabdurchmesser, Innenbereich
d_{L2}	Längsstabdurchmesser, Randbereich
d_{c3}	Querstabdurchmesser, Innenbereich
d_{c4}	Querstabdurchmesser, Randbereich
d	Doppelstäbe
n_{links}	Anzahl Längsrandstäbe links
n_{rechts}	Anzahl Längsrandstäbe rechts
L	Mattenlänge in m
B	Mattenbreite in m
u_1	Überstand am Mattenanfang in mm
u_2	Überstand am Mattenende in mm
u_3	Überstand am linken Mattenrand in mm
u_4	Überstand am rechten Mattenrand in mm

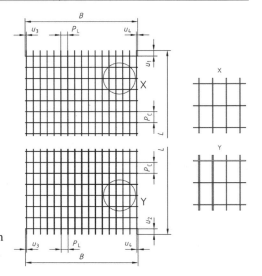

Beispiel

Betonstahlmatte – DIN 488-4 – B500A – $\dfrac{150 \cdot 10{,}0 / 7{,}0 - 4 / 4}{150 \cdot 10{,}0} \left| \begin{array}{c} 6{,}00 \\ 2{,}30 \end{array} \right. \left| \begin{array}{c} 75 / 75 \\ 25 / 25 \end{array} \right.$

Die Mattenbeschreibung gibt den Aufbau der Lagermatte Q 524 wieder; zugehörige Skizze vgl. Abb. 3.1 (ohne Feldspareffekt, das letzte Feld der Beschreibung bleibt daher leer).

Für Listenmatten beträgt die Lieferzeit nach Angaben der Hersteller ca. 10 bis 12 Arbeitstage. Das Positionsgewicht sollte mindestens 500 kg/Pos. sein, damit rationell gefertigt werden kann.

Listenmatten werden nach den Wünschen des Bauherrn gefertigt und können daher weitestgehend der erforderlichen Bewehrung und dem jeweiligen Verwendungszweck angepasst werden. Eine Anpassung der Bewehrung erfolgt durch (Kombinationen der nachfolgend genannten Möglichkeiten sind möglich)

- Variation des Stababstandes
- Veränderung des Stabdurchmessers, Anordnung von Doppelstäben
- Staffelung der Bewehrung.

Listenmatten werden i.d.R. als Matten ausgeführt, die in beiden Richtungen eine statisch anrechenbare Bewehrung aufweisen (sog. „Zweiachsmatten"). Es kommen jedoch auch Matten mit Bewehrung zur Anwendung, die nur in einer Richtung anrechenbar ist, die Querbewehrung besteht dann nur aus Montagestäben; diese sog. „Einachsmatten" werden bevorzugt als Zulagematte angewendet oder auch mit je einer Mattenlage aus Einachsmatten für jede Richtung.

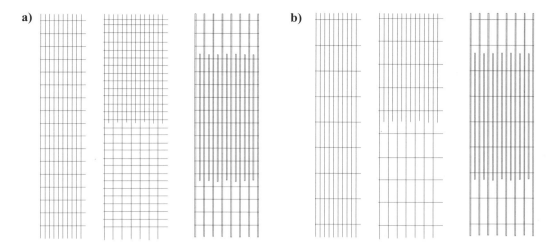

Abb. 3.2 Varianten von Listenmatten
a) Zweiachsmatten ohne Staffelung, mit einseitiger und mit zweiseitiger Staffelung
b) Einachsmatten ohne Staffelung, mit einseitiger und mit zweiseitiger Staffelung

Für Randbereiche von Flächentragwerken kommen Bügelkörbe zur Anwendung, die als Einfassbewehrung an Plattenrändern, Fugen oder als Anschlussbewehrung Wand/Wand eingesetzt werden. Für Durchdringungen und Eckverbindungen gibt es standardisierte Listenmatten (sog. HS-Matten). Zwei übliche Matten können sich aufgrund der Querstäbe nicht durchdringen. Bei HS-Matten fehlen die Querstäbe im mittleren Bereich, sodass Durchdringungen in Eck- und Knotenpunkten ausgebildet werden können. Es wird auf die Herstellerangaben verwiesen.

Vorratsmatten

Vorratsmatten sind neu auf dem Markt. Es sind standardisierte Betonstahlmatten, die Eigenschaften der Lagermatten und Listenmatten miteinander verknüpfen. Sie werden beispielsweise mit denselben Querschnitten wie Lagermatten geliefert (Umrisse 2,45 m x 6,00 m), haben jedoch einen oder zwei seitliche Überstände, der einen Ein-Ebenen-Stoß ermöglicht und damit mehrlagige Bewehrungsstöße vermeidet. Die Lieferzeit beträgt nach Herstellerangabe ca. 5 Arbeitstage.

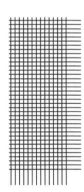

Vorratsmatte mit zwei Überständen

Bügelmatten

Die Querkraftbewehrung von Unterzügen und Balken kann häufig günstig als Bügelmatten ausgeführt werden. Hierfür können R-Matten (Lagermatten) oder Listenmatten zur Anwendung kommen. Vorwiegend werden Listenmatten als Einachsmatten oder spezielle Bügelmatten verwendet. Diese „Einachsmatten" weisen im Allgemeinen folgende Konstruktionsmerkmale auf

– Bügelabstände gleich Mattenlängsstäbe
– Montagestäbe gleich Mattenquerstäbe; Bügelkorblänge ≤ 3,00 m
– Durchmesser d_L und Stababstände der Bügelstäbe nach Tafel 3.1

Grundlagen der Bewehrungsführung

- Durchmesser d_c und Anordnung der Montagestäbe (=Querstäbe) nach statischen Gesichtspunkten (Verankerung der Bügelstäbe) und aus konstruktiven Gründen (Stabilität für die Lagerung und den Einbau).

Die Biegeformen können weitgehend nach statisch-konstruktiven Gesichtspunkten festgelegt werden, Abb. 3.3 zeigt einige Beispiele. Bei offenen Bügeln erfolgt das Schließen entweder durch die Plattenquerbewehrung oder durch Kappenbügel (vgl. hierzu Abb. 3.10). Die Bügelkörbe werden normalerweise in Korblänge auf Lücke gelegt oder stumpf gestoßen.

Abb. 3.3 Varianten von Bügelmatten

3.1.4 Gitterträger

Gitterträger sind zwei- oder dreidimensionale vorgefertigte Bewehrungselemente, die aus einem Obergurt, Untergurt und Diagonalen bestehen. Als Einsatzbereich und Verwendungszweck können genannt werden

- Verbundbewehrung bei Fertigplatten mit statisch mitwirkender Ortbetonschicht
- Erzielung einer ausreichenden Montagesteifigkeit der Fertigplatten im Bauzustand (bei Montagestützweiten bis 5 m (und mehr) wird der Obergurt durch ein Blech ersetzt)
- Durchstanzbewehrung bei punktförmig gestützten Platten
- Verbundbewehrung bei vorgefertigten Stahlbetonwänden, die mit Ortbeton verfüllt werden.

Gitterträger werden in Deutschland nach allgemeiner bauaufsichtlicher Zulassung hergestellt. Die folgenden Beispiele wurden [Rußwurm/Fabritius – 02] entnommen.

Tafel 3.2 Gitterträger, Abmessungen, Anwendung (Beispiele)

Querschnitt	Ansicht	Abmessungen	Anwendung	Anmerkung
		Höhe: 100 – 200 mm OG: Blechprofil UG: 2 ⌀ 6 mm Diag: 2 ⌀ 7 – 8 mm	Fertigplatten mit statisch mitwirkender Ortbetonschicht	Vorgefertigte Stahlbetonplatte für unterstützungsfreie Montagespannweiten bis 5,25 m /System MONTAQUICK©
		Höhe: 70 – 300 mm OG: ⌀ 8 – 16 mm UG: 2 ⌀ 5 – 16 mm Diag: 2 ⌀ 5 – 8 mm	Fertigplatten mit statisch mitwirkender Ortbetonschicht nach DIN 1045-1, Abschnitt 13.4.3	Klassische Teilfertigdecke. Spezieller Gitterträger für die Aufnahme von Schubkräften in Teilfertigdecken. Zulässig auch für nicht vorwiegend ruhende Belastung.
		Höhe: 80 – 300 mm OG: ⌀ 5 mm UG: 2 ⌀ 5 mm Diag: 2 ⌀ 6 – 7 mm		
		Höhe: 110 – 290 mm OG: ⌀ 8 mm UG: 2 ⌀ 5 – 14 mm Diag: 2 ⌀ 5 – 6 mm	Balken-, Rippen- und Plattenbalkendecken mit Betonfußleisten oder Fertigplatten	Deckenkonstruktion für den selbständigen Eigenheimbauer Hohlkörper aus Beton oder Ziegel
		Höhe: 150 – 300 mm OG: ⌀ 8 mm UG: 2 ⌀ 5 mm Diag: 2 ⌀ 5 – 6 mm	Wände	Vorgefertigte Stahlbeton-Wand, die auf der Baustelle mit Ortbeton ausgegossen wird. Bemessung erfolgt für den Gesamtquerschnitt so, als ob er in einem Guss hergestellt wäre. Zulässig für nicht ruhende Belastung.
		Höhe: 140 – 400 mm OG: ⌀ 8 mm UG: 2 ⌀ 6 mm Diag: 2 ⌀ 6 – 7 mm		

3.2 Betondeckung und Stababstände

3.2.1 Betondeckung

Die erforderlichen Betondeckungsmaße sind ausführlich im Band 1, Abschn. 4.2.5 behandelt. An dieser Stelle erfolgt daher nur eine kurze tabellarische Zusammenfassung.

Mindestmaße c_{min} der Betondeckung

Die Festlegung der Mindestmaße der Betondeckung erfolgt zur Gewährleistung eines ausreichenden Korrosionsschutzes der Bewehrung und/oder zur Sicherung des Verbundes.

Tafel 3.3a Mindestmaß c_{min} aus Gründen des Korrosionsschutzes (EC2-1-1, 4.4.1.2)

Expositionsklasse	Mindestbetondeckung c_{min} in mm [a)b)c)]									
	karbonatisierungsinduzierte Korrosion				chloridinduzierte Korrosion			chloridinduzierte Korrosion aus Meerwasser		
	XC 1	XC 2	XC 3	XC 4	XD 1	XD 2	XD 3[d)]	XS 1	XS 2	XS 3
Betonstahl	10	20		25	40			40		

[a)] c_{min} darf bei Bauteilen, deren Festigkeitsklasse um 2 Klassen höher liegt, als nach EC2-1-1, 4.2 (s. Bd.1, Tafel 4.4) erforderlich, um 5 mm vermindert werden (gilt nicht für Expositionsklasse XC 1).
[b)] Zusätzlich sind 5 mm für die Umweltklasse XM 1, 10 mm für XM 2 und 15 mm für XM 3 vorzusehen, sofern nicht zusätzliche Anforderungen an die Gesteinskörnung nach EN 206 berücksichtigt werden.
[c)] Regelungen, wenn Ortbeton kraftschlüssig mit einem Fertigteil verbunden wird, s. nächste Seite.
[d)] Im Einzelfall können besondere Maßnahmen zum Korrosionsschutz der Bewehrung nötig werden.

Tafel 3.3b Mindestmaße c_{min} zur Sicherung des Verbundes (EC2-1-1, 4.4.1.2)

	Einzelstäbe	Doppelstäbe; Stabbündel
Stahlbeton	$c_{min} \geq d_s$	$c_{min} \geq d_{sn}$ [a)]

[a)] d_{sn} Vergleichsdurchmesser; $d_{sn} = d_s \cdot \sqrt{n}$ mit n als Anzahl der Stäbe

Nennmaße c_{nom} und Verlegemaße c_v

Die Nennmaße der Betondeckung ergeben sich durch Vergrößerung von c_{min} um das Vorhaltemaß Δc_{dev}. Das Vorhaltemaß stellt sicher, dass die Mindestmaße an jeder Stelle eingehalten sind.

Tafel 3.4 Nennmaße c_{nom}

$c_{nom} = c_{min} + \Delta c_{dev}$	Vorhaltemaß Δc_{dev} [a)b)]	i. Allg.: $\Delta c_{dev} = 15$ mm bei XC 1: $\Delta c_{dev} = 10$ mm falls Verbundbed. maßg. $\Delta c_{dev} = 10$ mm

[a)] *Vergrößerung* von Δc_{dev} erforderlich, wenn Beton gegen unebene Oberflächen (strukturierte Oberflächen, Waschbeton, Baugrund u. a.) geschüttet wird; Erhöhung um das Differenzmaß der Unebenheit, mindestens jedoch um 20 mm, bei Schüttung gegen Baugrund um 50 mm.
[b)] *Verminderung* von Δc_{dev} nur in Ausnahmefällen bei entsprechender Qualitätskontrolle (genauere Angaben nach DBV-Merkblätter „Betondeckung und Bewehrung" und „Abstandhalter").

Das für die Abstandhalter maßgebende Verlegemaß c_v gilt für die Stäbe, die unterstützt werden sollen (im Allg. die der Betonoberfläche am nächsten liegenden Stäbe).

Grundlagen der Bewehrungsführung

Die Betondeckung wird durch Abstandhalter aus Beton oder Kunststoff bzw. durch Ständer für die obere Bewehrung gewährleistet (vgl. hierzu Abschn. 7.2).

Besonderheiten bei Fertigteilen mit Ortbetonergänzung

Wird Ortbeton kraftschlüssig mit einem Fertigteil verbunden, darf die Mindestbetondeckung an den der Fuge zugewandten Rändern auf 5 mm im Fertigteil und auf 10 mm (bzw. auf 5 mm bei rauer Fuge) im Ortbeton verringert werden; zur Verbundsicherung sind jedoch die Werte nach Tafel 3.3b einzuhalten, wenn die Bewehrung im Bauzustand berücksichtigt wird. Auf das Vorhaltemaß Δc der Betondeckung darf auf beiden Seiten der Verbundfuge verzichtet werden. Zu beachten ist jedoch, dass an der Stoßfuge zwischen den Fertigteilen c_{nom} eingehalten wird (vgl. Abb. 3.4)

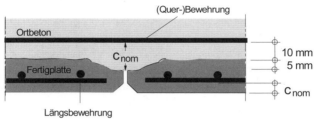

Abb. 3.4   Betondeckung bei ortbetonergänzten Fertigteilen

In der Praxis kommt jedoch häufig der Fall vor, dass die im Ortbeton ergänzte Bewehrung direkt auf die Fertigteilfläche verlegt wird; dies war bisher weder in DIN 1045-1 (Ausg. 2001) noch in den entsprechenden bauaufsichtlichen Zulassungen für Elementdecken vorgesehen. In EC2-1-1 (auch schon in DIN 1045-1, 6.3 (Ausg. 08.2008)) wird jetzt auch dieser Fall behandelt; es sind folgende Ergänzungen und Einschränkungen zu beachten (s. Abb. 3.5):

– Die Fuge muss rau oder verzahnt ausgeführt werden, damit die Bewehrung zumindest von Zementleim unterlaufen werden kann.
– Für die Bewehrung auf der innen liegenden Verbundfuge liegt keine Korrosionsgefahr vor. Das gilt allerdings nicht für die Fuge zwischen zwei Elementdecken, so dass hier das Nennmaß der Betondeckung c_{nom} sicherzustellen ist.
– Für Bewehrung, die auf die Fugenoberfläche verlegt wird, gilt mäßige Verbundbedingung (s. Abschn. 3.4), da der Verbund im Bereich des Direktkontakts mit dem Fertigteil gestört ist. Dies führt dann zu größeren Verankerungs- und Übergreifungslängen.

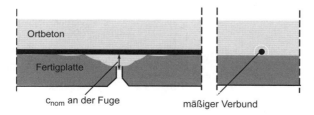

Abb. 3.5   Mäßiger Verbund für auf die Elementdecke verlegte Bewehrung

3.2.2 Stababstände

Der Stababstand muss so groß sein, dass der Beton eingebracht und ausreichend verdichtet werden kann sowie ausreichend Verbund sichergestellt ist.

Der Mindestwert des gegenseitigen lichten Stababstands s_n paralleler Einzelstäbe bestimmt sich nach Tafel 3.5 (EC2-1-1, 8.2 und 8.10).

Tafel 3.5 Mindestwerte der Stababstände

Betonstahl	allgemein: $\quad s_n \geq \begin{cases} d_s \\ 20 \text{ mm} \end{cases}$	d_g Größtkorndurch-
	Größtkorndurchmesser $d_g > 16$ mm: $s_n \geq d_g + 5$ mm	messer

In einigen Fällen brauchen die Mindestwerte der Stababstände jedoch nicht eingehalten zu werden; das gilt beispielsweise bei

— Doppelstäben geschweißter Betonstahlmatten
— Stäben in Stabbündeln
— Stäben im Bereich von Übergreifungsstößen.

Die Stäbe liegen dann direkt nebeneinander. In diesen Fällen ist jedoch zu beachten, dass der Abstand zum nächsten „Stabbündel" entsprechend zu vergrößern ist. So beträgt beispielsweise der gegenseitige lichte Abstand von zwei gestoßenen Stäben mindestens $2d_s$ (und mindestens 20 mm); vgl. Abschn. 3.6.

Neben den Mindestabständen sind auch Höchstabstände vorgeschrieben. Das gilt beispielsweise für die Längs- und Querbewehrung in Platten, für die Querkraftbewehrung in Platten und Balken, für die Längsbewehrung und Bügelbewehrung in Druckgliedern u.a.m (vgl. Abschnitt 4).

3.2.3 Beispiele

Beispiel 1

Gegeben sei Stahlbeton-Balken mit

— Beton C20/25,
— Expositionsklasse XC1 (trockener Innenraum)
— Bewehrung, Längsstäbe mit $d_{sl} = 25$ mm und Bügel mit $d_{sbü} = 8$ mm.

Ges.: Verlegemaß c_v und mögliche Bewehrungsanordnung im Querschnitt

Betondeckung c_{nom}
  für den Bügel   1,0 + 1,0 = 2,0 cm   (c_{min} nach Tafel 3.3a, Δc_{dev} nach Tafel 3.4)
  für die Längsbewehrung 2,5 + 1,0 = 3,5 cm   (c_{min} nach Tafel 3.3b, Δc_{dev} nach Tafel 3.4)

Verlegemaß c_v
  $c_v = 3,0$ cm   Bügel wird unterstützt; c_v wird auf 5 mm gerundet
                           (für c_v ist die Verbundsicherung der Längsbewehrung maßgebend)

Grundlagen der Bewehrungsführung

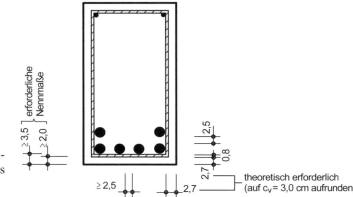

Abb. 3.6 (Theoretische) Nenn- und Verlegemaße des Beispiels 1

Der gegenseitige Stababstand muss mindestens d_s = 25 mm betragen; weitere Einzelheiten können der Darstellung in Abb. 3.6 entnommen werden.

Beispiel 2

Stahlbeton-Balken aus einem Beton C40/50, Expositionsklasse XC4 und XF1 (Außenbauteil mit direkter Beregnung) mit Längsstäben d_{sl} = 16 mm und Bügeln $d_{sbü}$ = 8 mm.
Ges.: Verlegemaß c_v und mögliche Bewehrungsanordnung im Querschnitt

Betondeckung c_{nom}
   Bügel c_{min} = 2,5 − 0,5 = 2,0 cm   (c_{min} nach Tafel 3.3a darf um 0,5 cm reduziert werden, da Betonfestigkeit um mind. 2 Klassen höher liegt als nach EC2-1-1, 4.2 gefordert)
          Δc_{dev} = 1,5 cm   (Δc_{dev} nach Tafel 3.4)

Verlegemaß c_v
   c_v = 3,5 cm   (Bügel soll unterstützt werden)

Der gegenseitige Stababstand muss mindestens 20 mm ($> d_s$ = 16 mm) betragen; weitere Einzelheiten s. Abb. 3.7.

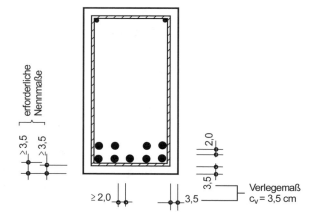

Abb. 3.7 (Theoretische) Nennmaße und Verlegemaße des Beispiels 2

3.3 Krümmungen von Betonstahl

Krümmungen von Bewehrungen sind durch die Biegefähigkeit des Betonstahls und ggf. durch die vom Beton aufnehmbaren Umlenkpressungen begrenzt. Tafel 3.6 gibt eine Übersicht.

Tafel 3.6 Mindestwerte der Biegerollendurchmesser D_{min}

a) allgemein

Betonstahl B500	Haken, Winkelhaken, Schlaufen		Schrägstäbe und andere gebogene Stäbe		
	Stabdurchmesser		Mindestwerte der Betondeckung rechtwinklig zur Krümmungsebene		
	$d_s < 20$ mm	$d_s \geq 20$ mm	> 100 mm > 7 d_s	> 50 mm > 3 d_s	≤ 50 mm oder $\leq 3\,d_s$
Rippenstäbe	4,0 d_s	7,0 d_s	10 d_s	15 d_s	20 d_s

b) geschweißte Bewehrung und Betonstahlmatten

Abstand zwischen Krümmungsbeginn und Schweißstelle $\geq 4d_s$	D_{min} nach Tafel 3.6a
Abstand zwischen Krümmungsbeginn und Schweißstelle $< 4d_s$ oder Schweißung innerhalb des Biegebereichs	$D_{min} \geq 20\,d_s$

Bei nicht vorwiegend ruhender Belastung ist zusätzlich EC2-1-1/NA, 8.3 zu beachten.

Das *Hin- und Zurückbiegen* von Betonstählen stellt für den Betonstahl und den umgebenden Beton eine zusätzliche Beanspruchung dar; hierfür gelten die besonderen Bedingungen nach EC2-1-1/NA, 8.3. Für das nachträgliche Geraderichten von Bewehrungsstäben wird auf Abschn. 7.3 und 7.4 verwiesen.

Beispiele

Beispiel 1

Stab mit $d_s = 25$ mm, es soll ein Winkelhaken ausgebildet werden. Mit Tafel 3.6a erhält man

$D_{min} \geq 7 \cdot d_s = 7 \cdot 2{,}5 = 17{,}5$ cm

Beispiel 2

Stahlbetonbalken mit 4 Längsstäben $d_s = 20$ mm gemäß Abb. 3.6. Es sollen zwei Stäbe aufgebogen werden.

Variante a)   Die beiden äußeren Stäbe werden aufgebogen.
                 Betondeckung rechtwinklig zur Krümmung 5,0 cm $\leq 3\,d_s = 6{,}0$ cm
                 $D_{min} \geq 20\,d_s = 40$ cm

Variante b)   Die beiden inneren Stäbe werden aufgebogen.
                 Betondeckung rechtwinklig zur Krümmung 10 cm $> 3d_s = 6{,}0$ cm und $> 5{,}0$ cm
                 $D_{min} \geq 15\,d_s = 30$ cm

Grundlagen der Bewehrungsführung

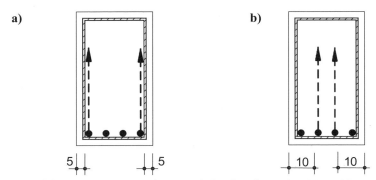

Abb. 3.8 Aufbiegungen von Bewehrungen bei außen liegenden (a) und innen liegenden (b) Stäben

Wie das Beispiel zeigt, muss bei geringer seitlicher Betondeckung ein größerer Biegerollendurchmesser gewählt werden als bei großer. Dies ist darin begründet, dass die Betonbeanspruchungen bei außen liegenden Krümmungen gering gehalten werden müssen (großer Krümmungsdurchmesser bedeutet geringe Umlenkpressungen), um ein seitliches Abplatzen des Betons zu verhindern. Es sollten daher möglichst innen liegende Stäbe aufgebogen werden.

Beispiel 3

Bewehrungsführung in einer Rahmenecke mit 3 ⌀ 25 (1-lagig). Die seitliche Betondeckung beträgt mindestens 8 cm.

Wegen 8,0 cm > 5,0 cm und > $3d_s$ = 7,5 cm gilt $D_{min} \geq 15\ d_s$ = 37,5 cm.

Abb. 3.9 Biegungen in einer Rahmenecke

Nach DAfStb-H525 ist bei Einhaltung der Biegerollendurchmesser nach Tafel 3.6 und bei *einlagiger* Bewehrung der Nachweis der Umlenkpressungen (Druckstrebenspannungen) entbehrlich. Bei mehrlagiger Bewehrung ist jedoch der Nachweis der Druckstrebenfestigkeit erforderlich. Die Biegerollendurchmesser sollten dabei möglichst groß gewählt werden und die umgelenkten Stäbe möglichst gleichmäßig über die Breite verteilt werden. Für die unvermeidlichen Querzugkräfte ist eine Querbewehrung einzulegen (s. a. Abschn. 5.3).

Bei großen Biegerollendurchmessern sind gegebenenfalls zusätzliche Maßnahmen zur Sicherung der unbewehrten Ecke erforderlich (z. B. eine zusätzliche Bewehrung mit kleinem Stabdurchmesser). Insbesondere in diesen Fällen sollte eine Detailzeichnung – ggf. im Maßstab 1:1 – Klarheit verschaffen und die Bewehrungsführung verdeutlichen.

3.4 Bemessungswert der Verbundspannung

Von ausschlaggebender Bedeutung für die Bemessung von Stahlbetontragwerken ist die schubfeste Verbindung zwischen Betonstahl und umgebenden Beton. Grundsätzlich lassen sich drei Arten der Verbundwirkung unterscheiden

- Haftverbund (Klebewirkung; von untergeordneter Bedeutung)
- Reibungsverbund (Oberflächenrauigkeit; Querpressung erforderlich)
- Scherverbund (durch Rippen oder – weniger effektiv – durch Profilierung).

Die wirksamste Verbundwirkung, der Scherverbund, entsteht durch die gerippte Oberfläche der Bewehrungsstäbe. Die Verbundspannungen werden am sog. RILEM Körper gemessen. Als charakteristischer Wert gilt die Verbundspannung, die bei einem Ausziehweg von 0,1 mm auftritt (s. Band 1).

Die Verbundspannungen f_{bd} ergeben sich gemäß EC2-1-1, Gl. (8.2) zu

$$f_{bd} = 2{,}25 \cdot \eta_1 \cdot \eta_2 \cdot f_{ctk;0{,}05}/\gamma_c$$

mit η_1 Beiwert zur Berücksichtigung der Verbundbedingungen (s. Abb. 3.10)
$\eta_1 = 1{,}0$ bei guten Verbundbedingungen
$\eta_1 = 0{,}7$ bei mäßigen Verbundbedingungen

η_2 Beiwert zur Berücksichtigung des Stabdurchmessers d_s
$\eta_2 = 1{,}0$ bei $d_s \leq 32$ mm
$\eta_2 = (132 - d_s)/100$ bei $d_s > 32$ mm (d_s in mm)

f_{ctd} Bemessungswert der Betonzugfestigkeit; hier:
$f_{ctd} = f_{ctk;0{,}05}/\gamma_c$; der Wert f_{ctk} ist auf den Wert für C60/75 zu begrenzen

Die Verbundspannungen f_{bd} in Abhängigkeit von der Betonfestigkeit f_{ck} sind für $d_s \leq 32$ mm in nachfolgender Tafel 3.7 wiedergegeben.

Tafel 3.7 Bemessungswert der Verbundspannung f_{bd} in N/mm² für Rippenstähle
(für Normalbeton und $\eta_2 = 1{,}0$, d. h. $d_s \leq 32$ mm)

	charakteristische Werte der Betonfestigkeit f_{ck}													
	12	16	20	25	30	35	40	45	50	55	60	70	80	90	100
guter Verbund	1,6	2,0	2,3	2,7	3,0	3,4	3,7	4,0	4,3	4,4	4,6	4,6	4,6	4,6	4,6
mäßiger Verbund	70 % der Werte des guten Verbunds														

Wie Tafel 3.7 zu entnehmen ist, hängen die Verbundspannungen f_{bd} neben der Betonfestigkeitsklasse auch davon ab, ob gute oder mäßige Verbundbedingungen vorliegen. Sie werden unterschieden nach Lage des Betonstahls. Da der Beton nach dem Betonieren und Verdichten „sackt", der Stahl aber durch Abstandhalter in seiner Lage gehalten ist, kommt es insbesondere bei der oberflächennahen oberen Bewehrung zu Ablösungen unterhalb des Bewehrungsstabes. Zu beachten ist in diesem Zusammenhang noch, dass die Lage beim *Betonieren* entscheidend ist, die z.B. bei Fertigteilen nicht identisch sein muss mit der endgültigen Lage im Bauwerk.

Die Einteilung in die jeweiligen Verbundbereiche erfolgt gemäß EC2-1-1, 8.4.2. Danach gelten je nach Lage der Stäbe beim Betonieren die nachfolgend dargestellten Verbundbedingungen.

Grundlagen der Bewehrungsführung

Gute Verbundbedingungen gelten für alle Stäbe (vgl. auch Abb. 3.10)
- mit Neigungen $45° \leq \alpha \leq 90°$
- mit Neigungen $0° \leq \alpha \leq 45°$, die eingebaut sind
  - in Bauteilen mit $h \leq 300$ mm
  - in Bauteilen mit $h > 300$ mm   *entweder* ≤ 300 mm von Unterkante

                                                               oder ≥ 300 mm von Oberkante
- in liegend gefertigten stabförmigen Bauteilen mit $h \leq 500$ mm, die mit Außenrüttlern verdichtet werden.

Mäßige Verbundbedingungen gelten für alle übrigen Stäbe und für alle Stäbe von Bauteilen, die im Gleitbauverfahren hergestellt werden.

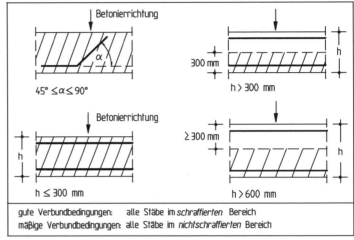

Abb. 3.10 Verbundbedingungen

Beispiele

a) Bauteile mit flacher als 45° geneigten Stäben; Unterscheidung für gute und mäßige Verbundbedingungen s. nachfolgendes Diagramm.

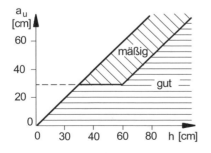
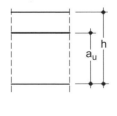

b) Plattenbalken; je nach Lage der Stäbe liegen gute oder mäßige Verbundbedingungen vor.
(Annahme: Es wird in einem „Guss" betoniert.)

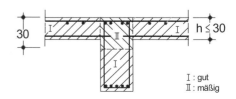

3.5 Verankerungen

3.5.1 Grundwert der Verankerungslänge

Im Verankerungsbereich wird die Zugkraft von der Bewehrung auf den Beton übertragen. In Abb. 3.11 ist der Spannungs- und Kräfteverlauf dargestellt. Der Grundwert $l_{b,rqd}$ der Verankerungslänge wird für den Fall bestimmt, dass der betrachtete Stab gerade verankert wird. Mit einem angenommenen konstanten Verlauf der Verbundspannung f_{bd} ergibt sich der Grundwert der Verankerungslänge $l_{b,rqd}$ aus

$$F_{sd} = A_{bd} \cdot f_{bd}$$
$$A_{bd} = \pi \cdot d_s \cdot l_b$$
$$F_{sd} = \tfrac{1}{4} \cdot \pi \cdot d_s^2 \cdot \sigma_{sd}$$

$$l_{b,rqd} = \frac{d_s}{4} \cdot \frac{\sigma_{sd}}{f_{bd}} \quad (3.1)$$

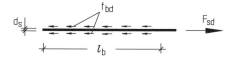

Verbundspannung wird über dem Umfang (πd_s) eingeleitet
Kraftaufnahme erfolgt über die Fläche ($\pi d_s^2/4$)

Es sind

f_{bd} Bemessungswert der Verbundspannung (s. Tafel 3.6)
σ_{sd} vorhandene Stahlspannung im GZT
d_s Stabdurchmesser (bei Doppelstäben $d_{sn} = d_s \cdot \sqrt{2}$)

Für die weiteren Ausführungen wird der *Basiswert* $l_{b,rqd,y}$ eingeführt, der sich für den Sonderfall $\sigma_{sd} = f_{yd}$ aus Gl. (3.1) ergibt und sich in Abhängigkeit vom Stabdurchmesser d_s, der Betonfestigkeitsklasse C und dem Verbundbereich vertafeln lässt (s. Buchbeilage zu Band 1).

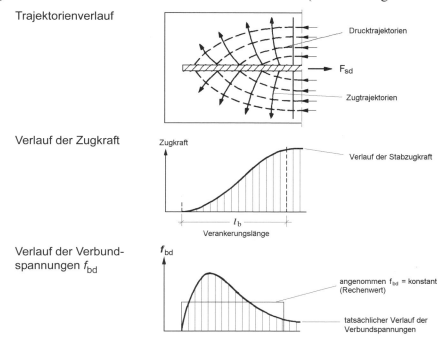

Abb. 3.11 Spannungs- und Kräfteverlauf im Verankerungsbereich

Grundlagen der Bewehrungsführung

3.5.2 Verankerungslänge

Mit dem Basiswert $l_{b,rqd,y}$ (s. Abschn. 3.5.1) wird die Verankerungslänge l_{bd} ermittelt. Dabei wird die tatsächliche Betonstahlspannung und die Verankerungsart bzw. das Verankerungselement (ggf. weitere Faktoren, s. u.) erfasst. *Vereinfacht* gilt als Bemessungswert $l_{bd} = l_{b,eq}$

$$l_{eq} = \alpha_1 \cdot \alpha_4 \cdot l_{b,rqd} = \alpha_1 \cdot \alpha_4 \cdot l_{b,rqd,y} \cdot \frac{A_{s,req}}{A_{s,prov}} \geq l_{b,min}{}^{1)} \quad (3.2)$$

Hierin sind

$\alpha_i{}^{1)}$ Verankerungsbeiwerte (α_1, α_4 s.u. sowie Abb. 3.12 und Tafel 3.8)
$A_{s,req}/A_{s,prov}$ Ausnutzungsgrad der Bewehrung (= erforderliche zu vorhandener Bewehrung)
$l_{b,rqd}$ Grundwert der Verankerungslänge nach Gl. (3.1)
$l_{b,min}$ Mindestmaß der Verankerungslänge; es gilt:
    – für Verankerungen von Zugstäben $l_{b,min} = \max\{0{,}3 \cdot \alpha_1 \cdot \alpha_4 \cdot l_{b,rqd,y}; 10\,d_s\}$
    – für Verankerungen von Druckstäben $l_{b,min} = \max\{0{,}6 \cdot l_{b,rqd,y}; 10\,d_s\}$

Die Mindestmaße der Verankerungslänge decken Bauungenauigkeiten und rechnerisch nicht erfasste Kraftaufnahme der Bewehrungsstäbe (z. B. infolge Kriechen) ab.

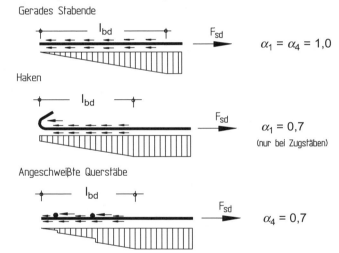

Abb. 3.12 Wirksamkeit der Verankerungen

---

[1] Nach EC2-1-1, Gl. (8.4) erhält man als Bemessungswert der Verankerungslänge l_{bd}:
$l_{bd} = \alpha_1 \cdot \alpha_2 \cdot \alpha_3 \cdot \alpha_4 \cdot \alpha_5 \cdot l_{b,rqd} \geq l_{b,min}$
Die Beiwerte α_i berücksichtigen
  α_1 Verankerungsart
  α_2 Mindestbetondeckung, s. EC2-1-1, 8.4.4; (gem. EC2-1-1/NA, 8.4.4 gilt i. Allg. $\alpha_2 = 1{,}0$)
  α_3 eine (nicht angeschweißte) Querbewehrung (s. EC2-1-1, 8.4.4)
  α_4 einen oder mehrere angeschweißte Querstäbe ($d_{s,t} > 0{,}6 d_s$) innerhalb der erforderlichen Verankerungslänge l_{bd}
  α_5 Beiwert zur Berücksichtigung eines Querdrucks innerhalb der Verankerungslänge
    = 2/3 bei direkter Lagerung
    = 2/3 bei einer allseitig durch Bewehrung gesicherten Betondeckung von mindestens $10 d_s$ (gilt nicht bei Übergreifungsstößen mit einem Achsabstand $s \leq 10 d_s$)
    = $(1 - 0{,}04 \cdot p) \geq 0{,}7$ bei Querdruck p (in N/mm²) senkr. zur Verankerungsebene
    = 1,5 bei Querzug senkr. zur Verankerungsebene (altern.: Nachweis der Rissbreite auf $w_k \leq 0{,}2$ mm)
Der Mindestwert $l_{b,min}$ sollte nach Auffasssung des Autors wie bisher in Abhängigkeit des Basiswertes $l_{b,rqd,y}$ ermittelt werden (und nicht nach EC2-1-1 in Abhängigkeit von $l_{b,rqd}$)

Verankerungen

Tafel 3.8 Verankerungsarten; Beiwerte α_1 und α_4

	1	2[1), 3)]	3[3)]
		Beiwerte α_1; α_4	
	Art und Ausbildung der Verankerung	Zug-stäbe	Druck-stäbe
1	a) Gerade Stabenden	$\alpha_i = 1{,}0$	$\alpha_i = 1{,}0$
2	b) Haken c) Winkelhaken d) Schlaufe	$\alpha_1 = 0{,}7$ [2)] (1,0)	– (nicht zulässig)
3	e) Gerade Stabenden mit mindestens einem angeschweißten Stab innerhalb von l_{bd}	$\alpha_4 = 0{,}7$	$\alpha_4 = 0{,}7$
4	f) Haken g) Winkelhaken h) Schlaufe mit jeweils mindestens einem angeschweißten Stab innerhalb von l_{bd} vor dem Krümmungsbeginn	$\alpha_1 \cdot \alpha_4 = 0{,}5$ (0,7)	– (nicht zulässig)
5	i) Gerade Stabenden mit mindestens zwei angeschweißten Stäben innerhalb von l_{bd} (nur zulässig bei Einzelstäben mit $\varnothing \leq 16$ mm bzw. bei Doppelstäben mit $\varnothing \leq 12$ mm)	$\alpha_4 = 0{,}5$	$\alpha_4 = 0{,}5$

[1)] Die in Spalte 2 in Klammern angegebenen Werte gelten, wenn im Krümmungsbereich rechtwinklig zur Krümmungsebene die Betondeckung weniger als $3\varnothing$ beträgt bzw. wenn kein Querdruck oder keine enge Verbügelung vorhanden ist.
[2)] Bei Schlaufenverankerung mit $D_{min} \geq 15\varnothing$ darf α_1 auf 0,5 reduziert werden.
[3)] Für angeschweißte Querstäbe gilt $\varnothing_t / \varnothing \geq 0{,}6$.

Für Ausbildung der Verankerung bzw. für den Beiwert α_a ist die unterschiedliche Wirkung für Druck- und Zugstäbe zu beachten. So sind beispielsweise Verankerungselemente wie Haken und Winkelhaken für Druckstäbe nicht zulässig, da wegen der exzentrischen Verankerungskraft für den Stab die Gefahr des „Ausknickens" besteht.

Bei Druckstäben nicht zulässig

Querbewehrung im Verankerungsbereich

Im Verankerungsbereich treten Querzugspannungen auf (vgl. Abb. 3.11); diese können aufgenommen werden durch konstruktive Maßnahmen oder günstige Einflüsse (z. B. Querdruck), die ein Spalten des Betons verhindern, oder durch nach Abschn. 4 erforderliche Bügelbewehrung (Balken, Stützen) bzw. Querbewehrung (Platte, Wand). (Für Stabdurchmesser $d_s > 32$ mm gelten besondere Regelungen.)

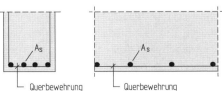

Abb. 3.13 Querbewehrung im Verankerungsbereich

Grundlagen der Bewehrungsführung

Beispiel

Eine (Bemessungs-)Zugkraft $F_{sd} = 237$ kN ist zu verankern. Es liegt eine Situation außerhalb von Auflagern ohne Querdruck vor. (Im Beispiel wird nur die Ermittlung der Verankerungslänge gezeigt, auf eine ggf. erforderliche Querbewehrung u.a.m wird nicht eingegangen.)

Baustoffe: C25/30; B500
Bewehrung: erf $A_S = F_{sd} / f_{yd} = 237 / 43{,}5 = 5{,}45$ cm²
Verbund: gute Verbundbedingungen (Annahme)

Lösung

Variante 1

Es werden $2 \varnothing 20 \equiv 6{,}28$ cm² gewählt, die Verankerung soll mit geraden Stabenden erfolgen.

$$l_{bd} = \alpha_i \cdot l_{b,rqd,y} \cdot \frac{A_{s,req}}{A_{s,prov}} \geq l_{b,min}$$

$\alpha_i = 1{,}0$ (gerades Stabende)

$$l_{b,rqd,y} = \frac{2{,}0}{4} \cdot \frac{435}{2{,}7} = 81 \text{ cm} \quad \text{(guter Verbund; Beton C25/30)}$$

$$l_{bd} = 1{,}0 \cdot 81 \cdot \frac{5{,}45}{6{,}28} = \mathbf{70} \text{ cm} > l_{b,min} = \begin{array}{l} 10 d_s = 10 \cdot 2{,}0 = 20 \text{ cm} \\ 0{,}3 l_{b,rqd,y} = 0{,}3 \cdot 81 = 24 \text{ cm} \end{array}$$

Variante 2

Wie Variante 1, es werden jedoch Haken als Verankerungselemente angeordnet. Die Betondeckung rechtwinklig zur Krümmungsebene sei größer als $3 d_s$.

Rechengang wie vorher, jedoch mit $\alpha_1 = 0{,}7$

$$l_{bd} = 0{,}7 \cdot \frac{5{,}45}{6{,}28} \cdot 81 = \mathbf{49} \text{ cm} > l_{b,min} = \begin{array}{l} 10 d_s = 10 \cdot 2{,}0 = 20 \text{ cm} \\ 0{,}3 \cdot \alpha_1 \cdot l_{b,rqd,y} = 0{,}3 \cdot 0{,}7 \cdot 81 = 17 \text{ cm} \end{array}$$

Variante 3

Wie Variante 1, jedoch $4 \varnothing 14 \equiv 6{,}16$ cm²; mit $l_{b,rqd,y} = 56$ cm für $d_s = 14$ mm erhält man

$$l_{bd} = 1{,}0 \cdot \frac{5{,}45}{6{,}16} \cdot 56 = \mathbf{50} \text{ cm} > l_{b,min} = \begin{array}{l} 10 d_s = 10 \cdot 1{,}4 = 14 \text{ cm} \\ 0{,}3 l_{b,rqd,y} = 0{,}3 \cdot 56 = 17 \text{ cm} \end{array}$$

Die dargestellten Varianten zeigen die grundsätzlichen Möglichkeiten zur Reduzierung der Verankerungslänge. In der Variante 2 wird durch Anordnung eines Verankerungselementes die Verankerungslänge um 30 % reduziert, nicht jedoch der Stahlverbrauch im Verankerungsbereich, da für die Aufbiegung und Hakenlänge etwa die eingesparte Länge wieder benötigt wird. Haken oder Winkelhaken ordnet man daher i.d.R nur dann an, wenn eine Verankerung mit geraden Stabenden wegen begrenzter Bauteilabmessungen nicht untergebracht werden kann.

In der Variante 3 wird durch Erhöhung der Verbundfläche – $4 \varnothing 14$ haben etwa dieselbe Querschnittsfläche wie $2 \varnothing 20$, aber einen ca. 40 % größeren Umfang – die Verankerungslänge reduziert. Eine Kombination aus den Varianten 2 und 3 ergibt die kürzeste Verankerungslänge (abgesehen von den hier nicht gezeigten offensichtlichen Möglichkeiten des Überbewehrens oder der Erhöhung der Betonfestigkeitsklasse).

3.6 Übergreifungsstöße von Stäben

Stöße sind gegenüber einer durchgehenden Bewehrung immer ein Schwachpunkt. Daher sollte man sie nach Möglichkeit vermeiden. In einigen Fällen ist das jedoch nicht möglich (z.B. wenn die Lieferlänge der Betonstähle nicht ausreicht oder aus konstruktiven Gründen Arbeitsfugen angeordnet werden etc).

Arten von Stößen:

Bewehrungsstäbe können auf folgende Arten gestoßen werden:
- Verschrauben (z.B. GEWI-Muffenstoß, WD- Schraubanschluss etc.)
- Verschweißen
- Kontakt (nur bei Druckstäben; senkrechte Stoßflächen mit Blechhülsen als Sicherung)
- **Übergreifen** (Regelfall)
  - mit geraden Stabenden
  - mit Winkelhaken
  - mit Haken
  - mit Schlaufen.

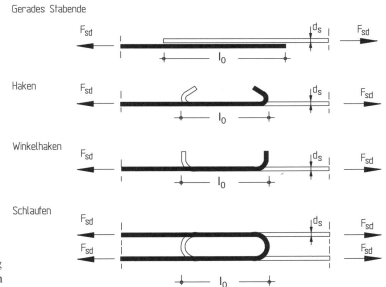

Abb. 3.14 Stoßausbildung mit Übergreifen

Beim *Übergreifungsstoß* wird die Stabkraft F_{sd} über schräge Druckstreben von einem Stab auf den anderen übertragen. Hierbei wirkt nur ein Teil des Stabumfanges mit, die Verankerungslänge l_{bd} ist für eine Übergreifung l_0 daher nicht ausreichend. Quer zum Stoß entstehen Zugkräfte, die durch eine konstruktive oder nachzuweisende Querbewehrung aufzunehmen sind.

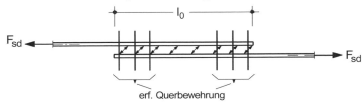

Abb. 3.15 Kraftübertragung im Stoßbereich

Grundlagen der Bewehrungsführung

Übergreifungsstöße sollten versetzt und im Bereich mit geringer Beanspruchung angeordnet werden; bei mehrlagiger Bewehrung sollte der Stoßanteil einer Lage nicht mehr als 50 % betragen. Stöße sollten im Querschnitt symmetrisch ausgebildet werden. Für die lichten Stababstände sind die Werte nach Abb. 3.16 einzuhalten.

Übergreifungslänge von Stäben

Die erforderliche Übergreifungslänge l_0 ergibt sich *vereinfacht*[1]) (vgl. Abschn. 3.5.2) zu:

$$\boxed{l_0 = \alpha_6 \cdot (\alpha_1 \cdot l_{b,\text{rqd}}) \geq l_{0,\text{min}}} \qquad (3.3)$$

α_6 Beiwert für die Wirksamkeit von Bewehrungsstößen nach Tafel 3.9
$\alpha_1 \cdot l_{b,\text{rqd}}$ Verankerungslänge nach Gl. (3.2), jedoch mit $\alpha_4 = 1{,}0$; s. vorher
$l_{0,\text{min}}$ Mindestmaß der Übergreifungslänge; es ist

$$l_{0,\text{min}} \geq 0{,}3 \cdot \alpha_6 \cdot (\alpha_1 \cdot l_{b,\text{rqd},y}) \geq \begin{cases} 15 \cdot d_s \\ 200 \text{ mm} \end{cases} \quad \begin{array}{l} \alpha_1 \text{ nach Tafel 3.8} \\ \alpha_6 \text{ nach Tafel 3.9 (s.u.)} \end{array}$$

Tafel 3.9 Beiwerte α_6 für die Wirksamkeit der Stöße

Stoßanteil			≤ 33 %	> 33 %	
Zugstöße	$d_s < 16$ mm	$a \geq 8 d_s$ und $c_1 \geq 4 d_s$	1,0	1,0	Abstände a und c_1
		$a < 8 d_s$ oder $c_1 < 4 d_s$	1,2	1,4	
	$d_s \geq 16$ mm	$a \geq 8 d_s$ und $c_1 \geq 4 d_s$	1,0	1,4	
		$a < 8 d_s$ oder $c_1 < 4 d_s$	1,4	2,0	
Druckstöße			1,0		

Stababstände und Längsversatz

Die gegenseitigen lichten Stababstände richten sich nach Abb. 3.16. Für einen lichten Abstand größer als $4d_s$ bzw. 5 cm muss die Übergreifungslänge um den Betrag erhöht werden, um den der Abstand von $4d_s$ bzw. 5 cm überschritten wird.

Stöße gelten als längsversetzt, wenn der Abstand der Stoßmitten mindestens der 1,3fachen Übergreifungslänge entspricht (Stoßanfang und -ende um $0{,}3\,l_0$ versetzt).

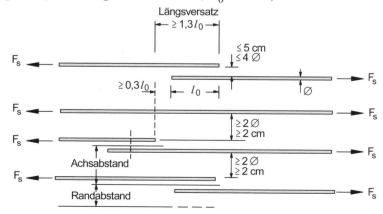

Abb. 3.16 Abstände und Längsversatz

---

[1]) Nach EC2-1-1, Gl. (8.10) erhält man als Übergreifungslänge $l_0 = \alpha_6 \cdot (\alpha_1 \cdot \alpha_2 \cdot \alpha_3 \cdot \alpha_5 \cdot l_{b,\text{rqd}}) \geq l_{b,\text{min}}$ (Erläuterungen s. Abschn. 3.5.2)

Übergreifen

Querbewehrung im Übergreifungsbereich

Im Bereich der Stoßenden ($l_0/3$) ist zur Aufnahme von örtlichen Querzugspannungen eine Querbewehrung gemäß Tafel 3.10 anzuordnen. Beim Druckstoß ist diese Querbewehrung auch über die Stoßenden hinaus einzulegen.

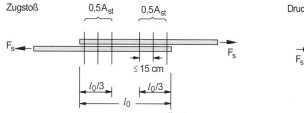 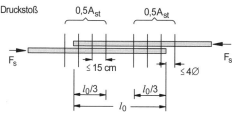

Abb. 3.17 Querbewehrung im Übergreifungsbereich

Tafel 3.10 Erforderliche Querbewehrung A_{st} (für Normalbeton bis C55/67)

Stabdurchmesser d_s [mm]	Stoßanteil [%]	Achsabstand s benachbarter Stöße	Querbewehrung A_{st} a) Bemessung für	Anordnung
< 20	beliebig	beliebig	konstruktiv (vgl. Abschn. 4)	
≥ 20	< 25	beliebig	konstruktiv (vgl. Abschn. 4)	
	≥ 25	> 10 d_s	Querschnitt *eines* gestoßenen Stabes	außen
		≤ 10 d_s c)		bügelartiges Umschließen b), c)

a) Bei mehrlagiger Bewehrung und Stoßanteil > 50 % der einzelnen Lage sind die Stöße durch Bügel zu umschließen, die für die Kraft *aller* gestoßenen Stäbe zu bemessen sind.
b) Auf bügelartiges Umfassen darf verzichtet werden, falls bei geraden Stäben der Längsversatz ca. 0,5 l_0 beträgt.
c) Bei flächenartigen Bauteilen ≤ 5d_s; auf bügelartiges Umfassen darf verzichtet werden, falls l_0 um 30 % erhöht wird.

Beispiele

Beispiel 1

Stützwand mit erforderlicher Bewehrung

$A_{s,erf} = 9{,}0$ cm² (erdseitig)
gew.: ⌀ 16 – 20 ≙ 10,0 cm²/m
Baustoffe: C20/25, B500

Ges.: Erforderliche Übergreifungslänge

$$l_0 = \alpha_6 \cdot \alpha_1 \cdot \frac{A_{s,req}}{A_{s,prov}} \cdot l_{b,rqd,y} \geq l_{0,min}$$

$\alpha_6 = 1{,}4$ ($d_s \geq 16$ mm; Stoßanteil > 33 %, jedoch lichter Abstand > 8d_s)
$\alpha_1 = 1{,}0$ (gerades Stabende)
$l_{b,rqd,y} = 76$ cm   (C20/25, guter Verbund)

$l_0 = 1{,}4 \cdot 1{,}0 \cdot (9{,}0/10{,}0) \cdot 76 = 96$ cm

$l_{0,min} \geq 0{,}3 \cdot \alpha_6 \cdot \alpha_1 \cdot l_{b,rqd,y} = 0{,}3 \cdot 1{,}4 \cdot 1{,}0 \cdot 76 = 32 \geq \begin{cases} 15 \cdot d_s = 15 \cdot 1{,}6 = 24 \text{ cm} \\ 20 \text{ cm} \end{cases}$

$l_0 = 96$ cm   (maßgebend)

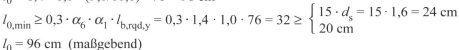

Grundlagen der Bewehrungsführung

Querbewehrung im Übergreifungsbereich

Einlagige Bewehrung, $d_s < 20$ mm, Stoßanteil > 25 %, Abstand > 10 d_s
→ Querbewehrung konstruktiv
  Abstand im Bereich der Stoßenden ($\approx l_s/3 = 32$ cm) maximal 15 cm
gew.: 2 x 3 ⌀ 8/15 ≡ 2 · 1,5 = 3,0 cm² (am Stoßanfang und -ende)
  (vgl. Bewehrungsskizze Seite vorher)

Beispiel 2

Balken mit erforderlicher Bewehrung
  $A_{s,erf} = 13{,}0$ cm² (oben)
  gew.: 3 ⌀ 25 ≡ 14,7 cm²
  Baustoffe: C30/37, B500

Ges.: Erforderliche Übergreifungslänge

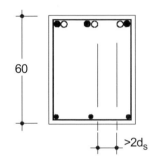

$$l_0 = \alpha_6 \cdot l_{bd} = \alpha_6 \cdot \alpha_1 \cdot \frac{A_{s,req}}{A_{s,prov}} \cdot l_{b,rqd,y} \geq l_{0,min}$$

$\alpha_6 = 2{,}0$ ($d_s \geq 20$ mm, Stoßanteil > 20 %, Abstand < $8 d_s = 20$ cm)

$\alpha_a = 1{,}0$ (gerades Stabende)

$l_{b,req,y} = 121$ cm (C30/37, mäßiger Verbund)

$l_0 = 2{,}0 \cdot 1{,}0 \cdot (13{,}0/14{,}7) \cdot 121 = 214$ cm > $l_{0,min}$

Querbewehrung

Einlagige Bewehrung, $d_s \geq 20$ mm, Stoßanteil > 25 %, Abstand < $10 d_s$
→ Querbewehrung für 1 ⌀ 25 (für die Kraft von 1 ⌀ 25), bügelartige Ausbildung
  Abstand im Bereich der Stoßenden ($\approx l_0/3 = 32$ cm) ≤ 15 cm
$A_{s,quer} = 4{,}90$ cm² (≡ 1 ⌀ 25)
gew.: 2 · 6 ⌀ 8/14 ≡ 2 · 3,0 = 6,0 cm² (am Stoßanfang und -ende)

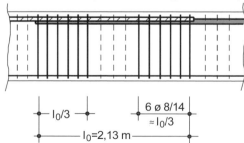

Übergreifungsstoß im Längsschnitt
(Gestrichelt dargestellte Bügel aus der Querkraftbemessung; die Querkraftbewehrung darf im Bereich der Stoßenden – $l_0/3$ – auf die erforderliche Querbewehrung angerechnet werden.)

Beispiel 3

Stütze mit erforderlicher (Druck-)Bewehrung
   $A_{s,req} = 8{,}0$ cm²
   gew.: 4 ⌀ 16 ≙ 8,0 cm²
   Baustoffe: C20/25, B500

Ges.: Erforderliche Übergreifungslänge

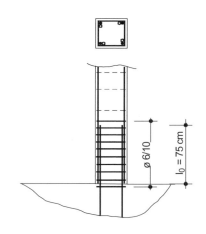

$$l_0 = \alpha_6 \cdot l_{bd} = \alpha_6 \cdot \alpha_1 \cdot \frac{A_{s,req}}{A_{s,prov}} \cdot l_{b,rqd,y} \geq l_{0,min}$$

   $\alpha_6 = 1{,}0$ (für Druckstöße generell)
   $\alpha_1 = 1{,}0$ (gerades Stabende; generell für Druckstäbe)
   $l_{b,rqd,y} = 75$ cm (C20/25, guter Verbund)
   $l_0 = 1{,}0 \cdot 1{,}0 \cdot (8{,}0/8{,}0) \cdot 75 = 75$ cm $> l_{0,min}$

Querbewehrung

Die Stäbe liegen nebeneinander, $d_s < 20$ mm, Stoßanteil beliebig
 → Querbewehrung konstruktiv
   Abstand im Bereich der Stoßenden ($\approx l_0/3 = 25$ cm) maximal 15 cm (s. jedoch unten; ein Bügel muss sich vor bzw. hinter dem Stoßende befinden

gew.: ⌀ 6 – 10 (im gesamten Stoßbereich und bis 5 cm über das Stoßende hinaus)

Im vorliegenden Fall sind zusätzlich die besonderen Bedingungen für Stützen einzuhalten. Danach sind die Längsstäbe mindestens mit Bügel ⌀ 6 zu umschließen, der Abstand darf bei einem Stabdurchmesser $d_s \geq 16$ mm im Stoßbereich maximal
   $0{,}6 \cdot 12 d_s = 0{,}6 \cdot 12 \cdot 1{,}6 = 11{,}5$ cm
betragen (s. Abschn. 4.3).

3.7 Übergreifungsstöße von Betonstahlmatten aus Rippenstäben

Hauptbewehrung

Ausbildung und Anordnung

Die Festlegungen in EC2-1-1 beziehen sich nur auf den häufigen Fall des Übergreifungsstoßes in zwei Ebenen („Zwei-Ebenen-Stoß"), bei dem die zu stoßenden Stäbe übereinander liegen; vgl. Abb. 3.18.

Für die Ausbildung und Anordnung der Stöße von Betonstahlmatten sind folgende Grundsätze zu beachten:

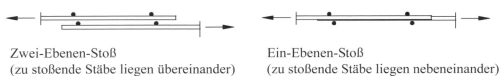

Zwei-Ebenen-Stoß   Ein-Ebenen-Stoß
(zu stoßende Stäbe liegen übereinander)   (zu stoßende Stäbe liegen nebeneinander)

Abb. 3.18 Stoßausbildung bei Betonstahlmatten

Grundlagen der Bewehrungsführung

- Die Stöße sollten nicht in hoch beanspruchten Bereichen liegen (Beanspruchung ≤ 80 %). Wenn diese Anforderung nicht eingehalten ist, ist die Nutzhöhe mit der innenliegenden Bewehrung zu bestimmen; der Nachweis zur Begrenzung der Rissbreite ist mit einer um 25 % erhöhten Stahlspannung zu führen.
- Zwei-Ebenen-Stöße ohne bügelartiges Umfassen sind zulässig, wenn der zu stoßende Mattenquerschnitt $a_s \leq 6$ cm²/m beträgt.
- Der zulässige Stoßanteil des Zwei-Ebenen-Stoßes beträgt
  100 % bei Matten mit einem Bewehrungsquerschnitt $a_s \leq 12$ cm²/m
  60 % bei Matten mit $a_s > 12$ cm²/m; der Stoß ist nur in der inneren Lage mehrlagiger Bewehrung zulässig.
  Stöße von mehreren Bewehrungslagen sind um $1,3 l_0$ (s. u.) in Längsrichtung zu versetzen.
- Eine zusätzliche Querbewehrung ist im Übergreifungsbereich nicht erforderlich.

Übergreifungslänge:

Die erforderliche Übergreifungslänge von Betonstahlmatten wird ermittelt aus

$$l_0 = \alpha_7 \cdot (a_{s,req} / a_{s,prov}) \cdot l_{b,rqd,y} \geq l_{0,min} \qquad (3.4)$$

α_7 Beiwert für die Übergreifungslänge von Betonstahlmatten

$$\alpha_7 = 0,4 + (a_{s,prov}/8) \begin{cases} \geq 1,0 \\ \leq 2,0 \end{cases}$$

$a_{s,req}$ erforderliche Querschnittsfläche der Bewehrung im betrachteten Schnitt (in cm²/m)
$a_{s,prov}$ vorhandene Querschnittsfläche der Bewehrung im betrachteten Schnitt (in cm²/m)
$l_{b,rqd,y}$ Basiswert der Verankerungslänge nach Gl. (3.1)
$l_{0,min}$ Mindestmaß der Übergreifungslänge; es ist

$$l_{0,min} = 0,3 \cdot \alpha_7 \cdot l_{b,rqd,y} \geq \begin{cases} 200 \text{ mm} \\ s_q \end{cases} \quad (s_q \text{ Abstand der angeschweißten Querstäbe})$$

Querbewehrung

Die gesamte Querbewehrung darf in einem Schnitt gestoßen werden.

Übergreifungslänge:

Erforderliche Übergreifungslängen der Querbewehrung nach folgender Tafel (EC2-1-1, 8.7.5.2). Mindestens zwei Querstäbe (eine Masche bzw. zwei sich abstützende Querstäbe der Längsbewehrung mit einem Abstand $\geq 5d_s$ bzw. 5 cm) müssen innerhalb der Übergreifungslänge vorhanden sein.

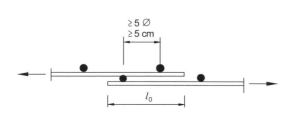

Stabdurchmesser der Querbewehrung d_s in mm	Übergreifungslänge l_0
≤ 6,0	≥ 1 Masche ≥ 150 mm
> 6,0 ≤ 8,5	≥ 2 Maschen ≥ 250 mm
> 8,5 ≤ 12,0	≥ 2 Maschen ≥ 350 mm
> 12,0	≥ 2 Maschen ≥ 500 mm
s_l Abstand der Längsstäbe	

Verankerungen von Bügeln

Beispiele

Beispiel 1

Platte mit erforderlicher (Haupt-)Bewehrung

$a_{s,req}$ = 5,00 cm²/m
gew.: R 524 ≡ 5,24 cm²/m
Baustoffe: C20/25, B500

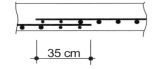

Ges.: Erforderliche Übergreifungslänge der Längsrichtung

$l_0 = \alpha_7 \cdot (a_{s,req} / a_{s,prov}) \cdot l_{b,rqd,y} \geq l_{0,min}$

$\alpha_7 = 0{,}4 + (a_{s,prov}/8) = 1{,}04$

$l_{b,rqd,y} = \dfrac{d_s}{4} \cdot \dfrac{f_{yd}}{f_{bd}} = \dfrac{1{,}0}{4} \cdot \dfrac{435}{2{,}3} = 47 \text{ cm}$

$l_0 = 1{,}04 \cdot (5{,}00/5{,}24) \cdot 47 = 47 \text{ cm}$

$l_{0,min} = 0{,}3 \cdot 1{,}04 \cdot 47 = 15 \text{ cm} < \begin{cases} 20 \text{ cm} \\ s_q = 25 \text{ cm} \end{cases}$ (nicht maßgebend)

Beispiel 2

Platte mit einer R 524 als Bewehrung; gesucht ist die erforderliche Übergreifungslänge der Querrichtung

$d_{s,q} = 8{,}0$ mm

$l_{0,q} \geq \begin{matrix} 2 \text{ Maschen} \\ 25 \text{ cm} \end{matrix}$

gew.: 35 cm (2 Maschen + Überstand)

Hinweis: Eine Übergreifung ist auch für die Beanspruchung der Hauptrichtung (Längsrichtung) erforderlich, da die R 524 als Randsparmatte mit zwei dünneren Längsrandstäben ausgebildet ist.

3.8 Verankerungen von Bügeln und Querkraftbewehrung

Bügel und Schubbewehrung werden mit Haken, Winkelhaken oder angeschweißten Querstäben verankert. Die Verankerung muss in der Druckzone zwischen dem Schwerpunkt der Druckzonenfläche und dem Druckrand erfolgen. Diese Anforderung gilt im Allgemeinen als erfüllt, wenn die Querkraftbewehrung über die ganze Querschnittshöhe reicht. In der Zugzone müssen die Verankerungselemente möglichst nahe am Zugrand angeordnet werden. Bügel müssen die Zugbewehrung umfassen.

Die möglichen Verankerungselemente bzw. -arten nach EC2-1-1, 8.5 sind in Abb. 3.19 dargestellt. Eine Verankerung mit angeschweißten Querstäben ist nur zulässig, wenn eine seitliche Betondeckung $c_{min} \geq 3d_s$ und mindestens 5 cm vorhanden ist.

Grundlagen der Bewehrungsführung

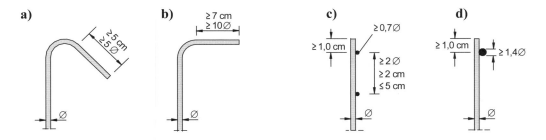

Abb. 3.19 Verankerungen von Bügeln

Die Verankerung muss betragen

- bei Haken und Winkelhaken mit einer Mindest-Hakenlänge ab Krümmungsende von
  $5\,d_s \geq 5$ cm, wenn der Krümmungswinkel $\geq 135°$ (Fall a in Abb. 3.19)
  $10\,d_s \geq 7$ cm, wenn der Krümmungswinkel 90° beträgt (Fall b in Abb. 3.19)
- bei angeschweißten Querstäben
  mit zwei angeschweißten Querstäben nach Fall c in der Abb. 3.19
  mit einem angeschweißten Querstab, dessen Durchmesser nicht kleiner als das 1,4-fache des Bügeldurchmessers ist (Fall d in Abb. 3.19).

Für das Schließen von Bügeln gilt Abb. 3.20. Bei Balken sind Bügel in der Druckzone mit Haken oder Winkelhaken (letztere in Verbindung mit Kappenbügeln) zu schließen (Fall a und b), in der Zugzone ist jedoch eine Übergreifung mit der Länge l_0 erforderlich (Fall c und d). Bei Plattenbalken dürfen die erforderlichen Bügel im Bereich der Platte mit durchgehenden Querstäben geschlossen werden (Abb. 3.20e), wenn der Bemessungswert der Querkraft $V_{Ed} \leq (2/3) \cdot V_{Rd,max}$ ist.

Für die zulässigen Mindestwerte der Biegerollendurchmesser von Haken und Winkelhaken gelten die zuvor angegebenen Werte (s. Tafel 3.6).

Wegen weiterer Hinweise für die Ausbildung von Bügeln in Platten, Balken und Stützen usw. wird auf Abschn. 4 verwiesen.

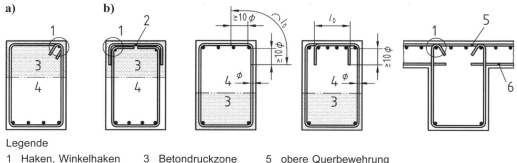

Legende
1 Haken, Winkelhaken
2 Kappenbügel
3 Betondruckzone
4 Betonzugzone
5 obere Querbewehrung
6 untere Bewehrung der anschließenden Platte

Abb. 3.20 Schließen von Bügeln (EC2-1-1/NA, Bild 8.5)

3.9 Ergänzung für dicke Bewehrungsstäbe und Stabbündel

Die zuvor genannten Regelungen gelten für dicke Bewehrungsstäbe – das sind Stäbe mit einem Durchmesser $d_s >$ 32 mm – und für Stabbündel mit einigen Ergänzungen.

Für Bauteile mit **Stabdurchmessern $d_s >$ 32 mm** muss der Bemessungswert der Verbundspannungen herabgesetzt bzw. mit dem Faktor η_2 multipliziert werden (vgl. Abschn. 3.4)

$$\eta_2 = \frac{132 - d_s}{100}$$

mit dem Stabdurchmesser d_s in mm.

Die Bauteile selbst müssen eine Mindestdicke von $h \geq 15\, d_s$ aufweisen. Zur Begrenzung der Rissbreite und zur Vermeidung von Betonabplatzungen ist i.d.R. die Anordnung einer *Hauptbewehrung* ($A_{s,surf}$ = 0,02 $A_{ct,ext}$ mit $A_{ct,ext}$ als Querschnittsfläche der Zugzone außerhalb der Bündel) erforderlich.

Ergänzend zu den Festlegungen für Verankerungen (s. Abschn. 3.5.2) gilt, dass im Verankerungsbereich ohne Querdruck eine zusätzliche Querbewehrung erforderlich ist. Die Größe der Zusatzbewehrung beträgt

- parallel zur Bauteiloberfläche (Unterseite) $A_{st} = n_1 \cdot 0{,}25 \cdot A_s$
- senkrecht zur Bauteiloberfläche $A_{sv} = n_2 \cdot 0{,}25 \cdot A_s$

    n_1 Anzahl der im gleichen Schnitt verankerten Bewehrungslagen
    n_2 Anzahl der in jeder Lage verankerten Bewehrungsstäbe
    A_s Querschnittsfläche eines verankerten Stabes

Weitere konstruktive Hinweise s. EC2-1-1 und DAfStb-H525.

Stabbündel bestehen aus zwei oder drei Einzelstäben mit $d_s \leq$ 28 mm. Es gelten die Regeln für Einzelstäbe, allerdings wird für die Bemessung das Stabbündel in einen Ersatzstab mit gleicher Fläche und Schwerpunktlage umgewandelt; der Vergleichsdurchmesser beträgt

$$d_{sn} = d_s \cdot \sqrt{n_b}$$

mit n_b als Anzahl der Bewehrungsstäbe eines Stabbündels mit folgenden Grenzen:

- $n_b \leq$ 4 für Stäbe im Übergreifungsbereich und für lotrechte Stäbe unter Druck
- $n_b \leq$ 3 für alle anderen Fälle

Für Betonfestigkeitsklassen ab C70/85 ist $d_{sn} \leq$ 28 mm einzuhalten.

Stäbe in einem Bündel sollten gleiche Eigenschaften und Durchmesser haben. Für die Betondeckung und Stababstände gelten die zuvor genannten Regelungen unter Verwendung des Vergleichsdurchmessers d_{sn} (gemessen vom äußeren Bündelumfang). Die Einzelstäbe eines Stabbündels werden in der Regel um 1,3 l_{bd} bzw. 1,3 l_0 versetzt verankert und gestoßen.

Für weitere Hinweise wird auf EC2-1-1, 8.9 (s. auch [Schneider – 10]) verwiesen.

4 Bewehrung und bauliche Durchbildung der Bauteile

4.1 Plattentragwerke

4.1.1 Einachsig gespannte Platten

4.1.1.1 Geltungsbereich, Abmessungen, Grundsätze der Bewehrungsführung

Die nachfolgenden Festlegungen beziehen sich auf einachsig gespannte Ortbeton-Vollplatten mit $l_{eff} \geq 5h$ und einer Breite $b \geq 5h$; bei Bauteilen mit kleineren Breiten gelten die Regelungen für Balken (s. Abschn. 4.2).

Die Mindestdicke von Vollplatten beträgt i.Allg. 7,0 cm. Soweit in Ausnahmefällen Platten mit Querkraftbewehrung ausgeführt werden, gelten jedoch größere Mindestdicken, da andernfalls die Querkraftbewehrung nicht ordnungsgemäß verankert werden kann; für Platten mit aufgebogener Querkraftbewehrung gilt 16 cm, mit Bügeln oder Durchstanzbewehrung 20 cm.

Für die Wahl einer geeigneten Plattendicke ist in jedem Falle der Nachweis zur Begrenzung der Verformungen zu beachten (vgl. Band 1, Abschn. 6.4). Die Plattendicke sollte außerdem so festgelegt werden, dass auf Querkraftbewehrung verzichtet werden kann. Platten dürfen ohne Querkraftbewehrung ausgeführt werden, wenn der Bemessungswert der Querkraft V_{Ed} den Widerstand $V_{Rd,c}$ nicht überschreitet (vgl. Band 1, Abschn. 5.2.4).

Für die Biegezugbewehrung der (Haupt-)Tragrichtung beträgt der größte zulässige Stababstand

$$15 \text{ cm} \leq s_l = h \leq 25 \text{ cm}$$

In Querrichtung sind mindestens 20 % der Hauptbewehrung anzuordnen, der Stababstand der Querstäbe darf 25 cm nicht überschreiten. Bei Lagermatten sind die Abstände immer eingehalten (vgl. Abb. 3.1), bei Listenmatten und beim Bewehren mit Stabstahl sind die Abstände ggf. zusätzlich zu beachten.

4.1.1.2 Einfeldrige Platten

Biegezugbewehrung

Die Biegezugbewehrung darf entsprechend der tatsächlich auftretenden Beanspruchung gestaffelt werden (vgl. Abb. 4.16). Dabei ist jedoch zu beachten

– mindestens 50 % der rechnerisch maximal erforderlichen Feldbewehrung ist über das Auflager zu führen und zu verankern
– die erforderliche *Mindestbewehrung* (vgl. Band 1, Abschn. 7.1.1) muss ungeschwächt von Auflager zu Auflager durchgeführt werden.

Als Versatzmaß a_l gilt für Platten ohne Querkraftbewehrung: $a_l = d$.

Im üblichen Hochbau, insbesondere bei Betonstahlmatten, verzichtet man häufig auf eine Staffelung der Bewehrung; die Bewehrungseinsparung ist gering, gleichzeitig steigt jedoch der Verlegeaufwand. Eine Staffelung vermindert zudem die Querkrafttragfähigkeit, da nur eine am Endauflager verankerte Bewehrung bei der Ermittlung von $V_{Rd,c}$ berücksichtigt werden darf. Soweit nicht gestaffelt, erübrigt sich ein Nachweis der Zugkraftdeckung.

Abb. 4.1 Bewehrungsführung bei gestaffelter Bewehrung mit Zulagebewehrung (a) und bei „verschränkter" Bewehrungsführung (b)

Für eine Staffelung der Bewehrung bieten sich grundsätzlich zwei Möglichkeiten an: entweder wird eine vom Auflager zu Auflager führende Grundbewehrung im höher beanspruchten Bereich durch Zulagen verstärkt oder die Bewehrung wird versetzt angeordnet (sog. verschränkte Bewehrungsführung); vgl. Abb. 4.1. Bei einer gestaffelten Bewehrung ist jedoch die Zugkraft genauer nachzuweisen (s. hierzu **Kap. 8, Projektbeispiel 1**).

Die Bewehrung ist am Endauflager bei direkter Lagerung mit $2/3\, l_{bd}$ zu verankern, bei indirekter Lagerung mit l_{bd}. Außerhalb von Auflagern gilt l_{bd} (l_{bd} vgl. Abschn. 3.5.2; weitere Hinweise zur Zugkraftdeckung s. a. nachfolgendes Beispiel und Abschn. 4.2). Am Endauflager ist die Bewehrung jedoch in jedem Fall bis zum Auflagerschwerpunkt zu führen.

Häufig liegt bei Platten an den Endauflagern eine teilweise Einspannung vor, die jedoch rechnerisch nicht berücksichtigt wird. Das ist beispielsweise der Fall, wenn infolge einer Auflast aus einer aufgehenden Wand oder infolge einer Einspannung in einen Randunterzug (mit einer i. Allg. geringen Torsionssteifigkeit) die freie Verdrehbarkeit eingeschränkt ist. Diese Endeinspannung darf konstruktiv berücksichtigt werden; es sollte mindestens für 25 % des max. Feldmoments bemessen werden, die Bewehrung ist auf der 0,20fachen Feldlänge (gemessen vom Auflageranschnitt) anzuordnen (vgl. Abb. 4.2; die Darstellung gilt für konstante Plattendicke).

Bei einer starken Endeinspannung z. B. in eine dicke Betonwand sollte das Einspannmoment genauer bestimmt werden und die Bewehrung entsprechend gewählt werden. Soweit die Einspannung durch einen Unterzug bedingt ist und rechnerisch berücksichtigt werden soll, ist die starke Abnahme der Torsionssteifigkeit im Zustand II zu beachten (üblicherweise wird die Einspannung durch Unterzüge rechnerisch nicht berücksichtigt, sondern nur konstruktiv erfasst bzw. bewehrt (s. vorher)).

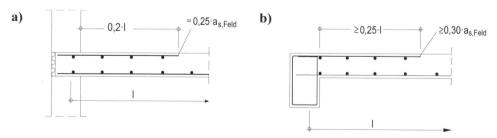

Abb. 4.2 Konstruktive Einspannbewehrung bei rechnerisch nicht berücksichtigter Endeinspannung
a) geringe Endeinspannung   b) mäßige Endeinspannung

Querkraftbewehrung

Ist in Einzelfällen eine Querkraftbewehrung unvermeidbar (d.h. $V_{Ed} > V_{Rd,c}$), kommen hierfür als Bewehrungselemente Aufbiegungen oder Bügel in Frage (s. Abb. 4.3). Für die bauliche

Bewehrung der Bauteile

Durchbildung schubbewehrter Platten gelten die Regelungen für Balken (vgl. Abschn. 4.2) mit folgenden Ergänzungen und Ausnahmen:
- Die Schubbewehrung darf bei $V_{Ed} \leq (1/3) \cdot V_{Rd,max}$ vollständig aus Schrägstäben oder Schubzulagen bestehen, andernfalls gelten die Regelungen für Balken (s. Abschn. 4.2).
- Für den größten Längs- und Querabstand der Bügel und Schrägstäbe gilt Tafel 4.2.
- Bügel müssen mindestens die Hälfte der Biegezugbewehrung umfassen und brauchen die Druckzone nicht zu umschließen (vgl. [Ausl-DIN1045-1 – 08]).

Für die Mindestschubbewehrung gilt
- Bauteile mit $b/h < 4$ sind als Balken nach Abschn. 4.2 zu betrachten.
- Bei Platten mit $5 \geq b/h \geq 4$ ohne rechnerisch erforderliche Schubbewehrung gilt als Mindestschubbewehrung der 0,0fache bis 1,0fache Wert nach Tafel 4.1; bei rechnerisch erforderlicher Schubbewehrung ist der 0,6fache bis 1,0fache Wert nach Tafel 4.1 maßgebend (Zwischenwerte interpolieren).
- Bei Platten mit $b/h > 5$ ohne rechnerisch erforderliche Schubbewehrung darf auf Querkraftbewehrung verzichtet werden, bei rechnerisch erforderlicher Schubbewehrung ist der 0,6fache Wert nach Tafel 4.1 als Mindestbewehrung maßgebend.

Die Mindestquerkraftbewehrung wird ermittelt aus

$$A_{sw}/s \geq \rho_w \cdot (b_w \cdot \sin \alpha) \tag{4.1}$$

mit A_{sw}/s als Querschnitt je Längeneinheit, ρ_w als Mindestbewehrungsgrad nach Tafel 4.1, b_w als maßgebende Breite (bei Platten 1 m/m) und α als Neigungswinkel der Schubbewehrung.

Tafel 4.1 Mindestschubbewehrungsgrad min ρ_w für Normalbeton

f_{ck}	12	16	20	25	30	35	40	45	50	55	60	70	80	90	100
ρ_w (‰) (allg.)	0,51	0,61	0,70	0,83	0,93	1,02	1,12	1,21	1,31	1,34	1,41	1,47	1,54	1,60	1,66

Tafel 4.2 Höchstabstände der Schubbewehrung bei Platten

Schubbeanspruchung	Bügellängsabstand s_{max}	Bügelquerabstand s_{max}	Schrägstäbe (längs)
$0 \leq V_{Ed}/V_{Rd,max} \leq 0,30$	$0,7h$	$1,0h$	
$0,30 < V_{Ed}/V_{Rd,max} \leq 0,60$	$0,5h$	$1,0h$	$1,0h$
$0,60 < V_{Ed}/V_{Rd,max} \leq 1,00$	$0,25h$	$1,0h$	

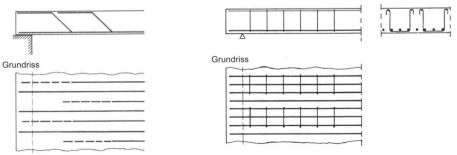

Abb. 4.3 Schubbewehrung bei Platten mit Schrägstäben bzw. Bügeln (Abstände gemäß Tafel 4.2)

4.1.1.3 Mehrfeldrige Platten

Biegezugbewehrung

Es gilt Abschn. 4.1.1.2. Bezüglich der Mindestbewehrung ist jedoch zusätzlich zu beachten

- sie muss als Feldbewehrung ungeschwächt von Auflager zu Auflager durchgeführt werden (zusätzlich sind 50 % der max. Feldbewehrung am Auflager zu verankern; s.vorher)
- als Stützbewehrung muss sie in den anschließenden Feldern mindestens mit einem Viertel der Stützweite eingelegt werden
- bei Kragarmen muss die Mindestbewehrung über die gesamte Kraglänge durchlaufen (im benachbarten Feld gilt dann die Regelung für die Stützbewehrung).

Häufig wird auf eine Staffelung der Biegezugbewehrung verzichtet. Ein ausführliches Beispiel ist im **Kap. 8, Projektbeispiel 2** enthalten, sodass an dieser Stelle auf weitere Erläuterungen verzichtet werden kann.

Wenn die obere Bewehrung gestaffelt werden soll, ist zu beachten, dass diese mindestens auf eine Länge von etwa $3h$ beidseitig der Stütze ungeschwächt durchgeführt wird (= Bereich, in dem Schubrisse auftreten können [Leonhardt-T3 – 77]). Wie aus den Bemessungsgleichungen zur Querkrafttragfähigkeit $V_{Rd,c}$ für Platten zu sehen ist, ist eine kürzere Bewehrung für den Nachweis auch nicht ansetzbar, da die anrechenbare Bewehrung ab dem Nachweisschnitt im Abstand d vom Auflagerrand noch mindestens mit d zzgl. l_{bd} vorhanden sein muss.

Querkraftbewehrung

Die Plattendicken werden i.d.R. so gewählt, dass auf Querkraftbewehrung verzichtet werden kann. Der Nachweis wird dann nur an der maximal beanspruchten Stelle geführt. Für eine ggf. erforderliche Querkraftbewehrung gelten die Ausführungen zu Abschn. 4.1.1.2.

4.1.1.4 Punkt- und Linienlasten

Eine Besonderheit stellen einachsig gespannte Platten unter *Punkt- und Linienlasten* dar. Unter dieser Belastung ist die Tragwirkung zweiachsig. Dennoch kann man näherungsweise für die Berechnung und Bemessung von einem einachsig gespannten Ersatzsystem ausgehen. Dabei wird ein gedachter Plattenstreifen mit in Querrichtung konstanter Beanspruchung unterstellt, der eine Ersatzbreite entsprechend der mitwirkenden Breite b_{eff} hat. Die Breite b_{eff} kann mit Tafel 4.3 (s. [DAfStb-H.240 – 91]) ermittelt werden.

Für die Lasteintragungsbreite t_x bzw. t_y wird i.Allg. eine Verteilung der Lastaufstandsbreite b_0 unter 45° bis zur Systemachse der Platte angenommen. Man erhält als Lasteintragungsbreite t (s. Abb. 4.4)

$$t = b_0 + 2h_1 + h \tag{4.2}$$

mit b_0 als Lastaufstandsbreite, h_1 als lastverteilende Deckschicht und h als Plattendicke.

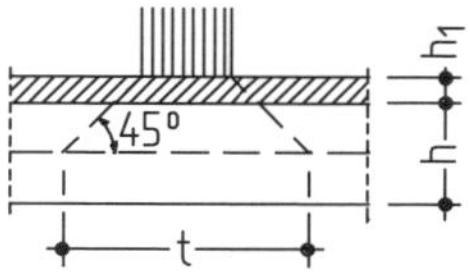

Abb. 4.4 Lasteintragungsbreite t

Beispiele für die rechnerische Verteilungsbreite b_{eff} sind in Abb. 4.5 angegeben, die auch die Bezeichnungen enthält. Für Lasten in Randnähe (Abb. 4.5(c)) ist zu beachten, dass die Breite b_{eff} nicht größer angenommen werden darf als die tatsächlich vorhandene Breite.

Tafel 4.3 Verteilungsbreite bei einachsig gespannten Platten unter Punkt-, Linienlasten

	1	2	3			4	
	Stat. System Schnittgröße	Mitwirkende Breite (rechn. Lastverteilungsbreite) b_{eff}	Gültigkeitsgrenzen			Breite b_{eff} für durchgehende Linienlast ($t_x = l$)	
						$t_y = 0{,}05\,l$	$t_y = 0{,}10\,l$
1	m_F	$b_{eff} = t_y + 2{,}5 \cdot x \cdot \left(1 - \dfrac{x}{l}\right)$	$0 < x < l$	$t_y \leq 0{,}8\,l$	$t_x \leq l$	$b_{eff} = 1{,}36\,l$	
2	v_S	$b_{eff} = t_y + 0{,}5 \cdot x$	$0 < x < l$	$t_y \leq 0{,}8\,l$	$t_x \leq l$	$b_{eff} = 0{,}25\,l$	$b_{eff} = 0{,}30\,l$
3	m_F	$b_{eff} = t_y + 1{,}5 \cdot x \cdot \left(1 - \dfrac{x}{l}\right)$	$0 < x < l$	$t_y \leq 0{,}8\,l$	$t_x \leq l$	$b_{eff} = 1{,}01\,l$	
4	m_S	$b_{eff} = t_y + 0{,}5 \cdot x \cdot \left(2 - \dfrac{x}{l}\right)$	$0 < x < l$	$t_y \leq 0{,}8\,l$	$t_x \leq l$	$b_{eff} = 0{,}67\,l$	
5	v_S	$b_{eff} = t_y + 0{,}3 \cdot x$	$0{,}2\,l < x < l$	$t_y \leq 0{,}4\,l$	$t_x \leq 0{,}2\,l$	$b_{eff} = 0{,}25\,l$	$b_{eff} = 0{,}30\,l$
6	v_S	$b_{eff} = t_y + 0{,}4 \cdot (l - x)$	$0 < x < 0{,}8\,l$	$t_y \leq 0{,}4\,l$	$t_x \leq 0{,}2\,l$	$b_{eff} = 0{,}17\,l$	$b_{eff} = 0{,}21\,l$
7	m_F	$b_{eff} = t_y + 1{,}0 \cdot x \cdot \left(1 - \dfrac{x}{l}\right)$	$0 < x < l$	$t_y \leq 0{,}8\,l$	$t_x \leq l$	$b_{eff} = 0{,}86\,l$	
8	m_S	$b_{eff} = t_y + 0{,}5 \cdot x \cdot \left(2 - \dfrac{x}{l}\right)$	$0 < x < l$	$t_y \leq 0{,}4\,l$	$t_x \leq l$	$b_{eff} = 0{,}52\,l$	
9	v_S	$b_{eff} = t_y + 0{,}3 \cdot x$	$0{,}2\,l < x < l$	$t_y \leq 0{,}4\,l$	$t_x \leq 0{,}2\,l$	$b_{eff} = 0{,}21\,l$	$b_{eff} = 0{,}25\,l$
10	m_S	$b_{eff} = 0{,}2\,l_k + 1{,}5 \cdot x$ $b_{eff} = t_y + 1{,}5 \cdot x$	$0 < x < l_k$ $0 < x < l_k$	$t_y < 0{,}2\,l_k$ $0{,}2\,l_k \leq t_y \leq 0{,}8\,l_k$	$t_x \leq l_k$ $t_x \leq l_k$	$b_{eff} = 1{,}35\,l_k$	
11	v_S	$b_{eff} = 0{,}2\,l_k + 0{,}3 \cdot x$ $b_{eff} = t_y + 0{,}3 \cdot x$	$0{,}2\,l_k < x < l_k$ $0{,}2\,l_k < x < l_k$	$t_y < 0{,}2\,l_k$ $0{,}2\,l_k \leq t_y \leq 0{,}4\,l_k$	$t_x \leq 0{,}2\,l_k$ $t_x \leq 0{,}2\,l_k$	$b_{eff} = 0{,}36\,l_k$	$b_{eff} = 0{,}43\,l_k$

Die Biegemomente m und die Querkräfte v je Meter Plattenbreite in Längsrichtung ergeben sich dann aus den „Balken"-schnittgrößen M und V

$$m = M / b_{eff}; \qquad v = V / b_{eff}$$

Die Schnittgrößen aus den Gleichflächenlasten sind zusätzlich zu beachten.

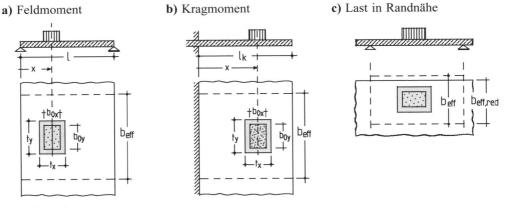

Abb. 4.5 Verteilungsbreiten b_{eff}

a) Feldmoment b) Kragmoment c) Last in Randnähe

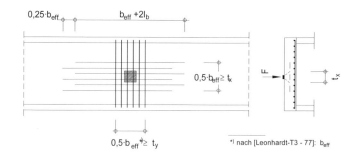

Abb. 4.6 Zusatzbewehrung unter Einzellasten (vgl. [Ausl-DIN1045-1 – 08])

Die Zusatzbewehrung für die Zusatzbeanspruchung wird nach [DIN 1045 – 88] auf eine Breite entsprechend der halben mittragenden Breite angeordnet. In [Leonhradt-T3 – 77] wird dagegen die volle Breite b_{eff} als Verteilungsbreite angegeben; bei Kragplatten wird allerdings auch dort empfohlen, die Bewehrung im mittleren Drittel enger zu legen.

In *Querrichtung* genügt ohne genaueren Nachweis eine zusätzliche Querbewehrung von etwa 60 % der Längsbewehrung (vgl. [DIN 1045 – 88]). Sie wird symmetrisch unter der Einzellast auf einer Breite von $0{,}5\,b_{eff}$ (mindestens jedoch auf die Breite t_x) angeordnet und sollte sich in Querrichtung über eine Länge von ($b_{eff} + 2\,l_{bd}$) – mit l_{bd} als Verankerungslänge – erstrecken; eine Staffelung um $b_{eff}/4$ wird empfohlen (vgl. Abb. 4.6). Zu beachten ist, dass bei Kragplatten die Querbewehrung unten anzuordnen ist, während die Längsbewehrung natürlich oben liegt.

Unter Punktlasten ist grundsätzlich auch ein Nachweis auf Durchstanzen (s. Band 1) zu führen. Der Nachweis ist durch die Betrachtung des Ersatzstreifens und der in Längs- und Querrichtung erforderlichen Zusatzbewehrung nicht automatisch abgedeckt.

4.1.1.5 Freie ungestützte Ränder

An freien ungestützten Rändern ist eine Bewehrung anzuordnen (s. Abb. 4.7). Die Bewehrung dient zur Aufnahme möglicher Randlasten und Zwängungsspannungen. Bei Fundamenten und innen liegenden Bauteilen des üblichen Hochbaus darf hierauf jedoch verzichtet werden.

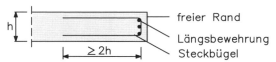

Abb. 4.7 Einfassbewehrung eines freien ungestützten Randes

4.1.1.6 Stützung parallel zur Spannrichtung

Bei einer Stützung parallel zur Spannrichtung einer ansonsten einachsig gespannten Platte treten nennenswerte Quermomente auf. Für die gelenkig gelagerte Einfeldplatte ist der Verlauf der Quermomente in Abb. 4.8 angegeben.

Soweit die Stützung parallel zur Spannrichtung statisch nicht berücksichtigt wird, sind die Momente in Querrichtung konstruktiv zu erfassen. Bei frei drehbarer Lagerung der gegenüberliegenden Plattenränder (Einfeldplatte) können sie wie folgt berücksichtigt werden (vgl. Abb. 4.8 und 4.9):

Bewehrung der Bauteile

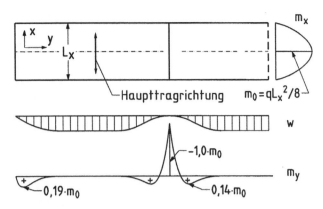

Abb. 4.8 Quermomente der gelenkig gelagerten Einfeldplatte bei einer Stützung parallel zur Haupttragrichtung ([Leonhardt-T3 – 77]; vgl. a. [Schmitz – 08])

– Stützung des seitlichen Randes
  Hierfür genügt i.Allg. eine Querbewehrung, die 20 % der Hauptbewehrung entspricht; die ohnehin in dieser Größe erforderliche Querbewehrung ist damit ausreichend.
– Zwischenstützung
  Es ist eine obere Querbewehrung erforderlich, die mindestens 60 % der Längsbewehrung entspricht [DIN 1045 – 88]. Insbesondere bei starrer Auflagerung auf Zwischenwänden sollte der Anteil jedoch bis zu 100 % von a_{sx} betragen [Leonhardt-T3 – 77], um gröbere Risse zu vermeiden. Die Bewehrung ist auf eine Länge von $L_x/2$ erforderlich (s. hierzu Abb. 4.9).

Bei einer Einspannung der gegenüberliegenden Ränder wird eine geringere Querbewehrung notwendig.

Insbesondere bei größeren Platten wird in den Ecken eine konstruktive Drillbewehrung empfohlen (vgl. hierzu Abschn. 4.1.2).

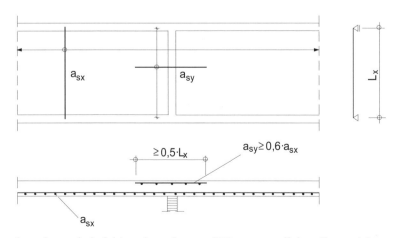

Abb. 4.9 Querbewehrung bei nicht nachgewiesener Stützung parallel zur Spannrichtung

4.1.1.7 Platten mit Rechtecköffnungen

Bei Platten mit Öffnungen hängt das Tragverhalten stark von der Lage und Größe der Öffnungen ab; zudem hat auch die Form (kreis-, rechteckförmig) einen nennenswerten Einfluss.

Bei Rechtecköffnungen mit Abmessungen kleiner als 1/5 der Spannweite genügt es nach [Leonhardt-T3 – 77], die Bewehrung „auszuwechseln"; es wird dabei die auf die Öffnung rechnerisch entfallende Bewehrung entsprechend dem Kräftefluss zusätzlich neben die Aussparung gelegt und am Rand konzentriert. Außerdem sind Querzulagen, ggf. auch schräge Zulagen, erforderlich, die die in den Ecken auftretenden Spannungsspitzen aufnehmen und eine Rissbildung gering halten (vgl. Abb. 4.10).

Bei größeren Rechtecköffnungen können die Schnittgrößen näherungsweise nach [Stiglat/Wippel – 92] und [Beck/Zuber – 69] ermittelt werden. Dabei wird ein System aus Trag- und Wechselstreifen betrachtet.

Für die **gelenkig gelagerte Einfeldplatte** ist das entsprechende System in Abb. 4.11 dargestellt mit dem Wechselstreifen ① und dem Tragstreifen ②. Für den *Tragstreifen* ② kann nach [Stiglat/Wippel – 92] näherungsweise als mitwirkende Breite angenommen werden

$$b_{\text{eff}} \approx 0{,}8L - b \tag{4.3}$$

wobei eine Begrenzung auf die tatsächlich zur Verfügung stehende Breite (beispielsweise am Plattenrand) zu beachten ist. Als Bemessungsmoment erhält man

$$m_{\text{xm}} \approx (0{,}125 L_x^2 + 0{,}76\, a b^2 / L_x) \cdot q \tag{4.4a}$$

bzw. für die Breite b_{eff}

$$M_{\text{xm}} \approx (0{,}125 L_x^2 + 0{,}76\, a b^2 / L_x) \cdot q \cdot b_{\text{eff}} \tag{4.4b}$$

Der *Wechselstreifen* ① wird für $b/a \geq 0{,}5$ für ein Randmoment

$$m_{\text{yr}} \approx 0{,}125 \cdot q \cdot a \cdot (a + 2 b_{\text{eff}}) \tag{4.5}$$

bemessen. Für $b/a < 0{,}5$ sollte der Öffnungsrand jedoch als dreiseitig gelenkig gelagerte Platte der Länge $(a+2b_{\text{eff}})$ betrachtet werden und für das Moment am freien Rand m_{yr} bemessen werden.

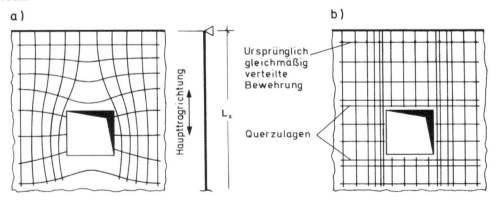

Abb. 4.10 Kleine Rechtecköffnung; Kraftfluss (a) und Bewehrungsführung (b)

Bewehrung der Bauteile

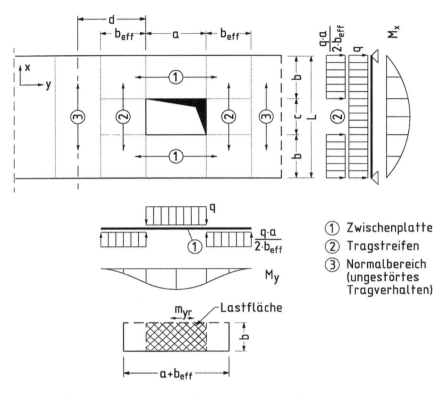

Abb. 4.11 Näherungsberechnung für einachsig gespannte, gelenkig gelagerte Platten mit großen Rechtecköffnungen

Für eine **eingespannte Platte** mit Rechtecköffnungen werden in [Stiglat/Wippel – 92] (vgl. a. [Schmitz – 08]) Näherungsgleichungen angegeben; weitere Hinweise siehe dort und in entsprechender weiterführender Literatur.

4.1.2 Zweiachsig gespannte Platten

4.1.2.1 Vierseitig gelagerte Platten

Bei zweiachsig gespannten Platten erfolgt die Lastabtragung über zwei Richtungen. Zweiachsig gespannt gelten Platten dann, wenn das Verhältnis der längeren Stützweite zur kürzeren kleiner als 2 ist (s. a. Abschn. 1.2.1 und 1.7.2). Für den Geltungsbereich und die Mindestabmessungen gelten prinzipiell die Festlegungen nach Abschnitt 4.1.1.

Auf die besondere Bedeutung der Drillsteifigkeit bei zweiachsig gespannten Platten wurde bereits im Abschn. 1.7.3.1 hingewiesen. Eine verminderte Drilltragfähigkeit liegt insbesondere vor, wenn
- die Ecken nicht gegen Abheben durch Auflasten und/oder Verankerungen gesichert sind;
- eine Eck- oder Drillbewehrung nicht oder nicht ausreichend angeordnet wird (s. nachfolgend);
- größere Aussparungen in den Eckbereichen vorhanden sind.

Bei Platten mit verminderter Drilltragfähigkeit müssen die Feldmomente angemessen erhöht werden (Erhöhungsfaktoren s. z.B. [DAfStb-H240 – 91]).

Biegezugbewehrung; Drillbewehrung

Für die Ausbildung der Biegezugbewehrung (Abstände in Längs- und Querrichtung, Bewehrungsführung) gilt Abschn. 4.1.1.

Im Eckbereich entstehen in Richtung der Winkelhalbierenden negative Hauptmomente m_1 (Zug auf Plattenoberseite) und rechtwinklig dazu positive Hauptmomente m_2 (Zug auf der Plattenunterseite). Ihr Größtwert ist gleich dem Drillmoment m_{xy}. Der Richtung der Hauptmomente folgend müsste die Bewehrung in den Eckbereichen unter 45° bzw. 135° verlaufen. Dies ist jedoch baupraktisch kaum sinnvoll ausführbar, da alle Stäbe unterschiedlich lang werden und die Stäbe nicht in Richtung des nach den x- und y-Achsen ausgerichteten Grundnetzes

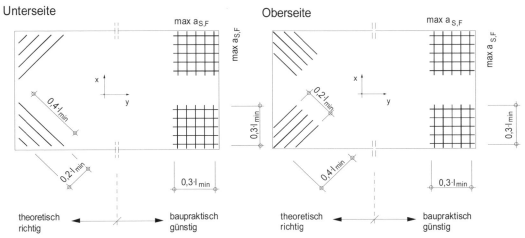

Abb. 4.12 Eck- bzw. Drillbewehrung bei einer frei drehbar gelagerten Platte (Ecken gegen Abheben gesichert)

Bewehrung der Bauteile

der Bewehrung verlaufen. Deshalb wird stattdessen ein orthogonales Bewehrungsnetz gewählt, obwohl dadurch eine größere Stahlmenge erforderlich wird (vgl. Abb. 4.12).

Für die Drillmomente wird i.d.R. nicht direkt bemessen, man begnügt sich vielmehr mit vereinfachenden Konstruktionsregeln. Ohne rechnerischen Nachweis ist als Drillbewehrung bei vierseitig gelagerten Platten unter Berücksichtigung der vorhandenen Bewehrung anzuordnen in Ecken mit
- zwei frei aufliegenden Rändern: a_{sx} in beiden Richtungen oben u. unten
- einem frei aufliegenden und eingespannten Rand: $0{,}5 a_{sx}$ rechtwinklig zum freien Rand

mit $a_{sx} = \max a_{s,\text{Feld}}$ (vgl. Abb. 4.13). Damit die Drillbewehrung wirksam ist, muss sie über der Stützung verankert sein.

Bei anderen Platten, z. B. bei dreiseitig gelagerten Platten, ist ein rechnerischer Nachweis der Drillbewehrung erforderlich.

Abb. 4.13 Eck- bzw. Drillbewehrung bei einer durchlaufenden Platte

Querkraftbewehrung

Für die bauliche Durchbildung querkraftbewehrter Platten gilt Abschn. 4.1.1. Auf weitere Erläuterungen kann an dieser Stelle verzichtet werden.

Beispiel

Für die im Abschn. 1.7.3.5 berechnete zweifeldrige Platte (Beispiel 1) soll die Bewehrung und die Bewehrungsführung festgelegt werden.

Biegebemessung

Es wird das Berechnungsergebnis nach Pieper/Martens der Bemessung zugrunde gelegt. Hierfür wurden im Abschn. 1.7.3.5 die nebenstehend angegebenen Biegemomente ermittelt.

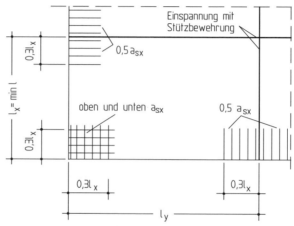

$m_{fy} = 8{,}36$

$m_{fx} = 14{,}31$

$m_{sx} = 30{,}17$

(in kNm/m)

Feld x-Richtung

Annahme: $d_x = 15{,}0$ cm

$$\mu_{Eds} = \frac{14{,}31 \cdot 10^{-3}}{1{,}0 \cdot 0{,}150^2 \cdot (0{,}85 \cdot 20/1{,}5)} = 0{,}0561 \rightarrow \omega = 0{,}059$$

$$a_{sx} = 0{,}059 \cdot 1{,}0 \cdot 0{,}15 \cdot \frac{11{,}33}{435} \cdot 10^4 = 2{,}29 \text{ cm}^2/\text{m}$$

gew.: Ø 8 – 18 (= 2,79 cm²/m)

Feld y-Richtung

Annahme: $d_y = 14{,}0$ cm

$$\mu_{Eds} = \frac{8{,}36 \cdot 10^{-3}}{1{,}0 \cdot 0{,}140^2 \cdot (0{,}85 \cdot 20/1{,}5)} = 0{,}0376 \rightarrow \omega = 0{,}039$$

$$a_{sx} = 0{,}039 \cdot 1{,}0 \cdot 0{,}14 \cdot \frac{11{,}33}{435} \cdot 10^4 = 1{,}42 \text{ cm}^2/\text{m}$$

gew.: Ø 6 – 15 (= 1,88 cm²/m)

Stütze x-Richtung

Die Bemessung erfolgt näherungsweise und auf der sicheren Seite ohne Berücksichtigung einer Momentenausrundung.

Annahme: $d_x = 15{,}0$ cm

$$\mu_{Eds} = \frac{30{,}17 \cdot 10^{-3}}{1{,}0 \cdot 0{,}150^2 \cdot (0{,}85 \cdot 20/1{,}5)} = 0{,}119 \rightarrow \omega = 0{,}127$$

$$a_{sx} = 0{,}127 \cdot 1{,}0 \cdot 0{,}15 \cdot \frac{11{,}33}{435} \cdot 10^4 = 4{,}96 \text{ cm}^2/\text{m}$$

gew.: Ø 10 – 15 = 5,14 cm²/m

Zusätzlich ist die *Mindestbiegezugbewehrung* zu überprüfen; der Nachweis muss jedoch gem. EC2-1-1/NA, 9.3.1.1 nur für die Haupttragrichtung – hier x-Richtung – geführt werden.

$M_{cr} = f_{ctm} \cdot I_i / z_{I,c1} = 2{,}2 \cdot 0{,}000486 / 0{,}09 = 0{,}0119$ MNm/m

$A_{s,min} \approx 0{,}0119 / (0{,}9 \cdot 0{,}14 \cdot 500) \cdot 10^4 = 1{,}89$ cm²/m

Die Mindestbewehrung wird somit für die Feldbewehrung nicht maßgebend, die zuvor gewählte Bewehrung ist ausreichend. Eine Staffelung der Feldbewehrung ist nur noch bedingt zulässig, da die Mindestbewehrung auch am Auflager vorhanden sein muss.

Drill- bzw. Eckbewehrung

Die Drillmomente werden nicht explizit nachgewiesen, sondern konstruktiv berücksichtigt und abgedeckt (s. vorher).

Im vorliegenden Falle ergibt sich

- *Ecke mit zwei frei drehbar gelagerten Rändern*

  unten: x-Richtung   Ø 8 – 18   (vorhandene Bewehrung) $a_{s,Eck} \geq \max a_{s,Feld}$

  y-Richtung   Ø 6 – 15   (vorhandene Bewehrung) $a_{s,Eck} \geq \max a_{s,Feld}$

  + Ø 6 – 30   (Zulage)

Bewehrung der Bauteile

oben: x-Richtung   Ø 8 – 18   (Zulage) $a_{s,Eck} \geq \max a_{s,Feld}$
       y-Richtung   Ø 8 – 18   (Zulage) $a_{s,Eck} \geq \max a_{s,Feld}$

- *Ecke mit einem frei drehbaren und einem eingespannten Rand*

  oben: y-Richtung   Ø 6 – 25   (vorh. Querbewehrung) $a_{s,Eck} \geq 0{,}5 \max a_{s,Feld}$

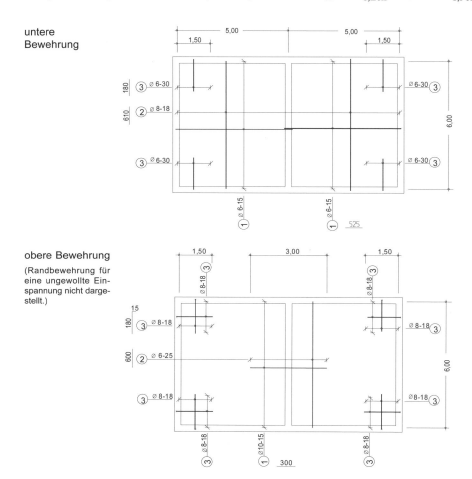

4.1.2.2 Dreiseitig und zweiseitig gelagerte Platten

Für die Berechnung von *dreiseitig gelagerten Platten* stehen Tabellenwerke zur Verfügung, die analog zu den vierseitig gelagerten aufgebaut sind (s. z. B. [Schmitz – 08]). Bei dreiseitig gelagerten Platten können die Drillmomente sehr groß werden und die überwiegende Momentenbeanspruchung darstellen. Die konstruktiven Regelungen nach Abschn. 4.1.2.1 sind hierfür nicht ausreichend. Es wird auf weiterführende Literatur verwiesen.

Eine besonders sorgfältige bauliche Durchbildung verlangt die zweiseitig übereck gelagerte Platte. Es ist zu unterscheiden zwischen der in einer einspringenden Ecke gelagerten Platte und der übereck auskragenden Platte. Angaben sind in [Leonhardt-T3 – 77] enthalten.

4.1.2.3 Punktförmig gestützte Platten

Zur Vermeidung eines fortschreitenden Versagens ist stets ein Teil der Feldbewehrung (≥ 50 %) über die Stützstreifen hinwegzuführen bzw. dort zu verankern. Im Bereich der Lasteinleitungsfläche ist als Abreißbewehrung gefordert

$A_s = V_{Ed}/f_{yk}$ (V_{Ed} wird mit $\gamma_F = 1{,}0$ ermittelt)   (4.6)

Abminderungen von V_{Ed} sind nicht zulässig. (Bei elastisch gebetteten Bodenplatten darf auf diese Abreißbewehrung verzichtet werden.)

Durchstanzbewehrung

Für eine ggf. erforderliche Durchstanzbewehrung ($v_{Ed} > v_{Rd,c}$) gelten die Regelungen für Querkraftbewehrung bei Platten, allerdings mit Ergänzungen:

- Die Mindestdicke von Platten mit Durchstanzbewehrung beträgt 20 cm.
- Die Anordnung der Durchstanzbewehrung richtet sich nach Abb. 4.14.
- Die Stabdurchmesser der Durchstanzbewehrung sind auf die vorhandene mittlere Nutzhöhe der Platte d abzustimmen; es gilt
  $d_s \leq 0{,}05\,d$ für Bügel
  $d_s \leq 0{,}08\,d$ für Schrägaufbiegungen
- Falls bei Bügeln nur *eine* Reihe als Durchstanzbewehrung rechnerisch erforderlich ist, so ist aus konstruktiven Gründen eine zweite Reihe mit Mindestbewehrung vorzusehen.
- Als Mindestbewehrung für einen Bügelschenkel (oder gleichwertig) gilt
  $A_{sw,min} = A_s \cdot \sin\alpha = (0{,}08/1{,}5) \cdot (f_{ck}^{0,5}/f_{yk}) \cdot s_r \cdot s_t$
  mit s_r als radialer und s_t als tangentialer Abstand der Durchstanzbewehrung.

Der Nachweis auf Durchstanzen wurde bereits ausführlich im Band 1 gezeigt. An dieser Stelle kann daher auf weitere Erläuterungen verzichtet werden.

a) Bügel als Durchstanzbewehrung

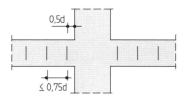
Schnitt

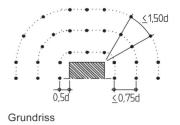
Grundriss

b) Schrägstäbe als Durchstanzbewehrung

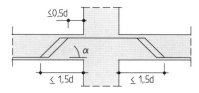
Schnitt

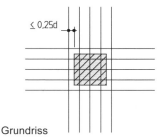
Grundriss

Abb. 4.14 Anordnung der Durchstanzbewehrung

Bewehrung der Bauteile

Beispiel

Für den im Abschn. 1.7.4 dargestellten und berechneten Flachdeckenausschnitt soll die erforderliche Bewehrung bestimmt werden.

Biegebemessung

Die Biegebemessung erfolgt tabellarisch; für die Momente in *x*-Richtung wird eine Nutzhöhe von 21 cm, für die *y*-Richtung 20 cm unterstellt.

Ort	xF,G	xF,F	xS,GA	xS,GR	xS,F	yF,G	yF,F	yS,GA	yS,GR	yS,F
Biegemoment $|m|$	37,38	24,92	105,63	70,42	25,15	25,96	17,31	73,36	48,91	17,47
Bewehrung a_s	4,27	2,82	13,2	8,40	2,85	3,21	2,14	9,30	6,00	2,16
gew.:	⌀12/20	⌀10/20	⌀14/10	⌀14/15	⌀10/20	⌀10/20	⌀10/20	⌀12/10	⌀12/15	⌀10/20

Mindestbewehrung

$$M_{cr} = f_{ctm} \cdot I_i / z_{I,c1} = 2{,}2 \cdot 0{,}001152 / 0{,}12 = 0{,}0211 \text{ MNm/m}$$
$$A_{s,min} \approx 0{,}0211 / (0{,}9 \cdot 0{,}20 \cdot 500) \cdot 10^4 = 2{,}34 \text{ cm}^2/\text{m}$$

Bewehrung zur Vermeidung eines fortschreitenden Versagens

$$V_{Ed} = 5{,}00 \cdot 6{,}00 \cdot (10{,}13 + 4{,}88) = 450 \text{ kN}$$
$$A_s = 450 / 50 = 9{,}00 \text{ cm}^2; \quad gew.: 2 \varnothing 14 \text{ je Richtung (Zulage)}$$

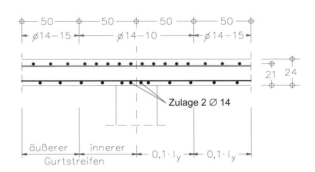

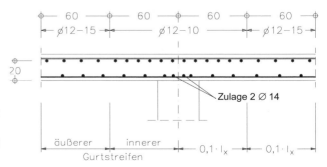

Abb. 4.15 Darstellung der Bewehrung im Stützstreifen (Die Durchstanzbewehrung ist nicht dargestellt; s.n.S.)

Durchstanzbewehrung (vgl. Band 1, Abschn. 5.4)

Für die gewählte Bewehrung(5 ⌀ 8 – 10 je Richtung; vgl. Bd. 1) erfolgt Nachweis des Stabdurchmessers und der Mindestschubbewehrung

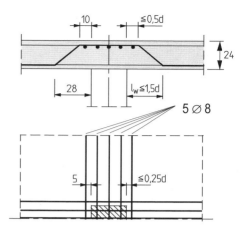

$d_s = 8$ mm $< 0{,}08 d = 0{,}08 \cdot 205 = 16{,}4$ mm (erfüllt)

$A_{sw,min} = A_s \cdot \sin \alpha = (0{,}08/1{,}5) \cdot (f_{ck}^{0,5}/f_{yk}) \cdot s_r \cdot s_t$

$s_r = (10+28)/2 = 19$ cm (radialer Abstand)

$s_t = 24$ cm (mittlerer tangentialer Abstand)[1]

$A_{sw,min} = 0{,}053 \cdot (20^{0,5}/500) \cdot 19 \cdot 24 = 0{,}22$ cm²

$A_s = 0{,}09/\sin \alpha = 0{,}22/0{,}707 = 0{,}31$ cm²
    $< 0{,}50$ cm² (erfüllt)

---

[1] Für Schrägstäbe ist der tangentiale Abstand in EC2-1-1 nicht definiert. Hier wird der mittlere Abstand gewählt, der sich im Umfang im Abstand s_r vom Stützenrand ergibt.

4.1.3 Unterbrochene Stützung (Deckengleiche Unterzüge)

Wenn linienförmige Unterstützungen von Platten in begrenzten Bereichen unterbrochen sind, kann die gegenüber der durchgehenden Stützung geänderte Tragwirkung bei üblichen Abmessungen und Belastungen in bestimmten Fällen näherungsweise erfasst werden. Wenn eine Unterstützung auf der ganzen Plattenseite fehlt, ist eine Plattenberechnung mit den tatsächlichen Lagerungsbedingungen durchzuführen.

In [DAfStb-H240 – 91] sind in Abhängigkeit vom Verhältnis der Stützweite l zur Bauhöhe h Regelungen angegeben, nach denen im Einzelfall verfahren werden kann.

a) *Stützweitenverhältnis $l/h \leq 7$*

Bei örtlichem Wegfall der Unterstützung auf kurze Länge wird für die Plattenberechnung zunächst eine durchgehende Stützung angenommen. Für die Bewehrung genügt eine konstruktive Zulage, ein rechnerischer Nachweis ist nicht erforderlich.

b) *Stützweitenverhältnis $7 < l/h \leq 15$*

Hierbei kann das in [DAfStb-H240 – 91] angegebene Näherungsverfahren angewendet werden. Zu unterscheiden ist dabei, ob die Richtung der unterbrochenen Unterstützung oder die dazu senkrechte betrachtet wird.

In Richtung der unterbrochenen Unterstützung wird die Bemessung am Ersatzbalken mit einer Breite $b_{M,F}$ für die Momentenbeanspruchung im Feld und $b_{M,S}$ für das Moment an der Stütze durchgeführt; für die Schubbemessung ist die Breite b_V anzusetzen. Als Lasteinzugsbereich gilt die in Tafel 4.4 dargestellte Fläche.

Rechtwinklig zur unterbrochenen Unterstützung ist an **Innen**auflagern die Stützbewehrung und Feldbewehrung wie bei Platten mit durchgehender Stützung anzuordnen; zusätzlich ist eine Verstärkung der Stützbewehrung ab $l = 10 d$ linear bis um 40 %, bei $l = 15 d$ in einem Bereich von $0{,}4 l$ erforderlich; an **End**auflagern sind Steckbügel mit Ausbildung und Bewehrungsquerschnitt, wie in Tafel 4.4 dargestellt, erforderlich.

Bewehrung der Bauteile

c) *Stützweitenverhältnis l/h > 15*

In diesen Fällen kann das Tragverhalten durch ein Näherungsverfahren nicht mehr zutreffend beschrieben werden. Es ist dann eine genauere Berechnung nach der Plattentheorie erforderlich (z.B. nach [Stiglat/Wippel – 92]).

Die Reglungen für das Näherungsverfahren und die entsprechenden Angaben zur Bewehrungsführung sind zusammengefasst in Tafel 4.4 dargestellt. Weitere Hinweise können [DAfStb-H240 – 91] entnommen werden.

Tafel 4.4 Regelungen für Platten mit unterbrochener Unterstützung

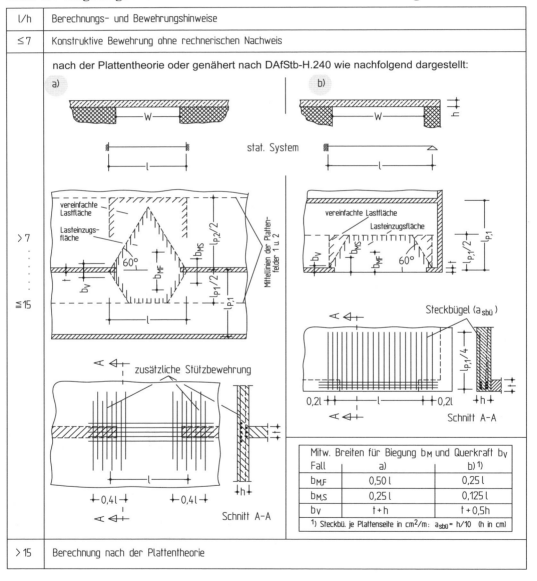

4.1.4 Besonderheiten bei vorgefertigten Deckensystemen

Für die Bemessung vorgefertigter Deckensysteme sind – soweit relevant – die Zulassungen des Instituts für Bautechnik, ggf. die Festlegungen von CEN-Produktnormen zu beachten. Detailliertere Regelungen enthält EC2-1-1, 10.9.3. Nachfolgend ein kurzer Überblick.

Querverteilung

Die Querverteilung von Lasten zwischen nebeneinanderliegenden Deckenteilen muss durch geeignete Verbindungen zur Querkraftübertragung gesichert werden, wie z. B. durch ausbetonierte bzw. ausgegossene Fugen, Schweiß- oder Bolzenverbindung, bewehrten Aufbeton (s. nachfolgende Abb.). Die Querverteilung von Punkt- bzw. Linienlasten darf rechnerisch oder durch Versuche nachgewiesen werden.

Für Platten aus Fertigteilen mit einer Breite ≤ 1,20 m darf die Querbewehrung entfallen.

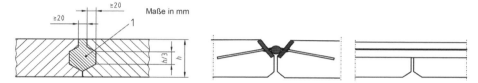

Deckenverbindungen zur Querkraftübertragung (Bild 10.2 in EC2-1-1 und EC2-1-1/NA)

Scheibenwirkung

Die Scheibenwirkung vorgefertigter Decken zur Übertragung von horizontalen Kräften ist durch ein wirklichkeitsnahes Tragwerksmodell zu erfassen, das auch die Verträglichkeit berücksichtigt. Die Auswirkungen der horizontalen Verschiebungen auf alle Tragwerksteile sind zu berücksichtigen. Die in dem Tragmodell auftretenden Zugkräfte sind durch Bewehrung abzudecken. Bereiche mit Spannungskonzentrationen (z. B. Öffnungen, Verbindungen zu aussteifenden Bauteilen) sollten in geeigneter Weise baulich durchgebildet werden.

Bei Berücksichtigung der Scheibenwirkung ist eine Querbewehrung anzuordnen; sie darf konzentriert werden, wenn die Fertigteile so miteinander verbunden sind, dass eine Übertragung der Horizontalkräfte durch Bogen- oder Fachwerkwirkung möglich ist. Die Bewehrung darf im Aufbeton liegen, sofern vorhanden.

Fugen, die von Druckstreben gekreuzt werden, müssen nachgewiesen werden. Bei ausbetonierten oder vergossenen Fugen ist die durchschnittliche Schubtragfähigkeit v_{Rdi} bei sehr glatten Oberflächen auf 0,10 N/mm² und bei glatten und rauen Oberflächen auf 0,15 N/mm² zu begrenzen. (Eine Definition der Oberflächen ist im Band 1, Abschn. 5.2.6 angegeben.)

Fertigteile mit Ortbetonergänzung (Teilfertigdecken)

Fertigteile mit einer mindestens 50 mm dicken und statisch mitwirkenden *Ortbetonergänzung* dürfen als Verbundbauteile bemessen werden, wenn die Aufnahme des Schubes zwischen Ortbeton und Fertigteil gewährleistet ist. Die Querbewehrung darf vollständig im Fertigteil oder im Ortbeton liegen. Nachfolgend ist eine mögliche Ausführung gezeigt.

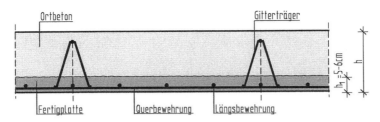

Querschnitt einer Teilfertigdecke (aus [Land – 03])

Bei *zweiachsig gespannten Platten* wird nur die Querbewehrung angerechnet, die durchläuft oder kraftschlüssig gestoßen ist. Voraussetzung für die Berücksichtigung der gestoßenen Bewehrung ist, dass

- der Durchmesser der Bewehrungsstäbe $d_s \leq 14$ mm,
- der Bewehrungsquerschnitt $a_s \leq 10$ cm²/m,
- die Querkraft $V_{Ed} \leq 0{,}3\, V_{Rd,max}$

ist. Die Fuge ist durch biegesteife Bewehrung (z. B. Bügel) im Abstand $s \leq 2h$ zu sichern, die für die Querkraft zu bemessen ist. Werden Gitterträger verwendet, sind die Zulassungen zu beachten.

Die Drillsteifigkeit darf bei der Schnittgrößenermittlung berücksichtigt werden, falls innerhalb des Bereichs von $0{,}3l$ ab der Ecke keine Stoßfuge vorhanden ist oder die Fuge durch Verbundbewehrung im Abstand $s \leq 10$ cm gesichert wird. Die Aufnahme der Drillmomente ist nachzuweisen.

Bei Endauflagern ohne Wandauflasten ist eine Verbundsicherung von mindestens 6 cm²/m entlang der Auflagerlinie auf einer Breite von 0,75 m anzuordnen.

Bzgl. weiterer Hinweise zur Bemessung und Konstruktion von Teilfertigdecken wird auf [Avak – 98], [Land – 03] u. a. sowie auf **Kap. 8, Projektbeispiel 3** verwiesen.

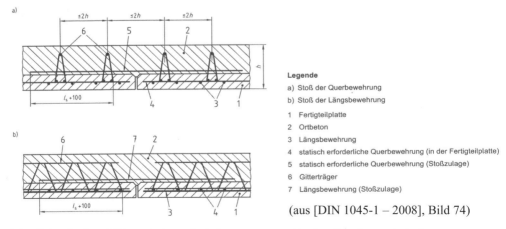

(aus [DIN 1045-1 – 2008], Bild 74)

Mögliche Stoßausbildung bei zweiachsig gespannten Fertigteildecken mit Ortbetonergänzung
a) Stoß der Querbewehrung
b) Stoß der Längsbewehrung

4.2 Balken

4.2.1 Längsbewehrung

Zugkraftdeckung

Die Zugkraftlinie der Längsbewehrung erhält man durch Verschiebung der F_{sd}-Linie um das Versatzmaß a_l in Richtung der Bauteilachse; F_{sd} ist die Zugkraft in der Längsbewehrung, die sich ergibt aus

$$F_{sd} = M_{Eds}/z + N_{Ed} \tag{4.7}$$

Bei einer Schnittgrößenermittlung nach dem linear-elastischen Verfahren ohne oder mit Umlagerung genügt der Nachweis der Zugkraftdeckung für den Grenzzustand der Tragfähigkeit; andernfalls muss zusätzlich auch der Grenzzustand der Gebrauchstauglichkeit nachgewiesen werden.

Als Versatzmaß ergibt sich

$$a_l = z \cdot (\cot\theta - \cot\alpha)/2 \geq 0 \tag{4.8}$$

θ Neigung der Betondruckstrebe
z Hebelarm der inneren Kräfte
α Neigung der Schubbewehrung (bezogen auf die Längsachse)

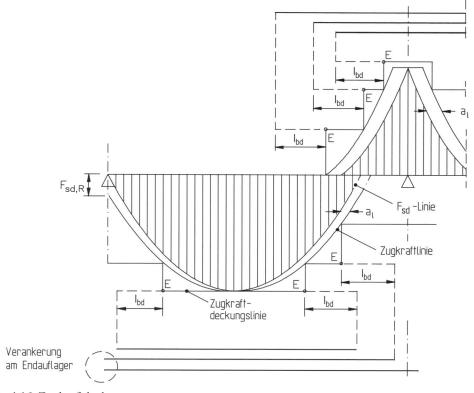

Abb. 4.16 Zugkraftdeckung

Bewehrung der Bauteile

Wird bei Plattenbalken ein Teil der Biegezugbewehrung außerhalb des Steges angeordnet (s. nachfolgend), muss das Versatzmaß a_1 um den Abstand x der Stäbe vom Stegrand vergrößert werden.

Verankerung am Endauflager

- Am frei drehbaren oder schwach eingespannten Endauflager muss eine Bewehrung zur Aufnahme der Randzugkraft

$$F_{sd,R} = V_{Ed} \cdot (a_1/z) + N_{Ed} \geq V_{Ed}/2 \tag{4.9}$$

ausreichend verankert sein.

- Bis zum Endauflager sind mindestens 25 % der Feldbewehrung zu führen und dort zu verankern.
- Erforderliche Verankerungslängen (s. Abb. 4.17):

  direkte Auflagerung $\quad l_{bd,dir} = 2/3 \cdot l_{bd} \geq 6{,}7\,d_s \tag{4.10a}$

  indirekte Auflagerung $\quad l_{b,ind} = 1{,}0 \cdot l_{bd} \geq 10\,d_s \tag{4.10b}$

Die Verankerung beginnt an der *Innen*kante des Auflagers. Die Bewehrung ist jedoch in allen Fällen mindestens über die rechnerische Auflagerlinie zu führen.

Verankerung am Zwischenauflager

- Es sind mindestens 25 % der Feldbewehrung über das Auflager zu führen (s. o.).
- Die erforderliche Bewehrung ist bei geraden Stabenden mindestens mit $6d_s$ bis hinter den Auflagerrand zu führen.
- Zur Aufnahme positiver Momente infolge außergewöhnlicher Beanspruchungen (Auflagersetzungen, Explosion u. a.) sollte die Bewehrung durchlaufend ausgeführt werden (ggf. kraftschlüssig gestoßen).

Verankerungen außerhalb von Auflagern

- Verankerungslänge der Biegezugbewehrung
  ab dem rechnerischen Endpunkt E: $\quad l \geq l_{bd} \tag{4.11}$
- Verankerungslängen von Schrägstäben zur Aufnahme von Schubkräften (vgl. EC2-1-1, 9.2.1.3(4)

  im Zugbereich $\quad l \geq 1{,}3 \cdot l_{bd} \tag{4.12a}$

  im Druckbereich $\quad l \geq 0{,}7 \cdot l_{bd} \tag{4.12b}$

Mindestbewehrung

Es gelten die Regelungen gemäß Abschnitt 4.1 (s. a. Band 1, Abschnitt 7.1.1).

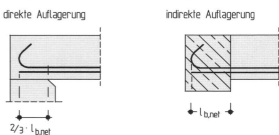

Abb. 4.17 Verankerungen am Endauflager

Balken

Konstruktive Einspannbewehrung

Zur Aufnahme einer rechnerisch nicht berücksichtigten Einspannung ist eine geeignete Bewehrung anzuordnen. Die Querschnitte der Endauflager sind dann für ein Stützmoment zu bemessen, das mindestens 25 % des benachbarten Feldmoments entspricht. Die Bewehrung muss, vom Auflageranschnitt gemessen, mindestens über $0{,}25\,l$ des Endfeldes eingelegt werden.

Ausgelagerte Bewehrung

Die Zugbewehrung sollte bei Plattenbalken- und bei Hohlkastenquerschnitten höchstens auf einer Breite bis zur halben rechnerischen Gurtbreite $b^{*}_{\text{eff},i} = 0{,}2\,b_i + 0{,}1\,l_0 < 0{,}2\,l_0$ (vgl. Abschn. 1.2.3) neben den Stegen angeordnet werden; die tatsächlich vorhandene Gurtbreite b_i darf dabei für die Bewehrungsverteilung ausgenutzt werden (s. Abb. 4.18).

Empfehlung:

Im Allg. sollte etwa die Hälfte der Biegezugbewehrung ausgelagert werden.

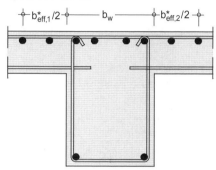

Abb. 4.18 Auslagerung der Biegezugbewehrung bei Plattenbalken

4.2.2 Querkraftbewehrung

Ausbildung der Schubbewehrung

Die Neigung der Schubbewehrung zur Bauteilachse sollte zwischen 45° und 90° liegen. Die Schubbewehrung kann aus einer Kombination folgender Bewehrungen bestehen (s. Abb. 4.19):

- Bügel, die die Längszugbewehrung und die Druckzone umfassen
- Schrägstäbe
- Schubzulagen als Körbe, Leitern usw., die die Längsbewehrung nicht umfassen, aber ausreichend im Zug- und Druckbereich verankert sind.

Mindestens 50 % der aufzunehmenden Querkraft müssen durch Bügel abgedeckt sein.

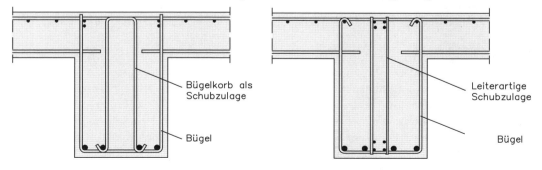

Abb. 4.19 Querkraftbewehrung in Plattenbalken

Bewehrung der Bauteile

Bei Plattenbalken dürfen die für die Querkrafttragfähigkeit erforderlichen Bügel im Bereich der Platte mit durchgehenden Querstäben geschlossen werden, wenn der Bemessungswert der Querkraft V_{Ed} höchstens 2/3 der maximalen Querkrafttragfähigkeit $V_{Rd,max}$ beträgt.

Bei feingliedrigen Bauteilen (z. B. I-, T- oder Hohlquerschnitten mit Stegbreiten $b_w \leq 80$ mm) dürfen einschnittige Querkraftzulagen auch allein als Querkraftbewehrung verwendet werden, wenn die Druckzone und die Biegezugbewehrung gesondert durch Bügel umschlossen sind.

Die Querkraftbewehrung ist längs der Bauteilachse so zu verteilen, dass an jeder Stelle die Bemessungsquerkraft abgedeckt ist (Schubkraftdeckung).

Mindestquerkraftbewehrung (vgl. a. Tafel 4.1)

Für balkenartige Tragwerke ist eine Mindestquerkraftbewehrung vorgeschrieben; es gilt:

$$\boxed{A_{sw}/s \geq \rho_w \cdot (b_w \cdot \sin \alpha)} \quad (4.13)$$

A_{sw}/s Querschnitt je Längeneinheit
ρ_w Mindestbewehrungsgrad nach Tafel 4.5
b_w maßgebende Stegbreite
α Neigungswinkel der Schubbewehrung

Tafel 4.5 Mindestschubbewehrungsgrad min ρ_w

f_{ck}	12	16	20	25	30	35	40	45	50	55	60	70	80	90	100
ρ_w(‰) *allgemein*[1]	0,51	0,61	0,70	0,83	0,93	1,02	1,12	1,21	1,31	1,34	1,41	1,47	1,54	1,60	1,66

[1] Bzgl. Sonderregelungen für Spannbeton (und Leichtbeton) wird auf EC2-1-1 verwiesen.

Tafel 4.6 Höchstabstände der Schubbewehrung

Schubbeanspruchung	Bügelabstände s_{max}				Schrägstäbe
	Längsabstand		Querabstand		Längsabstand (Querabstand s. Bügel)
	$\leq$ C50/60	> C50/60	$\leq$ C50/60	> C50/60	
$0 \leq V_{Ed}/V_{Rd,max} \leq 0,30$	$0,7h \leq 30$ cm	$0,7h \leq 20$ cm	$1,0h \leq 80$ cm	$1,0h \leq 60$ cm	$s_{max} \leq$ $0,5h(1+\cot\alpha)$
$0,30 < V_{Ed}/V_{Rd,max} \leq 0,60$	$0,5h \leq 30$ cm	$0,5h \leq 20$ cm	$1,0h \leq 60$ cm	$1,0h \leq 40$ cm	
$0,60 < V_{Ed}/V_{Rd,max} \leq 1,00$	$0,25h \leq 20$ cm	$0,25h \leq 20$ cm	$1,0h \leq 60$ cm	$1,0h \leq 40$ cm	

Begrenzung der Schubrissbreite

Die Begrenzung von Schubrissbreite gilt als erfüllt, wenn die Mindestschubbewehrung und der größte zulässige Längs- und Querabstand von Bügeln und Schrägstäben eingehalten sind.

Querkraftdeckung

Entlang der Bauteilachse ist die Querkraftbewehrung so anzuordnen, dass sie an jeder Stelle die Bemessungsquerkraft abdeckt. Bei Bauteilen des üblichen Hochbaus wird gelengentlich bei der Verteilung der Querkraftbewehrung die Linie der durch die Bewehrung aufzunehmenden Querkraft V_{Ed} eingeschnitten werden. Es muss jedoch gewährleistet sein, dass die Auftragsfläche mindestens gleich der Einschnittsfläche ist. Als größte Einschnitts- bzw. Auftragslänge ist dabei der Wert $d/2$ einzuhalten (vgl. Abbildung 4.20).

Für weitere Erläuterungen wird auf **Kap. 8, Projektbeispiele 4 und 5** verwiesen.

Balken

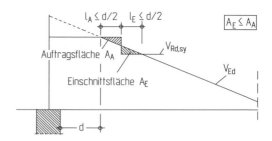

Abb. 4.20 Einschneiden der Querkraftlinie

4.2.3 Rahmentragwerke

Bei Rahmentragwerken ist die sorgfältige konstruktive Durchbildung der Rahmenecken von besonderer Bedeutung. Rahmenecken und -knoten werden im Abschn. 5.4 behandelt.

4.2.4 Torsionsbewehrung

Für die Ausbildung der Torsionsbewehrung gilt EC2-1-1, 9.2.3. Für die Torsionsbewehrung ist ein rechtwinkliges Bewehrungsnetz aus Bügeln und Längsstäben zu verwenden. Die Torsionsbügel sind zu schließen und durch Übergreifen zu verankern (vgl. Abb. 4.21b).

Für die Mindestbügelbewehrung gelten die im Abschnitt 4.2.2 angegebenen Mindestbewehrungsgrade. Die Bügelabstände $s_{bü}$ sollten das Maß $u_k/8$ nicht überschreiten (u_k Umfang des Kernquerschnitts); die Abstände nach Abschn. 4.2.2 sind zusätzlich zu beachten. Die Torsionslängsbewehrung sollte keinen größeren Abstand s_l als 35 cm haben, wobei in jeder Querschnittsecke mindestens ein Stab angeordnet werden sollte (s. Abb. 4.21a). Die Torsionslängsbewehrung ist an den Enden (Endquerträger, Wände o. Ä.) sorgfältig zu verankern, ggf. kommt eine schlaufenförmige Bewehrungsführung zur Verringerung der erforderlichen Verankerungslänge in Frage.

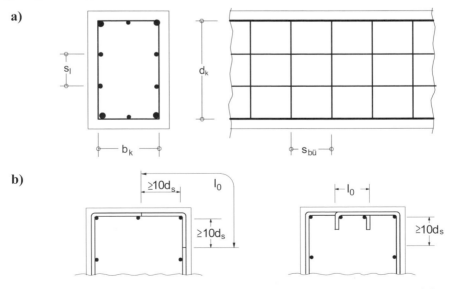

Abb. 4.21 Anordnung der Torsionsbewehrung; Abstände (a) und Schließen der Bügel (b)

4.3 Stützen, Wände

4.3.1 Stützen, Druckglieder

Die wichtigsten Konstruktionsregeln für Stützen sind nachfolgend stichpunktartig zusammengestellt (vgl. [Schneider – 10]).

Geltungsbereich: Verhältnis der größeren zur kleineren Querschnittsseite $b/h < 4$

Mindestabmessung: stehend hergestellte Ortbetonstützen h_{min} = 20 cm
liegend hergestellte Fertigteilstützen h_{min} = 12 cm

Längsbewehrung: Mindestdurchmesser $d_{s,l} \geq 12$ mm

Mindestbewehrung $A_{s,min} \geq 0{,}15 \cdot |N_{Ed}| / f_{yd}$ (4.14)

Höchstbewehrung $A_{s,max} \leq 0{,}09 \cdot A_c$ (auch im Bereich von Stößen)

(A_c Fläche des Betonquerschnitts; N_{Ed} Bemessungslängsdruckkraft)

Mindestanzahl polygonaler Querschnitt: 1 Stab je Ecke
Kreisquerschnitt: 6 Stäbe

Höchstabstand $s_l \leq 30$ cm
(bei $b \leq 40$ cm – mit $h \leq b$ – genügt 1 Stab je Ecke)

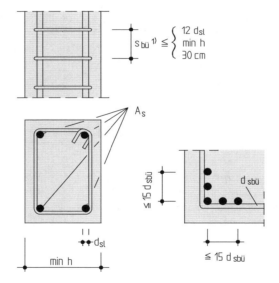

Abb. 4.22 Anordnung der Längs- und Bügelbewehrung in Stützen

---

[1] Der Bügelabstand ist mit 0,6 zu multiplizieren:
– unmittelbar unter und über Platten oder Balken auf einer Höhe gleich der größeren Stützenabmessung;
– bei Übergreifungsstößen der Längsbewehrung mit d_{sl}>14 mm (s. außerdem Abschn. 3.6).
Bei Richtungsänderung der Längsbewehrung (z. B. Änderung der Stützenabmessung) sollte der Abstand der Querbewehrung unter Berücksichtigung der Umlenkkräfte ermittelt werden.
Wenn im Bereich eines Übergreifungsstoßes im GZT überwiegend Biegebeanspruchung vorliegt, ist die Querbewehrung gem. Abschn. 3.6 anzuordnen.

Bügelbewehrung: Durch Bügel können max. 5 Stäbe in oder in der Nähe der Ecke (s. Skizze) gegen Ausknicken gesichert werden; für weitere Stäbe sind Zusatzbügel – mit höchstens doppeltem Abstand – erforderlich.
Bügel sind durch Haken[2)] zu schließen (s. Abb. 4.20).

$$\text{Durchmesser } d_{sbü} \geq \begin{cases} 6 \text{ mm (Stabstahl)} \\ 5 \text{ mm (Matte)} \\ d_{sl} / 4 \end{cases}$$

$$\text{Bügelabstand}^{1)} \; s_{bü} \leq \begin{cases} 12 \, d_{sl} \\ \min h \\ 30 \text{ cm} \end{cases}$$

Für $d_{sn} > 28$ mm s. EC2-1-1.

Beispiele einer Bewehrungsanordnung im Querschnitt für eine Bewehrungsführung ohne Zwischenbügel und mit Zwischenbügel zeigt Abb. 4.23.

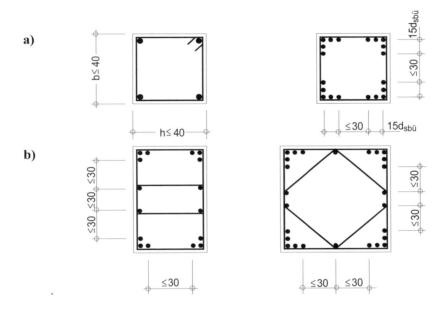

Abb. 4.23 Beispiele für die Anordnung der Längs- und Bügelbewehrung
 a) ohne Zwischenbügel
 b) mit Zwischenbügel

[1)] Siehe Seite vorher.
[2)] Statt zwei 150°-Haken sind zwei 135°-Haken akzeptabel (vgl. Ausl.[Ausl-DIN1045-1–08].
 Bei 90°-Winkelhaken ist mind. eine der nachfolgenden Maßnahmen zusätzlich zu ergreifen (Bügelschlösser sind längs der Stütze zu versetzen):
 – $\varnothing_{bü}$ um 2 mm vergrößern
 – $s_{bü}$ halbieren
 – Anordnung von angeschw. Querstäben (Bügelmatten)
 – Winkelhakenlänge $\geq 15 \, \varnothing$.

4.3.2 Wände

4.3.2.1 Stahlbetonwände

Nachfolgende Angaben gelten für Stahlbetonwände; für Wände aus Halbfertigteilen sind zusätzlich die jeweiligen Zulassungen zu beachten. Bei Wänden ist die waagerechte Länge größer als die 4fache Dicke, andernfalls s. Stützen.

Für die *Mindestwanddicken* gelten die Angaben in nachfolgender Tafel 4.7.

Tafel 4.7 Mindestwanddicke für tragende Wände

Betonfestigkeits-klasse	Herstellung	Mindestwanddicke (in cm) für Wände aus			
		unbewehrtem Beton		Stahlbeton	
		Decken über Wände		Decken über Wände	
		nicht durchlaufend	durchlaufend	nicht durchlaufend	durchlaufend
< C12/15	Ortbeton	20	14	-	-
≥ C16/20	Ortbeton	14	12	12	10
	Fertigteil	12	10	10	8

Bewehrung

Lotrechte Bewehrung   Mindestbewehrung
  i. Allg.: $\quad A_{s,min} \geq 0{,}0015 \cdot A_c$
  bei $|N_{Ed}| \geq 0{,}3 f_{cd} A_c$ u.
  bei schlanken Wänden: $\quad A_{s,min} \geq 0{,}0030 \cdot A_c$

  Höchstbewehrung: $\quad A_{s,max} \leq 0{,}04 \cdot A_c$
  (im Bereich von Übergreifungen ist der doppelte Wert zulässig)
  Die Bewehrung wird jeweils zur Hälfte auf beide Wandseiten verteilt (der Bewehrungsgehalt an beiden Wandseiten sollte etwa gleich groß sein).
  Stababstand: $\quad s \leq 30$ cm und $\leq 2\,h$ mit h als Wanddicke

Waagerechte Bewehrung   Mindestbewehrung
  i. Allg.: $\quad$ 20 % der lotr. Bewehrung
  bei $|N_{Ed}| \geq 0{,}3 f_{cd} A_c$ u.
  bei schlanken Wänden: $\quad$ 50 % der lotr. Bewehrung
  Stababstand: $\quad s \leq 35$ cm
  Stabdurchmesser: $\geq 1/4$ des Durchmessers der Längsbewehrung
  Anordnung: außen (zwischen lotr. Bew. u. Wandoberfläche)

S-Haken, Steckbügel, Bügelbewehrung Wenn die Querschnittsfläche der lastabtragenden lotrechten Bewehrung $0{,}02 \cdot A_c$ übersteigt, sollte sie nach Abschn. 4.3.1 verbügelt werden. Andernfalls gilt:
– Außen liegende Bewehrung ist durch 4 S-Haken je m² zu sichern (alternativ bei dicken Wänden durch Steckbügel, die mindestens mit $0{,}5\,l_b$ im Inneren der Wand zu verankern sind).

– Bei Tragstäben $d_s \leq 16$ mm und bei einer Betondeckung $\geq 2d_s$ sind keine Maßnahmen erforderlich (in diesem Fall und stets bei Betonstahlmatten dürfen die druckbeanspruchten Stäbe außen liegen).

An freien Rändern von Wänden mit $A_s \geq 0{,}003\,A_c$ sind die Eckstäbe durch Steckbügel zu sichern.

Weitere Erläuterungen und Details zur konstruktiven Durchbildung von Wänden sind im **Kap. 8, Projektbeispiel 6** enthalten

Besonderheiten bei vorgefertigten Wänden

Wand-Decken-Verbindungen:

Steht eine Wand auf einer Fuge zwischen zwei Deckenplatten oder auf einer in einen Außenwandknoten einbindenden Deckenplatte, dürfen nur 50 % des lastabtragenden Querschnitts der Wand als mittragend angesetzt werden. Der wirksame Querschnitt darf auf 60 % erhöht werden, wenn im anschließenden Wandfuß und Wandkopf angeordnet werden (s. Abb. 4.24)

– Bügel mit $a_{sbü} \geq b_w/8$ ($a_{sbü}$ in cm²/m, b_w in cm)
 und $s \leq b_w \leq 20$ cm
– Längsbewehrung mit $d_s \geq 6$ mm.

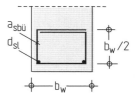

Abb. 4.24 Zusatzbewehrung

4.3.2.2 Sandwichplatten

Einflüsse aus Temperatur, Schwinden, Ermüdung usw. sind zu berücksichtigen. Für die Verbindung der einzelnen Schichten dürfen nur bauaufsichtlich zugelassene, korrosionsbeständige Werkstoffe verwendet werden. Die Bewehrung der *tragenden* Schicht sollte an beiden Seiten und in beiden Richtungen mindestens 1,3 cm²/m betragen, eine Randbewehrung ist i. Allg. nicht erforderlich. In der *nichttragenden* Schicht (Vorsatzschale) darf die Bewehrung einlagig angeordnet werden. Die Mindestdicke für Trag- und Vorsatzschicht beträgt 7 cm.

Bei Sandwichtafeln mit Fugenabdichtung sollte die Innenseite der Vorsatzschale und die gegenüberliegende Seite der Tragschicht im Bereich einer anliegenden geschlossenporigen Kerndämmung der Expositionsklasse XC 3 zugeordnet werden.

4.3.2.3 Unbewehrte Wände

Für die Mindestdicke von unbewehrten Wänden gilt Tafel 4.7.

Aussparungen, Schlitze, Durchbrüche und Hohlräume sind i. Allg. zu berücksichtigen. Ausgenommen hiervon sind lediglich lotrechte Schlitze mit einer Tiefe bis zu 30 mm, wenn die Tiefe höchstens 1/6 der Wanddicke, die Breite höchstens gleich der Wanddicke und der gegenseitige Abstand mindestens 2 m beträgt; die Wand muss dann außerdem mindestens 12 cm dick sein.

Bewehrung der Bauteile

4.4 Wandartige Träger

Die Berechnung erfolgt bevorzugt mit Stabwerkmodellen. Die Bewehrung ist sorgfältig außerhalb der Knotenpunkte zu verankern (durch Aufbiegungen, durch U-Bügel oder durch Ankerkörper, wenn eine ausreichende Verankerungslänge $l_{b,net}$ für gerade Stabenden nicht vorhanden ist).

Für die *Mindestdicken* gelten die Regelungen für Wände (s. Tafel 4.7). Als *Mindestbewehrung* ist an beiden Außenflächen ein rechtwinkliges Bewehrungsnetz vorzusehen, das je Außenfläche und Richtung den Wert a_s = 1,5 cm²/m bzw. 0,075 % des Betonquerschnitts A_c nicht unterschreiten darf. Die Maschenweite des Bewehrungsnetzes darf maximal gleich der doppelten Wanddicke und höchstens 30 cm sein.

Weitere Erläuterungen am Beispiel, es wird auf **Kap. 8, Projektbeispiel 7** verwiesen.

4.5 Fundamente

4.5.1 Bewehrte Einzelfundamente

In Fundamentplatten verlaufen die Hauptmomente in Stützennähe radial und tangential. Anstelle dieser Hauptmomente darf man jedoch näherungsweise die Momente M_x und M_y parallel zu den Kanten der Fundamentplatte berücksichtigen. Das größte Gesamtbiegemoment je Richtung einer Fundamentplatte mit rechteckigem Grundriss, die durch eine mittig und lotrecht angreifende Stützenlast beansprucht wird, beträgt unter der Annahme gleichmäßig verteilter Bodenpressungen (die nachfolgenden Gleichungen sind für die x-Richtung aufgestellt, für die y-Richtung gelten sie analog):

$$M_x = N \cdot \frac{b_x}{8} \tag{4.15}$$

Unter Berücksichtigung einer ggf. zulässigen Momentenausrundung (s. Abschn. 1.5) erhält man als

Ausgerundetes Moment

$$M_x' = N \cdot \frac{b_x}{8} \cdot \left(1 - \frac{c_x}{b_x}\right) \tag{4.16a}$$

*Anschnitts*moment

$$M_{x,I} = N \cdot \frac{b_x}{8} \cdot \left(1 - \frac{c_x}{b_x}\right)^2 \tag{4.16b}$$

Die Verteilung der Plattenmomente rechtwinklig zur betrachteten Richtung darf näherungsweise nach Abb. 4.25 erfolgen. Bei gedrungenen Fundamenten (etwa bei $c_y/b_y > 0{,}3$, $h/a > 1{,}0$) darf das Gesamtmoment gleichmäßig über die Breite verteilt werden.

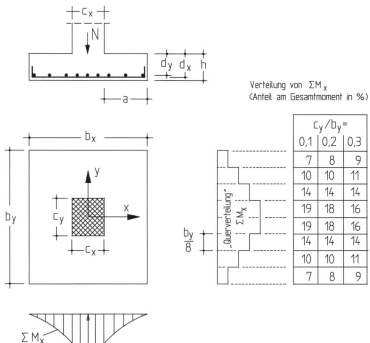

Abb. 4.25 Biegemomente in Fundamentplatte

Bewehrung der Bauteile

Wird durch die Stütze gleichzeitig ein Biegemoment eingeleitet bzw. ist die Stütze exzentrisch angeordnet, ist das Plattenmoment aus der trapez- oder dreieckförmig verteilten Bodenpressung zu berechnen.

Die Biegebewehrung sollte wegen der hohen Verbundspannungen ohne Abstufung bis zum Rand geführt werden und dort sorgfältig verankert werden (z. B. mit Haken), die Betondeckung sollte reichlich gewählt werden; ggf. ist ein Nachweis der Verbundspannungen erforderlich.

Wegen des Durchstanznachweises wird auf Band 1 verwiesen, ein ausführliches Beispiel mit weiteren Erläuterungen findet sich im **Kap. 8, Projektbeispiel 8**.

Köcherfundamente (vgl. EC2-1-1, 10.9.6)

Betonköcher müssen in der Lage sein, vertikale Lasten, Biegemomente und Horizontalkräfte aus den Stützen in den Baugrund zu übertragen. Der Köcher muss groß genug sein, um ein einwandfreies Verfüllen unter und seitlich der Stütze zu ermöglichen.

Köcher mit profilierter Oberfläche

Köcher mit Profilierung oder Verzahnung dürfen als monolithische Fundamente betrachtet werden. Für die Übergreifung von auf Zug beanspruchter Bewehrung ist der horizontale Abstand s zwischen dem Stab in der Stütze und dem senkrechten übergreifenden Stab im Köcher zu beachten. Die Übergreifungslänge ist mindestens um diesen Abstand zu vergrößern (s. Abb.), außerdem ist eine angemessene Horizontalbewehrung anzuordnen.

Ein Stabwerkmodell und Bemessungsbeispiel mit weiteren Erläuterungen findet sich z. B. in [DBV-BspHB – 11].

Der Nachweis auf Durchstanzen kann wie für eine monolithische Verbindung von Stütze und Fundament erfolgen (s. Band 1), wenn die Querkraftübertragung zwischen Stütze und Fundament gesichert ist. Andernfalls sollte die Bemessung auf Durchstanzen wie für Köcher mit glatter Oberfläche erfolgen.

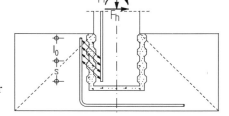

Abb. 4.26a Köcherfundamente – Köcher mit profilierter Oberfläche

Köcher mit glatter Oberfläche

Die Kräfte und das Moment werden durch Druckkräfte F_1 und F_2 und entsprechende Reibungskräfte übertragen; der Reibungsbeiwert sollte nicht größer als $\mu = 0{,}3$ gewählt werden. Das dargestellte Modell setzt voraus, dass $l \geq 1{,}2\,h$ ist. Besonders zu beachten ist

– die Bewehrung für F_1 an der Oberseite und die Kraftübertragung über die Seitenflächen
– die Verankerung der Hauptbewehrung in Stütze und Köcher
– die Querkrafttragfähigkeit der Stützenfüße
– die Durchstanztragfähigkeit der Bodenplatte.

Fundamente

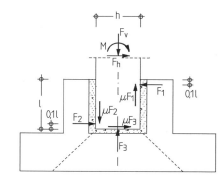

Abb. 4.26b Köcherfundamente – Köcher mit glatter Oberfläche

4.5.2 Unbewehrte Fundamente

Wenn bei unbewehrten Betonbauteilen die Zugfestigkeit des Betons berücksichtigt werden darf, müssen die Zugspannungen auf den Wert $f_{ctd,pl} = \alpha_{ct,pl} \cdot f_{ctk;0,05}/\gamma_C$ begrenzt werden; dabei gilt $\alpha_{ct,pl} = 0{,}7$.

Bei unbewehrten Betonfundamenten sind die Hautzugspannungen im Zustand I nachzuweisen. Die maßgebenden Betonzugspannungen können dabei beispielsweise mittels eines FE-Programms auf der Grundlage linear-elastischen Verhaltens berechnet werden. Nach EC2-1-1/NA, 12.9.3 darf jedoch als Bemessungswert der Zugfestigkeit $f_{ctd,pl} = f_{ctd} = \alpha_{ct} \cdot f_{ctk;0,05}/\gamma_C$ (mit $\alpha_{ct} = 0{,}85$) gewählt werden, da wegen der Boden-Bauwerk-Reaktion mit möglicher Umlagerung des Sohldrucks die Gefahr des spröden Versagens gering ist.

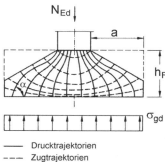

Abb. 4.27 Trajektorienverlauf in unbewehrten Fundamenten

—— Drucktrajektorien
--- Zugtrajektorien

Für eine Handrechnung kann eine Dimensionierung mit EC2-1-1, Gl. (12.13) erfolgen; danach ist die Auskragung a bzw. das Verhältnis h_F/a zu begrenzen auf

$$\frac{h_F}{a} \geq \frac{1}{0{,}85} \cdot \sqrt{\frac{3\sigma_{gd}}{f_{ctd}}} \geq 1 \qquad (4.17)$$

mit σ_{gd} Sohlnormalspannung im Grenzzustand der Tragfähigkeit
f_{ctd} Bemessungswert der Betonzugfestigkeit ($f_{ctd} = \alpha_{ct} \cdot f_{ctk;0,05}/\gamma_C$; s. a. Band 1).

Gleichung (4.17) lässt sich aus der elastischen Biegetheorie unter Annahme einer linearen Spannungsverteilung herleiten; mit dem Biegemoment $M = \sigma_{gd} \cdot a^2/2$ und dem Widerstandsmoment $W_c = h_f^2/6$ (vgl. Abb. 4.27) erhält man die Biegezugspannung

Bewehrung der Bauteile

$$\sigma_{ct} = \frac{M}{W_c} = 3 \cdot \sigma_{gd} \frac{a^2}{h_F^2} \leq f_{ctd} \qquad (4.18a)$$

und daraus

$$\frac{h_f^2}{a^2} \geq 3 \cdot \frac{\sigma_{gd}}{f_{ctd}} \qquad (4.18b)$$

Bei unbewehrten Fundamenten ist jedoch wegen der nur kurzen Auskragung die Annahme einer linearen Spannungverteilung, wie sie in Gl. (4.18a) und (4.18b) vorausgesetzt ist, nicht korrekt, da kein Balken-, sondern ein Scheibenproblem mit entsprechender nichtlinearer Spannungsverteilung vorliegt. Zur Korrektur wird Gl. (4.18b) daher pauschal mit einem Vorfaktor 0,85 versehen. Damit ergibt sich dann die in Gl. (4.17) dargestellte Beziehung.

Zusätzlich sollte die Lastausstrahlung auf $\tan \alpha = h_F/a \geq 1{,}0$ begrenzt werden.

Die Bedingungen von Gl. (4.17) sind in Abb. 4.28 dargestellt. Wie zu sehen ist, können danach Streifenfundamente mit $h_F/a \geq 2$ ohne weiteren Nachweis stets unbewehrt ausgeführt werden.

Hinzuweisen ist darauf, dass unbewehrter Beton rechnerisch nur bis zu einer Festigkeit eines C35/45 berücksichtigt werden darf.

In DIN 1045, Ausg. 1988, wurden für Streifenfundamente die Betonzugspannungen ebenfalls durch das zulässige Verhältnis von Höhe h_F zur Auskragung a begrenzt. Die dort angegebenen Werte führen zu ähnlichen Ergebnissen (vgl. auch [Schmitz/Goris – 05]).

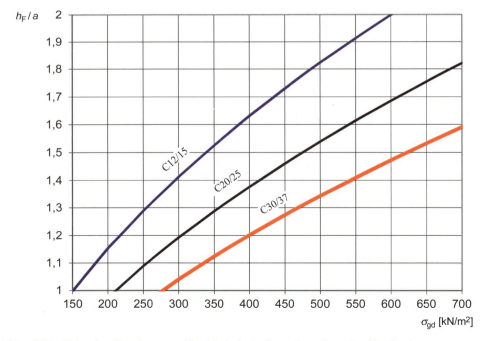

Abb. 4.28 Zulässige Fundamentschlankheit h_F/a für unbewehrte Streifenfundamente

Fundamente

Werden *Einzelfundamente* unbewehrt ausgeführt, ist die Momentenkonzentration unter der Stütze zusätzlich zu beachten. Wie Abb. 4.25 zu entnehmen ist, können dabei je nach Verhältnis c/b zur Fundamentmitte hin die Momente um bis zu 50 % größer werden als bei Streifenfundamenten. Der Zahlenwert 3 in Gl. (4.17) ist ggf. im Verhältnis vom Verteilungswert gemäß Abb. 4.25 zum Mittelwert 12,5 % zu erhöhen.

Beispiel 1

Gegeben sei ein *Streifenfundament* mit Belastung aus Eigenlasten N_{Gk} und Verkehrslasten N_{Qk} (s. Abb. 4.29). Zur Erfüllung der bodenmechanischen Nachweise wurde eine Fundamentbreite $b_F = 0{,}90$ m festgelegt. Gesucht ist die Fundamenthöhe h_F.

Baustoffe:	Beton C12/15
Bodenpressungen:	$\sigma_{gd} = N_{Ed}/b_F = (1{,}35 \cdot 150 + 1{,}50 \cdot 100)/0{,}90 = 392$ kN/m²
	→ $(h_F/a)_{req} \geq 1{,}62$ (aus Abb. 4.28 für $\sigma_{gd} = 392$ kN/m² und C12/15)
	$h_{F,req} \geq 1{,}62 \cdot a = 1{,}62 \cdot (0{,}90-0{,}24)/2 = 0{,}53$ m
gew.: $h_F = 0{,}55$ m	(Hinweis: frostfreie Gründung ist ggf. zusätzlich zu beachten.)

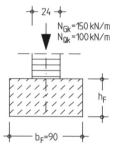

Abb. 4.29 Fundamentabmessungen

Beispiel 2

Gegeben ist ein *Einzelfundament* mit $b_x = b_y = 0{,}90$ m (Grundriss) und $c_x = c_y = 0{,}24$ m (Stütze), Belastung aus Eigenlasten $N_{Gk} = 150$ kN und Verkehrslasten $N_{Qk} = 100$ kN. Gesucht ist die Fundamenthöhe h_F.

Baustoffe:	Beton C12/15 mit $f_{ctd} = 0{,}85 \cdot 1{,}1 / 1{,}5 = 0{,}61$ MN/m²
Bodenpressungen:	$\sigma_{gd} = N_{Ed}/(b_x \cdot b_x) = (1{,}35 \cdot 150 + 1{,}50 \cdot 100)/(0{,}90 \cdot 0{,}90) = 435$ kN/m²
M.-Konzentration	Mit $c/b = 0{,}24/0{,}90 = 0{,}27$ beträgt der Verteilungswert in Fundamentmitte gem. Abb. 4.26 ca. 17 %, d. h. für die Momentenkonzentration unter der Stütze ist ein Erhöhungsfaktor von 17/12,5 = 1,36 zu berücksichtigen.
Fundamentdicke	$\dfrac{h_F}{a} \geq \dfrac{1}{0{,}85} \cdot \sqrt{\dfrac{1{,}36 \cdot 3 \cdot 0{,}435}{0{,}61}} = 2{,}0$
	$h_{F,req} \geq 2{,}0 \cdot a = 2{,}0 \cdot (0{,}90-0{,}24)/2 = 0{,}66$ m
gew.: $h_F = 0{,}70$ m	(Frostfreie Gründung ggf. zusätzlich beachten.)

4.6 Besondere Bauweisen und Nachweisverfahren

4.6.1 Allgemeines

In den vorhergehenden Abschnitten wurde die Bemessung und Konstruktion getrennt nach Beanspruchungsart und Bauteil – Platte, Balken, Stütze, Wand ... – dargestellt. Dabei wurden insbesondere die Regelungen gezeigt, wie sie nach EC2-1-1 gelten. Für einige Tragwerke sind diese Regelungen jedoch nicht ausreichend, es sind zusätzliche und ergänzende Regelungen zu beachten. Hierzu gehören beispielsweise Straßenbrücken und Industriebauwerke.

Für bestimmte Bauweisen gelten zusätzliche Richtlinien und Vorschriften, die zu beachten sind. Beispielhaft sollen nachfolgend einige Aspekte der Bauweise „Weiße Wanne" dargestellt werden, die in den letzten Jahren zunehmend an Bedeutung gewonnen hat und heute vielfach ausgeführt wird. Dabei werden schwerpunktmäßig Fragen der Anforderung an die Bemessung – insbesondere der Rissbreitenbegrenzung – angesprochen. Weitergehende Fragen, wie die Betontechnologie, Verarbeitung und Nachbehandlung des Betons, Fugenabdichtungen werden nur am Rand angesprochen. Hierzu wird auf weiterführende Literatur verwiesen (insbesondere z. B. [Lohmeyer/Ebeling – 04]).

Die Tragfähigkeitsnachweise müssen zudem in bestimmten Fällen um weitere Nachweise ergänzt werden. Hierfür wird beispielhaft im Kap. 5 eine kurze Einführung zur Brandbemessung bei Stahlbetontragwerken wiedergegeben, die insbesondere bei Stützen bemessungsrelevant werden kann.

4.6.2 Wasserundurchlässige Betonbauwerke

4.6.2.1 Grundsätzliches

Wasserundurchlässige Bauwerke aus Beton stellen eine Bauweise dar, um im Grund- und Sickerwasserbereich *ohne* zusätzliche Abdichtung trockene Innenräume zu erhalten, sie werden auch als „Weiße Wannen" bezeichnet. (Im Gegensatz dazu steht die sog. „Schwarze Wanne", bei der hautförmige Abdichtungen aus Teer oder bituminösen Stoffen verwendet werden.)

Bei weißen Wannen ist der Stahlbeton nach besonderen Anforderungen zu konstruieren, berechnen und auszuführen. Die Qualität als wasserundurchlässiges Bauwerk lässt sich nur erreichen, wenn alle am Objekt Beteiligten (Bauherr – Planer – Sachverständiger – Baufirma) bei den einzelnen Planungs- und Ausführungsschritten einbezogen werden. Der Bauherr bzw. die Nutzer sollten sich darüber im Klaren sein, dass ein wasserundurchlässiger Beton nicht absolut „wasserdicht" ausgelegt werden kann, d. h. dass durch raumklimatische Maßnahmen ein möglicher Feuchtetransport kompensiert werden muss [Timm – 04].

An einen WU-Beton sind besondere Anforderungen zu stellen; der Beton muss einen wesentlich kleineren Durchlässigkeitsbeiwert bzw. einen hohen Wassereindringwiderstand aufweisen. Die Richtlinie des Deutschen Ausschusses für Stahlbeton „Wasserundurchlässige Betonbauwerke" [DAfStb-Ri-WU – 03] ist zu beachten. Allerdings kann auch bei konsequenter Einhaltung der Richtlinie aus der Feuchtediffusion durch den Beton bei drückendem Außenwasser eine „staub"trockene Innenwand nicht erreicht werden, da im Gegensatz z. B. zur Schwarzabdichtung die Wasserzufuhr von außen nicht vollständig unterbunden wird.

Die Anwendungsbereiche von WU-Konstruktionen sind vorwiegend:
- teilweise oder vollständig ins Erdreich eingebettete Bauwerke
- Becken und Behälter
- Stützbauwerke
- unterirdische Ingenieurbauwerke.

nicht jedoch oder nur sehr eingeschränkt bei
- Konstruktionen im Bereich des Brücken- und Tunnelbaus
- Dachkonstruktionen, wenn darunterliegende Räume erhöhte Nutzungsanforderungen (z. B. Wohnen) haben.

4.6.2.2 Anforderungen an den Entwurf

In Abhängigkeit von der Feuchtebeaufschlagung oder des Wasserdrucks auf die Bauteile sind zwei Beanspruchungsklassen festgelegt. Die Zuordnung eines Bauteils zu diesen Beanspruchungsklassen erfolgt i.d.R. durch den Planer und/oder den Bodengutachter.

- Beanspruchungsklasse 1
  - Drückendes und nicht drückendes Wasser
  - Zeitweise aufstauendes Sickerwasser
- Beanspruchungsklasse 2
  - Bodenfeuchte
  - Nicht stauendes Sickerwasser

Die Abgrenzung zwischen aufstauendem und nicht aufstauendem Sickerwasser lässt sich in Abhängigkeit von der Durchlässigkeit des Bodens definieren, Tafel 4.8 zeigt den Zusammenhang. Hieraus werden die bauwerksspezifischen Anforderungen formuliert wie Betonzusammensetzung (ggf. unter Berücksichtigung der Aggressivität des Grundwassers), Bauteilabmessungen (Tafel 4.9), Nachweiskonzept (Tafel 4.10) u.a.m.

Tafel 4.8 Beanspruchungsklassen (nach [Timm – 04])

Kapillarwasser Haftwasser Sickerwasser	stark durchlässiger Boden ($k \geq 10^{-4}$ m/s) →	Klasse 2
	wenig durchlässiger Boden ($k < 10^{-4}$ m/s) mit Dränung → ohne Dränung →	Klasse 1
Grundwasser oder Hochwasser	jede Bodenart	Klasse 1

Tafel 4.9 Mindestdicken in mm gem. [DAfStb-Ri-WU – 03]
(Werte in Klammern empfohlene Mindestdicke nach [Timm – 04])

Bauteil	Beanspruchungs-klasse	Ortbeton	Ausführungsart Elementwände	Fertigteil
Wände	1	240 (250)	240 (300)	200
	2	200	240 (250)	100
Bodenplatte	1	250		200
	2	150 (200)		100

Bewehrung der Bauteile

Die geforderten rechnerischen Nachweise sind u.a. in Abhängigkeit von der Nutzung der Gebäude festgelegt. In der [DAfStb-Ri-WU – 03] sind zwei Nutzungsklassen definiert:

- Nutzungsklasse A
  - Feuchtetransport in flüssiger Form nicht zulässig
  - Keine Feuchtstellen auf der Bauteiloberfläche
  - Für ein trockenes Raumklima sind zusätzliche Maßnahmen vorzusehen
- Nutzungsklasse B
  - Begrenzte Wasserdurchlässigkeit zulässig
  - Feuchtstellen auf der Bauteiloberfläche zulässig
  - Feuchtebedingte Dunkelfärbung
  - Bildung von Wasserperlen

Zur Erfüllung der Anforderungen der Nutzungsklassen und in Abhängigkeit von den Beanspruchungsklassen sind die in Tafel 4.10 angegebenen Anforderungen einzuhalten.

Die Begrenzung der Biege- und Trennrissbreiten ist für alle Nutzungs- und Beanspruchungsklassen generell nachzuweisen. Nach [DAfStb-Ri-WU – 03] sind die in Tafel 4.10 angegebenen Werte w_{zul} einzuhalten; hierfür gilt je nach Druckgefälle h_w/h_b (h_w = Druckhöhe des Wassers; h_b = Bauteildicke):

$0 < h_w/h_b \leq 10$: $w_{zul} = 0{,}20$ mm (4.19a)
$10 < h_w/h_b \leq 15$: $w_{zul} = 0{,}15$ mm (4.19b)
$15 < h_w/h_b \leq 25$: $w_{zul} = 0{,}10$ mm (4.19c)

In diesen Fällen kann davon ausgegangen werden, dass ein anfänglicher Wasserdurchtritt mit der Zeit durch Selbstheilung*) der Risse stark reduziert wird, eine Durchfeuchtung ist jedoch nicht ausgeschlossen.

---

*) Bei angreifenden Wässern mit >40 mg/l CO_2 und pH < 5,5 darf keine Selbstheilung angenommen werden.

Tafel 4.10 Nachweiskonzept gem. [DAfStb-Ri-WU – 03] (nach [Timm – 04])

Beanspruchungs-klasse	Nutzungsklasse A			Nutzungsklasse B
1	Nachweis der Druckzonenhöhe $x \geq 30$ mm und $x \geq 1{,}5 \cdot D_{max}$*)	oder	Begrenzung der Biegerissbreite $w_{cal} \leq w_{zul}$ nach Gl. (4.19)	Begrenzung der Trennrissbreite $w_{cal} \leq w_{zul}$ nach Gl. (4.19)
	und			
	Vermeidung von Trennrissen z. B. durch abgedichtete Sollrissfugen	oder	Begrenzung der Trennrissbreite $w_{cal} \leq w_{zul}$ nach Gl. (4.19) **nur mit** raumklimatischen und bauphysikalischen Maßnahmen	
2	Begrenzung der Trennrissbreite: Wände $w_{cal} \leq 0{,}20$ mm Bodenplatten $w_{cal} \leq w$ nach DIN 1045-1, 11.2.1			
Sollriss-querschnitt	Fugenabdichtung erforderlich			Begrenzung der Trennrissbreite

*) D_{max}: Größtdurchmesser der Gesteinskörnung

4.6.2.3 Berechnung und Bemessung

- **Einwirkungen**

Für die *direkten Einwirkungen aus Lasten* gelten die Lastannahmen nach EC1 u.a.

Indirekte lastunabhängige Einwirkungen sind Dehnungen, die entstehen infolge:
- Temperatureinwirkungen (gleichmäßig oder ungleichmäßig verteilt), bedingt durch
  - Hydratationswärmeentwicklung des erhärtenden Betons
  - Witterungseinflüsse (Sonneneinstrahlungen u.a.m.) im Bauzustand und während der Nutzung (betriebliche Temperaturbedingungen)
- Schwinden und Quellen des Betons
- ungleichen Setzungen des Baugrundes.

Die maßgebende indirekte Einwirkung in der Erhärtungsphase des Betons ist die Hydratationswärme, die von der Zementart und -menge, der Frischbetontemperatur, der Bauteilgeometrie und der Ausführung abhängt.

- **Zwang**

Teilweise oder vollständig behinderte Verformungen aus den Dehnungen infolge von indirekten Einwirkungen erzeugen Zwangschnittgrößen. Der Grad der Verformungsbehinderung ist abhängig von den Lagerungsbedingungen als Ganzes und der einzelnen Bauteile. Da die Verformungen sich zeitabhängig entwickeln, sind die Zwangschnittgrößen ebenfalls zeitabhängig.

Eine genauere Ermittlung der Zwangschnittgrößen ist nur mit aufwändigen Rechenverfahren möglich. Wenn nicht genauer verfahren werden soll, können die Zwangschnittgrößen durch auf der sicheren Seite liegende Annahmen für die Lagerungsbedingungen (z. B. volle Dehnungsbehinderung) und/oder für die indirekten Einwirkungen (z. B. in einer Größe, die zur Rissbildung führt) abgeschätzt werden, ggf. mit zusätzlichen konstruktiven Maßnahmen (zwangmindernde Lagerungsbedingungen, Festlegung von Sollrissquerschnitten in geeigneten Abständen ...) oder ausführungstechnischen Maßnahmen.

Zwang im frühen Betonalter aus der Hydratationswärme braucht i.d.R. nicht mit dem aus Schwinden überlagert zu werden (Ausnahme: Schrumpfdehnungen bei hohen Betondruckfestigkeiten ab C40/50 oder Trocknungsschwinddehnung bei geringen Bauteildicken (< 15 cm) und niedriger Umgebungsfeuchte (RH < 50 %)).

Bei Zwang aus Witterungseinflüssen und aus der Nutzung sind die Temperaturunterschiede maßgebend.

Bei Zwang infolge behinderter Schwinddehnung sind die zugehörigen Dehnungsanteile entsprechend ihrem zeitlichen Verlauf zu ermitteln. Die Schwinddehnung setzt sich zusammen aus der von den Betoneigenschaften abhängigen Schrumpfdehnung mit einem schnellen zeitlichen Ablauf und der Trocknungsschwinddehnung, die neben den Betoneigenschaften von der Umgebungsfeuchte und der Bauteildicke abhängt (DIN 1045-1, Abschnitt 9.1.4) und sich über einen sehr langen Zeitraum erstrecken kann.

- **Nachweise**

Wasserundurchlässige Bauwerke aus Beton sind entsprechend dem Nachweiskonzept von EC2-1-1 zu bemessen und zwar in den Grenzzuständen der *Tragfähigkeit* (Biegung mit Längskraft, Querkraft ...) und der *Gebrauchstauglichkeit* (Nachweis von Spannungen, Begrenzung der Rissbreite und Verformungsbegrenzungen). Die *Dauerhaftigkeit* ist durch eine entsprechende Wahl des Betons, durch eine angemessene Betondeckung der Bewehrung u.a. sicherzustellen. Wichtig erscheint in diesem Zusammenhang auch der Hinweis, dass ggf. die *Auftriebssicherheit* entsprechend dem Nachweiskonzept von EC0 nachzuweisen ist.

Von besonderer Bedeutung sind insbes. die Nachweise zur Wasserundurchlässigkeit. Dieser Nachweis ist ein zusätzlicher Gebrauchstauglichkeitsnachweis im Sinne von EC2-1-1. Es können folgende Grundsätze genannt werden, die sich auf eine Trennrissbildung beziehen:

– Vermeidung von Trennrissen durch Festlegung von konstruktiven, betontechnologischen und ausführungstechnischen Maßnahmen (siehe z. B. [Rostasy-et-at – 02]);
– Begrenzung der Trennrissbreite unter Ausnutzung der Selbstheilung der Risse (ohne zusätzliche Maßnahmen nur für Nutzungsklasse B).

Auch ein nachträgliches Abdichten von Rissen (Verpressen) kann Entwurfskonzept sein, Mindestforderungen von EC2-1-1 zur Rissbreitenbegrenzung sind jedoch immer zu erfüllen.

- **Begrenzung der Rissbreiten**

Für die Nachweise zur Begrenzung der Rissbreite gilt EC2-1-1, Abschnitt 7.3. Danach sind die Rissbreiten so zu beschränken, dass die ordnungsgemäße Nutzung des Tragwerks, das Erscheinungsbild und die Dauerhaftigkeit als Folge von Rissen nicht beeinträchtigt wird. Die Begrenzung der Rissbreite umfasst den Nachweis der Mindestbewehrung nach EC2-1-1, Abschn. 7.3.2 und den Nachweis der Begrenzung der Rissbreite unter der maßgebenden Einwirkungskombination nach EC2-1-1, 7.3.3 bzw. 7.3.4 (vgl. hierzu Band 1, Abschn. 6.3).

Für WU-Bauwerke gelten jedoch strengere Anforderungen, die insbesondere folgende Regelungen betreffen:

– die Rissbreite ist für den häufigen Lastanteil nachzuweisen
– für die zulässige Rissbreite gelten die zuvor genannten Werte (s. Tafel 4.10).

Die Ermittlung der Mindestbewehrung erfolgt nach EC2-1-1, Abschn. 7.3.2. Die Begrenzung der Rissbreite kann ohne direkte Berechnung durch Einhaltung von Konstruktionsregeln gem. EC2-1-1, 7.3.2 und 7.3.3 erfolgen. Die Hintergründe sind ausführlich im Band 1, Abschn. 6.3 erläutert. Allerdings sind die Konstruktionsregeln – Grenzdurchmesser d_s – um die Angabe für Rissbreiten < 0,2 mm zu erweitern.

Bei Betonbauwerken werden jedoch zur Erzielung einer Wasserundurchlässigkeit zum Teil hohe Bewehrungsgrade erforderlich. Für eine wirtschaftlich vertretbare und konstruktiv sinnvolle Bewehrung kommen daher häufig erweiterte Berechnungsmethoden zum Einsatz, die im Band 1, Abschn. 6.3 erläutert sind.

An dieser Stelle ist jedoch deutlich darauf hinzuweisen, dass wegen vielfältiger streuender Größen größerer Risse als rechnerisch ermittelt nicht auszuschließen sind. Auch sinkt die Aussagewahrscheinlichkeit mit zunehmenden Anforderungen (für w_k = 0,4 mm beträgt der Quantilwert ca. 95 %, für w_k = 0,1 mm jedoch nur noch 70 %)!

4.6.2.4 Beispiele

Beispiel 1: Deckenplatte über einer Tiefgarage; nicht drückendes Wasser

Für die Decke einer Tiefgarage mit einer Bauhöhe $h = 24$ cm soll der Nachweis der Wasserundurchlässigkeit geführt werden. Es wird unterstellt, dass kein zentrischer Zwang vorliegt und Biegezwang nicht maßgebend wird.

Baustoffe: Beton C30/37; Betonstahl B500
Expositionsklasse: XC3
Betondeckung: $c_{nom} = 3{,}5$ cm
Zulässige Rissbreite: $w_{zul} = 0{,}2$ mm (Annahme: kein drückendes Wasser)

Beanspruchung

Lastschnittgrößen (charakteristische Werte):
$M_{gk} = 40$ kNm/m
$M_{qk} = 20$ kNm/m (Annahme; $\psi_0/\psi_1/\psi_2 = 0{,}7 / 0{,}5 / 0{,}3$)

Bemessung im Grenzzustand der Tragfähigkeit

$b/h/d = 100/24/20$ cm
$M_{Ed} = 1{,}35 \cdot 40 + 1{,}50 \cdot 20 = 84$ kNm/m
$\mu_{Eds} = 0{,}084 / (1{,}0 \cdot 0{,}20^2 \cdot 17{,}0) = 0{,}124 \quad \rightarrow \quad \omega = 0{,}133$
$A_s = 0{,}133 \cdot 1{,}0 \cdot 0{,}20 \cdot 17/435 \cdot 10^4 = 10{,}4$ cm²/m
gew.: $\varnothing\, 12 - 10$ (= 11,3 cm²/m)

Grenzzustand der Gebrauchstauglichkeit – Nachweis der Wasserundurchlässigkeit

– Nachweis der Druckzonenhöhe
   vorh. Druckzonenhöhe: $\xi = 0{,}165$ (näherungsweise aus Biegebemessung)
   $x = 0{,}165 \cdot 200 = 33$ mm
   erf. Druckzonenhöhe: $x = 1{,}5\, D_{max} = 1{,}5 \cdot 32 = 48$ mm (für Körnung $D_{max} = 32$ mm)
   $\rightarrow$ Nachweis nicht erfüllt!

– Nachweis der Rissbreite
   $M_{E,frequ} = 40 + 0{,}5 \cdot 20 = 50{,}0$ kNm   (Nachweis für die *häufige* Last)
   $\sigma_{s1} = 0{,}050/(1{,}00 \cdot 0{,}9 \cdot 0{,}20 \cdot 0{,}00113) = 246$ MN/m²   ($z \approx 0{,}9\,d$)

   $$d_s \leq d_{s,lim} = d_s^* \cdot \frac{\sigma_s \cdot A_s}{4 \cdot (h-d) \cdot b \cdot f_{ct0}} \geq d_s^* \cdot \frac{f_{ct,eff}}{f_{ct0}}$$

   $d_s^* = 12$ mm   (s. Tafel 6.8a im Band 1)
   $f_{ct,eff} = 2{,}9$ MN/m²   (C30/37 und $f_{ct,eff} = f_{ctm}$)
   $d_{s,lim} = 12 \cdot \dfrac{246 \cdot 0{,}00113}{4 \cdot (0{,}24 - 0{,}20) \cdot 1{,}00 \cdot 2{,}9} = 7{,}2$ mm $< 12 \cdot \dfrac{2{,}9}{2{,}9} = 12{,}0$ mm

   $d_s = 12$ mm $< d_{s,lim} = 12$ mm
   $\rightarrow$ Nachweis erfüllt.

Der Nachweis ist durch Einhaltung der zweiten Bedingung (Rissbreite) damit erfüllt.

Bewehrung der Bauteile

Beispiel 2: Bodenplatte (vgl. a. [Lohmeyer/Ebeling – 04])
Eine Bodenplatte auf PE-Folien der Betonfestigkeitsklasse C25/30 mit einer Dicke $h = 0{,}30$ m und mit Abmessungen in Längs- und Querrichtung von $l_x = 40$ m und $l_y = 20$ m soll für Zwang im frühen Betonalter bemessen werden.

Expositionsklasse: XC 2 und XA 1
Betondeckung: $c_{nom} = 3{,}5$ cm
Bemessungswasserstand: $h_w = 1{,}50$ m über UK Sohlplatte
Zulässige Rissbreite: Druckgefälle $h_w/h = 1{,}50/0{,}30 = 5{,}0 < 10$
                               $\rightarrow w_{zul} = 0{,}20$ mm (s. Abschn. 4.6.2.2, Gl. (4.19a))

Lastbeanspruchung

Aus einer hier nicht gezeigten Bemessung für die Lastbeanspruchung (Endzustand) sind oben und unten durchgehend mindestens Matten Q 524A vorhanden und damit je Richtung:

    vorh $A_{sx} = 2 \cdot 5{,}24 = 10{,}48$ cm²/m
    vorh $A_{sy} = 2 \cdot 5{,}24 = 10{,}48$ cm²/m

Zwangbeanspruchung; Fall 1: Verformungsbehinderung durch Reibung

Der Nachweis erfolgt für eine Zwangbeanspruchung[1] im frühen Betonalter aus Abfließen der Hydratationswärme, die während der Bauphase auftreten kann. Ein später auftretender Zwang (Setzungen u.a.) ist gesondert zu erfassen.

- Zugkraft F_{ct}
  Infolge Verformungsbehinderung durch Reibung (Annahme: $\mu = 0{,}8$; zusätzlich zu der Eigenlast wird eine Last – Baumaterialien – von $1{,}0$ kN/m² berücksichtigt) erhält man
  $F_{ct,x} = \mu \cdot \sigma_0 \cdot l_x / 2 = 0{,}8 \cdot (0{,}30 \cdot 25 + 1{,}0) \cdot 40{,}0 / 2 = 136$ kN/m $= 0{,}136$ MN/m
  $F_{ct,y} = \mu \cdot \sigma_0 \cdot l_x / 2 = 0{,}8 \cdot (0{,}30 \cdot 25 + 1{,}0) \cdot 20{,}0 / 2 = 68$ kN/m $= 0{,}068$ MN/m

- Rissschnittgröße F_{cr}
  Risskraft des Gesamtquerschnitts mit $k_c = 1{,}0$ (zentrischer Zwang), $k = 1{,}0$ (sichere Seite) und mit $f_{ct,eff} = 0{,}5 \cdot f_{ctm} = 0{,}5 \cdot 2{,}6 = 1{,}3$ MN/m²:
  $F_{cr,ges} = k_c \cdot k \cdot f_{ct,eff} \cdot A_{ct} = 1{,}0 \cdot 1{,}0 \cdot 1{,}3 \cdot 0{,}30 \cdot 1{,}00 = 0{,}390$ MN/m
  Die Risskraft der wirksamen Zugzone ergibt sich zu (vereinfachend nur für *x*-Richtung)
  $F_{cr,eff} = A_{cx,eff} \cdot f_{ct,eff} = 2 \cdot 0{,}110 \cdot 1{,}3 = 0{,}286$ MN/m ($A_{cx,eff}$ s. nachfolgend)

Die in der Bodenplatte auftretende Zugkraft ist kleiner als die Risskraft, so dass aus der Hydratationswärme in der Bodenplatte keine Risse zu erwarten sind. Die Mindestbewehrung ist dann für die *nachgewiesene Zwangschnittgröße* zu ermitteln (EC2-1-1, 7.3.2).

- Mindestbewehrung $A_{s,min}$
  $A_{sx,min} = F_{ct,x} / \sigma_s = 0{,}136 \cdot 10^4 / 400 = 3{,}40$ cm²/m $< A_{sx,vorh}$
  $A_{sy,min} = F_{ct,x} / \sigma_s = 0{,}068 \cdot 10^4 / 400 = 1{,}70$ cm²/m $< A_{sy,vorh}$ | $\sigma_{s,gew} = 400$ N/mm²

- Rissbreitenbegrenzung
  Die bisherige Berechnung hat gezeigt, dass die vorhandene Bewehrung in der Lage ist, die nachgewiesene Zwangschnittgröße aufzunehmen. Es ist dann noch zu berechnen, dass mit der vorhandenen Bewehrung die zulässige Rissbreite (hier: $w_{zul} = 0{,}20$ mm)

---

[1] Das aus dem Versatz zwischen Reibungskraft und Schwerachse der Bodenplatte entstehende Moment wird nachfolgend vereinfachend vernachlässigt.

nicht überschritten wird. Der Nachweis erfolgt nachfolgend nur für die x-Richtung (y-Richtung analog).

$w_k = s_{r,max} \cdot (\varepsilon_{sm} - \varepsilon_{cm})$

– Rissabstand $s_{r,max}$

$$s_{r,max} = \frac{d_s}{3{,}6 \cdot \rho_{eff}} \leq \frac{\sigma_s \cdot d_s}{3{,}6 \cdot f_{ct,eff}}$$

Der wirksame Bewehrungsgrad ρ_{eff} (s. Abb. 6.10 im Band 1) ergibt sich je Seite mit $A_{cx,eff} = (0{,}1\,h + 2\,d_{1x}) \cdot b = (0{,}1 \cdot 30 + 2 \cdot 4{,}0) \cdot 100 = 1100$ cm²/m (Ann.: $d_{1x} \approx 4$ cm bzw. $h/d_1 = 30/4 = 7{,}5$) zu $\rho_{eff} = A_{sx}/A_{cx,eff} = 5{,}24/1100 = 0{,}0048$. Mit einem Stabdurchmesser $d_s = 10$ mm und der Stahlspannung $\sigma_s = 0{,}136/0{,}001048 = 130$ MN/m² erhält man den Rissabstand

$$s_{r,max} = \frac{d_s}{3{,}6 \cdot \rho_{eff}} = \frac{10{,}0}{3{,}6 \cdot 0{,}0048} = 579 \text{ mm} > \frac{\sigma_s \cdot d_s}{3{,}6 \cdot f_{ct,eff}} = \frac{130 \cdot 10{,}0}{3{,}6 \cdot 1{,}3} = \mathbf{278 \text{ mm}}$$

– Mittlere Dehnung $\varepsilon_{sm} - \varepsilon_{cm}$

$$\varepsilon_{sm} - \varepsilon_{cm} = \frac{\sigma_s - 0{,}4 \cdot (f_{ct,eff}/\rho_{eff}) \cdot (1 + \alpha_e \cdot \rho_{eff})}{E_s} \geq \frac{0{,}6\,\sigma_s}{E_s}$$

$$= \frac{130 - 0{,}4 \cdot (1{,}3/0{,}0048) \cdot (1 + 7{,}5 \cdot 0{,}0048)}{200000} = 0{,}0000089 < \frac{0{,}6 \cdot 130}{200000} = \mathbf{0{,}00039}$$

$w_k = 278 \cdot 0{,}00039 = 0{,}11$ mm $< w_{k,zul} = 0{,}20$ mm

Der Nachweis ist damit erfüllt.

Zwangbeanspruchung; Fall 2: „volle" Verformungsbehinderung

Es wird unterstellt, dass im frühen Betonalter infolge abfließender Hydratationswärme die volle Zwangschnittgröße $F_{cr,eff}$ entstehen kann.

- Zugkraft $F_{cr} = F_{cr,eff}$
  Die Kraft der effektiven Zugzone ergibt sich zu (Annahmen / Zahlenwerte wie vorher)
  $F_{cr} = A_{cx,eff} \cdot f_{ct,eff} = 2 \cdot 0{,}110 \cdot 1{,}3 = 0{,}286$ MN/m
  Die Kraft der effektiven Zugzone ist kleiner als die Zwangschnittgröße des Gesamtquerschnitts ($F_s = F_{cr,ges} = 0{,}390$ MN/m; s. vorher), eine Rissbreite ist in der Wirkungszone der Bewehrung nachzuweisen. Mit der vorhandenen Bewehrung kann im vorliegenden Fall die zulässige Rissbreite nicht eingehalten werden (ohne Darstellung des Rechengangs). Die Mindestbewehrung ist daher zu erhöhen.

- Mindestbewehrung A_s und Rissbreitenbegrenzung
  Es wird mit Gl. (6.20), Band 1 direkt die erforderliche Bewehrung bestimmt. Der Durchmesser der erforderlichen Bewehrung muss zunächst geschätzt werden; Annahme $d_s = 12$ mm.

$$A_s = \sqrt{\frac{d_s \cdot F_{cr} \cdot (F_s - 0{,}4 \cdot F_{cr})}{3{,}6 \cdot E_s \cdot w_k \cdot f_{ct,eff}}} = \sqrt{\frac{0{,}012 \cdot 0{,}286 \cdot (0{,}390 - 0{,}4 \cdot 0{,}286)}{3{,}6 \cdot 200000 \cdot 0{,}00020 \cdot 1{,}3}} \cdot 10^4 = 22{,}5 \text{ cm}^2/\text{m}$$

gew.: ⌀ 12 – 10 (oben und unten; vorh $A_s = 22{,}6$ cm²/m)

5 Diskontinuitätsbereiche/ Bemessung mit Stabwerkmodellen

5.1 Grundsätzliches

Bauteile wie Scheiben, Konsolen, Auflagerbereiche, die keine lineare Dehnungsverteilung und Diskontinuitäten von Geometrie und/oder Belastung aufweisen (sog. „D-Bereiche"), können mit Stabwerkmodellen (EC2-1-1, 6.5) berechnet werden. Die Tragwerke werden dabei als statisch bestimmte Stabwerke idealisiert und bestehen aus

- Betondruckstreben und Zugstreben sowie
- verbindenden Knoten.

Die Kräfte im Stabwerk ergeben sich aus Gleichgewichtsbedingungen, für die Verträglichkeit sollten sich Lage und Richtung der Druck- und Zugstreben an der Schnittgrößenverteilung der E-Theorie orientieren. Die Zugkräfte F_t sind durch Bewehrung $A_s \geq F_t / f_{yd}$ abzudecken; die Betondruckspannung σ_{cd} der Stabdruckkräfte F_c sind zu begrenzen (s. nachfolgend).

Bemessung der Betondruckstreben und Zugstreben

Die Druckstreben des Stabwerkmodells sind für Druck und Querzug zu bemessen. Die Querzugkraft F_{td} entsteht dabei aus der Einschnürung eines Druckfeldes an einem Knoten.

Der Bemessungswert der *Druckstrebenfestigkeit* ist für Normalbeton zu begrenzen auf:

$\sigma_{Rd,max} = 1{,}00 \cdot f_{cd}$ für ungerissene Betondruckzonen

$\sigma_{Rd,max} = 0{,}60 \cdot v' \cdot f_{cd}$ für Druckstreben in gerissenen Bereichen

mit $v' = 1{,}25$ bei parallelen Rissen, $v' = 1{,}00$ bei kreuzenden Rissen und $v' = 0{,}875$ bei starker Rissbildung mit Querkaft V und Torsion T. Für Beton $\geq$ C55/67 ist zusätzlich mit dem Beiwert $v_2 = (1{,}1 - f_{ck} / 500)$ zu multiplizieren.

Bei Druckstreben, deren Druckfelder sich zu konzentrierenden Knoten hin stark einschnüren, erübrigen sich die Nachweise der Druckspannungen, wenn die angrenzenden Knoten nachgewiesen werden (s. nachfolgend „Bemessung der Knoten").

Die Querzugkraft F_{td} kann mit Hilfe eines *örtlichen* Stabwerkmodells bestimmt werden; sie ergibt sich im ungünstigsten Fall nach [Schlaich/Schäfer – 01] bei *freier* Ausbreitung des Druckfeldes zu

$F_{td} = 0{,}25 \cdot F_d \cdot (1 - 0{,}7\, a/h)$

(Als konservative Lösung wird im [DAfStb-H525 – 03] auch $F_{td} = 0{,}22\, F_d$ genannt.)

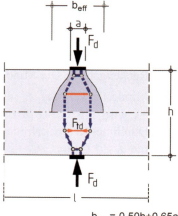

$b_{eff} = 0{,}50h + 0{,}65a$

Für die Bewehrung der Zugstreben und zur Aufnahme der Querzugspannungen in Druckstreben ist der Bemessungswert der *Stahlspannung* auf $\sigma_s = f_{yk} / \gamma_s$ zu begrenzen. Die Bewehrung ist bis zu den Knoten ungeschwächt durchzuführen. Die Verankerungslänge der Bewehrung beginnt im Druck-Zug-Knoten am Knotenanfang (s. nachfolgend).

Bemessung der Knoten

In konzentrierten Knoten sind für Normalbeton die Druckspannungen zu begrenzen auf:

- $\sigma_{Rd,max} = 1{,}10 \cdot f_{cd}$ in Druckknoten ohne Verankerung von Zugstreben
- $\sigma_{Rd,max} = 0{,}75 \cdot f_{cd}$ in Druck-Zug-Knoten mit Verankerungen von Zugstreben, wenn alle Winkel zwischen Druck- und Zugstreben mindestens 45° betragen (s. Abb. 5.1; aus [Schmitz – 08]).

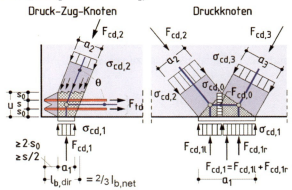

Abb. 5.1 D-Bereiche an den Knoten

Bei Knoten mit Abbiegungen von Bewehrung (z. B. in Rahmenecken, ausgeklinkten Trägerenden) sollte der Biegerollenradius möglichst groß gewählt und die umgelenkte Bewehrung gleichmäßig über die Stegbreite verteilt werden, um die Umlenkkräfte klein zu halten. Die unvermeidlichen Querzugkräfte sind durch eine entsprechende Querbewehrung aufzunehmen.

Der Nachweis der Druckstrebenspannungen wird bei *einlagiger* Bewehrung durch Einhaltung der Mindestwerte der Biegerollendurchmesser gem. Abschn. 3.3 erbracht. Bei *mehrlagiger* Bewehrung ist der zulässige Biegerollendurchmesser bzw. der Bemessungswert der Druckstrebenfestigkeit nachzuweisen. Dabei sind die Betondruckspannungen auf $\sigma_{Rd,max} = 0{,}75 \cdot f_{cd}$ zu begrenzen. Der Nachweis der Druckstrebe erfolgt für eine Breite $a_c = D_{min} \cdot \sin\theta_2$ (mit θ_2 als Winkel zwischen der Wirkungslinie von F_{cd} und F_{td2}; s. Skizze) und für eine Tiefe b_w des Bauteils oder des Steges, wenn kein Spalten auftreten kann und Querbewehrung vorhanden ist. Die Druckspannung σ_{cd} ergibt sich damit zu

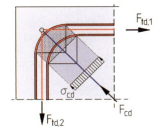

$$\sigma_{cd} = F_{cd}/(b_w \cdot a_c)$$

Im Allg. liegt die Druckstrebe nicht genau in Richtung der Winkelhalbierenden, so dass neben der Umlenkung der Zugkräfte auch ein Teil der Zugkraft im Bereich der Druckstrebe zu verankern ist.

Die genannten Regelungen gelten auch für Bereiche konzentrierter Krafteinleitung in Tragwerken, die in den übrigen Bereichen nicht mit Stabwerkmodellen berechnet werden. Es wird auf den folgenden Abschn. 5.2 verwiesen.

Ein ausführliches Beispiel zur Bemessung mit Stabwerkmodellen bei Scheiben wird im **Kap. 9, Projektbeispiel 7** behandelt.

Diskontinuitätsbereiche

5.2 Auflagernahe Einzellasten

Regelungen nach EC2-1-1

Bei *direkter Lagerung* darf für Einzellasten im Abstand $0,5d \leq a_v \leq 2,0\,d$ (bei $a_v < 0,5d$ ist i.d.R. der Wert $a_v = 0,5$ zu verwenden) vom Auflagerrand der Querkraftanteil aus dieser auflagernahen Einzellast mit dem Beiwert

$$\beta = a_v/(2,0 \cdot d) \tag{5.1}$$

abgemindert werden. Diese Verminderung gilt jedoch nur für die Ermittlung der Querkraftbewehrung, beim Nachweis von $V_{Rd,max}$ darf sie nicht vorgenommen werden (EC2-1-1, 6.2.2 und 6.2.3). Es ist also nachzuweisen (vgl. Abb. 5.1):

$$V_{Ed,w} \leq V_{Rd,sy} \tag{5.2a}$$
$$V_{Ed} \leq V_{Rd,max} \tag{5.2b}$$

Jenseits der auflagernahen Einzellast, zum „Feld" hin, ist für $\beta = 1$ zu bemessen. Die größte dabei ermittelte Querkraftbewehrung sollte im ganzen Bereich zwischen Einzellast und Auflager angeordnet werden. Die Biegezugbewehrung ist am Auflager besonders sorgfältig zu verankern. Bei gleichzeitiger Wirkung einer auflagernahen Einzellast und von Gleichstreckenlasten darf nur der Querkraftanteil reduziert werden, der aus der Einzellast resultiert, nicht jedoch der Anteil aus der Gleichstreckenlast (hierfür gilt das zuvor Gesagte).

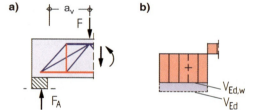

Abb. 5.2 Auflagernahe Einzellast; Modell (a) und Querkraftverlauf (b)

Für den Nachweis der Druckstrebe gilt

$$V_{Ed} \leq V_{Rd,max} = 0,5 \cdot b_w \cdot d \cdot \nu \cdot f_{cd} \tag{5.3a}$$

mit $\nu = 0,675$ (bei gleichzeitiger Torsion $\nu = 0,525$; ν-Werte bei Verbundfugen s. dort).

Für die mit β abgeminderte Querkraft $V_{Ed,w}$ ist als Querkraftbewehrung erforderlich

$$A_{sw} = V_{Ed}/(f_{ywd} \cdot \sin \alpha) \tag{5.3b}$$

Die so ermittelte Bewehrung ist in einem mittleren Bereich von $0,75 a_v$ anzuordnen.

Bei auflagernahe Einzelasten gilt die Bernoulli-Hypothese nicht mehr, es handelt sich hier um einen sog. Diskontinuitätsbereich (D-Bereich). Für eine Bemessung kommen auch Stabwerkmodelle zur Anwendung (vgl. [Schlaich/Schäfer – 01]).

Stabwerkmodelle und Bemessung

Wenn sich eine Einzellast in einer geringen Entfernung vom Auflager befindet, kann sich ein Lastanteil direkt auf das Lager abstützen, ein zweiter Anteil wird über Bügel zunächst hochgehängt und dann zum Auflager abgetragen.

Je näher die Einzellast an das Auflager rückt, desto größer wird der Anteil, der sich auf direktem Weg zum Auflager abstützen kann und für den keine Bügelbewehrung erforderlich ist.

Auflagernahe Einzellasten

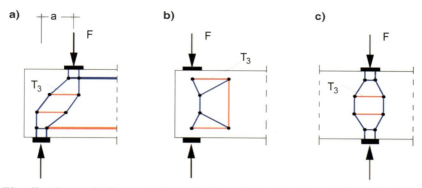

Abb. 5.3 Einzellast in unmittelbarer Auflagernähe bzw. direkt über dem Auflager [Reineck – 05] bei einem Abstand $a < z/2$ (a), $a = 0$ am Endauflager (b) und $a = 0$ am Zwischenauflager (c)

Allerdings wird bei einer sehr geringen Entfernung eine Horizontalbewehrung erforderlich, um ein Spalten der Druckstrebe zu verhindern (s. Abb. 5.3). Diese Entfernung wird in [DAfStb-H425 – 92] mit $a_{min} = z/2$ angegeben. Die Bewehrung sollte bemessen werden für

$$T_3 = 0{,}2F \tag{5.4}$$

Bei einer Entfernung $a > a_{min}$ ist jedoch eine vertikale Bügelbewehrung erforderlich. Nach [Schlaich/Schäfer – 01] kann diese vereinfachend bemessen werden für

$$F_w = 0{,}33 \cdot (2 \cdot a/z - 1{,}0) \cdot F \tag{5.5}$$

(Die Beziehung gilt im Bereich $z/2 \leq a \leq 2z$; für einen Abstand $a > 2z$ wird $F_w = F$.)
Die sich hieraus ergebende Bügelbewehrung ist auf eine Länge a_w zu verteilen, die mit einer Modellierung des D-Bereichs bestimmt werden kann. Als Schätzwert kann näherungsweise auch (ggf. auf der unsicheren Seite liegend!) a_w gem. *FIP-Empfehlungen* (1999) zu

$$a_w = 0{,}85a - z/4 \tag{5.6}$$

bestimmt werden (nach [Schlaich/Schäfer – 01] $a_w = a_n$; nach EC2-1-1 $a_w = 0{,}75 a_n$, s. vorher).

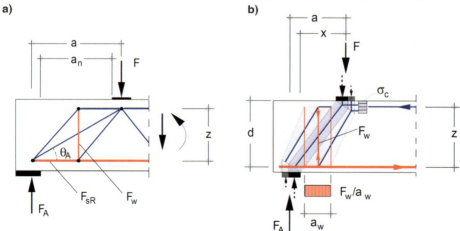

Abb. 5.4 Einfaches Strebenmodell nach [Schlaich/Schäfer – 01] (a) und Modellierung des D-Bereichs – Sonderfalll $a/z = 1{,}0$ – nach [Reineck – 05] (b)

Diskontinuitätsbereiche

Die Verankerung am Endauflager braucht nicht für die volle Zugkraft F_{sd} erfolgen, da innerhalb des D-Bereichs die Zugkraft etwas abgebaut wird. Hierfür gilt als Abschätzung (s. [Schlaich/ Schäfer – 01])

$$F_{sR} = a/z \cdot (F_A - 0{,}5 F_w) \tag{5.7}$$

Der Nachweis der Betondruckspannungen wird für die resultierende Druckstrebe mit der Neigung

$$\begin{aligned} \cot \theta &= F_{sR}/F_A \quad \text{bzw.} \\ \cot \theta_A &= a/z \end{aligned} \tag{5.8}$$

und über den Nachweis der Lagerpressung geführt.

Beispiel

Belastung eines Unterzugs durch eine große Einzellast, das Eigengewicht des Trägers sei vernachlässigbar klein (Abb. 5.5). Die Querkraftbewehrung soll aus lotrechten Bügeln bestehen ($\alpha = 90°$). Das Beispiel wurde bereits im Band 1 (Abschn. 5.2.5) behandelt; es wird hier die Anwendung von Stabwerkmodellen gezeigt.

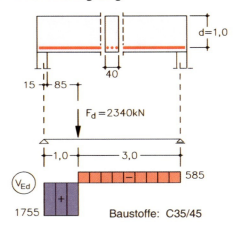

Abb. 5.5 Geometrie, System und Belastung

Nachweis der Querkraftbewehrung
$V_{Rd,s} = F_w = 0{,}33 \cdot (2 \cdot a/z - 1{,}0) \cdot F = 0{,}33 \cdot (2{,}0/0{,}87 - 1{,}0) \cdot 1755 = 760$ kN
$z = 0{,}87 \cdot 1{,}0 = 0{,}87$ m (aus Biegebemessung)
$A_{sw} \geq V_{Rd,s}/f_{yd} = 760/43{,}5 = 17{,}5$ cm²
Verlegebereich der Bügelbewehrung
$a_w = 0{,}85 a - z/4 = 0{,}85 \cdot 1{,}0 - 0{,}87/4 = 0{,}63$ m
gew.: 8 Bü Ø 12 – 9 (zusätzl. konstr. Bewehrung)

Nachweis der Druckstrebe
$V_{Rd,max} = \nu_1 \cdot f_{cd} \cdot b_w \cdot z / (\cot\theta + \tan\theta)$
$\nu_1 \cdot f_{cd} = 0{,}75 \cdot (0{,}85 \cdot 35/1{,}5) = 14{,}9$ MN/m²
$\cot\theta = F_{sR}/F_A = 1375/1755 = 0{,}783$ (Ermittlung von F_{sR} s. nachfolgend)
$V_{Rd,max} = 14{,}9 \cdot 0{,}4 \cdot 0{,}87 / (0{,}783 + 1{,}28) = 2{,}517$ MN $> V_{Ed,l} = 1{,}755$ MN

Verankerung der Biegezugbewehrung

$F_{sR} = a/z \cdot (F_A - 0{,}5 F_w) = 1{,}0/0{,}87 \cdot (1755 - 0{,}5 \cdot 760) = 1375$ kN
$A_{s,erf} \geq F_{sR}/f_{yd} = 1375/43{,}5 = 31{,}6$ cm²
$A_{s,vorh} = 49{,}1$ cm² (10 Ø 25)
$2/3 \cdot l_{bd} = 2/3 \cdot (31{,}6/49{,}1) \cdot 81 = 35$ cm

Wenn eine Verankerungslänge in dem Maße nicht zur Verfügung steht, sind zusätzliche Maßnahmen erforderlich (Schlaufen, kombiniert mit dünneren Stäben oder Verankerung mit einer Ankerplatte).

Auf weitere Nachweise (Lagerpressungen u.a.) wird im Rahmen des Beispiels verzichtet.

Nachweis nach EC2-1-1

Nachfolgend wird zum Vergleich das Bemessungsergebnis nach EC2-1-1 in Kurzform zusammengefasst (ausführliche Darstellung s. Band 1, Abschn. 5.2.5).

Nachweis der Querkraftbewehrung

$A_{sw} \geq V_{Ed,w} / f_{yd}$
$\quad V_{Ed,w} = \beta \cdot V_{Ed,0}$
$\quad \beta = a_v/(2d) = 0{,}85/(2 \cdot 1{,}0) = 0{,}43$
$\quad V_{Ed,w} = 0{,}43 \cdot 1755 = 755$ kN
$A_{sw} \geq 0{,}755/435 \cdot 10^4 = 17{,}4$ cm²
(anzuordnen auf eine Länge von $0{,}75 a_v = 0{,}75 \cdot 0{,}85 = 0{,}64$ m)

Nachweis der Druckstrebe

$V_{Rd,max} = 0{,}5 \cdot \nu \cdot f_{cd} \cdot b_w \cdot z$
$\quad \nu \cdot f_{cd} = 0{,}675 \cdot (0{,}85 \cdot 35/1{,}5) = 13{,}4$ MN/m²
$\quad b_w = 0{,}40$ m
$\quad z = 0{,}87 \cdot 1{,}0 = 0{,}87$ m $\qquad$ (z aus Biegebemessung)
$V_{Rd,max} = 0{,}5 \cdot 13{,}4 \cdot 0{,}4 \cdot 0{,}87 = 2{,}332$ MN $> V_{Ed,1} = 1{,}755$ MN

Diskontinuitätsbereiche

5.3 Konsolen, ausgeklinkte Trägerenden

5.3.1 Konsolen

5.3.1.1 Grundsätzliches

Konsolen sind Bauteile mit einem Verhältnis $a_c \leq h_c$ ($a_c > h_c \rightarrow$ Kragträger). Sie sind für die Vertikallast F_{Ed} und Horizontallast H_{Ed} zu bemessen. Auch wenn planmäßig keine Horizontallasten vorhanden sind, sollten diese stets berücksichtigt werden, um unvermeidliche Reibungskräfte in der Lagerfuge zu erfassen. Es sollte $H_{Ed} = 0{,}2\, F_{Ed}$ berücksichtigt werden, falls planmäßig nicht eine größere Horizontallast vorhanden ist.

Konsolen werden mit Stabwerkmodellen berechnet und bemessen. In den Druckstreben ist für Normalbeton die Betondruckspannung $\sigma_{Rd,max} = 0{,}75 \cdot f_{cd}$ einzuhalten. Die Zugstreben sind durch Bewehrung abzudecken, die mit der Betonstahlspannung f_{yd} bemessen wird. Die Zuggurtbewehrung A_s ist ab Innenkante der Lagerplatte mit der Verankerungslänge $l_{b,net}$ verankert; die Verankerung erfolgt i. Allg. mit Schlaufen, ggf. mit Ankerkörpern. Zusätzlich sollten geschlossene Bügel gewählt werden.

In Abb. 5.6 sind Stabwerkmodelle für unterschiedliche Konsolenlängen a_c dargestellt. Zu beachten ist, dass bei sehr kurzen und bei kurzen Konsolen die erforderlichen Bügel horizontal angeordnet werden müssen. Bei größeren Auskragungen (ab etwa 0,4 h_c) sind jedoch auch bzw. in erster Linie Vertikalbügel zur Rückhängung der Druckstreben, die nicht unmittelbar zur Stütze hin abgeleitet werden, erforderlich.

Die Bemessung der Konsolen und die erforderlichen Nachweisgleichungen sind im DAfStb-H525 beschrieben. Weitere Erläuterungen sind für das DAfStb-H600 angekündigt (z.z. noch nicht erschienen). Insbesondere für genauere Untersuchungen empfiehlt sich jedoch die aufwendigere Modellierung mit Stabwerkmodellen.

Nachfolgend wird die Vorgehensweise nach DAfStb-H525 und die Modellierung mit Stabwerkmodellen beschrieben und in einem Beispiel erläutert.

sehr kurze Konsolen	kurze Konsolen	einfaches Streben-Zugband-Modell
$a_c \leq 0{,}2\, h_c$	$a_c \leq 0{,}5\, h_c$	$0{,}4\, h_c \leq a_c \leq h_c$

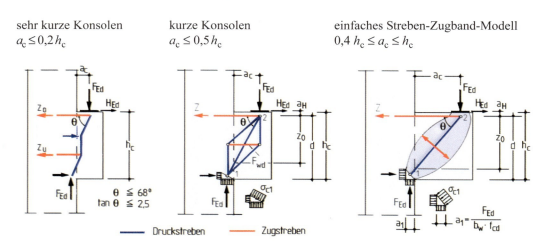

Abb. 5.6 Stabwerkmodell für Konsolen

Bemessung nach DAfStb-H. 525

Für die Bemessung von Konsolen mit $a_c \leq 1{,}0\,h_c$ sind nach [DAfStb-H525 – 10] folgende Nachweise zu führen:

- Begrenzung der Betondruckspannungen

  Der Nachweis erfolgt durch Begrenzung der Querkrafttragfähigkeit

  $$V_{Ed} = F_{Ed} \leq V_{Rd,max} = 0{,}5 \cdot \nu \cdot b \cdot z \cdot f_{cd}^* \qquad (5.9)$$

  mit $\quad \nu = (0{,}7 - f_{ck}/200)$
  $\quad\quad\; z = 0{,}9d$
  $\quad\quad\; f_{cd}^* = f_{ck}/\gamma_c$ (ohne (!) Dauerstandsbeiwert α_{cc})

- Ermittlung der Zuggurtkraft

  Die Zuggurtkraft wird aus einem einfachen Streben-Zugband-Modell ermittelt

  $$Z_{Ed} = F_{Ed} \cdot \frac{a_c}{z_0} + H_{Ed} \cdot \frac{a_h + z_0}{z_0} \qquad (5.10)$$

  mit $\quad a_c/z_0 \geq 0{,}4$
  $\quad\quad\; z_0 = d \cdot (1 - 0{,}4 \cdot V_{Ed}/V_{Rd,max})$

- Nachweis der Pressung unter der Lagerplatte und der Verankerung der Zuggurtbewehrung

  Die Verankerung beginnt an der Innenkante der Lagerplatte und kann mit Schlaufen oder Ankerkörpern erfolgen.

- Anordnung von Bügeln
  - $a_c \leq 0{,}5 h_c$ und $V_{Ed} > 0{,}3\, V_{Rd,max}$
    Geschlossene *horizontale* oder geneigte Bügel mit $A_{s,bü} \geq 0{,}50\, A_s$
  - $a_c > 0{,}5 h_c$ und $V_{Ed} \geq V_{Rd,ct}$
    Geschlossene *vertikale* Bügel für eine Kraft $F_{wd} \geq 0{,}70\, F_{Ed}$

- Weiterleitung der Kräfte

  Die Weiterleitung in der anschließenden Stütze kann analog zum Rahmenendknoten erfolgen.

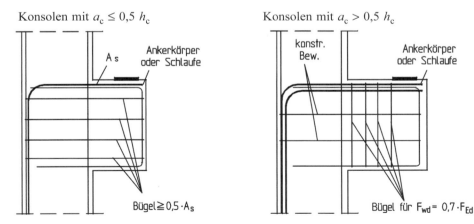

Abb. 5.7 Bewehrungsführung für Konsolen mit den Bedingungen nach DAfStb-H525

Diskontinuitätsbereiche

Vorgehensweise nach [Schlaich/Schäfer – 01], [Reineck – 05]

Grundsätzlich ist zu unterscheiden zwischen kurzen Konsolen mit $a \leq z/2$ und langen Konsolen mit $a > z/2$ (im letzteren Falle sind ergänzende Nachweise erforderlich; s.u.). Die Rechenschritte und die Vorgehensweise für normalfesten Normalbeton ($f_{ck} \leq 50$ MN/m^2) sind in Tafel 5.1 beschrieben (vgl. hierzu Erläuterungen im nachfolgenden Beispiel).

Tafel 5.1 Nachweis bei Konsolen (nach [Reineck 05])

Kurze Konsole ($a < z/2$)			Anmerkung
Breite	a_1	$= F/(b_w \cdot \sigma_c)$	$\sigma_c = 0{,}95 f_{cd}$
Abstand	c	$= a_c + 0{,}5 a_1 + (H_{Ed}/F_{Ed}) \cdot a_H$	
Höhe	a_2	$= d - \sqrt{d^2 - 2 \cdot a_1 \cdot c} \leq 0{,}4 d$	
Neigung	$\cot \theta_1$	$= a_2/a_1 = c/z$	
Hebelarm	z	$= d - a_2/2$	
Zuggurtkraft	Z_{Ed}	$= F_{Ed} \cdot \cot \theta_1 + H_{Ed} \cdot (a_h + z)/z$	
Gurtbewehrung	A_s	$= Z_{Ed}/f_{yd}$	
Knotennachweise	Verankerung der Gurtbewehrung		$l \leq l_{bd,dir}$
	Betonpressungen unter der Lagerplatte		$\sigma_{Rd,max} \leq 0{,}75 f_{cd}$
	Nachweis der Druckstrebe $C_w = F_{Ed}/\sin\theta_1$		
horizontale Bügel	$A_{bü,h}$	$= 0{,}2 \cdot F_{Ed}/f_{yd}$	abweichend von H. 525*)
Druckstrebe	Nachweis entfällt bei Einlegen der horizontalen Bügelbewehrung		
Lange Konsole ($a > z/2$)			Anmerkung
Nachweise wie bei der kurzen Konsole; zusätzlich sind vertikale Bügel zu bemessen:			
vertikale Bügel	$A_{bü,v}$	$= F_w/f_{yd}$	
	F_w	$= 0{,}33 \cdot (2 \cdot a/z - 1{,}0) \cdot F$	vgl. Gl. (5.5)*)

*) Anm.: Wegen bestehender Unsicherheiten sollten die Werte gem. DAfStb-H525 eingehalten werden.

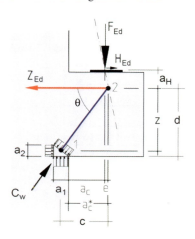

Abb. 5.8 Konsole; Stabwerkmodell und Bezeichnungen

Konsolen

5.3.1.2 Beispiel

Aufgabenstellung

Eine Konsole zur Auflagerung eines Fertigteilbinders ist zu entwerfen und zu bemessen. Die Belastung ist vorwiegend ruhend.

Die gewählten Abmessungen, Baustoffe und die charakteristischen Werte der Einwirkungen aus ständigen Lasten F_{gk} und veränderlichen Lasten F_{qk} sind nachfolgend zusammengestellt. Die Lasten treten planmäßig nur vertikal auf.

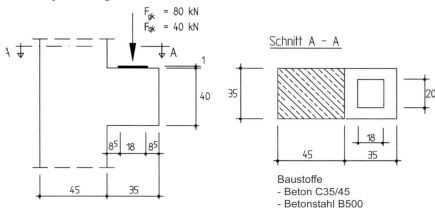

Baustoffe
- Beton C35/45
- Betonstahl B500

Bemessungslasten

Es wird nur die Bemessung im Grenzzustand der Tragfähigkeit gezeigt. Die charakteristischen Werte der Lasten werden daher unmittelbar mit den Teilsicherheitsbeiwerten für die ständigen (γ_G) und für die veränderlichen Lasten (γ_Q) multipliziert.

Nach Aufgabenstellung sind planmäßig nur Vertikallasten F_v vorhanden. Da gleichzeitig wirkende horizontale Reibungs- bzw. Lagerrückstellkräfte nicht auszuschließen sind, wird außerdem eine Horizontalkraft $H_c \geq 0{,}2\,F_v$ berücksichtigt (vgl. DAfStb-H. 525).

$$F_{Ed} = \gamma_G \cdot F_{gk} + \gamma_Q \cdot F_{qk} = 1{,}35 \cdot 80 + 1{,}50 \cdot 40 = 168 \text{ kN}$$
$$H_{Ed} = 0{,}2 \cdot F_{Ed} = 0{,}2 \cdot 168 \qquad\qquad\qquad\quad = 34 \text{ kN}$$

Betondeckung und Nutzhöhe

c_{min} = 2,0 cm (Annahme: Expositionsklasse XC 3)
Δc_{dev} = 1,5 cm (Vorhaltemaß)
c_{nom} = 3,5 cm

Der Schwerpunkt der Zuggurtkraft F_{sd} liegt bei einer Betondeckung von c_{nom} = 3,5 cm unter Berücksichtigung der Bügel und der Anordnung der Schlaufenbewehrung etwa 6,5 cm unter OK Konsole. Damit ergibt sich als Nutzhöhe

$d = 40{,}0 - 6{,}5 = 33{,}5$ cm

Bei einer angenommenen Lagerhöhe von 1,0 cm hat dann die Horizontalkraft H_{Ed} einen Abstand von der Zuggurtkraft von

$a_H = 6{,}5 + 1{,}0 = 7{,}5$ cm

Diskontinuitätsbereiche

Nachweis der Betondruckspannungen und der Zuggurtkraft

Konsolenbedingung und Fachwerkmodell

Es ist $a_c/h_c = 17{,}5 / 40 = 0{,}44 < 0{,}5$; es handelt sich daher um eine kurze Konsole. Das der Bemessung zugrunde zu legende Stabwerkmodell ist nebenstehend dargestellt.

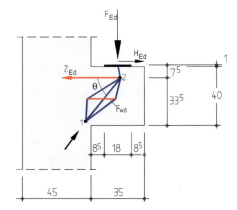

Einfaches Stabwerkmodell für die kurze Konsole

Die Berechnung erfolgt zunächst nach DAfStb-H525. Alternativ dazu wird im vorliegenden Falle auch der Nachweis mit Stabwerkmodellen gezeigt.

Nachweis nach DAfStb-H525

Nachweis der mittleren Betonspannungen in der Druckstrebe

Die Berechnung erfolgt durch den Nachweis für Querkraft der Konsole, wobei die Druckstrebentragfähigkeit $V_{Rd,max}$ in einer von EC2-1-1 abweichenden Form bestimmt wird. Diese Gleichung geht von einer Druckstrebenneigung $\theta = 45°$ aus, der tatsächliche Neigungswinkel wird nicht erfasst (s. nachf.).

$$V_{Ed} \leq V_{Rd,max} = 0{,}5 \cdot \nu \cdot f_{cd}^* \cdot b_w \cdot z$$

$V_{Ed} = F_{Ed} = 168 \text{ kN}$
$V_{Rd,max} = 0{,}5 \cdot \nu \cdot f_{cd} \cdot b_w \cdot 0{,}9d$ (s. Gl. (5.9))
$\nu = 0{,}7 - (f_{ck}/200) = 0{,}7 - (35/200) = 0{,}525$
$f_{cd}^* = f_{ck}/\gamma_c = 35/1{,}5 = 23{,}3 \text{ MN/m}^2$ (ohne (!) Dauerstandsbeiwert α_{cc})
$b_w = 0{,}35 \text{ m}; \quad d = 0{,}335 \text{ m}$ (s. vorher)
$V_{Rd,max} = 0{,}5 \cdot 0{,}525 \cdot 23{,}3 \cdot 0{,}35 \cdot 0{,}9 \cdot 0{,}335 = 0{,}645 \text{ MN} = 645 \text{ kN}$
$168 \text{ kN} < 645 \text{ kN} \quad \rightarrow \quad$ Nachweis erfüllt.

Ermittlung der Zuggurtkraft

$$Z_{Ed} = F_{Ed} \cdot \frac{a_c}{z_0} + H_{Ed} \cdot \frac{a_H + z_0}{z_0}$$

$a_c = 0{,}175 \text{ m}$
$z_0 = d \cdot (1 - 0{,}4 \cdot V_{Ed}/V_{Rd,max}) = 0{,}335 \cdot (1 - 0{,}4 \cdot 168 / 645) = 0{,}30 \text{ m}$
$Z_{Ed} = 168 \cdot \dfrac{0{,}175}{0{,}300} + 34 \cdot \dfrac{0{,}075 + 0{,}300}{0{,}300} = 141 \text{ kN}$
$A_{s,erf} = Z_{Ed}/f_{yd} = 141 / 43{,}5 = 3{,}24 \text{ cm}^2$
gew.: 2 Schlaufen $\varnothing$ 12 mit $A_{s,vorh} = 4{,}52 \text{ cm}^2$ (s. Pos. ①)

Konsolen

Nachweis nach [Schlaich/Schäfer – 01], [Reineck – 05]

Zunächst werden die Abmessungen und die Neigung der *Druckstrebe* bestimmt. Sie werden unter Beachtung der zulässigen Betondruckspannungen $\sigma_c = 0{,}95 \cdot f_{cd}$ im Knoten 1 (s. Skizze) festgelegt. Die horizontale Länge a_1 ergibt sich durch Gleichsetzung der vertikal einwirkenden Kraft F_{Ed} mit der aufnehmbaren Größe $F_{Rd} = a_1 \cdot b_w \cdot 0{,}95 \cdot f_{cd}$.

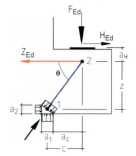

$$a_1 = \frac{F_{Ed}}{0{,}95 \cdot f_{cd} \cdot b_w}$$

$b_w = 0{,}35$ m (Breite der Konsole)

$$a_1 = \frac{0{,}168}{0{,}95 \cdot 19{,}8 \cdot 0{,}35} = 0{,}026 \text{ m}$$

Für die Bestimmung der vertikalen Länge a_2 ist die horizontale Einwirkung H_{Ed} zu berücksichtigen, die zu einer Lage des Knotens 2 im Abstand c führt.

$$a_2 = d - \sqrt{d^2 - 2 \cdot a_1 \cdot c} \quad ^{1)}$$

$c = a_c + 0{,}5 \cdot a_1 + a_H \cdot H_{Ed}/F_{Ed} = 0{,}175 + 0{,}5 \cdot 0{,}026 + 0{,}075 \cdot 0{,}2 = 0{,}203$ m

$a_2 = 0{,}335 - \sqrt{0{,}335^2 - 2 \cdot 0{,}026 \cdot 0{,}203} = 0{,}016$ m

Mit den bekannten Abmessungen a_1 und a_2 am Knoten 1 und den zuvor genannten Voraussetzungen lässt sich die Neigung der Druckstrebe bestimmen; sie ergibt sich zu

$$\tan \theta = \frac{d - 0{,}5 \cdot a_2}{a_c + 0{,}5 \cdot a_1} = \frac{0{,}335 - 0{,}5 \cdot 0{,}016}{0{,}175 + 0{,}5 \cdot 0{,}026} = 1{,}74 \rightarrow \theta = 60°$$

Die Zugstrebenkraft Z_{Ed} wird mit den Abmessungen a_1 und a_2 bzw. mit der bekannten Lage des Knotens 1 aus $\Sigma M_1 = 0$ bestimmt (unter Einschluss der Horizontalkraft H_{Ed}).

$$Z_{Ed} = F_{Ed} \cdot \frac{a_c + 0{,}5 \cdot a_1}{z} + H_{Ed} \cdot \frac{a_H + z}{z}$$

$z = (a_c + 0{,}5 \cdot a_1) \cdot \tan \theta = (0{,}175 + 0{,}5 \cdot 0{,}026) \cdot 1{,}74 = 0{,}327$ m

$$Z_{Ed} = 168 \cdot \frac{0{,}175 + 0{,}5 \cdot 0{,}026}{0{,}327} + 34 \cdot \frac{0{,}075 + 0{,}327}{0{,}327} = 138 \text{ kN}$$

Nachzuweisen sind noch die Verankerung am Knoten 2 und die Lastpressungen unter dem Lager (s. nachfolgend). Ein Nachweis der Druckstrebe kann entfallen, wenn eine horizontale Bewehrung für eine Kraft eingelegt wird, die für 20 % der vertikalen Einwirkung bemessen wird.

Anordnung von Bügeln

Nach [DAfStb-H525 – 03] sind bei $a_c/h_c \leq 0{,}5$ horizontale Bügel für mindestens 50 % der Zuggurtbewehrung anzuordnen, wenn die einwirkende Querkraft $V_{Ed} = F_{Ed}$ größer als 30 %

---

[1] Die Gleichung folgt aus dem Zusammenhang zwischen a_1 und a_2 (s. auch Skizze):

$a_2 = a_1 \cdot \cot \theta = a_1 \cdot c / (d - 0{,}5 \cdot a_2)$

$a_2 \cdot d - 0{,}5 \, a_2^2 - a_1 \cdot c = 0$

Diskontinuitätsbereiche

der aufnehmbaren Querkraft $V_{Rd,max}$ ist. Im vorliegenden Falle gilt (s. auch vorher)

$$\left. \begin{array}{l} a_c = 0{,}175 \text{ m} < 0{,}5\, h_c = 0{,}5 \cdot 0{,}40 = 0{,}20 \text{ m} \\ V_{Ed} = 168 \text{ kN} < 0{,}3 \cdot V_{Rd,max} = 0{,}3 \cdot 645 = 194 \text{ kN} \end{array} \right\} \Rightarrow$$

Anordnung von Bügeln konstruktiv; sie werden als geschlossene horizontale Bügel ausgebildet.

Für den Fall, dass $V_{Ed} > 0{,}3 \cdot V_{Rd,max}$ ist, werden 50 % der Zuggurtbewehrung gefordert. Es ergäbe sich dann

$A_{sw} = 0{,}5 \cdot 3{,}24 = 1{,}62 \text{ cm}^2$
gew.: 3 Bügel $\varnothing 8 \rightarrow$ Pos ④

(Nach [Reineck – 05] sind horizontale Bügel für 20 % der vertikalen Last F_{Ed} erforderlich, d. h. $A_{sw} = 0{,}2 \cdot 168 / 43{,}5 = 0{,}77 \text{ cm}^2$; es wird jedoch der Wert gem. DAfStb-H525 empfohlen.)

Knotennachweise

Unter der Lastplatte dürfen die zulässigen Betondruckspannungen nicht überschritten werden.

$$\sigma_c = \frac{F_{Ed}}{A_{Lager}} \leq 0{,}75 \cdot f_{cd}$$

$A_{Lager} = 0{,}18 \cdot 0{,}20 = 0{,}036 \text{ m}^2$

$$\sigma_c = \frac{0{,}168}{0{,}036} = 4{,}67 \text{ MN/m}^2 < 0{,}75 \cdot f_{cd} = 0{,}75 \cdot 17{,}0 = 12{,}75 \text{ MN/m}^2$$

$\rightarrow$ Nachweis erfüllt.

Nachzuweisen sind außerdem die Betondruckspannungen der Druckstrebe am Knoten. Die Druckstrebenkraft C_w beträgt

$$C_w = F_{Ed}/\sin\theta = 168/0{,}866 = 194 \text{ kN}$$

Unter der ungünstigen Annahme, dass die Knotenhöhe $u = 0$ cm ist (vgl. Abb. 5.1), beträgt die Druckstrebenbreite am Knoten etwa $b_w = 15$ cm. Ohne Nachweis ist erkennbar, dass damit die Druckspannung $0{,}75 f_{cd}$ ebenfalls eingehalten werden kann.

Verankerung an der Lastplatte

Die Verankerungslänge beginnt an der Innenkante (der der Stütze zugewandten Seite) der Lastplatte. Die erforderliche Verankerungslänge ergibt sich

$$l_{bd} = \alpha_1 \cdot \alpha_5 \cdot l_{b,rqd,y} \cdot \frac{A_{s,req}}{A_{s,prov}} \geq l_{b,min} \quad \text{(vgl. Fußnote S. 105)}$$

$\alpha_1 = 0{,}7$ (Schlaufen; Betondeckung rechtwinklig zur Krümmungsebene ca. 5 cm $\geq 3\, d_s = 3 \cdot 1{,}2 = 3{,}6$ cm)

$\alpha_5 = (1-0{,}04 p) \geq 0{,}7$ (Berücksichtigung des Querdrucks p infolge der Lagerpressungen)

$p = 4{,}67 \text{ MN/m}^2$ (s. o.; die Querpressung ist näherungsweise auf der ganzen Verankerungslänge vorhanden)

$\alpha_5 = (1-0{,}04 \cdot 4{,}67) = 0{,}81$

$$l_{b,rqd,y} = \frac{d_s}{4} \cdot \frac{f_{yd}}{f_{bd}}$$

$f_{bd} = 0{,}7 \cdot 3{,}4 = 2{,}4 \text{ MN/m}^2$ (mäßige Verbundbedingung für die Gurtbewehrung)

$d_s = 1{,}2 \text{ cm}$ (gewählter Durchmesser der Schlaufen)

$$l_{b,rqd,y} = \frac{1{,}2}{4} \cdot \frac{435}{2{,}4} = 54 \text{ cm}$$

$A_{s,prov} = 4{,}52 \text{ cm}^2$

$A_{s,req} = 3{,}24 \text{ cm}^2$

$$l_{bd} = 0{,}7 \cdot 0{,}81 \cdot 54 \cdot \frac{3{,}24}{4{,}52} = \mathbf{22 \text{ cm}}$$

$> l_{b,min} = \begin{cases} 0{,}3 \, \alpha_1 \, l_{b,rqd,y} = 0{,}3 \cdot 0{,}7 \cdot 54 = 11 \text{ cm} \\ 10 \, d_s = 10 \cdot 1{,}2 = 12 \text{ cm} \end{cases}$ | Analog zur Verankerung am Endauflager ist nach Meinung des Autors zusätzl. eine Abminderung mit $\alpha_s = 0{,}81$ möglich.

Die mögliche bzw. vorhandene Verankerungslänge beträgt ab Innenkante Lastplatte (s. Skizze)

$l_{bd,vorh} = 26{,}5 - \text{nom } c = 26{,}5 - 3{,}5 = 23 \text{ cm}$

und ist damit ausreichend.

Biegerollendurchmesser der Schlaufe

$D_{min} = 15 \, d_s$ (Betondeckung rechtwinklig zur Krümmungsebene größer 5 cm und $3 \, d_s = 3 \cdot 1{,}2 = 3{,}6 \text{ cm}$)

Verankerung bzw. Übergreifung an der Stütze

Es wird unterstellt, dass die Stütze oberhalb der Konsole nicht nennenswert belastet ist. Die schlaufenförmige Konsolenbewehrung wird daher in die Stütze abgebogen und mit Übergreifung an die Stützenbewehrung angeschlossen.

Biegerollendurchmesser der Abbiegung

$D_{min} = 15 \, d_s$ (Abbiegung der Schlaufenbewehrung; Betondeckung)

Übergreifungslänge l_0

Die erforderliche Übergreifungslänge wird nach Abschn. 3 (Gl. (3.3)) bestimmt.

$l_0 = \alpha_6 \cdot \alpha_1 \cdot l_{b,rqd} \geq l_{0,min}$

$\alpha_6 = 2$ (100% Stoß)

$\alpha_1 = 1$ (gerade Stabenden)

$$l_{b,rqd} = l_{b,rqd,y} \cdot \frac{A_{s,req}}{A_{s,prov}}$$

$$l_{b,rqd,y} = \frac{d_s}{4} \cdot \frac{f_{yd}}{f_{bd}}$$

$f_{bd} = 3{,}4 \text{ MN/m}^2$ (gute Verbundbedingungen, Beton C35/45)

$$l_{b,rqd,y} = \frac{1{,}2}{4} \cdot \frac{435}{3{,}4} = 38{,}4 \text{ cm}$$

$$l_{b,rqd} = 38{,}4 \cdot \frac{3{,}24}{4{,}52} = 27{,}5 \text{ cm}$$

Diskontinuitätsbereiche

$l_{0,min} = 0,3 \cdot \alpha_1 \cdot \alpha_6 \cdot l_{b,rqd,y} = 0,3 \cdot 1,0 \cdot 2,0 \cdot 38,4 = 23,0 \text{ cm} > \begin{cases} 15d_s = 15 \cdot 1,2 = 18 \text{ cm} \\ 20 \text{ cm} \end{cases}$

$l_0 = 2,0 \cdot 27,5 = \mathbf{55\text{ cm}} > l_{0,min} = 23 \text{ cm}$

gew.:
$l_s = 70 \text{ cm} \rightarrow$ Pos ① (vgl. Bewehrungszeichnung)

Bewehrungsskizze

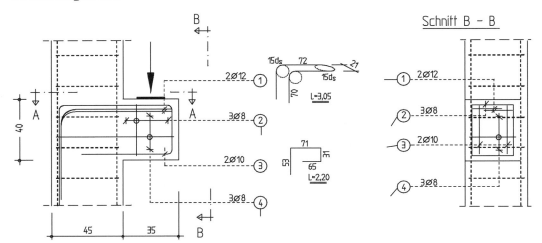

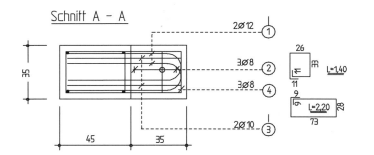

Baustoffe: C35/45, B500
Betondeckung: $c_{nom} = 3,5$ cm

5.3.2 Ausgeklinkte Trägerenden

Ausgeklinkte Trägerenden können mit Stabwerkmodellen nach untenstehender Skizze bemessen werden. Es kann das Modell a) oder eine Kombination aus Modell a) und b) verwendet werden. Die gesamte Bewehrung ist kraftschlüssig zu verankern (s. nachf.).

Eine Bewehrungsführung nur nach Modell b) ist wegen frühzeitiger und starker Rissbildung in der einspringenden Ecke nicht zulässig. Die Bewehrungsführung orientiert sich daher an dem Modell a) in einer Kombination mit b).

a) Vertikale Aufhängebewehrung

b) Geneigte Aufhängebewehrung

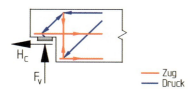
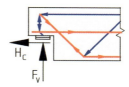

Die skizzierten Modelle sind unvollständig und zeigen nicht das vollständige Gleichgewichtssystem.

Im Modell a) wird das ausgeklinkte Ende wie bei Konsolen bemessen mit horizontalem Zugband und schräg gerichteter Druckstrebe. Das Zugband wird aus liegenden Schlaufen ausgeführt und ist wirksam im Auflagerbereich zu verankern. Zur anderen Seite hin sollte es weit in den Träger geführt werden. Im ungeschwächten Balkensteg ist eine vertikale Rückhängebewehrung für die Größe der Auflagerkraft zu bemessen, die vorzugsweise aus geschlossenen Bügeln (ggf. mit einer leichten Schrägstellung zur Ausklinkung hin) besteht. Die unten endende Biegezugbewehrung muss mit $l_{b,net}$ (indirekte Auflagerung) verankert werden, was häufig nur durch Zulage von liegenden Schlaufen möglich ist (s. Bewehrungsskizze unten).

Die Bewehrungsführung für eine Kombination aus den Stabwerkmodellen a) und b) ist unten dargestellt. Hierbei wird die Auflagerkraft F_v innerhalb gewisser Grenzen frei auf die Teilmodelle a) und b) aufgeteilt, wobei der dem Modell b) zugewiesene Anteil der Auflagerkraft durch die schräge Bewehrung aufgenommen wird. Hierfür werden in der Regel liegende Schlaufen als Zulagen verwendet.

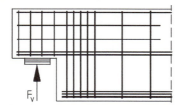
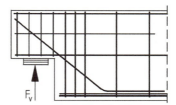

Diskontinuitätsbereiche

5.4 Rahmenecken und Rahmenknoten *⁾

In Rahmenknoten ergeben sich zusätzliche Zug- und Druckkräfte aus der Umlenkung und Richtungsänderung der inneren Kräfte. Durch diese Beanspruchungen wird die Tragfähigkeit der Rahmenknoten entscheidend beeinflusst. Die Bewehrungsführung von Rahmenknoten muss daher besonders sorgfältig konstruiert werden. Hierbei ist zu beachten [DAfStb-H525 – 03], [DAfStb-H532 – 03], [Hegger/Roeser – 04]:

- Mindestbetonfestigkeitsklasse C25/30, sorgfältiges Verdichten des Betons
- große Biegeradien der Bewehrung, möglichst einfache Konstruktionsformen
- ausreichende Verankerungs- und Übergreifungslängen.

Für die Bewehrungsführung ist zu unterscheiden nach Lage des Knotens (Rahmenecke, Rahmenendknoten, Rahmeninnenknoten) und Beanspruchung (positives oder negatives Moment, wechselnde Momentenbeanspruchung).

5.4.1 Rahmenecke mit negativem Moment (Zug außen)

Kräfteverlauf und Stabwerkmodelle

Bei einer Rahmenecke mit negativem Moment (Biegezug außen) sind die Stabwerkmodelle mit der sich daraus ergebenden Bewehrung in Abhängigkeit der Bauteilhöhen zu unterscheiden (vgl. Abb. 5.9). Mit Hilfe der Stabwerkmodelle können die Zug- und Druckkräfte der Rahmenecke berechnet und hierfür bemessen werden. Statt einer genaueren Berechnung kann der Nachweis alternativ auch durch Beachtung von Konstruktionsregeln geführt werden.

Das Versagen der Rahmenecke mit negativem Moment kann eintreten durch

- Fließen der Zugbewehrung (maßgebend bei mech. Bewehrungsgrad $\omega \leq 0{,}20 - 0{,}25$)
- Versagen des Betons auf Druck (maßgebend bei mech. Bewehrungsgrad $\omega > 0{,}20 - 0{,}25$)
- Spaltzugversagen oder Verankerungsbruch

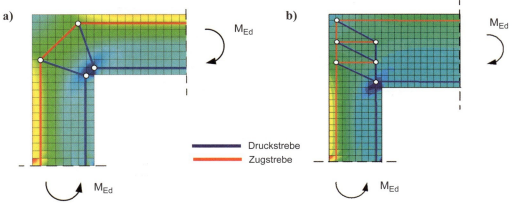

Abb. 5.9 Stabwerkmodelle für Rahmenecken mit negativem Moment
    a) $h_{\text{Riegel}} = h_{\text{Stütze}}$ **b)** $h_{\text{Riegel}} > h_{\text{Stütze}}$

---

*⁾ Unter Mitarbeit von M. Bender; FE-Berechnungen in Abb. 5.9, 5.11 und 5.14 mit dem Programmsystem *InfoGraph*®

Rahmenecken

Bewehrungsführung und Konstruktionsregeln

Aus dem Kräfteverlauf ergeben sich die Erfordernisse für die Bewehrungsführung, wobei der Bauablauf zu beachten ist. Sie können wie folgt zusammengefasst werden:

- Stoß der Biegezugbewehrung oberhalb der Betonierfuge mit der Übergreifungslänge:

  $l_0 = \alpha_6 \cdot \alpha_1 \cdot l_{b,rqd} \geq l_{0,min}$

  Dabei ergeben sich bei in die Stütze abgebogener Riegelzugbewehrung wegen günstigerer Verbundbedingungen kürzere Übergreifungslängen als bei einem Stoß nur im Riegel.

- Biegerollendurchmesser D_{min} der Biegezugbewehrung unter Beachtung der Mindestwerte D_{min} (bei mehrlagiger Bewehrung s. a. Abschn. 3.3 und 5.1).

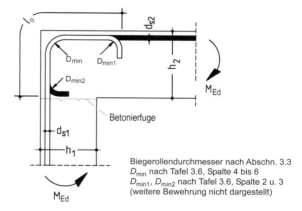

Biegerollendurchmesser nach Abschn. 3.3
D_{min} nach Tafel 3.6, Spalte 4 bis 6
D_{min1}, D_{min2} nach Tafel 3.6, Spalte 2 u. 3
(weitere Bewehrung nicht dargestellt)

- Querbewehrung im Übergreifungsstoß aus Bügeln oder Steckbügeln

  Horizontale Steckbügel: Zur Aufnahme der Quer- und Spaltzugkräfte müssen Steckbügel angeordnet werden, die mind. den Querschnitt der anschließenden Stützenbügel haben; die Anforderungen von Querbewehrung im Übergreifungsbereich sind zu beachten. Die Steckbügel müssen ausreichend im Riegel verankert werden ($\geq l_b = l_{b,rqd,y}$ ab Stützeninnenkante).

  Bügelabstände: Im Riegel und in der Stütze ist der Bügelabstand s_w auf eine Länge von etwa $0{,}9 \cdot h_2$ bzw. $0{,}9 \cdot h_1$ auf $s_w \leq 10$ cm zu begrenzen (jeweils gemessen vom Knotenanschnitt).

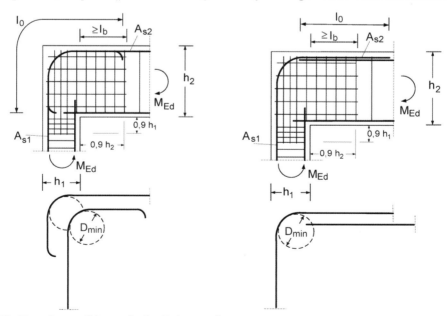

Abb. 5.10 Bewehrungsführung in der Rahmenecke

Diskontinuitätsbereiche

5.4.2 Rahmenecke mit positivem Moment (Zug innen)

Kräfteverlauf und Stabwerkmodelle

Rahmenecken mit positivem Moment kommen in der Baupraxis bei verschieblichen Rahmen aus horizontalen Einwirkungen vor, aber auch bei Winkelstützmauern und Wannen unter Erddruckbelastung u.a.m. Biegezug entsteht innen, die erforderliche Biegezugbewehrung liegt entsprechend auf der Innenseite des Knotens.

An der „inneren" Ecke muss die Zugkraft und an der „äußeren" Ecke die Druckkraft umgelenkt werden. Hierdurch entstehen in der Ecke radial gerichtete Zugspannungen. Das Zusammenwirken dieser Kräfte führt zu den in Abb. 5.11 dargestellten Spannungsverläufen bzw. zugehörigen Stabwerkmodellen.

Versagensarten der Rahmenecke mit positivem Moment sind (vgl. [DAfStb-H525 – 03]):
- Fließen der Zugbewehrung
- Betondruckversagen unter Querzug
- Druckzonenversagen durch Abplatzen der Betondeckung
- Verankerungsbruch durch Rissbildung

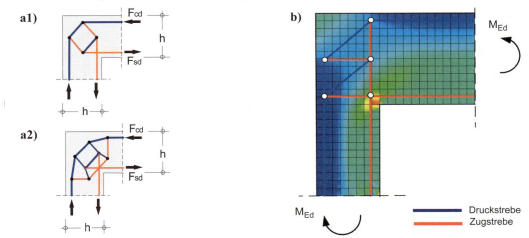

Abb. 5.11 Stabwerkmodelle für Rahmenecken mit positivem Moment
    a) $h_{Riegel} = h_{Stütze}$ bei mittlerer (a1) und bei hoher Beanspruchung (a2)
    b) $h_{Riegel} > h_{Stütze}$

Bewehrungsführung und Konstruktionsregeln

Die Biegezugbewehrung wird am besten schlaufenartig mit großem Biegerollendurchmesser geführt. Die Schlaufen sollten dabei vollständig die Zug- und Druckzonen der Rahmenecken umfassen und ausreichend in der Druckzone verankert sein. Bei einem geometrischen Bewehrungsgrad $\rho_l = A_s/(b \cdot d) \geq 0{,}4$ sind Bewehrungszulagen erforderlich, um größere Risse in der Ecke zu vermeiden (Abb. 5.11a2). Sie können aus Schrägzulagen bestehen, alternativ ist auch eine Erhöhung der Biegezugbewehrung um 50 % möglich; die Zulagen sind mind. mit $l_b = l_{b,rqd,y}$ zu verankern (vgl. 5.13a und 5.13b). Bei Bewehrungsgraden $\rho_l < 0{,}4$ (d. h. geringe Beanspruchung) ist eine Zulagebewehrung entbehrlich (s. Abb. 5.11a1).

Rahmenecken

α [°]	Möglichkeiten der Bewehrungsführung	ρ[%]*⁾	A_{ss}
≥ 45 ≤ 100	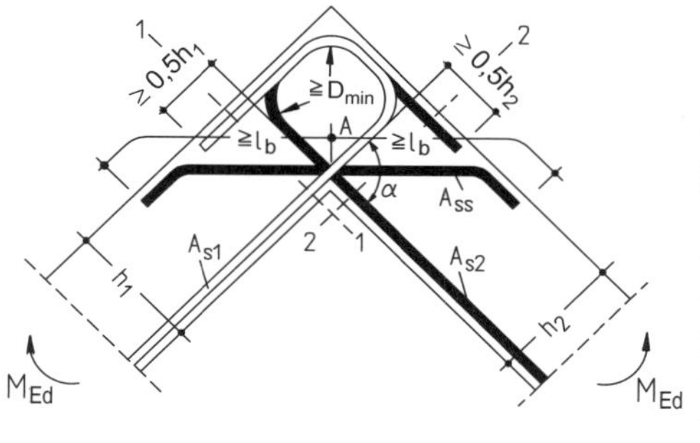 (Abbildung: Bewehrungsführung mit A_{s1}, A_{s2}, A_{ss}, D_{min}, $\geq 0{,}5h_1$, $\geq 0{,}5h_2$, $\geq l_b$, M_{Ed}; D_{min} nach Tafel 3.6, 4.-6. Spalte; h_1 bzw. $h_2 \leq 100$ cm; Querbewehrung bzw. Bügel nicht dargestellt)	< 0,4	nicht vorgeschrieben (ggf. konstruktiv)
		≥ 0,4 ≤ 1,0	erforderlich: $A_{ss} \geq 0{,}5\ \max \rho$
		> 1,0	erforderlich: $A_{ss} \geq 1{,}0\ \max \rho$
> 100	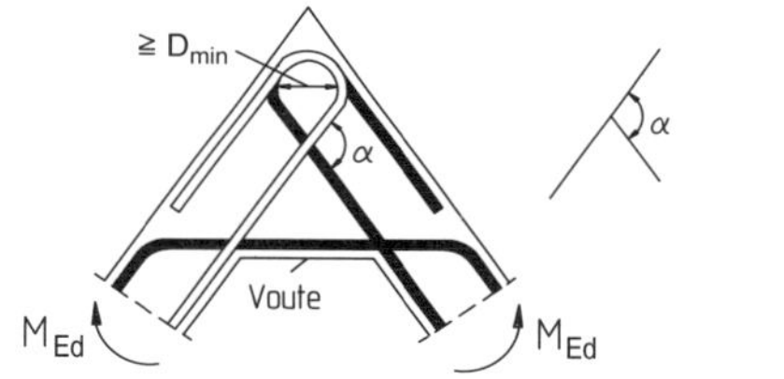 (Abbildung: Voute mit $\geq D_{min}$, α, M_{Ed})	alle	Voute anordnen; außerdem erforderlich: $A_{ss} \geq 1{,}0\ \max \rho$

*) Maximaler Bewehrungsquerschnitt im Schnitt 1-1 bzw. 2-2: $\rho = A_s/(b \cdot d)$

Abb. 5.12 Bewehrungsführung in Rahmenecken bei positivem Moment; Schrägzulage (nach [DIN 1045 – 88])

Die aus der Umlenkung der Betondruckkraft enstehenden Kräfte müssen durch eine Bügelbewehrung aufgenommen werden. Unter Vernachlässigung von Normalkräften N_{Ed} im Riegel und in der Stütze wird die Umlenkkraft bzw. die erforderliche Bügelbewehrung wie folgt ermittelt:

Umlenkkraft: $\quad U_{cd} = \sqrt{F_{cd,1}^2 + F_{cd,2}^2}$ (5.11a)

$\quad$ mit $\quad F_{cd,1} = M_{Ed,1}/z_1$
$\qquad\quad F_{cd,2} = M_{Ed,2}/z_2$

Bügelquerschnitt: $\quad A_{s,bü} = U_{cd}/f_{yd} \quad$ (Summe im Rahmenknoten) (5.11b)

Die Anordnung von Steckbügeln verhindert ein Abspalten des Druckgurtes infolge der Spaltzugkräfte. Bei Bauteilhöhen $h \leq 100$ cm können die Steckbügel konstruktiv angeordnet werden. Für Bauteilhöhen $h > 100$ cm muss jedoch die Steckbügelbewehrung in der Lage sein, die resultierende Kraft der Betondruckzone zurückzuhängen; die Steckbügelbewehrung ist dann für die volle Umlenkkraft U_{cd} (vgl. Gl. (5.11)) zu bemessen.

Die in Abb. 5.13 dargestellten Bewehrungsführungen erreichen bis zu einem mechanischen Bewehrungsgrad $\omega = 0{,}2$ die rechnerische Biegetragfähigkeit in der Rahmenecke. Die schlaufenförmige Biegezugbewehrung ist sorgfältig in der Druckzone zu verankern.

Diskontinuitätsbereiche

a) Konstruktion mit Schrägstäben

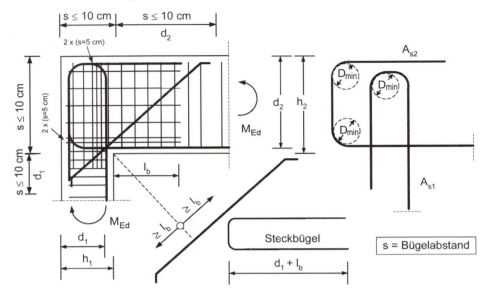

$A_{sS} \geq \max\{A_{s1}/2;\ A_{s2}/2\}$

b) Verstärkung der Biegezugbewehrung um ca. 50 %

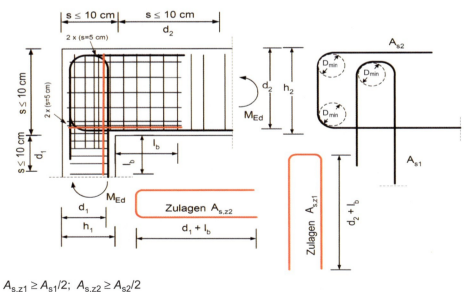

$A_{s,z1} \geq A_{s1}/2;\ A_{s,z2} \geq A_{s2}/2$

Abb. 5.13 Bewehrungsführung, Rahmenecke mit postivem Moment

5.4.3 Rahmenknoten

5.4.3.1 Rahmenendknoten

An den Randstützen treten nennenswerte Biegemomente aus Rahmenwirkung auf. Bei Randstützen ist daher generell die Rahmenwirkung zu berücksichtigen (vgl. a. Abschn. 1.4.2).

Kräfteverlauf und Stabwerkmodelle

Beim Rahmenendknoten wechselt das Vorzeichen des Stützmomentes innerhalb des Rahmenriegels. Ein Stabwerkmodell, das den Kräfteverlauf innerhalb des Knotens zeigt, ist in Abb. 5.14 dargestellt.

Die Biegetragfähigkeit von Riegel und Stütze ist sicherzustellen, außerdem muss die Knotentragfähigkeit nachgewiesen werden. Ein Knotenversagen wird durch einen Knotenschubriss in der oberen „inneren" Ecke ausgelöst.

Innerhalb des Knotens treten sehr große Querkräfte auf (vgl. Abb. 5.14 und nachfolgende Gl. (5.13)). Eine herkömmliche Querkraftbemessung nach EC2-1-1 ist jedoch für die gedrungene Querschnittsform des Knotenbereichs nicht zulässig, da es sich hier um einen D-Bereich handelt. Zur Aufnahme der Spaltzugkräfte F_j sind Steckbügel anzuordnen, die Betondruckstrebe F_c wird über die Knotentragfähigkeit nach Gl. (5.15) nachgewiesen. Zur Berechnung wird in [DAfStb-H525 – 10] ein halbempirischer Bemessungsansatz vorgeschlagen; zu unterscheiden ist dabei die Tragfähigkeit des Knotens ohne und mit Bügelbewehrung.

Ermittlung der Knotenquerkrafttragfähigkeit (nach [DAfStb-H525 – 10])

Es ist nachzuweisen, dass die einwirkende Querkraft V_{jh} die Knotentragfähigkeit $V_{j,Rd}$ (bzw. $V_{j,cd}$) nicht überschreitet:

$$V_{jh} \leq V_{j,Rd} \tag{5.12}$$

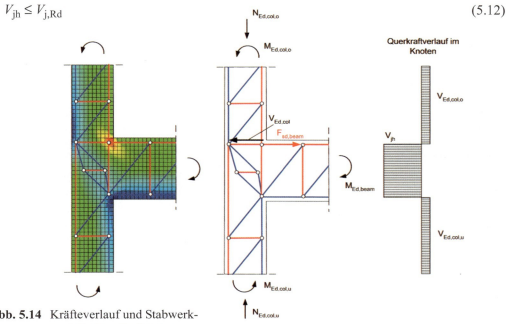

Abb. 5.14 Kräfteverlauf und Stabwerkmodell eines Endknotens

Diskontinuitätsbereiche

Einwirkende Querkraft V_{jh}

Die auf den Knoten einwirkende Querkraft wird bestimmt aus

$$V_{jh} = F_{sd,beam} - V_{Ed,col,o} = M_{Ed,beam} / z_{beam} - V_{Ed,col,o} \qquad (5.13)$$

Knotentragfähigkeit $V_{j,Rd}$

Es ist zu unterscheiden zwischen der Tragfähigkeit ohne (rechnerisch erforderliche) und mit Bügelbewehrung.

- Knotentragfähigkeit ohne rechnerisch erforderliche Bügel:

$$V_{j,cd} = 1{,}4 \cdot (1{,}2 - 0{,}3 \cdot (h_{beam}/h_{col})) \cdot b_{eff} \cdot h_{col} \cdot (f_{cd}^*)^{1/4} \qquad (5.14)$$

mit $b_{eff} = (b_{beam} + b_{col})/2 \leq b_{col}$ (effektive Knotenbreite)
$1{,}0 \leq (h_{beam}/h_{col}) \leq 2{,}0$ (Schubschlankheit)
$f_{cd}^* = f_{ck}/\gamma_c$ (ohne Dauerstandsbeiwert α_{cc} gemäß EC2-1-1)

Wenn die Knotentragfähigkeit $V_{j,cd}$ ohne Bügel größer als die Querkraft V_{jh} ist, sind Steckbügel konstruktiv zu wählen. Auf den Nachweis der Knotentragfähigkeit mit Bügeln kann dann verzichtet werden.

- Knotentragfähigkeit mit rechnerisch erforderlicher Bügelbewehrung:

$$V_{j,Rd} = V_{j,cd} + 0{,}4 A_{sj,eff} \cdot f_{yd} \leq \genfrac{}{}{0pt}{}{\leq 2\, V_{j,cd}}{\gamma_N \cdot 0{,}25 \cdot f_{cd}^* \cdot b_{eff} \cdot h_{col}} \qquad (5.15)$$

mit $A_{sj,eff}$ effektive Bügelbewehrung (nur im Knotenbereich auf Riegelhöhe anrechenbar)
$\gamma_N = \gamma_{N1} \cdot \gamma_{N2}$ Einfluss der quasi-ständigen Stützendruckkraft $N_{Ed,col}$ auf die Knotenschlankheit; es sind
$\gamma_{N1} = 1{,}5 \cdot (1 - 0{,}8 \cdot (N_{Ed,col}/A_{c,col} \cdot f_{ck})) \leq 1$ (Längskrafteinfluss)
$\gamma_{N2} = 1{,}9 - 0{,}6\, h_{beam}/h_{col} \leq 1$ (Schubschlankheit)

Bewehrungsführung und Konstruktionsregeln [DAfStb-H525 – 10]

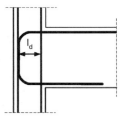

Die **Riegelbewehrung** wird um 180° mit einem Biegerollendurchmesser $D_{min} \geq 10\, d_s$ abgebogen und in die Riegeldruckzone geführt. Die anrechenbare Verankerungslänge ergibt sich zu $l_{bd} = 2 \cdot l_d$. Noch wirkungsvoller ist eine gerade Riegelzugbewehrung mit einer Ankerplatte, die hinter der äußeren Stützenbewehrung verankert wird. Weitere Hinweise s. a. *Hegger/Roeser* in Stahlbetonbau aktuell 2004.

Bei der **Stützenbewehrung** ist zu beachten, dass das Stützenmoment innerhalb des Knotens das Vorzeichen wechselt. Die *Stützenlängsbewehrung* muss daher innerhalb des Knotens verankert werden. Wenn die Riegelhöhe nicht ausreicht, ist die erforderliche Verankerung durch Zulagebewehrung (ΔA_s) sicherzustellen. In nicht ausgesteiften Rahmentragwerken sollte die Stützenbewehrung an den Knotenanschnitten pauschal um 1/3 gegenüber der rechnerisch erforderlichen erhöht werden, um Rechenungenauigkeiten und vereinfachende Annahmen zu berücksichtigen. Erläuterungen und rechnerische Nachweise s. a. [DAfStb-H532 – 10].

Die *Steckbügelbewehrung* sollte im Abstand $s \leq 10$ cm, im Bereich der Riegelzugzone $s \leq 5$ cm (mindestens 3 Bügel) angeordnet werden. Die Steckbügel sind mit der Länge d_{beam} im Riegel zu verankern. Die Abstände der Bügel in den Stützen unterhalb und oberhalb des Knotens sind entsprechend der Rahmenecke mit positivem Moment anzuordnen.

Rahmenecken

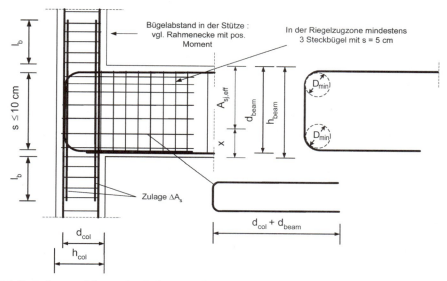

Abb. 5.15 Bewehrungsführung im Rahmenendknoten

5.4.3.2 Rahmeninnenknoten

Unverschieblicher Rahmen

Bei unverschieblichen Rahmen darf die Rahmenwirkung für die Innenstützen vernachlässigt werden, wenn das Stützweitenverhältnis benachbarter Felder zwischen $0{,}5 < l_{\text{eff},1} / l_{\text{eff},2} < 2$ liegt (vgl. a. Abschn. 1.4.2).

Die Stützenbewehrung wird durch den Knoten durchgeführt. Der Riegel ist für Biegung mit Längskraft und Querkraft zu bemessen. Bei hoher Ausnutzung der Stützendruckbewehrung ist eine enge Verbügelung der Stützenanschnitte vorzusehen.

Das *Stabwerkmodell* und die *Bewehrungsführung* des Rahmeninnenknotens in unverschieblichen Rahmen (d. h. mit beidseitigen negativen Biegemomenten) zeigt Abb. 5.16.

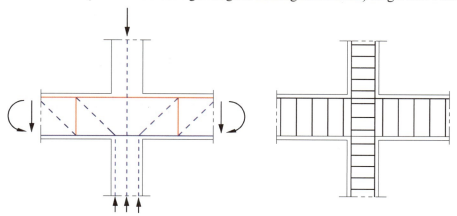

Abb. 5.16 Stabwerkmodell und Bewehrungsführung in Rahmeninnenknoten unter beidseitig negativer Beanspruchung (unverschieblicher Rahmen)

Diskontinuitätsbereiche

Verschieblicher Rahmen

Bei verschieblichen bzw. nicht ausgesteiften Rahmen ist die Rahmenwirkung stets zu berücksichtigen und das Gesamtsystem zu untersuchen.

Kräfteverlauf und Stabwerkmodell

Die Rahmeninnenknoten werden durch gegenläufig gerichtete Momente beansprucht, die aus den Horizontallasten und der feldweise ungünstigen Anordnung der Verkehrslast resultieren. Es sind daher zum Einen die Knotentragfähigkeit nachzuweisen und zum Anderen die Verankerung der Biegezugbewehrung im Knotenbereich zu überprüfen.

Ermittlung der Knotenquerkrafttragfähigkeit (nach [DAfStb-H525 – 10])

Die Knotentragfähigkeit wird nachgewiesen durch

$$V_{jh} = (|M_{Ed,beam,1}| + |M_{Ed,beam,2}|)/z_{beam} - |V_{col}| \leq \gamma_N \cdot 0{,}25 \cdot f_{cd}^* \cdot b_{eff} \cdot h_{col} \qquad (5.16)$$

mit f_{cd}^* $\quad = f_{ck}/\gamma_c$ (ohne Dauerstandsbeiwert α_{cc})
$\quad |M_{Ed,beam,i}|$ gegenläufige Biegemomente (betragsmäßig) im Riegel 1 und 2
$\quad \gamma_N$ Einfluss der quasi-ständigen Stützendruckkraft $N_{Ed,col}$
$\quad \quad = 1{,}5 \cdot (1 - 0{,}8 \cdot (N_{Ed,col}/A_{c,col} \cdot f_{ck}) \leq 1$

Gl. (5.16) ist gültig für Schubschlankheit $1{,}0 \leq h_{beam}/h_{col} \leq 1{,}5$.

Bewehrungsführung und Konstruktionsregeln

Die Stützen- und Riegelbewehrung ist gerade durch den Knoten zu führen und im Knotenbereich zu verankern. Wenn die Verankerungslänge innerhalb des Knotens nicht nachgewiesen werden kann, ist eine Zulagebewehrung erforderlich. Die Stützen- und Riegelbewehrung an den Knotenanschnitten sollte pauschal um 1/3 gegenüber der Biegebemessung erhöht werden (vgl. a. Rahmenendknoten).

Der Bügelbewehrungsgrad im Knotenbereich muss dem Bügelbewehrungsgrad der Stützen entsprechen.

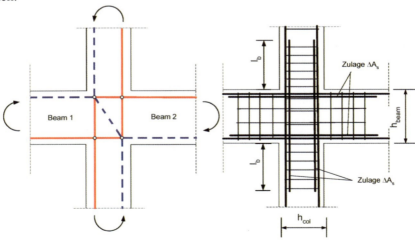

Abb. 5.17 Stabwerkmodell und Bewehrungsführung in Rahmeninnenknoten unter antimetrischer Belastung

5.4.4 Beispiele

5.4.4.1 Rahmenecke mit negativem Moment (Beispiel wird im Abschn. 5.4.4.2 fortgesetzt.)

Aufgabenstellung

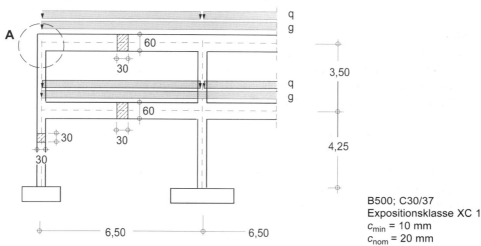

B500; C30/37
Expositionsklasse XC 1
c_{min} = 10 mm
c_{nom} = 20 mm

Zweistöckiger unverschieblich gehaltener Rahmen mit Bemessungslasten. Es ist die Rahmenecke „A" nachzuweisen.

Schnittgrößen

In einer hier nicht dargestellten Berechnung (beispielsweise mit dem c_o/c_u-Verfahren; s. Abschn. 1.4.2) wurden ermittelt:

- Riegel (beam) $M_{Ed,beam}$ = −48,5 kNm
  $(N_{Ed,beam}$ = −20,8 kN) *)
  $V_{Ed,beam}$ = 166,7 kN
- Stütze (column) $M_{Ed,col}$ = −48,5 kNm
  $N_{Ed,col}$ = −166,7 kN
  $V_{Ed,col}$ = −20,8 kN

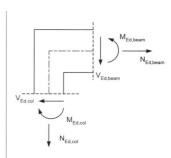

Bemessung der Rahmenecke

- **Riegel** $b/h/d$ = 30/60/56,5 cm

$M_{Ed,I} = M_{Ed,beam} + V_{Ed,beam} \cdot 0{,}3 \, h_{col}$
$= -48{,}5 + 166{,}7 \cdot 0{,}3 \cdot 0{,}30 = -33{,}5$ kNm

$M_{Eds} = |M_{Ed,I}| = 33{,}5$ kNm

$\mu_{Eds} = \dfrac{0{,}0335}{0{,}3 \cdot 0{,}565^2 \cdot 17{,}0} = 0{,}0206$

Bemessungsmoment im Abstand $0{,}3 h_{col}$ von der Stützenmitte

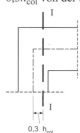

---

*) Aus Gleichgewicht am Knoten; die Riegellängskraft wird bei üblichen Näherungsverfahren nicht explizit ermittelt und nachfolgend bei der Bemessung vernachlässigt.

Diskontinuitätsbereiche

$\to \omega = 0{,}021$

$\to \zeta = 0{,}98; \quad z = \zeta \cdot d = 0{,}98 \cdot 0{,}565 = 0{,}55$ m

$A_{s,erf} = \dfrac{1}{435} \cdot (0{,}021 \cdot 0{,}30 \cdot 0{,}565 \cdot 17{,}0) \cdot 10^4 = 1{,}39\,\text{cm}^2$

gew.: 2 ∅ 16 (= 4,02 cm²)

vgl. Bemessungstafeln, Band 1

- **Stütze** $b/h/d = 30/30/26{,}5$ cm

  Es wird nur die Bemessung am Knoten gezeigt; zusätzlich ist eine Bemessung für symmetrische Bewehrung als Druckglied durchzuführen (ein Nachweis nach Theorie II. Ordnung ist im vorliegenden Fall nicht erforderlich).

  $M_{Ed,II} = M_{Ed} + V_{Ed,col} \cdot (d_2 + z - h_{beam}/2)$
  $\qquad = -48{,}5 + 20{,}8 \cdot (0{,}035 + 0{,}55 - 0{,}30) = -42{,}6$ kNm

  $M_{Eds} = |M_{Ed,II}| = 42{,}6$ kNm

Bemessungsmoment, Anschnitt in Höhe der Riegeldruckzone

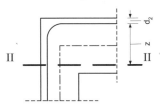

(Anmerkung: Die günstig wirkende Längsdruckkraft wird auf der sicheren Seite nicht berücksichtigt, da sie erst am Stützenanschnitt in den Knoten eingeleitet wird.)

$\mu_{Eds} = \dfrac{0{,}0426}{0{,}3 \cdot 0{,}265^2 \cdot 17{,}0} = 0{,}119$

$\to \omega = 0{,}127$

$A_{s,erf} = \dfrac{1}{435} \cdot (0{,}127 \cdot 0{,}30 \cdot 0{,}265 \cdot 17{,}0) \cdot 10^4 = 3{,}95\,\text{cm}^2$

vgl. Bemessungstafeln, Band 1

gew.: 2 ∅ 16 (= 4,02 cm²)

- **Bewehrungsführung**

  – *Stoß der (Zug-)Längsbewehrung*

  $l_0 = \alpha_6 \cdot \alpha_1 \cdot l_{b,rqd} \geq l_{0,min}$

  $\alpha_1 = 0{,}7$ (Winkelhaken)

  $l_{b,rqd} = (A_{s,req}/A_{s,prov}) \cdot l_{b,rqd,y}$

  $l_{b,rqd,y}^{(I)} = 57$ cm; $\quad l_{b,rqd,y}^{(II)}\ 57/0{,}7 = 82$ cm

  $A_{s,req}/A_{s,prov} = 3{,}95/4{,}02 = 0{,}98$

  $\alpha_1 \cdot l_{b,rqd}^{(I)} = 0{,}7 \cdot 0{,}98 \cdot 57 = 39$ cm

  $\alpha_1 \cdot l_{b,rqd}^{(II)} = \alpha_1 \cdot l_{b,rqd}^{(I)} / 0{,}7$

  $l_0 = l_{0,beam}^{(II)} + l_{0,col}^{(I)} \quad \to$

  $l_{0,beam}^{(II)} = (l_0^{(I)} - l_{0,col}^{(I)})/0{,}7$

  $l_{0,col}^{(I)} = h_{beam} - 5$ cm $= 55$ cm

  $l_0^{(I)} = \alpha_6 \cdot \alpha_1 \cdot l_{b,rqd}^{(I)} \geq l_{0,min}$

  $\qquad \alpha_6 = 2{,}0$ (Stoßanteil > 33 %, $d_s \geq 16$ mm, $c_1 < 4 d_s$)

  $l_0^{(I)} = 2{,}0 \cdot 39 = 78$ cm

  $l_{0,beam}^{(II)} = (78 - 55)/0{,}7 = 33$ cm

  gew.: $l_{0,beam}^{(II)} = 35$ cm

Der Nachweis wird für die höher beanspruchte Stützenbewehrung geführt.

Der Übergangsstoß befindet sich sowohl im guten (I) als auch im mäßigen Verbundbereich (II).

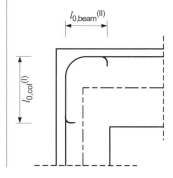

Rahmenecken

– *Querbewehrung im Stoßbereich*

$A_{st} \geq A_s$

A_s = Fläche eines gestoßenen Stabes

$\varnothing\ 16 \rightarrow A_s = 2{,}01\ cm^2$

gew.: $2 \cdot 3 = 6$ Bügel $\varnothing\ 8$ (vorh. $A_{st} = 3{,}02\ cm^2$)

vgl. Bemessungstafeln, Band 1

Die Querbewehrung muss die Stoßenden jeweils auf einer Länge $l_0/3$ bügelartig umfassen.

– *Biegerollendurchmesser*

Mindestmaß der Betondeckung rechtwinklig zur Krümmungsebene:

$c_{min} = 2{,}0 + 0{,}8 = 2{,}8\ cm < 5{,}0\ cm \rightarrow$
$D_{min} \geq 20 \cdot d_s \geq 20 \cdot 1{,}6 = 32\ cm$

Betondeckung der abgebogenen Längsbewehrung

– *Winkelhaken*

$D_{min} \geq 4{,}0 \cdot d_s = 4{,}0 \cdot 1{,}6 = 6{,}4\ cm$

– *Verankerungslänge der Steckbügel (horizontal)*

$l_b = l_{b,rqd,y}$ ab Innenkante Stütze
gute Verbundbedingungen: $l_b^{(I)} = 29\ cm$
mäßige Verbundbedingungen: $l_b^{(II)} = 41\ cm$

vgl. Bemessungstafeln, Band 1

- **Bewehrungsskizze**

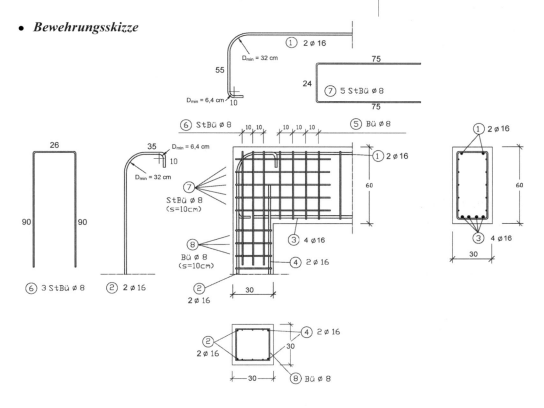

Diskontinuitätsbereiche

5.4.4.2 Rahmenendknoten (Fortsetzung des Beispiels im Abschn. 5.4.4.1)

Aufgabenstellung

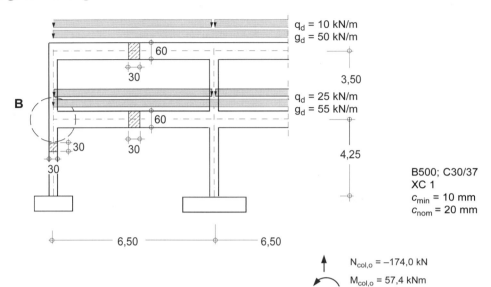

Schnittgrößen

Es wurden am Knoten B die dargestellten Bemessungsschnittgrößen im Grenzzustand der Tragfähigkeit ermittelt.

Detail B

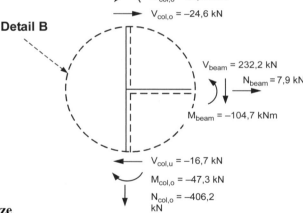

Bemessung des Riegels und der Stütze

- **Riegel** $b/h/d = 30/60/56$ cm

  (Die Bemessung erfolgt näherungsweise in der Systemachse; die geringe Riegellängskraft wird vernachlässigt.)

  $M_{Eds} = M_{Ed} = 104{,}7$ kNm

  $\mu_{Eds} = \dfrac{0{,}1047}{0{,}3 \cdot 0{,}56^2 \cdot 17{,}0} = 0{,}0655$ vgl. Bemessungstafeln, Band 1

  $\rightarrow \omega = 0{,}068; \;\; \zeta = 0{,}96$

  $A_{s,erf} = \dfrac{1}{435} \cdot (0{,}068 \cdot 0{,}30 \cdot 0{,}56 \cdot 17{,}0) \cdot 10^4 = 4{,}46\,\text{cm}^2$

  gew.: 3 ⌀ 14 (= 4,62 cm²)

- *Stütze*

  Bemessung mit Interaktionsdiagramm für sym. Bewehrung
  (ohne Darstellung der Berechnung)
  erf $A_{s,tot}$ = 7,0 cm²
  gewählt : 4 ⌀ 16 (= 8,04 cm²)

Bemessung und Konstruktion des Knotens

- *Knotenquerkraft*

  $V_{Ed,jh} = F_{sd,beam} - V_{Ed,col,o}$ vgl. Gl. (5.13)
  $F_{sd,beam} = M_{Ed,beam} / z = 104,7/(0,96 \cdot 0,56) = 194,8$ kN

  $V_{Ed,col,o} = 24,6$ kN
  $V_{Ed,jh} = 194,8 - 24,6 = 170,2$ kN

- *Knotentragfähigkeit ohne Bügel* vgl. Gl. (5.14)

  $V_{j,cd} = 1,4 \cdot (1,2 - 0,3 \cdot (h_{beam}/h_{col})) \cdot b_{eff} \cdot h_{col} \cdot (f_{cd}*)^{1/4}$
  $h_{beam} = 60$ cm
  $h_{col} = 30$ cm
  $b_{eff} = (b_{col} + b_{beam})/2 = 0,30$ cm
  $V_{j,cd} = 1,4 \cdot (1,2 - 0,3 \cdot (60/30)) \cdot 0,3 \cdot 0,3 \cdot (30/1,5)^{1/4}$
  $= 0,1599$ MN $= 159,9$ kN $< 170,2$ kN
  → Knotentragfähigkeit ohne Bügel nicht ausreichend.

- *Knotentragfähigkeit mit Bügel*

  gew.: 5 Steckbügel ⌀ 8 oberhalb der Biegedruckzone
  (2 weitere Steckbügel in der Druckzone konstruktiv; siehe Bewehrungszeichnung)

  $V_{j,Rd} = V_{j,cd} + 0,4 \cdot A_{sj,eff} \cdot f_{yd} \begin{array}{l} \leq 2\, V_{j,cd} \\ \leq \gamma_N \cdot 0,25 \cdot f_{cd}* \cdot b_{eff} \cdot h_{col} \end{array}$ vgl. Gl. (5.15)

  $A_{sj,eff} = 5 \cdot 2 \cdot 0,50 = 5,0$ cm²
  $f_{yd} = 435$ MN/m²
  $V_{j,Rd} = 159,9 + 0,4 \cdot 5,0 \cdot 43,5 = 246,9$ kN
  $\gamma_N = \gamma_{N1} \cdot \gamma_{N2}$
  $\gamma_{N1} = 1,5 \cdot (1 - 0,8 \cdot (N_{Ed,col}/A_{c,col} \cdot f_{ck})) \leq 1$
  $|N_{Ed,col}| = 350$ kN
  $\gamma_{N1} = 1,5 \cdot (1 - 0,8 \cdot (0,350/0,30^2 \cdot 30)) = 1,344 > 1$
  $\gamma_{N2} = 1,9 - 0,6\, h_{beam}/h_{col} \leq 1$
  $= 1,9 - 0,6 \cdot 2 = \mathbf{0,7} < 1$
  $\gamma_N = 0,7$
  $V_{j,Rd} = 0,247$ MN $\begin{array}{l} \leq 2 \cdot 0,160 = 0,320 \text{ MN} \\ \leq 0,7 \cdot 0,25 \cdot (30/1,5) \cdot 0,30 \cdot 0,30 = 0,315 \text{ MN} \end{array}$

  $V_{j,Rd} = 246,9$ kN $> V_{Ed,jh} = 170,2$ kN
  → Knotentragfähigkeit mit Bügel ausreichend.

$N_{Ed,col}$ Quasi-ständige Stützenlängskraft
$N_{Ed,col} = N_{Ed,g} + \psi_2\, N_{Ed,q}$
Es wird auf der sicheren Seite die größere Stützenlängsdruckkraft UK Riegel berücksichtigt.
Annahme: $N_{Ed,col} = -350$ kN

Diskontinuitätsbereiche

- **Bewehrungsführung**
  - Grundwert der Verankerungslänge $l_{b,rqd,y}$ (guter Verbund)
    $\varnothing$ 14: $l_{b,rqd,y}$ = 50 cm
    $\varnothing$ 16: $l_{b,rqd,y}$ = 57 cm

    vgl. Abschn. 3.5

  - Nachweis der Verankerung der Riegelbewehrung:
    Die Riegelzugbewehrung wird um 180° abgebogen und in die Riegeldruckzone geführt.

    $l_{bd} = \alpha_1 \cdot \dfrac{A_{s,req}}{A_{s,prov}} \cdot l_{b,rqd,y} = 1{,}0 \cdot \dfrac{4{,}46}{4{,}62} \cdot 50 = 48$ cm

    $l_{bd,prov} = 2 \cdot l_d = 2 \cdot (30 - 2 \cdot 2{,}0 - 2 \cdot 1{,}6 / 2)$
    $= 2 \cdot 24{,}4 = 48{,}8$ cm > 48 cm

    anrechenbare Verankerungslänge gem. Abschn. 5.4.3.1

  - Nachweis der Verankerung der Stützenbewehrung:

    $l_{bd} = \alpha_1 \cdot \dfrac{A_{s,req}}{A_{s,prov}} \cdot l_{b,rqd,y} = 1{,}0 \cdot \dfrac{7{,}0}{8{,}04} \cdot 58 = 50$ cm $< h_{beam}$

    $\rightarrow$ keine Zulagebewehrung erforderlich!

Bewehrungszeichnung

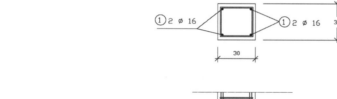

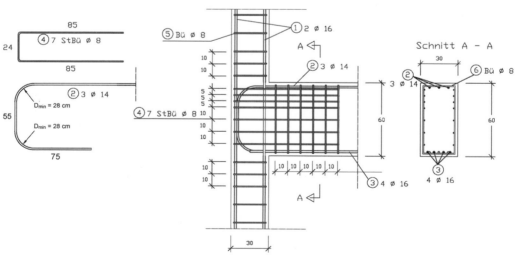

5.4.4.3 Rahmenecke mit positivem Moment
System und Belastung

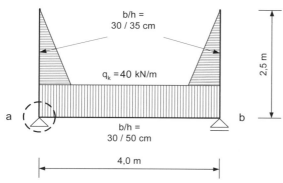

BSt 500 S; C 25/30
XC 4
c_{min} = 25 mm
c_{nom} = 40 mm

Eigenlasten   Riegel $g_d = 1{,}35 \cdot (25 \cdot 0{,}30 \cdot 0{,}50)$
                         $= 5{,}06$ kN/m
                Stütze $g_d = 1{,}35 \cdot (25 \cdot 0{,}30 \cdot 0{,}35)$
                         $= 3{,}54$ kN/m
Verkehrslast (s. Skizze) $q_d = 1{,}50 \cdot 40$
                         $= 60{,}0$ kN/m

ohne Darstellung des Rechengangs

Schnittgrößen
- „Stütze" (column) $M_{Ed,col}$ = 62,5 kNm
                       $N_{Ed,col}$ = −8,9 kN
                       $V_{Ed,col}$ = 75,0 kN
- Riegel (beam) $M_{Ed,beam}$ = 62,5 kNm
                       $N_{Ed,beam}$ = 75,0 kN
                       $V_{Ed,beam}$ = 130,1 kN

Im Sinne von EC2-1-1 handelt es sich nicht um eine Stütze, sondern um einen Kragträger

Bemessung der Rahmenecke
- **Riegel** $b/h/d = 30/50/44{,}5$ cm

$M_{Ed} = M_{Ed,beam} = 62{,}5$ kNm
$M_{Eds} = M_{Ed} - N_{Ed,beam} \cdot z_s$
$= 62{,}5 - 75{,}0 \cdot (0{,}25 - 0{,}055) = 47{,}9$ kNm

$\mu_{Eds} = \dfrac{0{,}0479}{0{,}3 \cdot 0{,}445^2 \cdot 14{,}2} = 0{,}0568$

$\rightarrow \omega = 0{,}059$

$A_{s,erf} = \dfrac{1}{435} \cdot (0{,}059 \cdot 0{,}30 \cdot 0{,}445 \cdot 14{,}2 + 0{,}075)$
$= 4{,}30 \cdot 10^{-4}$ m² $= 4{,}30$ cm²

gew.: 3 ⌀ 14 (= 4,62 cm²)

Moment in der Systemlinie

vgl. Bemessungstafeln, Band 1

Diskontinuitätsbereiche

- **"Stütze"** $b/h/d = 30/35/29{,}5$ cm

  $\begin{aligned} M_{Ed,II} &= M_{Ed} - V_{Ed,col} \cdot (0{,}5\, h_{beam} - d_1) \\ &= 62{,}5 - 75{,}0 \cdot (0{,}25 - 0{,}055) = 47{,}9 \text{ kNm} \end{aligned}$

  $\begin{aligned} M_{Eds} &= |M_{Ed,II}| - N_{Ed,col} \cdot z_s \\ &= 47{,}9 + 8{,}9 \cdot (0{,}175 - 0{,}055) = 49{,}0 \text{ kNm} \end{aligned}$

  $\mu_{Eds} = \dfrac{0{,}0490}{0{,}3 \cdot 0{,}295^2 \cdot 14{,}2} = 0{,}132$

  $\rightarrow \omega = 0{,}142$

  $\begin{aligned} A_{s,erf} &= \dfrac{1}{435} \cdot (0{,}142 \cdot 0{,}30 \cdot 0{,}295 \cdot 14{,}2 - 0{,}0089) \\ &= 3{,}90 \cdot 10^{-4} \text{ m}^2 = 3{,}90\, \text{cm}^2 \end{aligned}$

  gew.: 3 ⌀ 14 (= 4,62 cm²)

  Bemessungsmoment in Höhe der Riegelbewehrung

  vgl. Bemessungstafeln, Band 1

- ***Bewehrungsführung***

  – *Biegezugbewehrung der Stütze*

    Biegerollendurchmesser

    $D_{prov} = 35 - 2 \cdot (4{,}0 + 0{,}8 + 1{,}4) = 22{,}6$ cm

    $\begin{aligned} D_{min} &= 15 \cdot d_s \\ &= 15 \cdot 1{,}4 = 21{,}0 \text{ cm} < 22{,}6 \text{ cm} \end{aligned}$

    gew.: $D_{min} = 22{,}6$ cm

    Mögl. Durchmesser; aus Geometrie.

    Es ist eine Betondeckung der äußeren Stäbe senkrecht zur Krümmungsebene > 50 mm sicherzustellen.

    Verankerung in der Druckzone

    $l_b \geq h_{col} / 2 = 17{,}5$ cm   (ab Innenkante Riegel)

  – *Biegezugbewehrung des Riegels*

    Biegerollendurchmesser

    $D_{min} = 20 \cdot d_s = 20 \cdot 1{,}4 = 28{,}0$ cm (für $c_{nom} < 5$ cm)

    gew.: $D_{min} = 28$ cm

    Verankerung in der Druckzone:

    $l_b \geq h_{beam} / 2 = 25$ cm   (ab Innenkante Stütze)

    Die Übergreifung mit der Feldbewehrung ist zusätzlich zu beachten.

  – *Umlenkung der Rahmenzugkraft* durch Zulagebewehrung

    vgl. Abschnitt 5.4.2 und Abb. 5.13

    maximaler Längsbewehrungsgrad

    $\rho_l = A_s/(b \cdot d) = 3{,}90 / (30 \cdot 29{,}5) = 0{,}44\,\% > 0{,}40\,\%$

    $\rightarrow$ Zulagebewehrung erforderlich.

    - Variante 1: Schrägbewehrung (s. Bewehrungsskizze)

      $A_{sS} \geq \max\{A_{s1}/2; A_{s2}/2\} = 4{,}30/2 = 2{,}15$ cm²

      gewählt: 2 ⌀ 12 (= 2,26 cm²)

      Verankerung ab Kreuzungspunkt der Biegebewehrung:

      $l_b = l_{b,rqd,y} \geq 48$ cm

    - Variante 2: Erhöhung der Biegezugbewehrung

      gewählt: je 1 Steckbügel ⌀ 12 (= 2,15 cm)

      Verankerung ab Kreuzungspunkt der Biegebewehrung:

      $l_b = l_{b,rqd,y} \geq 48$ cm

Rahmenecken

- *Bewehrungsskizze*

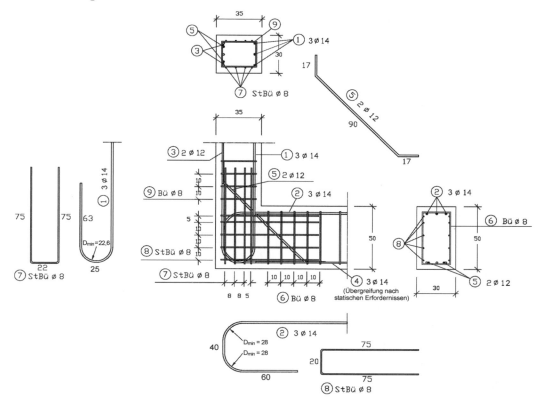

Diskontinuitätsbereiche

5.5 Teilflächenbelastung

5.5.1 Grundsätzliches

Bei örtlicher Krafteinleitung entstehen auf einer kleinen Teilfläche relativ große Betondruckspannungen, die sich im anschließenden Bauteil ausbreiten. Senkrecht zu diesen Hauptdruckspannungen entstehen Zugspannungen (Querzugspannungen), die durch Bewehrung abzudecken sind. Der Verlauf der Hauptdruck- und Hauptzugspannungen ist in Abb. 5.18 dargestellt.

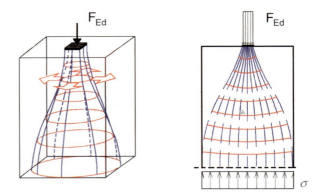

Abb. 5.18 Hauptdruck- und Hauptzugspannungen im Krafteinleitungsbereich

Etwa auf einer Länge gleich der Querschnittsseite breitet sich die Last über die ganze Bauteilbreite aus, wobei rechnerisch eine Begrenzung auf die 3fache Krafteinleitungsbreite zu berücksichtigen ist. Im Bereich von etwa $0{,}2\,b$ bis $1{,}0\,b$ treten Querzugspannungen auf, die mit ihrem Schwerpunkt etwa bei $0{,}4\,b$ bis $0{,}5\,b$ liegen. Den Kräfteverlauf und das daraus resultierende Stabwerkmodell zeigt Abb. 5.19.

Für die Tragfähigkeit sind die Druck- und Zugstreben des Stabwerkmodells nachzuweisen. Bei ausreichender Spaltzugbewehrung können dabei wegen der Umschnürung des Druckspannungsfeldes im Krafteinleitungsbereich erhöhte Druckspannungen (bis zu $3{,}0 f_{cd}$; vgl. Abschn. 5.5.2) zugelassen werden.

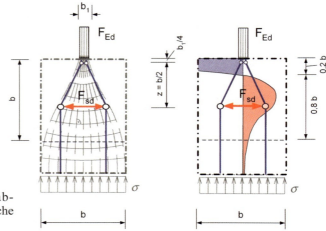

Abb. 5.19 Spannungsverlauf, Stabwerkmodell und erforderliche Bewehrungsanordnung

5.5.2 Mittige Teilflächenbelastung

Bei örtlicher Krafteinleitung sind die **Druckkräfte** zu begrenzen. Der Bemessungswert der einwirkenden Teilflächenlast F_{Ed} darf die aufnehmbare F_{Rdu} nicht überschreiten:

$$F_{Rdu} = A_{c0} \cdot f_{cd} \cdot \sqrt{A_{c1}/A_{c0}} \leq 3{,}0 \cdot f_{cd} \cdot A_{c0}$$

mit der Belastungsfläche A_{c0} und der Verteilungsfläche A_{c1}.

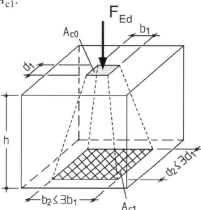

Abb. 5.20 Lasteinleitungsfläche und max. zulässige Lastausbreitungsfläche nach EC-1-1

Die für die Aufnahme der Kraft F_{Rdu} rechnerische Verteilungsfläche A_{c1} muss folgende Bedingungen erfüllen:

– Die Fläche A_{c1} muss der Fläche A_{c0} geometrisch ähnlich sein.
– Der Schwerpunkt der Verteilungsfläche A_{c1} muss in Belastungsrichtung mit dem der Belastungsfläche A_{c0} übereinstimmen.
– Für die zur Lastverteilung in Belastungsrichtung zur Verfügung stehende Höhe h muss gelten: $h \geq b_2 - b_1$ und $h \geq d_2 - d_1$. Die Maße der rechnerischen Verteilungsfläche A_{c1} müssen den Bedingungen der Abb. 5.20 entsprechen.
– Bei mehreren Druckkräften dürfen sich die rechnerischen Verteilungsflächen innerhalb der Höhe h nicht überschneiden.
– Bei ungleichmäßiger Belastung über die Teilfläche A_{c0} oder bei größeren Querkräften ist der Wert von F_{Rdu} zu verringern.

Eine Verringerung von F_{Rdu} bei ungleichmäßiger Belastung über die Lasteinleitungsfläche kann beispielsweise durch Reduzierung der Teilfläche A_{c0} mit den Abmessungen b_1 und d_1 auf die rechnerische Breite b_{cal} und d_{cal} unter Berücksichtigung der Verteilung der Lagerpressungen erfolgen. Bei trapezförmiger Verteilung der Auflagerpressungen ergibt sich:

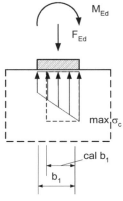

$b_{1,cal} = F_{Ed}/(\sigma_{c,max} \cdot d_1)$
$d_{1,cal} = F_{Ed}/(\sigma_{c,max} \cdot b_1)$

Diskontinuitätsbereiche

Die im Lasteinleitungsbereich vorhandenen **Querzugkräfte** *(Spalt- und Randzugkräfte)* sind durch Bewehrung aufzunehmen. Für den Sonderfall der mittigen Teilflächenbelastung ergibt sich die Spaltzugkraft aus

$$F_{sd} = \frac{N_{Ed}}{4} \cdot \left(1 - \frac{b_1}{b}\right)$$

Die hierfür erforderliche Spaltzugbewehrung wird mit dem Bemessungswert der Betonstahlspannung f_{yd} ermittelt und sollte den Zugbereich möglichst gleichmäßig durchsetzen. Nach [DAfStb-H240 – 92] darf die Spaltzugbewehrung näherungsweise dreiecksförmig verteilt werden (vgl. Abb. 5.21).

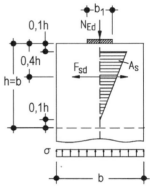

Abb. 5.21 Anordnung der Spaltzugbewehrung bei Teilflächenbelastung

5.5.3 Exzentrische Teilflächenbelastung

Bei ausmittiger Teilflächenbelastung wird zunächst verfahren wie bei mittiger Belastung, wobei als Belastungsbereich eine Fläche mit einer Breite $b' = 2 \cdot e'$ (mit e' als Randabstand der einwirkenden Längskraft) angesetzt wird. Dieses Ersatzprisma ist über eine **Randzugbewehrung** in die Konstruktion „zurückzuhängen".

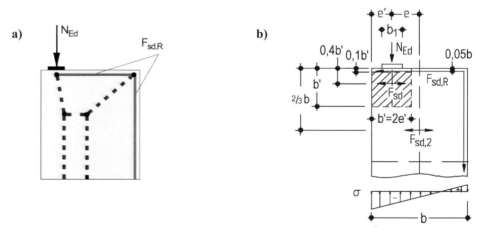

Abb. 5.22 Exzentrische Teilflächenbelastung und Randzugbewehrung; Stabwerkmodell (a) sowie Spaltzug- und Randzugbewehrung (b)

Spalt- und Randzugbewehrung ergeben sich zu

$$F_{sd} = \frac{N_{Ed}}{4} \cdot \left(1 - \frac{b_1}{b'}\right)$$

$$F_{sd,R} = N_{Ed} \cdot \left(\frac{e}{b} - \frac{1}{6}\right)$$

$$F_{sd,2} \approx 0{,}3\, F_{sd,R}$$

Für die Ermittlung der Rand- und Spaltzugkräfte bei mehreren angreifenden Längskräften wird auf [DAfStb-H240 – 92] verwiesen.

5.5.4 Beispiel

Lagerung eines Binders auf dem Stützenkopf einer Fertigteilstütze, Lasteinleitung auf dem Stützenkopf über ein Elastomerlager mit den Abmessungen $b/d/t = 200/250/11$ mm. Es ist der Lasteinleitungsbereich des Stützenkopfes nachzuweisen.

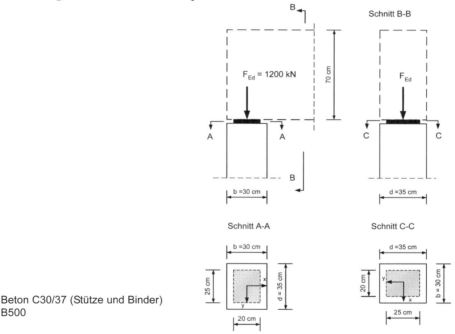

Beton C30/37 (Stütze und Binder)
B500

Nachweis der Druckspannung

Belastungsfläche A_{c0} und Lastverteilungsfläche A_{c1}

$A_{c0} = b_1 \cdot d_1 = 0{,}20 \cdot 0{,}25 = 0{,}05$ m²
$b_2 = 0{,}30$ m $\leq 3 \cdot b_1 = 0{,}60$ m
$d_2 = 0{,}35$ m $\leq 3 \cdot d_1 = 0{,}75$ m
$A_{c1} = b_2 \cdot d_2 = 0{,}30 \cdot 0{,}35 = 0{,}105$ m²

Bemessungswert der aufnehmbaren Teilflächenlast

$F_{Rdu} = A_{c0} \cdot f_{cd} \cdot (A_{c1}/A_{c0})^{0{,}5} \leq 3{,}0 \cdot f_{cd} \cdot A_{c0}$

Diskontinuitätsbereiche

$$F_{Rdu} = 0{,}05 \cdot 17{,}0 \cdot (0{,}105/0{,}05)^{0,5} \leq 3{,}0 \cdot 17{,}0 \cdot 0{,}05$$
$$= 1{,}232 \text{ MN} \qquad\qquad < 2{,}550 \text{ MN}$$
$$F_{Rdu} = 1232 \text{ kN} > F_{Ed} = 1200 \text{ kN}$$

Nachweis der Zugspannung

Der Nachweis erfolgt nur für die ungünstigere x-Richtung

$$F_{sd} = \frac{N_{Ed}}{4} \cdot \left(1 - \frac{b_1}{b}\right) = \frac{1200}{4} \cdot \left(1 - \frac{0{,}20}{0{,}30}\right) = 100 \text{ kN}$$

$A_s = 100/43{,}5 = 2{,}30 \text{ cm}^2$

gew.: 4 Bü ⌀ 8

Bewehrungs-skizze

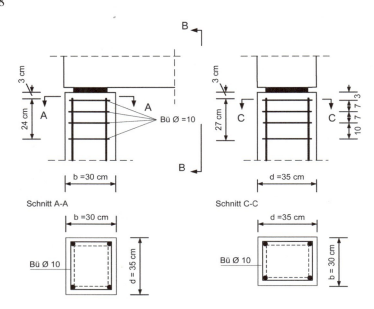

5.6 Andere Bauteile und besondere Bestimmungen

5.6.1 Umlenkkräfte

In Bereichen mit Richtungsänderungen der inneren Kräfte müssen die zugehörigen Umlenkkräfte i. Allg. durch eine Zusatzbewehrung aufgenommen werden. Im dargestellten Beispiel eines Satteldachbinders sind Zusatzbügel für die Umlenkung der Betondruckkraft F_{cd} erforderlich (s. Abb. 5.23), die für die Umlenkkraft $U = 2 \cdot F_{cd} \cdot \sin(\alpha/2)$ zu bemessen sind.

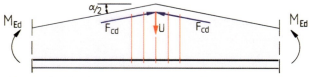

Abb. 5.23 Bewehrungsführung in Bauteilen mit geknicktem Druckgurt

Bei **Treppenläufen** bzw. Anschlüssen von Treppenläufen an Treppenpodeste handelt es sich prinzipiell um Rahmenecken mit Richtungsänderung $\alpha < 45°$. Um die volle Tragfähigkeit sicherzustellen, ist die Biegezugbewehrung schlaufenförmig zu führen (bei einer Bewehrungsführung mit geraden Stäben und sich kreuzender Biegezugbewehrung erfolgt ein Versagen vor Erreichen des rechnerischen Bruchmoments).

Die Bewehrungsführung ist in Abb. 5.24 dargestellt (bei geringer Beanspruchung kann ggf. auf die Schrägbewehrung verzichtet werden). Die Bewehrung ist gem. [DAfStb-H525 – 03] bis zu einem mechanischen Bewehrungsgrad $\omega = 0{,}15$ geeignet, darüber hinaus ist a_{ss} zu erhöhen. Weitere Hinweise siehe dort.

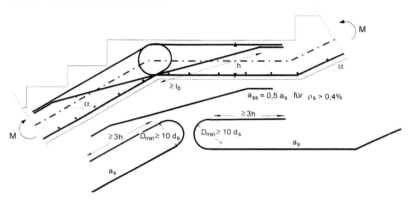

Abb. 5.24 Bewehrungsführung bei Treppen [DAfStb-H525 – 10]

5.6.2 Anschluss von Nebenträgern

Im Kreuzungsbereich von Haupt- und Nebenträgern muss eine Aufhängebewehrung für die volle aufzunehmende Auflagerkraft des Nebenträgers vorgesehen werden. Die Aufhängebewehrung sollte vorzugsweise aus Bügeln bestehen, die die Hauptbewehrung des unterstützenden Bauteils (Hauptträger) umfassen. Der größtmögliche Kreuzungsbereich für die Anordnung der Aufhängebewehrung ist in Abb. 5.25 dargestellt.

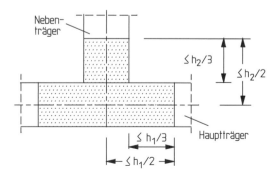

h_1 Höhe des Hauptträgers (stützendes Bauteil)
h_2 Konstruktionshöhe des Nebenträgers ($h_2 \leq h_1$)

Abb. 5.25 Aufhängebewehrung beim Anschluss von Nebenträgern

6 Brandsicherheit

6.1 Einführung

Der Brandschutz ist im Bauordnungsrecht verankert. Die zentralen Anforderungen an den Brandschutz werden allgemein wie folgt formuliert: „Bauliche Anlagen sind so anzuordnen, zu errichten, zu ändern und instand zu halten, dass der Entstehung eines Brandes und der Ausbreitung von Feuer und Rauch (Brandausbreitung) vorgebeugt wird und bei einem Brand die Rettung von Menschen und Tieren sowie wirksame Löschmöglichkeiten möglich sind."

Aspekte des Brandschutzes lassen sich prinzipiell gliedern in

- baulich-planerische Maßnahmen (Brandabschnitte, Rettungswege usw.),
- konstruktive Durchbildung der Bauteile (geeignete Bauteile für den Brandschutz),
- betriebliche, organisatorische Vorkehrungen (örtliche Feuerwehr).

Im Rahmen dieses Beitrags wird nur auf die konstruktiven Gesichtspunkte bzw. auf das Brandverhalten der Bauteile – hier: Stahlbetonbauteile – eingegangen. Die Klassifizierung der Bauteile erfolgt dabei nach **Art des Bauteils** (Decken, Balken, Wände, Decken, Stützen usw.) und einer **Zeitangabe** in Minuten (30, 60, 90, 120), für die das Bauteil einem Brand widersteht, sowie weiteren Zusatzbuchstaben zur Kennzeichnung sonstiger Aspekte (s. nachf.).

Die den Brandschutz betreffenden Teile der Eurocodes für den konstruktiven Ingenieurbau behandeln Aspekte des konstruktiven Brandschutzes, indem Regeln für die Bemessung und Konstruktion von Bauwerken und Bauteilen hinsichtlich einer ausreichenden Tragfähigkeit und, falls erforderlich, der Begrenzung der Brandausbreitung festgelegt werden.

Bemessungsverfahren mit festgelegten Vorgaben, die auf nominellen Bränden bzw. Brandkurven beruhen, können sich auf die Analyse eines Bauteils, auf die Analyse eines Teils des Bauwerks oder des gesamten Bauwerks beziehen. Die Analyse eines Bauteils, die nachfolgend ausschließlich behandelt wird, kann wiederum erfolgen

- mit tabellierten Werten,
- mit vereinfachten Bemessungsverfahren,
- mit allgemeinen Bemessungsverfahren.

Diese Verfahren unterscheiden sich in den Genauigkeitsstufen und in der Arbeitsintensität.

6.2 Grundlagen

6.2.1 Anforderungen an die Konstruktion

Auf Grundlage der Bemessung bei Normaltemperatur regelt EC2-1-2 den Nachweis der Tragfähigkeit von Betontragwerken im Brandfall. Ziel der Nachweisführung ist der Erhalt einer definierten Funktion des Tragwerkes oder eines Tragwerksteiles über eine bestimmte Feuerwiderstandsdauer. Die Angaben gelten für Tragwerke bzw. Tragwerksteile, die nach EC2-1-1 bemessen wurden und sind nicht auf Schalentragwerke oder Bauteile mit externer Vorspannung anwendbar. Geregelt sind Tragwerke aus normalfestem Normalbeton, für hochfesten Beton (Druckfestigkeiten f_{ck} > 50 N/mm²) enthält EC2-1-2 zusätzliche Hinweise, die nachfolgend jedoch nicht behandelt werden.

Der Erhalt der Funktionsfähigkeit im Brandfall wird in EC2-1-2 über die Anforderungskriterien R, E und I definiert:

Tragfähigkeit (R) Die Tragfähigkeit eines Tragwerks oder eines Bauteils bleibt im Brandfall während der geforderten Widerstandsdauer erhalten.

Raumabschluss (E) Das Bauteil muss bei Brandbeanspruchung auf einer Seite verhindern, dass Flammen oder heiße Gase durch das Bauteil hindurch gelangen und Flammen auf der anderen brandabgewandten Seite während der geforderten Widerstandsdauer auftreten.

Wärmedämmung (I) Eine Entflammung auf der brandabgewandten Bauteilseite ist während der geforderten Widerstandsdauer zu verhindern. Hierzu ist die zulässige Temperaturerhöhung auf der brandabgewandten Bauteilseite definiert:
mittlere Temperaturerhöhung $\theta < 140°C$
maximale Temperaturerhöhung in einem Punkt $\theta < 180°C$

6.2.2 Einwirkungen im Brandfall

Die Einwirkungen im Brandfall regelt EC1-1-2. Es wird in thermische und mechanische Einwirkungen differenziert.

6.2.2.1 Thermische Einwirkungen

Thermische Einwirkungen werden durch den Netto-Wärmestrom in die Bauteiloberfläche beschrieben. Der Wärmestrom wird wesentlich aus Temperaturzeitkurven hergeleitet, welche die Brandgastemperaturen in der Umgebung der Bauteiloberfläche im Brandverlauf beschreiben. EC1-1-2 unterscheidet in nominelle und parameterabhängige Brandbeanspruchung.

Die *Einheitstemperaturzeitkurve (ETK)* charakterisiert einen voll entwickelten Brand in einem Brandabschnitt. Die *externe Brandkurve* ist für die Außenseiten nicht tragender Außenbauteile oder für vollständig vor der Fassade liegende Bauteile anwendbar. Die Brandschutznachweise nach EC2-1-2 beziehen sich im Regelfall auf die Einheitstemperaturzeitkurve.

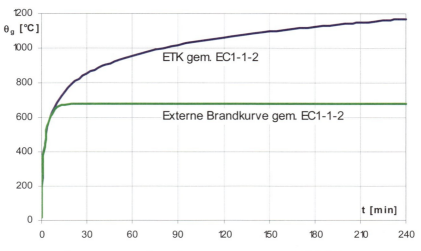

Abb. 6.1 Nominelle Brandbeanspruchung für den Hochbau gem. DIN EN 1991-1-2

Bauteile

6.2.2.2 Mechanische Einwirkungen

Direkte Einwirkungen

Als direkte Einwirkungen sind alle bei der Bemessung unter Normaltemperatur zu berücksichtigenden Lasten zu verstehen. Gemäß EC1-1-2 müssen sie in die Nachweisführung einbezogen werden, wenn ihr Auftreten im Brandfall wahrscheinlich ist. Lastminderungen durch Verbrennung bleiben unberücksichtigt. Über eine mögliche Vernachlässigung von Schneelasten (Schmelzen) ist im Einzelfall zu entscheiden.

Die Einwirkungen im Brandfall $E_{\mathrm{fi,d,t}}$ ergeben sich aus der außergewöhnlichen Kombination gemäß EC1-1-2. Eine Überlagerung mit anderen außergewöhnlichen Ereignissen ist nicht erforderlich, ggf. sind jedoch zusätzliche Lasten zu berücksichtigen, die durch den Brand selbst hervorgerufen werden (z. B. Aufschlag herabfallender Bauteile oder Maschinen).

Außergewöhnliche Kombination für den Brandfall:

$$E_{\mathrm{fi,d,t}} = \sum_{j \geq 1} G_{\mathrm{k,j}} \text{"+"} A_{\mathrm{d}} \text{"+"} (\psi_{2,1} \text{ bzw. } \psi_{1,1}) \cdot Q_{\mathrm{k,1}} \text{"+"} \psi_{2,i} \cdot Q_{\mathrm{k,i}} \tag{6.1}$$

mit G_{k} ständige Einwirkung (charakteristisch)
     $Q_{\mathrm{k,1}}$ dominierende veränderliche Einwirkung (charakteristisch)
     $Q_{\mathrm{k,i}}$ weitere veränderliche Einwirkungen (charakteristisch)
     A_{d} indirekte Einwirkungen (Bemessungswert)
     ψ_2, ψ_1 Kombinationsfaktoren gemäß EN 1990/NA, Tab. NA.1.1

Als Kombinationsfaktor für die veränderliche Einwirkung $Q_{\mathrm{k,1}}$ im Brandfall ist gemäß nationalen Festlegungen zu EC1-1-2 der Wert ψ_2 anzuwenden (quasi-ständig). Windlasten sind hiervon abweichend mit dem Faktor ψ_1 (häufig) zu berücksichtigen.

Indirekte Einwirkungen

Indirekte Einwirkungen, die sich aus erwärmungsbedingten Verformungen ergeben können, dürfen unberücksichtigt bleiben, wenn sie vernachlässigbar klein sind, günstig wirken oder durch konstruktive Maßnahmen aufnehmbar sind. In anderen Fälle wird auf EC1-1-2, 4.1 (2) verwiesen.

6.2.2.3 Vereinfachungen

Sofern indirekte Einwirkungen unberücksichtigt bleiben, ist die vereinfachende Annahme einer über den Brandverlauf konstanten Einwirkungskombination gestattet:

$$E_{\mathrm{fi,d,t}} = E_{\mathrm{fi,d}} \tag{6.2}$$

Weiter dürfen nach EC1-1-2 mechanische Einwirkungen im Brandfall über den Reduktionsfaktor η_{fi} aus den Einwirkungen unter Normaltemperatur hergeleitet werden:

$$E_{\mathrm{fi,d}} = \eta_{\mathrm{fi}} \, E_{\mathrm{d}} \tag{6.3}$$

mit E_{d} Bemessungswerte der Einwirkungen bei Normaltemperatur (Grundkombination gemäß EN 1990)
     η_{fi} Reduktionsfaktor für den Bemessungswert der Einwirkungen im Brandfall

Der Reduktionsfaktor η_{fi} wird in EC2-1-2 geregelt. Er ist vom Kombinationsbeiwert ψ_{fi} und dem Verhältnis der maßgebenden veränderlichen zur ständigen Einwirkung abhängig:

$$\eta_{\text{fi}} = \frac{G_k + \psi_{\text{fi}} \cdot Q_{k,1}}{\gamma_G \cdot G_k + \gamma_{Q,1} \cdot Q_{k,1}} \tag{6.4}$$

mit γ_G Teilsicherheitsbeiwert der ständigen Einwirkung
 $\gamma_{Q,1}$ Teilsicherheitsbeiwert der maßgebenden veränderlichen Einwirkung
 ψ_{fi} Kombinationsfaktor für den Brandfall (außergewöhnliche Situation) („quasi-ständig" bzw. „häufig" gemäß EC2-1-2, vgl. oben)

Vereinfachend darf $\eta_{\text{fi}} = 0{,}7$ gesetzt werden.

6.2.3 Temperaturabhängige Materialkennwerte

Die Nachweisführung basiert auf temperaturabhängigen Spannungs-Dehnungs-Linien und Kennwerten zur thermischen Dehnung, spezifischen Wärme, thermischen Leitfähigkeit und zur Veränderung der Beton-Rohdichte durch Wasserverlust bei hohen Temperaturen.

Ausgehend von den Materialkennwerten bei Normaltemperatur legt EC2-1-2 temperaturabhängige Festigkeits- und Verformungsparameter für Beton, Betonstahl und Spannstahl fest.

Exemplarisch sind in Abb. 6.2 die Spannungs-Dehnungsbeziehungen von normalfestem Beton bei überwiegend quarzhaltiger Gesteinskörnung und in Abb. 6.3 von warmgewalzten Betonstählen B500 dargestellt. (Angaben für Beton mit kalksteinhaltigen Zuschlägen, für kaltverformte Betonstähle usw. können EC2-1-2, Abschn. 3 entnommen werden.)

Zur Ermittlung der Bemessungswerte werden die – reduzierten – charakteristischen Materialeigenschaften durch die baustoffspezifischen Teilsicherheitsbeiwerte $\gamma_{M,\text{fi}}$ dividiert. Die Teilsicherheitsbeiwerte für die thermo-mechanischen Eigenschaften werden jedoch in EC2-1-2 und in EC2-1-2/NA zu $\gamma_{M,\text{fi}} = 1$ gesetzt.

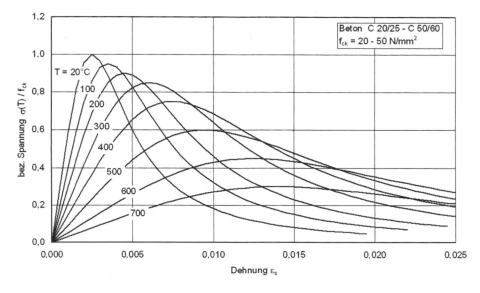

Abb. 6.2 Spannungs-Dehnungslinien von Beton mit überwiegend quarzhaltiger Gesteinskörnung für unterschiedliche Temperaturen (aus [Hosser – 2010])

Bauteile

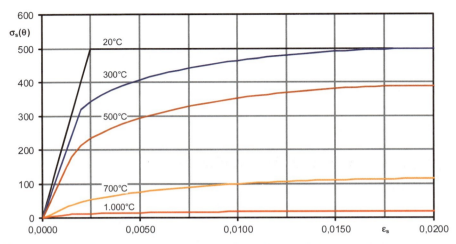

Abb. 6.3 Spannungs-Dehnungslinie von warmgewalztem Betonstahl bei verschiedenen Temperaturen

Das Trag- und Verformungsverhalten von brandbeanspruchten Bauteilen wird wesentlich durch die thermische Dehnung von Beton, Betonstahl und Spannstahl sowie von der Wärmeleitfähigkeit, der spezifischen Wärme und Rohdichte von Beton im Brandfall bestimmt. Entsprechende Angaben können EC2-1-2, 3.3 und 3.4 entnommen werden.

6.3 Tabellenverfahren nach EC2-1-2

EC2-1-2 sieht drei Verfahren mit wachsender Genauigkeit und steigendem Rechenaufwand zur Beurteilung der Widerstandsfähigkeit im Brandfall vor:
- vereinfachter Nachweis mit Tabellen (EC2-1-2, 5.1-5.7)
- vereinfachte Rechenverfahren (EC2-1-2, 4.2)
- allgemeine Rechenverfahren (EC2-1-2, 4.3)

Nachfolgend wird nur das sog. Tabellenverfahren besprochen.

Beim vereinfachten Nachweis mit Tabellen werden die Querschnittswerte einzelner Bauteile mit anerkannten Bemessungsergebnissen verglichen. EC2-1-2, Abschnitt 5 enthält hierzu bauteilbezogene Tabellen, in denen in Abhängigkeit von der Feuerwiderstandsdauer Mindestwerte der Querschnittsabmessungen und Achsabstände der Bewehrung festgelegt sind. Für Stützen und Wände geht außerdem der Lastausnutzungsfaktor ein.

Die Daten sind bis zu einer Widerstandsdauer von 240 Minuten tabelliert und liegen stets auf der sicheren Seite. Sie sind für Bauteile aus Normalbeton mit quarzhaltigen Zuschlägen anwendbar. Bei Balken und Platten aus Beton mit kalksteinhaltigen Zuschlägen dürfen die Mindestabmessungen des Querschnitts um 10% reduziert werden. Bei der Nachweisführung mit Tabellen erübrigen sich weitere Untersuchungen zu Schub und Torsion, Verankerung der Bewehrung und möglichen Betonabplatzungen aus Temperatureinwirkung. Die Anwendung der Tabellen ist teilweise an konstruktive Bedingungen geknüpft.

EC2-1-2 enthält Bemessungstabellen für Stützen, nichttragende und tragende Wände, Balken, Platten, Flachdecken und Rippendecken.

6.3.1 Balken und Platten

Bei den tabellierten Mindestachsabständen der Bewehrung in Platten und Balken wird i. d. R. eine volle Querschnittsausnutzung bei Normaltemperatur und eine kritische Temperatur im Brandfall von $\theta_{cr} = 500\,°C$ unterstellt. In Tafel 6.1 und 6.2 sind beispielhaft je eine Tabelle für statisch bestimmt gelagerte Balken und Platten wiedergegeben, für weitere Tabellen (statisch unbestimmt gelagert usw.) wird auf EC2-1-2 verwiesen.

Tafel 6.1 Mindeststegdicke und Mindestachsabstände der Bewehrung für statisch bestimmt gelagerte Balken aus Stahlbeton

Feuerwiderstands-klasse	Mögliche Kombination von a und b_{min} (Mindestmaße in [mm])					Stegdicke b_w
1	2	3	4	5	6	7
R30	b_{min}	80	120	160	200	80
	a	25	20	15*	15*	
R60	b_{min}	120	160	200	300	100
	a	40	35	30	25	
R90	b_{min}	150	200	300	400	100
	a	55	45	40	35	
R120	b_{min}	200	240	300	500	120
	a	65	60	55	50	
R180	b_{min}	240	300	400	600	140
	a	80	70	65	60	
R240	b_{min}	280	350	500	700	160
	a	90	80	75	70	

Für Sp. 3-5: $a_{sd} = a + 10$ mm (a_{sd}: seitlicher Achsabstand bei nur einer Bewehrungslage)
* Normalerweise reicht die nach EC 1992-1-1 erforderliche Betondeckung aus.

Tafel 6.2 Mindestmaße und -achsabstände für statisch bestimmt gelagerte, einachsig und zweiachsig gespannte Stahlbeton- und Spannbetonplatten

Feuerwiderstands-klasse	Plattendicke h_s [mm]	Achsabstand a		
		einachsig	zweiachsig $l_y/l_x \leq 1,5$	zweiachsig $1,5 \leq l_y/l_x \leq 2$
1	2	3	4	5
REI 30	60	10*	10*	10*
REI 60	80	20	10*	15*
REI 90	100	30	15*	20
REI 120	120	40	20	25
REI 180	150	55	30	40
REI 240	175	65	40	50

* Normalerweise reicht die nach EN 1992-1-1 erforderliche Betondeckung aus.
l_x und l_y sind die Spannweiten (rechtwinklig zueinander), wobei l_y die längere Spannweite ist.
Bei Spannbeton ist die Vergrößerung des Achsabstandes entsprechend 5.2(5) zu beachten.
Der Achsabstand a in den Spalten 4 und 5 gilt für zweiachsig gespannte Platten mit vier gestützen Rändern. Trifft das nicht zu, sind die Platten wie einachsig gespannte Platten zu behandeln.

Wenn ein Querschnitt nicht voll ausgenutzt ist, darf der Achsabstand a der Bewehrung in Abhängigkeit vom Ausnutzungsgrad der Bewehrung korrigiert bzw. reduziert werden. Die Stahlspannungen $\sigma_{s,fi}$ für die Einwirkungen im Brandfall werden mit der Einwirkungskombination $E_{d,fi}$ und mit dem Materialsicherheitsbeiwert $\gamma_S = 1,0$ für die Bewehrung bestimmt. Mit dem

Bauteile

Bemessungsergebnis aus der „Kalt"bemessung ergibt sich die Stahlspannung $\sigma_{s,fi}$ zu:

$$\sigma_{s,fi} = (E_{d,fi}/E_d) \cdot ((A_{s,req}/\gamma_s)/A_{s,prov}) \cdot f_{yk(20°C)} \qquad (6.5)$$

mit $\sigma_{s,fi}$ Stahlspannung für die Einwirkungen beim Brand ($E_{d,fi}$)
$E_{d,fi}/E_d$ Verhältnis der Einwirkungen im Brandfall und bei Normaltemperatur
$A_{s,req}/A_{s,prov}$ Verhältnis der erforderlichen Bewehrung zur vorhandenen
γ_s Teilsicherheitsbeiwert für die Bewehrung

Die (zulässige) kritische Temperatur θ_{cr} (in °C) für die Stahlspannung $\sigma_{s,fi}$ wird mit dem Reduktionsfaktor

$$k_s(\theta_{cr}) = \sigma_{s,fi}/f_{yk(20°C)} \qquad (6.6)$$

nach Abb. 6.4 bestimmt. In Abhängigkeit von der so ermittelten kritischen Temperatur θ_{cr} kann dann der Achsabstand der Bewehrung korrigiert werden:

$$\Delta a = 0{,}1 \, (500 - \theta_{cr}) \qquad (6.7)$$

(Gleichung 6.7 gilt im Bereich 350 °C $\leq \theta_{cr} \leq$ 700 °C).

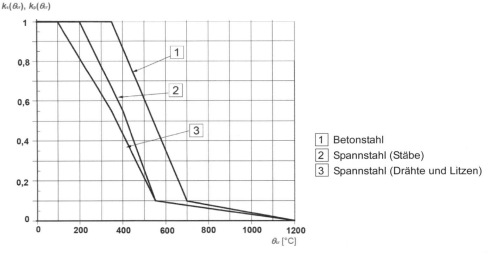

Abb. 6.4 Kritische Temperatur von Betonstahl und Spannstahl θ_{cr} in Abhängigkeit von $k_s(\theta_{cr})$ (oder $k_p(\theta_{cr})$ bei Spannstählen) nach EC2-1-2, Bild 5.1

Beispiel

Für eine einachsig gespannte einfeldrige Platte mit $h/d/d_1$ = 19,0/16,5/2,5 cm ist der Nachweis für REI 90 gesucht.

Belastung:
– Charakteristische Werte: Eigenlast g_k = 6,0 kN/m²
 Nutzlast q_k = 5,0 kN/m² (ψ_2 = 0,6)
– Bemessungswert, „kalt": E_d = 1,35 · 6,0 + 1,5 · 5,0 = 15,6 kN/m²
– Bemessungswert, „heiß": $E_{d,fi}$ = 6,0 + 0,6 · 5,0   = 9,0 kN/m²

Bewehrung:
 $A_{s,req}$ = 5,40 cm²/m; $A_{s,prov}$ = 5,89 cm²/m

Nach Tafel 6.1 gilt für REI:
- $h_s \leq 100$ mm $< h = 190$ mm (erfüllt)
- $a \geq 30$ mm $> d_1 = 25$ mm (nicht erfüllt)

Korrektur des Tabellenwertes a:

$\sigma_{s,fi} = (E_{d,fi}/E_d) \cdot ((A_{s,req}/\gamma_s)/A_{s,prov}) \cdot f_{yk(20°C)}$
$= (9,0/15,6) \cdot (5,40/5,89)/1,15 \cdot 500 = 230$ N/mm²
$k_s(\theta_{cr}) = \sigma_{d,fi}/f_{yk(20°C)} = 230/500 = 0,46$

Aus Abb. 6.4 liest man als zulässige Temperatur $\theta_{cr} = 560$ °C ab und damit:

$\Delta a = 0,1 (500 - 560) = -6$ mm
$\rightarrow a_{korr} \geq 30 - 6 = 24$ mm $< d_1 = 25$ mm (erfüllt)

Damit ist der Nachweis für REI 90 erfüllt.

6.3.2 Bemessung von Stützen in unverschieblichen Tragwerken

Das in EC2-1-2,5.3.2 als Methode A bezeichnete Verfahren gilt für überwiegend auf Druck beanspruchte Stützen mit Rechteck- und Kreisquerschnitt in ausgesteiften Tragwerken, für die folgende Bedingung erfüllt ist:

- Ersatzlänge der Stütze im Brandfall: $l_{0,fi} \leq 3,0$ m
- Bewehrungsquerschnitt: $A_s < 0,04 A_c$

(Die in EC2-1-2 außerdem genannte Begrenzung der Lastausmitte nach Theorie I. Ordnung entfällt nach EC2-1-2/NA.)

Die Bemessung kann mit Hilfe von Tafel 6.3 erfolgen. Dabei spielt der Lastausnutzungsfaktor μ_{fi} eine wesentliche Rolle, der wie folgt definiert ist:

$$\mu_{fi} = N_{Ed,fi}/N_{Rd} \tag{6.8}$$

mit $N_{Ed,fi}$ Bemessungswert der Längskraft beim Brand
N_{Rd} Bemessungswert der Tragfähigkeit bei Normaltemperatur

Tafel 3.3 Mindestquerschnittsabmessungen und Achsabstände von Stützen mit Kreis Rechteck- od. Kreisquerschnitt

Feuerwider-standsklasse	Mindestmaße in [mm] Stützenbreite b_{min} / Achsabstand a			
	brandbeansprucht auf mehr als einer Seite			brandbeansprucht auf einer Seite
	$\mu_{fi} = 0,2$	$\mu_{fi} = 0,5$	$\mu_{fi} = 0,7$	$\mu_{fi} = 0,7$
1	2	3	4	7
R30	200/25	200/25	200/32 300/27	155/25
R60	200/25	200/36 300/31	250/46 350/40	155/25
R90	200/31 300/25	300/45 400/38	350/53 450/40**	155/25
R120	250/40 350/35	350/45** 450/40**	350/57** 450/51**	175/35
R180	350/45**	350/63**	450/70**	230/55
R240	350/61**	450/75**	-	295/70
** Mindestens 8 Stäbe				
Bei vorgespannten Stützen ist die Vergrößerung des Achsabstandes nach 4.2.2(4) zu beachten.				

Bauteile

Beispiel

Stütze mit elastischer Endeinspannung in einem unverschieblichen Tragwerk; Nutzung als Bürogebäude ($\psi_2 = 0,3$)

Abmessungen: 25×25 cm mit $l_{col} = 4,00$ m
              $d_1/h = 0,04/0,25 = 0,16 \approx 0,15$
Baustoffe: Beton C30/37; Betonstahl B500
Beanspruchungen: $N_{Ed} = \gamma_G \cdot G_k + \gamma_Q \cdot Q_k = 1,35 \cdot 300 + 1,50 \cdot 105 = 563$ kN
              $M_{Ed} = 30$ kNm (einschl. Zusatzmomente nach Th. II. O.; ohne Darstellung des Rechengangs)
Gesucht: Bemessung für Feuerwiderstandsklasse F90

„Kaltbemessung"

$\nu_{Ed} = -0,563/(0,25 \cdot 0,25 \cdot 17,0) = -0,53$
$\mu_{Ed} = 0,030/(0,25 \cdot 0,25^2 \cdot 17,0) = 0,11$ $\Rightarrow \omega_{erf} = 0$ (Mindestbewehrung)
gew.: 4 Ø 16 = 8,0 cm²

„Heißbemessung"

Die Randbedingungen für die Anwendung von Tafel 6.3 sind eingehalten (wegen elastischer Endeinspannung $l_{0,fi} = 0,5 \cdot 4,0 = 2,0$ m $< 3,0$ m; Bewehrungsgrad kleiner als 4 %).

$\eta_{fi} = N_{Ed,fi}/N_{Ed}$
$N_{Ed,fi} = G_k + \psi_2 \cdot Q_k = 300 + 0,3 \cdot 105 = 332$ kN
$\eta_{fi} = 332/563 = 0,59$
$N_{fi,d,t} = -0,59 \cdot 563 = -332$ kN bzw. $\nu_{fi,d,t} = -0,27$ | Hinweis: f_{cd} darf hier mit $a_{cc} = 1,0$
$M_{fi,d,t} = 0,59 \cdot 30 = 17,7$ kNm bzw. $\mu_{fi,d,t} = 0,056$ | bestimmt werden.

$\omega_{vorh} = 8,0 \cdot (435/20,0)/25^2 = 0,28$

Im ν-μ-Diagramm bildet man eine Linie vom Nullpunkt über den Punkt ($\nu_{fi,d,t} = -0,27$; $\mu_{fi,d,t} = 0,056$) hinaus bis zum Schnittpunkt mit $\omega_{vorh} = 0,28$ und liest $\nu_{fi,d,t,zul} = -0,80$ ab (s. Skizze).

Mit $N_{Rd} = 0,80 \cdot 0,25 \cdot 0,25 \cdot 20 = -1,00$ MN $= -1000$ kN erhält man:

$\rightarrow \mu_{fi} = 332/1000 = 0,33$

Für $\mu_{fi} = 0,33$ gilt mit Tafel 6.3 (interpoliert zwischen $\mu_{fi} = 0,2$ und $\mu_{fi} = 0,5$):

$b = 250$ mm
$a = 38$ mm

F90 ist damit eingehalten.

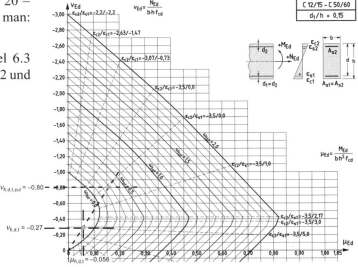

6.3.3 Bemessung von verschieblichen Stützen

Für Stahlbeton-Kragstützen aus Normalbeton ist in EC2-1-2/NA, Anhang AA ein vereinfachtes Nachweisverfahren für Stahlbeton-Kragstützen mit ein-, drei- oder vierseitiger Brandbeanspruchung nach der Einheits-Temperaturzeitkurve angegeben. Es gelten die folgenden statisch-konstruktiven Randbedingungen:

- Normalbeton (C20/25 bis C50/60) mit überwiegend quarzithaltiger Gesteinskörnung
- einlagige Bewehrung aus warmgewalztem Betonstabstahl B500 nach DIN 488-1 und DIN EN 1992-1-2, Tab. 3.2 a (Klasse N);
- bezogene Knicklänge $10 \leq l_0/h \leq 50$;
- bezogene Lastausmitte $0 \leq e_1/h \leq 1,5$ (dabei ist $e_1 = e_0 + e_i$ mit e_i nach DIN EN 1992-1-1);
- Mindestquerschnittsabmessung 300 mm $\leq h_{min} \leq$ 800 mm;
- geometrischer Bewehrungsgrad 1 % $\leq \rho \leq$ 8 %;
- bezogener Achsabstand der Längsbewehrung $0,05 \leq a/h \leq 0,15$.

In EC2-1-2/NA sind hierfür Bemessungsdiagramme abgedruckt, die für 4-seitige Brandbeanspruchung, $a/h = 0,10$, C30/37 und $\rho = 2$ % sowie für h = {300 mm, 450 mm, 600 mm und 800 mm} – mit $h \leq b$ –, direkt anwendbar sind; zwischen den Diagrammen darf interpoliert werden (oder auf der sicheren Seite für die kleinere Abmessung abgelesen werden). Ein Beispiel ist in Abb. 6.5 wiedergegeben.

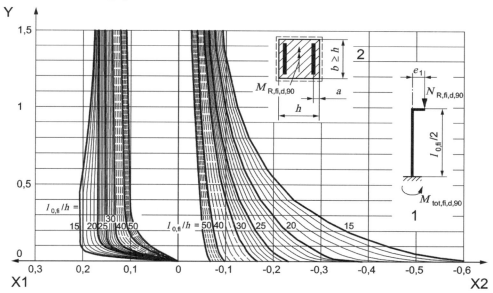

Legende
1 Gesamtmoment $\mu_{tot,fi,d,90} = \mu_{1,fi,d,90} + \mu_{2,fi,d,90} = M_{tot,fi,d,90}/(A_c \cdot h \cdot f_{cd})$
2 h = 450 mm; $a/h = d_1/h = 0,10$; C30/37; B500; $\tilde{n}$ = 2 %
X1 Gesamtmoment $\mu_{tot,fi,d,90}$
X2 Längskraft $\nu_{R,fi,d,90} = N_{R,fi,d,90}/(A_c \cdot f_{cd})$
Y Lastausmitte e_1/h

Abb. 6.5 Diagramm zur Ermittlung des Bemessungswerts der Stützentraglast $N_{R,fi,d,90}$ und des Gesamtmoments $M_{tot,fi,d,90}$ für einen Querschnitt mit h = 450 mm (EC2-1-2/NA, Bild AA.2)

Bauteile

Für abweichende Brandbeanspruchung und Stützenparameter, die aber die zuvor genannten Randbedingungen erfüllen müssen, dürfen folgende Korrekturgleichungen angewendet werden:

$$v_{R,fi,d,90} = k_{fi} \cdot k_a \cdot k_C \cdot k_\rho \cdot X_{R90} \qquad (6.9a)$$
$$\mu_{tot,fi,d,90} = k_{fi} \cdot k_a \cdot k_C \cdot k_\rho \cdot X_{tot,90} \qquad (6.9b)$$

Dabei ist

k_{fi} Beiwert zur Berücksichtigung der Brandbeanspruchung, siehe EC2-1-2/NA, AA.2(4);
k_a Beiwert zur Berücksichtigung des Achsabstandes, s. EC2-1-2/NA, AA.2(5);
k_C Beiwert zur Berücksichtigung der Betonfestigkeitsklasse, s. EC2-1-2/NA, AA.2(6);
k_ρ Beiwert zur Berücksichtigung des Bewehrungsverhältnisses, s. EC2-1-2/NA, AA.2(7);
$X_{R,90}$ Ablesewert aus Diagramm in EC2-1-2/NA, Bild AA.1 bis Bild AA.4;
$X_{tot,90}$ Ablesewert aus Diagramm in EC2-1-2/NA, Bild AA.1 bis Bild AA.4.

Für eine detailliertere Darstellung der Korrekturgleichungen wird auf die teilweise umfangreichen Angaben in EC2-1-2/NA verwiesen.

Beispiel

Stütze 40 cm × 40 cm (Randabstand der Bewehrung $d_1 = 5$ cm) mit Beanspruchungen aus Wind W_k ($\psi_0/\psi_1/\psi_2 = 0,6/0,2/0,0$) und in z-Richtung exzentrischen Längskräften infolge Eigenlasten N_{gk} und Schneelasten N_{qk} ($\psi_0/\psi_1/\psi_2 = 0,7/0,5/0,2$; Annahme: Lage des Bauwerks über NN + 1000 m). Die Stütze soll nur in z-Richtung ausweichen können; es wird eine starre Fußeinspannung unterstellt.

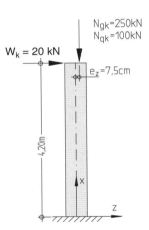

Baustoffe Beton C30/37 mit $f_{cd} = 17,0$ MN/m²
 Betonstahl B500 mit $f_{yd} = 435$ MN/m²

Kaltbemessung

Schnittgrößen nach Theorie I. Ordnung

Der Berechnungsablauf wird nur für die Kombination mit Wind als Leiteinwirkung gezeigt.

$N_{Ed} = 1,35 \cdot 250 + 1,50 \cdot 0 + 1,50 \cdot 0,7 \cdot 100 \qquad\qquad\quad = 442,5$ kN
$M_{Ed} = 1,35 \cdot 250 \cdot 0,075 + 1,50 \cdot 20 \cdot 4,20 + 1,50 \cdot 0,7 \cdot 100 \cdot 0,075 = 159,2$ kNm

Nachweisverfahren

$l = l_0 / i = 2 \cdot 4,20/(0,289 \cdot 0,40) = 73$

Gesamtausmitte

$e_{tot} = e_0 + e_i + e_2$
 $e_0 = 159,2 / 442,5 = 0,360$ m
 $e_i = (a_h \cdot \theta_0) \cdot (l_0/2) = 2/(4,2^{0,5} \cdot 200) \cdot (2 \cdot 4,20/2) = 0,020$ m ($l_s = 4,20$ m)
 $e_2 = 1,038 \cdot 1 \cdot 0,1 \cdot 8,40^2 \cdot (2 \cdot 1 \cdot 0,0022) / (0,9 \cdot 0,35) = 0,103$ m ($d_1 = 5$ cm)
  $K_\varphi = 1 + \beta \cdot \varphi_{eff} \geq 1$
   $\beta = 0,35 + 35/200 - 73/150 = 0,038$
    $\varphi_{eff} = 1$ (Annahme)
   $K_\varphi = 1,038$
$e_{tot} = 0,360 + 0,020 + 0,103 = 0,483$ m

Bemessung (mit Interaktionsdiagramm)

$N_{Ed} = -442,5$ kN;
$M_{Ed} = 0,483 \cdot 442,5 = 214$ kNm
$v_{Ed} = -0,4425/(0,40 \cdot 0,40 \cdot 17,0) = -0,163$
$\mu_{Ed} = 0,214 / (0,40 \cdot 0,40^2 \cdot 17,0) = 0,197 \Rightarrow \omega_{tot} = 0,35 (d_1/h = 0,125)$
$A_{s,tot} = 0,35 \cdot 40 \cdot 40 / (435/17,0) = 21,9$ cm²

Bemessung im Brandfall

Die Stahlbetonstütze soll für die Feuerwiderstandklasse R 90 nachgewiesen werden. Es soll vierseitige Brandbeanspruchung vorliegen. Zunächst ist zu überprüfen, ob die Voraussetzungen für die Anwendung des vereinfachten Verfahrens erfüllt sind. Für die betrachtete Stütze gilt:

- Beton C30/37, einlagige Bewehrung aus warmgewalztem Betonstahl B500
- Bezogene Knicklänge $l_0/h = 8,40 / 0,40 = 21$
- Bezogene Lastausmitte $e_1/h = 0,157/0,40 = 0,393$ (s. nachf.)
- Kleinste Querschnittsabmessung 400 mm
- Geometrischer Bewehrungsgrad $\rho = 21,9/(40 \cdot 40) = 0,014 = 1,4\,\%$
- Randabstand der Bewehrung $a/h = 5/40 = 0,125$

Alle Werte liegen innerhalb der zulässigen Grenzen (vgl. S. 209)

Schnittgrößen in der außergewöhnlichen Kombination[1]

$N_{Ed,fi} = -250 - 0,2 \cdot 100 = -270$ kN
$M_{Ed,fi} = 250 \cdot 0,075 + 0,2 \cdot 20 \cdot 4,20 + 0,2 \cdot 100 \cdot 0,075 = 37,1$ kNm

Ausmitte nach Theorie I. Ordnung

$e_0 = 37,1/270 = 0,137$ m
$e_i = 0,020$ m $\Rightarrow e_1 = 0,137 + 0,020 = 0,157$ m

Nachweisverfahren und Bemessung

Es muss zwischen den Diagrammen für 300 mm × 300 mm und 450 mm × 450 mm (s. Abb. 6.4) interpoliert werden.

Eingangswerte: $e_1/h = 157/400 = 0,39$; $l_0/h = 8,40/0,40 = 21$

Ablesung:
$v_{R,fi,d,90} \approx -0,16$ (Stütze 300 × 300)
$v_{R,fi,d,90} \approx -0,06$ (Stütze 450 × 450; s. Abb. 6.4)
$v_{R,fi,d,90} \approx -0,13$ (Stütze 400 × 400; interpoliert)

Der Wert ist mit Gl. (6.9a) zu korrigieren, da die der Abb. 6.4 zugrunde liegenden Randbedingungen teilweise nicht erfüllt sind. Das betrifft den Achsabstand der Bewehrung a/h (Korrekturfaktor k_a) und den Bewehrungsgrad ρ (Faktor k_ρ). Die weiteren Randbedingungen (vierseitige Brandbeanspruchung; Betonfestigleitsklasse C30/37) stimmen mit den Vorgaben in Abb. 6.4 überein.

---

[1] Für Einwirkungen im Brandfall gilt i.d.R. die quasi-ständige Größe; Ausnahme: bei Wind als Leiteinwirkung gilt hierfür die häufige Größe $\psi_1 \cdot Q_{k1}$.

Bauteile

Korrekturbeiwerte
(Hinweis: Die angegebenen Gleichungen gelten nur für die Beispielrechnung und sind bei anderen Randbedingungen ggf. annzupassen; s. EC2-1-2/NA.)

$k_a = (h' - 1)/0{,}05 \cdot (a/h) - 2h' + 3$ \hfill (für $0{,}10 < a/h \leq 0{,}15$)
$\quad h' = \max\{0{,}65 \cdot (5 - h/150) - k_1; 1\}$
$\quad\quad = \{0{,}65 \cdot (5 - 400/150) - 0{,}13; 1\} = 1{,}39$
$\quad k_1 = \max\{0{,}65 \cdot (1 - (e_1/h) \cdot (3 - h/150); 0]$
$\quad\quad = \{0{,}65 \cdot (1 - 0{,}39) \cdot (3 - 400/150); 0\} = 0{,}13$
$k_a = (1{,}39 - 1)/0{,}05 \cdot 0{,}125 - 2 \cdot 1{,}39 + 3 = 1{,}20$

$k_\rho = \max\{0{,}6 - 0{,}1\,(\rho + 1) \cdot e_1/h; \rho/2\}$ \hfill (für $1\,\% \leq \rho < 2\,\%$)
$\quad = \max\{0{,}6 - 0{,}1 \cdot (1{,}4+1) \cdot 0{,}39; 1{,}4/2\} = 0{,}70$

Damit ergibt sich:

$v_{R,\text{fi},d,90} \approx -0{,}13 \cdot 1{,}20 \cdot 0{,}70 \approx -0{,}11$ bzw.
$N_{Rd,\text{fi},d,90} = 0{,}11 \cdot 0{,}40 \cdot 0{,}40 \cdot 17{,}0 = 0{,}299\,\text{MN} = 299\,\text{kN}$

Mit $N_{Rd,\text{fi},d,90} = 299\,\text{kN} > 270\,\text{kN}$ ist der Nachweis erfüllt.

6.4 Vereinfachte und allgemeine Rechenverfahren

Mit vereinfachten Rechenverfahren wird die Resttragfähigkeit von Bauteilen nach einer bestimmten Branddauer beurteilt. Die unter Berücksichtigung des Temperatureinflusses ermittelten Widerstände werden den Einwirkungen im Brandfall gegenübergestellt.

Bei den allgemeinen Rechenverfahren wird das Brandverhalten rechnerisch simuliert. Hierüber wird das tatsächliche Trag- und Verformungsverhalten einzelner Bauteile oder des gesamten Tragwerks ermittelt. In einer thermischen Analyse werden die Temperaturentwicklung und -verteilung berechnet, in einer mechanischen Analyse erfolgt die Beurteilung des Tragverhaltens. Berechnungsergebnisse sind Temperaturen, Verformungen und/oder Feuerwiderstandsdauern.

Die vereinfachten und allgemeinen Verfahren werden in diesem Beitrag nicht behandelt.

7 Fugen; Schadensbegrezung bei außergewöhnlichen Einwirkungen

7.1 Fugen

Größere Betonbauwerke werden i.d.R. durch Fugen in einzelne Abschnitte unterteilt, um Zwangbeanspruchungen inf. von Formänderungen des Betons gering zu halten. Weitere Gründe können durch den Brandschutz gegeben sein, sie können auch durch den Bauablauf bedingt sein. Eine ausführliche Darstellung findet sich z. B. in [Klawa/Haack – 90], [DAfStb-H368 – 86].

7.1.1 Fugenarten im Hochbau

Fugen werden zur Begrenzung von Betonierabschnitten und/oder zur Ermöglichung von Verformungen angeordnet. Tafel 7.1 gibt einen Überblick über die Fugenausbildung im Hochbau.

7.1.2 Fugenabstände und Fugenbreiten

Die Fugenabstände und Fugenbreiten sind abhängig von den vorhandenen bzw. zu ermöglichenden Bewegungsgrößen. In der Literatur ([DAfStb-H368 – 86], [Schlaich/Schober – 76], [Klawa/Haack – 90], [Linder – 77], [Rybicki – 70]) werden verschiedene Zahlenwerte für die Abstände von Fugen angegeben. Diese groben „Faustwerte" können nur erste Anhaltswerte sein und ersetzen keinesfalls genauere Nachweise; Tafel 7.2 gibt eine Übersicht.

Tafel 7.1 Fugenarten im Hochbau

Arbeitsfugen	zur Abgrenzung von Betonierabschnitten; Schnittkräfte können übertragen werden	
Bewegungsfugen	ermöglichen gegenseitige Bewegungen und Verdrehungen in mehrere Richtungen	
Dehnungsfugen	Bewegungsmöglichkeit überwiegend senkrecht zur Fugenebene; Querkraftübertragung durch Verzahnung oder Stahldollen möglich	
Setzungsfugen	zur Aufnahme von Bewegungen in Fugenebene (unterschiedliche Setzungen)	
Scheinfugen	Sollrissstellen, die durch gezielte Querschnittsschwächung (Trapezleiste o.Ä.) erzeugt werden; zum Abbau von Zwängungsspannungen (Verkürzung) durch Rissöffnung	
Pressfugen	„gerichtete" Bewegungsmöglichkeit bei Verkürzung, Druckübertragung bei Ausdehnung	
Schwindfugen	Verminderungen von Zwängungen aus Schwinden (u. a.) durch Dehnfugen („Betonierlücken"), die nachträglich geschlossen werden	
Gelenkfugen	Gegenseitige Verdrehungen sind möglich, es können jedoch Längs- und Querkräfte übertragen werden.	

Fugen

Tafel 7.2 Fugenabstände und Fugenbreiten

Bauteil bzw. Bauwerk			Fugenabstand	Fugenbreite
Unbewehrter Massenbeton			4 – 10 m	2 – 3 cm
Fundamentplatten	mit elastischer Oberkonstruktion		30 – 40 m	2 – 3 cm
	mit steifer Oberkonstruktion		15 – 25 m	2 – 3 cm
Wände, Widerlagerwände	Bauteildicke	< 60 cm	8 – 12 m	2 – 3 cm
	Bauteildicke	60 – 100 cm	6 – 10 m	2 – 3 cm
	Bauteildicke	100 – 150 cm	5 – 8 m	2 – 3 cm
	Bauteildicke	150 – 200 cm	4 – 6 m	2 – 3 cm
Trogbauwerke – wasserdichte Wannen			10 – 15 m	2 – 3 cm
Stützmauern, bewehrt	bindiger o. rolliger Untergrund		10 – 15 m	ca. 2 cm
	Fels- oder Betonuntergrund		8 – 10 m	ca. 2 cm
Deckenbauteile	Geschossdecken aus Ortbeton		20 – 30 m	2 – 3 cm
	Geschossdecken aus Fertigteilen		40 m	2 – 3 cm
	Balkone, Brüstungen		15 – 20 m	2 – 3 cm
	Dachdecken, wärmegedämmt		10 – 15 m	2 – 4 cm
	Dachdecken, ungedämmt		5 – 6 m	2 – 4 cm
Stahlbetonskelettbauteile mit elastischer Unterkonstruktion			30 – 40 m	2 – 4 cm
Bauwerke mit erhöhter Brandgefahr			≤ 30 m	≥ $l/1200$

7.2 Schadensbegrenzung bei außergewöhnlichen Einwirkungen

Nach EC2-1-1 sind Zuganker vorzusehen, um einen örtlichen Schaden infolge außergewöhnlicher Einwirkungen (Anprall, Explosion) zu begrenzen und im Falle eines solchen Schadens alternative Lastpfade zu ermöglichen. Zuganker müssen wirksam durchlaufend sein und entsprechend verankert werden.

Als Zugankersystem sind in einem Bauwerk bzw. – bei einem durch Dehnfugen in unabhängige Abschnitte geteilten Bauwerk – in einem Bauwerksabschnitt Ringanker, innenliegende Zuganker und horizontale Stützen- oder Wandzuganker vorzusehen (s. Abb. 7.1).

Hinweise zur Bemessung finden sich z. B. in [Schneider – 10].

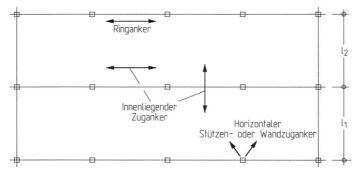

Abb. 7.1 Zugankersystem zur Aufnahme außergewöhnlicher Einwirkungen

8 Qualitätssicherung und Bauausführung
(vgl. [Goris – 00])

8.1 Einfüllen und Verdichten des Betons

Rüttellücken

Nach DIN 1045-3 ist die Bewehrung so anzuordnen, dass Innenrüttler an allen erforderlichen Stellen eingeführt werden können. Die Rüttellücken müssen frei von Bewehrung und Einbauteilen sein. Der erforderliche Abstand der Eintauchstellen kann nach [DBV-M-Betonierbarkeit – 04] abgeschätzt werden als 10facher Durchmesser des Innenrüttlers.

Tafel 8.1 Anwendungsbereiche von Innenrüttlern (vgl. DIN 4235-2)

Durchmesser des Innenrüttlers in mm	Gegens. Abstand der Eintauchstellen in cm	Randabstand in cm	Anwendungsbereich
< 40	25	10	feingliedrige Bauteile und enge Bewehrung
40 – 60	40 – 60	20	übliche Bauteile und Bewehrung[1]
> 60	70	35	große Bauteile und weitmaschige Bewehrung

[1] Standardrüttler auf der Baustelle ⌀ 57 mm; Breite der Rüttellücke vorzugsweise ca. 10 cm

Betonieröffnungen

Platten

Bei Platten bis ca. 0,5 m Dicke sind Rüttellücken als Betonieröffnungen ausreichend.

Balken und Wände

Die Betonieröffnungen sollten mindestens 4 cm größer als die Durchmesser D_E der Einbaurohre oder -schläuche sein (bei Betonierschächten für Einbauhöhen über 1,50 m besser D_E + 6 cm); Durchmesser der Einbauschläuche 8 cm bis 15 cm, der Einbaurohre 10 cm bis 18 cm. Der Abstand A_E der Betonieröffnungen sollte in der Regel bei 2,5 m liegen, bei enger Bewehrung bei ca. 1,5 m.

Betoneinbau [DBV-M-Betonierbarkeit – 04]

- Der Beton darf sich beim Einbau nicht entmischen. Bei Einbauhöhen über etwa 1,50 m sind Einbaurohre einzusetzen, die erst ca. 20 cm über der Verarbeitungsstelle enden.

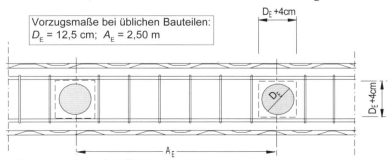

Abb. 8.1 Anordnung von Betonieröffnungen

Qualitätssicherung und Bauausführung

Der Beton ist lagenweise mit Schichtdicken von höchstens ca. 50 cm einzubauen. Der Rüttler ist durch die zu verdichtende Schicht 10 bis 20 cm in die bereits verdichtete Schicht einzutauchen (Vernadelung).

- Bis zu 3° geneigte Oberflächen können herkömmlich mit Innenrüttlern verdichtet werden. Bis zu Neigungen von ca. 25° kann ohne Rückenschalung betoniert werden, es sind jedoch Sondermaßnahmen erforderlich (Handeinbau, Verdichtung durch Stampfen u.a.). Bei Neigungen über 25° sind stets Rückenschalungen vorzusehen.
- Beim Betonieren von Aussparungen wird der Beton auf der einen Seite eingefüllt und verdichtet, bis er auf der gegenüberliegenden Seite austritt.
- Beim Verdichten darf der Rüttler die Bewehrung und Schalung nicht berühren.

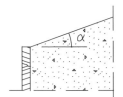
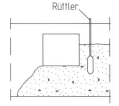

Abb. 7.2 Betoneinbau bei geneigter Oberfläche und bei Aussparungen

8.2 Lagesicherung und Betondeckung der Bewehrung

Begriffe [DBV-M-Abstandhalter – 07]

Das *Mindestmaß* der Betondeckung c_{min} ist der mit ausreichender Zuverlässigkeit einzuhaltende Mindestabstand zwischen der Betondeckung und den Bewehrungsstäben.

Das *Nennmaß* der Betondeckung c_{nom} setzt sich aus dem Mindestmaß und einem Vorhaltemaß zusammen ($c_{nom} = c_{min} + \Delta c_{dev}$).

Das *Vorhaltemaß* Δc soll unvermeidliche Maßabweichungen (aus Biegen und Verlegen der Bewehrung, aus Herstellung der Schalung, aus Einbringen des Betons usw.) abdecken.

Das *Verlegemaß* c_v ist das Abstandhaltermaß der Betondeckung. Es ergibt sich aus den Nennmaßen $c_{nom,l}$ der Längsbewehrung, $c_{nom,w}$ der Bügel (bzw. $c_{nom,q}$ der Querbewehrung) oder aus den Achsabständen u für den Brandschutz. Das maßgebende Verlegemaß c_v wird für die unterstützten Stäbe – i. Allg. die der Betonoberfläche am nächsten liegenden – festgelegt:

$$c_v \geq \begin{cases} c_{nom,w} \\ c_{nom,l} - d_{sw} \\ u - d_{sl}/2 - d_{sw} \end{cases} \quad \text{bzw.} \quad u_s - d_{sl}/2 - d_{sw}$$

Abstandhalter sind Einbauteile, die das erforderliche Verlegemaß zwischen den äußeren Bewehrungsstäben und der Schalung sichern; Abstandhalter können punkt-, linien- oder flächenförmig sein.

Unterstützungen sind Einbauteile, die die obere Bewehrung in ihrer Lage sichern; sie stehen entweder auf der Schalung oder auf der unteren Bewehrung. Unterstützungen können z. B. Körbe, linienförmige oder gekrümmte Gitter, Gitterträger oder Einzelböcke sein.

Lagesicherungen sind Einbauteile, die den Abstand zweier Bewehrungslagen bzw. einzelner Bewehrungslagen sichern, z. B. U-Bügel, S-Haken.

Lagesicherung der Bewehrung

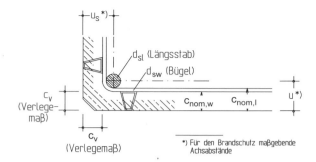

Abb. 8.3 Verlegemaß c_v der Bewehrung

Abstandhalter [DBV-M-Abstandhalter – 07]

Abstandhalter werden nach Art der Aufstandsfläche in die in Tafel 7.2 dargestellten *Typengruppen* klassifiziert.

Für Abstandhalter werden die *Leistungsklassen* L1 und L2 unterschieden:

– L1: Keine erhöhten Anforderungen an Tragfähigkeit und Kippstabilität; Anwendung, wenn die Bewehrung nicht begangen wird (z. B. bei der Herstellung von Fertigteilen).
– L2: Erhöhte Anforderungen an Tragfähigkeit und Kippstabilität; Anwendung, wenn die Bewehrung belastet oder begangen wird oder wenn die Abstandhalter beim Zusammenspannen der Schalung beansprucht werden.

Besondere Anforderungen werden an Abstandhalter im Hinblick auf erhöhten Frost-Tauwiderstand, Eignung für Bauteile mit Temperaturbeanspruchungen sowie Wasserundurch-lässigkeit und Widerstand gegen chemischen Angriff gestellt.

Weitere Einzelheiten und detailliertere Angaben sind [DBV-M-Abstandhalter – 02] zu entnehmen.

Tafel 8.2 Einteilung von Abstandhaltern

Typ		A radförmig	B punktförmig	C linienförmig	D flächenförmig
1	nicht befestigt		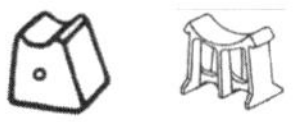	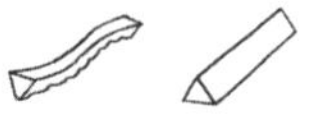	
2	befestigt				

Unterstützungen und Lagesicherungen

Unterstützungen und Lagesicherungen sind in ausreichender Anzahl so einzubauen, dass sie sich nicht verschieben, verdrehen oder verformen (s. nächste Seite; s. a. [DBV-M-Unterstützungen – 07]).

Richtwerte für Anordnung der Abstandhalter, Unterstützungen und Lagesicherungen

Die erforderliche Betondeckung ist durch eine ausreichende Anzahl von Abstandhaltern sicherzustellen. Die Abstandhalter müssen bis zum Abschluss der Betonierarbeiten fest sitzen und dürfen sich nicht verschieben oder verdrehen. Richtwerte gemäß Tafel 8.3.

Tafel 8.3 Richtwerte für die Anordnung von Abstandhaltern (nach [DBV-M-Betondeckung – 07])

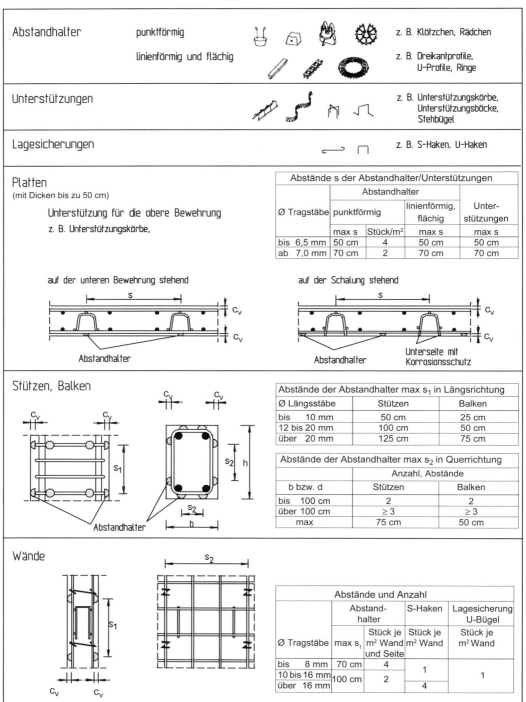

8.3 Nachbehandlung und Schutz des Betons
(nach DIN 1045-3)

Beton muss während der ersten Tage nachbehandelt und ggf. geschützt werden, um
- das Frühschwinden gering zu halten,
- eine ausreichende Festigkeit und Dauerhaftigkeit der Randzonen sicherzustellen,
- das Gefrieren zu verhindern und
- Erschütterungen, Stöße o. Ä. zu vermeiden.

Die Nachbehandlung beginnt unmittelbar nach Abschluss des Verdichtens oder der Oberflächenbearbeitung. Nach DIN 1045-3 kommen hierfür folgende Verfahren in Frage:
- Belassung in der Schalung
- Abdecken der Betonoberfläche mit dampfdichten Folien
- Auflegen von wasserspeichernden Abdeckungen unter ständigem Feuchthalten
- Besprühen o. Ä. der Betonoberfläche
- Anwendung von Nachbehandlungsmitteln mit nachgewiesener Eignung

Eine ausreichende Nachbehandlung ist im Prinzip „automatisch" – d. h. ohne die zuvor genannten Verfahren – gegeben, wenn die relative Luftfeuchte > 85 % ist (nebliges oder regnerisches Wetter).

Die Dauer der Nachbehandlung hängt von der Entwicklung der Festigkeit in den Randzonen ab, sie sollte i. Allg. so lange fortgeführt werden, bis der Beton etwa 50 % der charakteristischen Festigkeit erreicht hat (bei Expostionsklasse XM: 70 %). Diese Anforderung ist i. d. R. erfüllt, wenn die Nachbehandlungsdauer nach Tafel 8.4 (DIN 1045-3, 8.7.4) gewählt wird.

Tafel 8.4 Mindestdauer der Nachbehandlung in Tagen

	Expostionsklasse	Oberflächen- bzw. Lufttemperatur [b]	Mindestdauer der Nachbehandlung in Tagen [a] Festigkeitsentwicklung des Betons $r = f_{cm2}/f_{cm28}$ [c]			
			$r \geq 0{,}50$	$r \geq 0{,}30$	$r \geq 0{,}15$	$r < 0{,}15$
1	XC0, XC1		0,5			
2a	alle außer XC0, XC1 und XM	$\vartheta \geq 25$	1	2	2	3
2b		$25 > \vartheta \geq 15$	1	2	4	5
2c		$15 > \vartheta \geq 10$	2	4	7	10
2d		$10 > \vartheta \geq 5$	3	6	10	15
3	XM		Die Werte der Zeilen 2a bis 2d sind zu verdoppeln.			

[a] Bei mehr als 5 h Verarbeitungszeit ist die Nachbehandlungsdauer angemessen zu verlängern.
[b] Bei Temperaturen unter 5 °C ist die Nachbehandlungsdauer um die Zeit zu verlängern, während der die Tempertur unter 5 °C lag.
[c] f_{cm2} mittlere Betondruckfestigkeit nach 2 Tagen; f_{cm28} mittlere Betondruckfestigkeit nach 28 Tagen

Für die Expositionsklassen XC2, XC3, XC4 und XF1 kann alternativ auch die Nachbehandlungsdauer in Abhängigkeit von der Frischbetontemperatur festgelegt werden; es wird auf DIN 1045-3, Tab. 3 verwiesen.

Qualitätssicherung und Bauausführung

8.4 Rückbiegen von Betonstahl (s. a. Band 1, Abschn. 5.2.6.3)

Begriffe [DBV-M-Rückbiegen – 08]

Nach Art des Biegens werden unterschieden

– Kaltbiegen („hin") und Kaltrückbiegen („zurück") unter Normaltemperatur (bis ca. –5 °C);
– Warmbiegen und Warmrückbiegen bei Temperaturen von ca. 500 bis 900 °C[1]).

Vorgefertigte Bewehrungsanschlüsse werden (i. Allg. zum Herstellen von Übergreifungsstößen) an Betonierabschnittsgrenzen eingesetzt, wobei die Anschlussstäbe in einem Verwahrkasten abgebogen sind, die erst nach dem Ausschalen in ihre Solllage zurückgebogen werden.

Kaltrückbiegen

Für das Rückbiegen gelten nach [DBV-M-Rückbiegen – 08]:

– Stabdurchmesser $d_s \leq 14$ mm;
– Biegerollendurchmesser bei Hinbiegen $D_{min} \geq 6 d_s$; Ausnutzungsgrad der Bewehrung $\leq 80\%$;
  (bei nicht vorwiegend ruhender Belastung gilt $D_{min} \geq 15 d_s$, zulässige Schwingbreite ≤ 50 N/mm²);
– Biegewinkel $\alpha \leq 90°$, mehrfaches Hin- und Zurückbiegen ist unzulässig;
– Begrenzung der Druckstrebentragfähigkeit auf $V_{Ed} \leq 0{,}3 V_{Rd,max}$ (Querkraftbew. senkr. zur Bauteilachse) bzw. $V_{Ed} \leq 0{,}2 V_{Rd,max}$ (Querkraftbew. < 90° geneigt zur Bauteilachse); Fugenausbildung rau oder verzahnt.

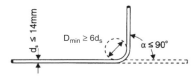

Abb. 8.4 Biegungen von Bewehrung

---
[1]) Für Stäbe mit $d_s \geq 16$ mm; wegen des Festigkeitsabfalls beim Erwärmen über 500 °C dürfen die Betonstähle nur bis zu einer Streckgrenze von 250 N/mm² in Rechnung gestellt werden. Warmbiegen und Warmzurückbiegen nur mit Zustimmung des Tragwerksplaners und Prüfingenieurs zulässig (s. a. [DBV-M-Rückbiegen – 08]).

Für das Rückbiegen sollte der Krümmungsbeginn unmittelbar an die Betonoberfläche anschließen (ggf. bis höchstens $1\,d_s$ einbetoniert werden); andernfalls sollte der Stab am Krümmungsbeginn mit einem Kröpfeisen gehalten werden. Am rückgebogenen Stab darf eine Verkröpfung von höchstens $^1/_3\,d_s$ bei flacher Neigung der Verkröpfung verbleiben.

Vorgefertigte Bewehrungsanschlüsse

Für Verwahrkästen gilt zusätzlich:

Die Profilierung der Verwahrkästen ist durch Versuche nachzuweisen. Der Biegerollendurchmesser beträgt $D_{min} \geq 6\,d_s$, der Krümmungsbeginn der Bewehrungsstäbe sollte an der Betonoberfläche, ggf. bis $1\,d_s$ einbetoniert sein. Für die Ausbildung der Verwahrkästen gilt daher eine Tiefe von min $t = 3\,d_s$ bzw. $4\,d_s$ (bei größeren Tiefen muss auch der Biegerollendurchmesser vergrößert werden).

Für die Biege- und Querkraftbemessung sind die anzusetzenden Flächen im Kastenbereich gegenüber dem „in einem Guss" betonierten Bauteil reduziert; es wird auf die ausführliche Darstellung in [DBV-M-Rückbiegen – 08] verwiesen.

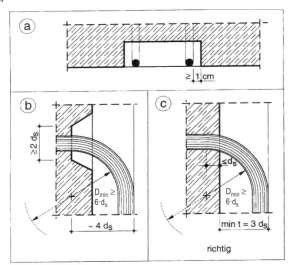

Abb. 8.5 Ausbildung von Verwahrkästen

8.5 Schadensvermeidung

Allgemeiner Hinweis

Die nachfolgenden Darstellungen geben nur einen kurzen Einblick über Schadensursachen bzw. deren Vermeidung und beschreiben nur diejenigen, die mit den im Abschn. 8.1 bis 8.4 beschriebenen Punkten der Bauausführung im Zusammenhang stehen.

Betondeckung der Bewehrung

Der Korrosionsschutz der Bewehrung wird maßgeblich vom pH-Wert des umgebenden Betons bestimmt. Im alkalischen Milieu des Betons bildet sich eine schützende Passivschicht aus, die den Betonstahl zuverlässig gegen Korrosion schützt. Eine oberflächennahe Schicht carbonatisiert jedoch im Laufe der Zeit (s. Abbildung 8.6; aus [BBZ-Instandsetzung – 94]), sodass die schützende Passivschicht hier verloren geht und es dann zur Korrosion der Bewehrung kommen kann. Es ist daher sicherzustellen, dass die Bewehrung auf Dauer ausreichend tief im nichtcarbonatisierten Bereich des Betons liegt. Die Dauerhaftigkeit von Betontragwerken wird entscheidend beeinflusst durch

- dichtes Betongefüge;
- ausreichende Betondeckung, wobei Rautiefen, Profilierungen usw. zu berücksichtigen sind (vgl. Abb. 8.7).

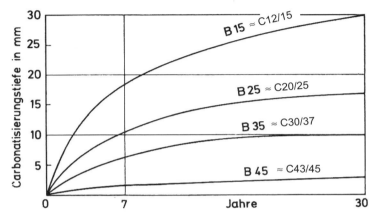

Abb. 8.6 Karbonatisierungstiefe in Abhängigkeit von der Betonfestigkeitsklasse

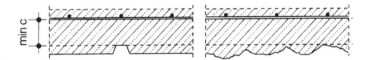

Abb. 8.7 Betondeckung unter Berücksichtigung von Rautiefen und Profilierungen

Bewehrungsgeometrie

Bei der Planung sind unvermeidbare Toleranzen der Herstellung und der Bauausführung zu berücksichtigen; die Besonderheiten der Bewehrungsführung und der Bewehrungsgeometrie sind zu beachten:

- Passeisen, Passlängen sind möglichst zu vermeiden, um bei Maßabweichungen das Nennmaß der Betondeckung c_{nom} einhalten zu können (s. a. [DBV-M-Betonierbarkeit – 04]);

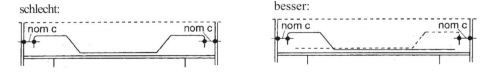

Abb. 8.8 Vermeidung von Passeisen

Schadensvermeidung

- „Brutto"stabdurchmesser – unter Berücksichtigung der Rippen – ca. 1,15facher Nenndurchmesser d_s;
- zulässige Biegeradien können insbesondere bei größeren Stabdurchmessern und bei Aufbiegungen (Schubaufbiegungen, Rahmenecken) zu nennenswerten Abweichungen von der theoretischen Solllage der Bewehrung führen.

Einbauteile

Einbauteile, wie Fugenbänder, Ankerschienen, Kopfbolzendübel, aber auch Transportbefestigungen sind schon in der Planung zu berücksichtigen, die Bewehrungsführung ist entsprechend anzupassen. Hierzu gehören beispielsweise:

- Anpassen der Stababstände, ggf. der Bewehrungsgeometrie und der Biegeformen an Einbauteilen wie Ankerschienen, Kopfbolzen usw.;
- Wahl bzw. Kontrolle der gewählten Betondeckung unter Berücksichtigung der vorgesehenen Einbauteile (z. B. muss die Betondeckung größer als die Dicke der Ankerschienen sein)
- bei der Anordnung von Fugenbändern sind die Besonderheiten der Biegeformen und Ausbildungen der Bewehrung zu berücksichtigen (vgl. auch [Cziesielski/Schrepfer –00]).

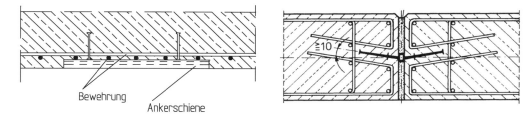

Abb. 8.9 Bewehrungsführung und Biegeformen in besonderen Fällen

Biegungen an Bewehrungen

Bei üblichem Aufwand gelingt es in der Regel nicht, abgebogene Stäbe wieder völlig gerade zurückzubiegen. Die besten Ergebnisse hinsichtlich des Geraderichtens werden mit Stäben erreicht, die bis zum Krümmungsbeginn bzw. bis 1 d_s darüber hinaus einbetoniert sind. Beginnt die Krümmung erst mit größerem Abstand vor der Betonoberfläche, gelingt das Geraderichten nur, wenn der Stab vor Krümmungsbeginn gleichzeitig durch ein Kröpfeisen gehalten wird. Beim Kaltbiegen von Bewehrungsstäben sind daher die Ausführungen nach Abschn. 8.4 zu beachten. Insbesondere sind zu vermeiden ([DBV-M-Rückbiegen – 08]):

- Rückbiegungen ohne Festhaltung mit größerem Abstand von Krümmungsbeginn bis zur Betonoberfläche (es sind Kröpfeisen zum Festhalten zu verwenden)
- Rückbiegungen bei zu großem Abstand von Krümmungsbeginn bis zur Rückbiegehilfe (übergestülptes Rohr)
- Rückbiegungen bei völlig einbetonierten Krümmungen mit Betonabplatzungen bei üblichen Betondeckungen

Als Folge verbleiben in diesen Fällen größere Verkröpfungen und Krümmungen; sie erzeugen Umlenkkräfte, die je nach Größe und Richtung Abplatzungen oder größere Rissbreiten im Beton des Rückbiegebereichs ergeben können.

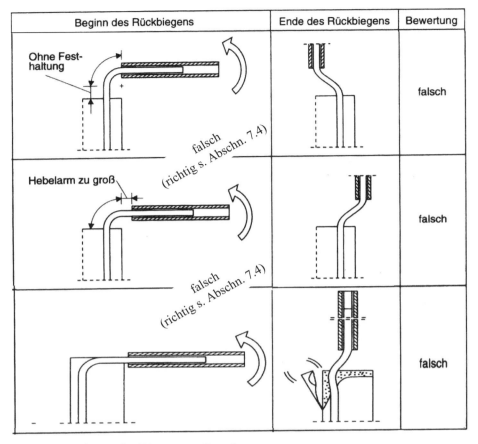

Abb. 8.10 Unsachgemäßes Biegen von Bewehrung

Lagesicherung der Bewehrung

In Arbeitsfugen ist häufig die kraftschlüssige Weiterführung der Bewehrung aus statischen Gründen erforderlich. Insbesondere an Rahmenecken müssen dann vertikale Bewehrungsstäbe relativ weit über die Arbeitsfuge hinaus geführt werden. Ein Schwanken der vertikalen Stäbe beim Betonieren sollte durch Wahl von größeren Stabdurchmessern für Eckstäbe und ggf. Zusammenbinden oder Auskreuzen aller Stäbe begrenzt werden. Auch sind Verformungen von horizontal in den Riegel abgebogener Stützenbewehrung, z. B. durch Montageabstützungen zu vermeiden, um Abweichungen von der planmäßigen Lage zu verhindern (s. hierzu [Geistefeldt – 03]).

Unsachgemäße „Korrekturen" der Bewehrungsführung auf der Baustelle können zu erheblichen Schäden bis hin zum Tragwerksversagen führen. Werden auf der Baustelle einzelne Betonstähle unplanmäßig (z. B. durch Kranstoß) abgebogen und anschließend wieder zurückgebogen, so ist vom Tragwerksplaner zu prüfen, ob die planmäßige Beanspruchung noch aufgenommen werden kann.

Eine falsch eingebaute Anschlussbewehrung (z. B. in einem Fundament) darf in keinem Falle ohne genauere Überprüfung örtlich korrigiert werden. Abgesehen von möglichen Schädigungen der Bewehrung ist dann eine Kraftaufnahme des Zugstabes erst nach größerer Klaffung in der Fuge möglich. Die dabei auftretenden Verformungen können zu einem Versagen des Bauteils führen ([Bökamp – 00]).

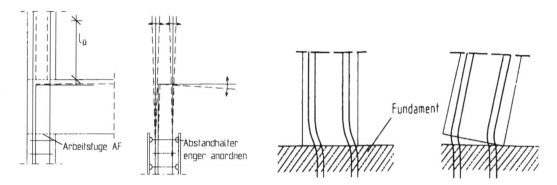

Abb. 8.11 Lagesicherung von Bewehrung

9 Projektbeispiele

Die nachfolgend erfolgenden Beispiele zeigen die Berechnung und Bemessung von Stahlbetontragwerken, wie sie in den vorangegangenen Kapiteln der Bände 1 und 2 erläutert wurde. Hierbei wird auch auf detailliertere Nachweise zur Bewehrungsführung eingegangen. Die Beispiele wurden dabei so gewählt, dass ein weites Spektrum des üblichen Hochbaus abgebildet ist (ergänzend wird auf die zahlreichen Beispiele verwiesen, die den einzelnen Kapiteln unmittelbar zugeordnet sind). Einen Überblick der nachfolgenden Projektbeispiele gibt Tafel 9.1.

Tafel 9.1 Verzeichnis der Projektbeispiele und geführten Nachweise
(Die Zahlenangaben beziehen sich auf die jeweilige Seitenzahl.)

	BEISPIEL	Schnittgrößenermittlung			Tragfähigkeit					Gebrauchstauglichkeit			Bauliche Durchbildung			
		linear elastisch	elastisch mit Umlagerung	nicht linear oder plastisch	Biegung und Längskraft	Querkraft	Druck-/Zuggurt	Durchstanzen		Spannungsbegrenzung	Rissbreitenbegrenzung	Verformungsbeschränkung	Verankerungen	Zugkraftdeckung	Schubkraftdeckung	Bauteile
1	Einfeldrige Platte S. 227	227	-	-	227	229	-	-		-	-	228	229	229	-	230
2	Dreifeldrige Platte S. 232	232	239	-	234	235	-	-		240	236	237	238	238	-	238
3	Zweifeldrige Teilfertigplatte S. 241	241	-	-	242	244	-	-		-	-	245	245	-	-	245
4	Einfeldbalken mit Kragarm S. 248	248	-	-	249	250	-	-		-	251	-	252	252	252	252
5	Dreifeldriger Plattenbalken S. 254	254	-	-	255	256	258	-		-	259	-	261	262	263	264
6	Wand S. 265	266	-	-	267	-	-	-		-	268	-	269	-	-	270
7	Scheibe S. 271	(272)	-	273	274	-	-	-		-	-	-	275	-	-	277
8	Fundament S. 278	279	-	-	279	-	281	-		283	-	284	-	-	285	

9.1 Beispiel 1: Einachsig gespannte einfeldrige Platte

9.1.1 System und Belastung

Für die dargestellte Platte soll die Bewehrung mit Stabstahl bei gestaffelter Bewehrung ausgeführt werden (Alternative mit Mattenbewehrung vgl. a. Band 1, 3.1.3).

Baustoffe: C20/25
B500
Expositionsklasse XC 1

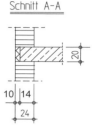

Stützweiten und statisches System

$l_x = 4{,}37 + 2 \cdot (0{,}14/2) = 4{,}51$ m
$l_y = 9{,}23 + 2 \cdot (0{,}14/2) = 9{,}37$ m $\Big\}$ $l_y / l_x = 9{,}37 / 4{,}51 \approx 2{,}1 > 2$

→ einachsig (in *x*-Richtung) gespannte Platte mit $l_x = 4{,}51$ m (kürzere Spannweite)

Belastung (charakteristische Werte)

Konstruktionseigengewicht:	$g_{k1} = 0{,}20 \cdot 25{,}0$	$= 5{,}00$ kN/m²
Ausbaulasten (Annahme):	g_{k2}	$= 1{,}35$ kN/m²
Σ ständige Lasten:	g_k	$= 6{,}35$ kN/m²
Nutzlast in Wohnräumen	q_{k1}	$= 1{,}50$ kN/m²
Zuschlag für leichte Trennwände	q_{k2}	$= 1{,}25$ kN/m²
Σ veränderliche Lasten:	q_k	$= 2{,}75$ kN/m²

9.1.2 Nachweise im Grenzzustand der Tragfähigkeit

Schnittgrößen

$f_d = \gamma_G \cdot g_k + \gamma_Q \cdot q_k$
$= 1{,}35 \cdot 6{,}35 + 1{,}50 \cdot 2{,}75 = 12{,}70$ kN/m²
max $M_{Ed} = 0{,}125 \cdot f_d \cdot l^2 = 0{,}125 \cdot 12{,}70 \cdot 4{,}51^2$
$= 32{,}29$ kNm/m
$V_{Ed,a} = -V_{Ed,b} = 0{,}5 \cdot f_d \cdot l = 0{,}5 \cdot 12{,}70 \cdot 4{,}51$
$= 28{,}64$ kN/m

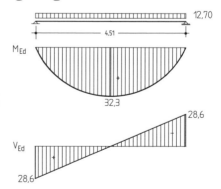

Biegebemessung

Betondeckung: $c_{nom} = c_{min} + \Delta c_{dev} = 1{,}0 + 1{,}0 = 2{,}0$ cm
Nutzhöhe: $d = 20{,}0 - 2{,}0 - (1{,}0/2) = 17{,}5$ cm
(s. Skizze; Annahme: $d_s = 10$ mm)
Bemessung $M_{Ed} = 32{,}29$ kNm/m $= M_{Eds}$

$$\mu_{Eds} = \frac{0{,}03229}{1{,}0 \cdot 0{,}175^2 \cdot (0{,}85 \cdot 20/1{,}5)} = 0{,}093 \quad \rightarrow \quad \omega = 0{,}098;\ \sigma_{sd} = 435\ \text{MN/m}^2;\ \zeta = 0{,}95$$

$$A_{s,erf} = \frac{1}{435} \cdot \left(0{,}098 \cdot 1{,}0 \cdot 0{,}175 \cdot \frac{0{,}85 \cdot 20}{1{,}5} + 0\right) \cdot 10^4 = 4{,}47\ \text{cm}^2/\text{m}$$

gew.: ⌀ 8 – 10 (= 5,03 cm²/m)

Bemessung für Querkraft

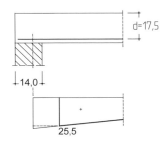

Maßgebende Querkraft $1{,}0\,d$ vom Auflagerrand

$V_{Ed} = 28{,}64 - 12{,}70 \cdot (0{,}14/2 + 0{,}175) = 25{,}5\ \text{kNm/m}$

$V_{Rd,c} = [(0{,}15/\gamma_c) \cdot \kappa \cdot (100\rho_l^{1/3} + 0{,}12\sigma_{cd}] \cdot b_w \cdot d^{\text{a})}$

$\kappa = 2$ (für $d \leq 20$ cm)

$\rho_l = 2{,}51/(100 \cdot 17{,}5) = 0{,}0014$ (⌀ 8 – 20)[b]

$V_{Rd,c} = 0{,}10 \cdot 2 \cdot (100 \cdot 0{,}0014 \cdot 20)^{1/3} \cdot 1{,}0 \cdot 0{,}175$

$\phantom{V_{Rd,c}} = 0{,}0493\ \text{MN/m} = 49{,}3\ \text{kN/m}$

$V_{Rd,c} = 49{,}3\ \text{kN/m} > V_{Ed} = 25{,}5\ \text{kN/m} \rightarrow$ keine Schubbewehrung erforderlich.

9.1.3 Nachweise im Grenzzustand der Gebrauchsfähigkeit

Spannungsbegrenzung

Nachweis nicht erforderlich (s. EC2-1-1/NA, 7.1).

Beschränkung der Rissbreite

Für biegebeanspruchte Platten der Expositionsklasse XC 1 ist der Nachweis nicht erforderlich, wenn deren Gesamtdicke 20 cm nicht überschreitet (vgl. EC2-1-1, 7.3.3).

Begrenzung der Verformungen

Nachweis nach EC2-1-1, 7.4.2 durch Begrenzung der Biegeschlankheit. Mit $\rho_0 = f_{ck}^{0{,}5} \cdot 10^{-3} = 20^{0{,}5} \cdot 10^{-3} = 0{,}0045$ ist EC2-1-1, Gl. (7.16a) maßgebend:

$$\frac{l}{d} \leq K \cdot \left[11 + 1{,}5\sqrt{f_{ck}} \cdot \frac{\rho_0}{\rho} + 3{,}2\sqrt{f_{ck}} \cdot \left(\frac{\rho_0}{\rho} - 1\right)^{3/2}\right] \leq (l/d)_{max}$$

$K = 1{,}0$ (Einfeldplatte)

$(l/d)_{max} = K^2 \cdot 150/l$ (erhöhte Anforderungen)

$\rho_l = 4{,}47/(100 \cdot 17{,}5) = 0{,}0026$

$$\frac{l}{d} \leq 1{,}0 \cdot \left[11 + 1{,}5 \cdot \sqrt{20} \cdot \frac{0{,}0045}{0{,}0026} + 3{,}2 \cdot \sqrt{20} \cdot \left(\frac{0{,}0045}{0{,}0026} - 1\right)^{3/2}\right] = 31 < 1{,}0^2 \cdot (150/4{,}51) = 33$$

$l/d = 4{,}51/0{,}175 = 26 < 31 \rightarrow$ Nachweis erfüllt.

---

a) Der Nachweis erfolgt zur Demonstration. Es genügt der Nachweis der Mindestquerkrafttragfähigkeit $V_{Rd,c,min}$. Nach Band 1, Tafel 5.11a ergibt sich für C20/25 und $d < 20$ cm:

$v_{Rd,c,min} = 0{,}443\ [\text{MN/m}^2]$ und damit

$V_{Rd,c,min} = 0{,}443 \cdot b \cdot d = 0{,}443 \cdot 0{,}175 \cdot 1{,}0 = 0{,}0775\ \text{MN/m} = 77{,}5\ \text{kN/m}$

b) Es darf nur die Bewehrung berücksichtigt werden, die am Endauflager verankert ist; s. Abschn. 9.1.4.

Einfeldrige Platte

9.1.4 Bewehrungsführung

Versatzmaß a_l bei Platte ohne Schubbewehrung (EC2-1-1, 9.2.1.3)

$a_l = 1{,}0 \cdot d = 17{,}5$ cm

$F_{sd,vorh} = \dfrac{M_{Eds}}{z} + N_{Ed} = \dfrac{32{,}29}{0{,}95 \cdot 0{,}175} + 0 = 194 \text{ kN/m}$ $\quad$ vorhandene Stahlzugkraft für $M_{Ed,max}$

$F_{sd,aufn} = A_s \cdot \sigma_{sd} = 5{,}03 \cdot 435 \cdot 10^{-1} = 219 \text{ kN/m}$ $\quad$ aufnehmbare Zugkraft für $\varnothing 8 - 10$

Zugkraft- und Zugkraftdeckungslinie

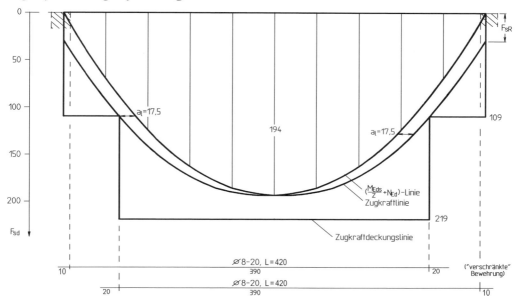

Verankerung am Endauflager (EC2-1-1, 9.2.1.4)

Randzugkraft $F_{sd,R}$ $\quad F_{sd,R} = V_{Ed} \cdot \dfrac{a_l}{d} + N_{Ed} = 28{,}64 \cdot \dfrac{1{,}0 \cdot d}{d} + 0 = 28{,}64$ kN/m

$\qquad A_{s,erf} = \dfrac{F_{sd,R}}{f_{yd}} = \dfrac{0{,}02864}{435} \cdot 10^4 = 0{,}66 \text{ cm}^2/\text{m}$

Auflagerbewehrung $\quad A_{s,min} = 0{,}5 \cdot A_{s,Feld} = 0{,}5 \cdot 4{,}47 = 2{,}24 \text{ cm}^2/\text{m}$ $\quad$ (EC2-1-1, 9.3.1.2)

$\qquad A_{s,vorh} = 2{,}51 \text{ cm}^2/\text{m}$ $\;(> A_{s,min}$ und $> A_{s,erf})$

Verankerungslänge $\quad l_{bd,dir} = \dfrac{2}{3} \cdot l_{bd} = \dfrac{2}{3} \cdot \alpha_1 \cdot \dfrac{A_{s,erf}}{A_{s,vorh}} \cdot l_{b,req,y} \geq l_{b,min}$

$\qquad l_{b,rqd,y} = \dfrac{d_s}{4} \cdot \dfrac{f_{yd}}{f_{bd}} = \dfrac{0{,}8}{4} \cdot \dfrac{435}{2{,}3} = 38$ cm

$\qquad l_{bd,dir} = \dfrac{2}{3} \cdot 1{,}0 \cdot \dfrac{0{,}66}{2{,}51} \cdot 38 \approx 7$ cm

$\qquad l_{b,min} = \dfrac{2}{3} \cdot 0{,}3 l_{b,rqd,y} = \dfrac{2}{3} \cdot 0{,}3 \cdot 38 = 7{,}6 \text{ cm} > \begin{cases} 6{,}7 \cdot d_s = 6{,}7 \cdot 0{,}8 = 5{,}4 \text{ cm} \\ b_{sup}/2 = 14/2 = 7 \text{ cm} \end{cases}$

gew.: 10 cm

Projektbeispiele

Verankerung außerhalb von Auflagern (EC2-1-1, 9.2.1.3)

$$l_{bd} = \alpha_1 \cdot \frac{A_{s,erf}}{A_{s,vorh}} \cdot l_{b,rqd,y} \geq l_{b,min}$$

$A_{s,erf} / A_{s,vorh} = 0{,}5$ (Bewehrung wird ab dem Punkt gestaffelt, an dem nur noch die Hälfte der Bewehrung benötigt wird)

$l_{b,rqd,y} = 38$ cm

$l_{bd} = 1{,}0 \cdot 0{,}5 \cdot 38 = 19$ cm (maßgebend)

gew.: 20 cm

Mindestbewehrung (EC2-1-1/NA, 9.2.1.1)

$A_{s,min} \leq M_{cr} / (z_{II} \cdot f_{yk})$

$M_{cr} = f_{ctm} \cdot I_I / z_{I,c1} = 2{,}2 \cdot (0{,}20^3/12)/0{,}10 = 0{,}0147$ MNm

$z_{II} = 0{,}9 \cdot d = 0{,}9 \cdot 0{,}175 = 0{,}158$ m

$A_{s,min} \leq 0{,}0147 / (0{,}158 \cdot 500) = 1{,}86 \cdot 10^{-4}$ m²/m $= 1{,}86$ cm²/m

Querbewehrung; Abstände der Längs- und Querbewehrung (EC2-1-1/NA, 9.3.1.1)

Querbewehrung erf $A_{s,q} = 0{,}20 \cdot A_{s,l} = 0{,}20 \cdot 4{,}47 = 0{,}89$ cm²/m

gew.: $\varnothing 6 - 25$ (= 1,13 cm²/m)

Stababstände*) Längsbewehrung: $s_l \leq h = 20$ cm $\genfrac{}{}{0pt}{}{\geq 15 \text{ cm}}{\leq 25 \text{ cm}}$

Querbewehrung: $s_q \leq 25$ cm

Konstruktive Einspannbewehrung

Zur Erfassung einer rechnerisch nicht berücksichtigten Endeinspannung (z. B. durch Auflasten aus darüber liegenden Mauerwerkswänden) ist eine konstruktive obere Bewehrung anzuordnen.

$A_{s,Rand} \geq 0{,}25 \cdot A_{s,Feld} = 0{,}25 \cdot 4{,}47 = 1{,}12$ cm²/m

erf $l = 0{,}20 \cdot l_x = 0{,}20 \cdot 4{,}51 = 0{,}90$ m (gemessen von Auflagerinnenkante)

gew.: $\varnothing 6 - 25$ mit 1,13 cm²/m; $l = 1{,}30$ m (zzgl. Endhaken als Verankerungselement)

Bewehrungszeichnung

Die anzuordnende Bewehrung ist nachfolgend dargestellt. Zu beachten ist, dass die obere und untere Bewehrung in nur einer Grundrissdarstellung enthalten ist. Die obere Bewehrung erhält dann den Zusatz „- o", die untere Bewehrung entsprechend „- u".

Ein unmaßstäblicher Bewehrungsauszug befindet sich an der jeweiligen Positionsnummer. Soweit dieselbe Position mehrfach vorhanden ist, erfolgt der Bewehrungsauszug nur an einer Stelle; hier ist dann jeweils auch die Summe der Einzelstäbe angegeben.

Auf der Bewehrungszeichnung müssen angegeben sein
– die Betonfestigkeitsklasse und die Expositionsklasse(n)
– der verwendete Betonstahl
– das Verlegmaß der Bewehrung und das Vorhaltemaß
(außerdem die üblichen Angaben über Bauherr, Bauprojekt, Bauteil und Aufsteller etc.)

---

*) Die geforderten Stababstände sind gem. [Ausl-DIN1045-1 – 08] im gesamten Biegebewehrungsbereich einzuhalten, also auch am Auflager.

Einfeldrige Platte

Bewehrungszeichnung der Beispielrechnung

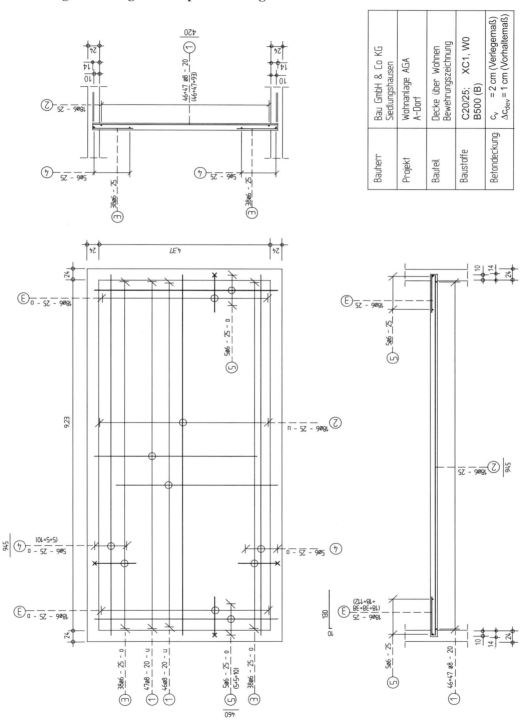

Projektbeispiele

9.2 Beispiel 2: Einachsig gespannte dreifeldrige Platte

9.2.1 System und Belastung

Gegeben sei die im Schnitt dargestellte einachsig gespannte Platte. Neben der Eigenlast der Konstruktion sind eine Zusatzeigenlast (Belag) von 1,25 kN/m² und eine veränderliche Last von 5,00 kN/m² (Nutzlast eines Verkaufsraumes) vorhanden.

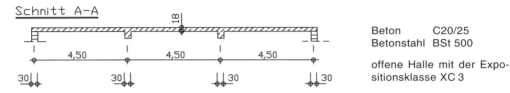

Beton   C20/25
Betonstahl BSt 500

offene Halle mit der Expositionsklasse XC 3

Es liegt ein Dreifeldplatte mit 4,50 m Einzelstützweiten vor; an den Enden ist die Platte auf Mauerwerk starr gelagert, an den Innenauflagern ist sie auf Unterzügen elastisch gelagert. Es wird unterstellt, dass die Unterzüge eine große Steifigkeit besitzen, so dass sie genügend genau durch starre Lager ersetzt werden können.

Als Belastung (charakteristische Werte) ist vorhanden:
- für die Eigenlast: $g_k = g_{k1} + g_{k2} = 0{,}18 \cdot 25{,}0 + 1{,}25 = 5{,}75$ kN/m²
- für die veränderliche Last: q_k = 5,00 kN/m²

Das statische System und die zugehörige Belastung sind nachfolgend dargestellt.

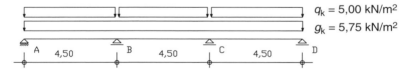

9.2.2 Schnittgrößen

Die Schnittgrößen können mit Tabellenwerken ermittelt werden ([Schneider – 10]). Die Eigenlast wird konstant über alle Felder, die Nutzlast feldweise angesetzt. Es wird mit charakteristischen Werten gerechnet, Sicherheits- und Kombinationsfaktoren werden bei der Bemessung berücksichtigt. Die Ergebnisse sind nachfolgend in Tabellenform dargestellt.

Lastfall		V_A kN/m	$V_{B,li}$ kN/m	$V_{B,re}$ kN/m	$V_{C,li}$ kN/m	M_B kNm/m	M_C kNm/m
1	g	10,35	−15,52	12,94	−12,94	−11,64	−11,64
2a	$q_{,\text{Feld 1}}$	9,75	−12,75	1,88	1,88	−6,75	1,69
2b	$q_{,\text{Feld 2}}$	−1,12	−1,12	11,25	−11,25	−5,06	−5,06
2c	$q_{,\text{Feld 3}}$	0,38	0,38	−1,87	−1,87	1,69	−6,75

9.2.3 Nachweis der Dauerhaftigkeit

Nachweis nach Band 1, Abschn. 4.2; die Betonfestigkeitsklasse und die Betondeckung der Bewehrung muss den Anforderungen der Expositionsklasse XC 3 entsprechen.

XC 3 → Mindestbetonfestigkeitsklasse C20/25
Mindestmaß der Betondeckung c_{min} = 2,0 cm
Vorhaltemaß Δc_{dev} = 1,5 cm

Die Anforderungen sind durch die gewählte Betonfestigkeitsklasse (C20/25) erfüllt; die geforderte Betondeckung wird bei der Bemessung und konstruktiven Durchbildung berücksichtigt.

9.2.4 Grenzzustand der Tragfähigkeit

9.2.4.1 Biegebemessung

Die Bemessungswerte der Biegemomente erhält man durch Multiplikation der charakteristischen Werte mit den Teilsicherheitsbeiwerten. Die Eigenlast wird konstant über alle drei Felder angesetzt und ist mit γ_G = 1,35 zu multiplizieren (eine Berücksichtigung des unteren Beiwerts γ_G = 1,00 ist für nicht vorgespannte Durchlaufträger und -platten des üblichen Hochbaus nicht erforderlich, wenn die Konstruktionsregeln für die Mindestbewehrung eingehalten werden; (EC2-1-1, 5.1.3(NA.4)). Die veränderliche Last ist lastfallweise und feldweise ungünstig mit γ_Q = 1,50 zu vervielfachen. Man erhält (Berechnung z. B. nach [Schneider – 10]):

$M_{Ed,b}$ = 1,35 · (–11,64) + 1,50 · (–6,75 – 5,06) = –33,48 kNm/m (LF.: 1+2a+2b)
$M_{Ed,1}$ = $V_{Ed,a}^2$ / (2 · (g_d+q_d)) (LF.: 1+2a+2c)
  $V_{Ed,a}$ = 1,35 · 10,35 + 1,50 · (9,75 + 0,38) = 29,17 kN/m
$M_{Ed,1}$ = 29,17² / (2 · (1,35 · 5,75 + 1,50 · 5,00)) = 27,85 kNm/m
x_1 = $V_{Ed,a}$/(g_d+q_d) = 29,17/(1,35 · 5,75+1,50 · 5,00) = 1,91 m   (Ort des maximalen Momentes im Feld 1

Weitere Biegemomente analog, auf eine Darstellung des Rechengangs wird verzichtet; man erhält die nachfolgend dargestellte Momentengrenzlinie.

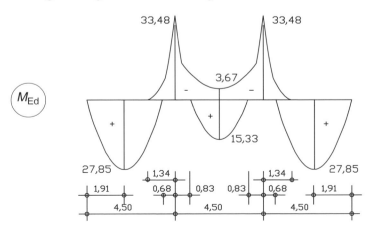

Projektbeispiele

Bemessung

Nutzhöhe

$d = h - c_{nom} - d_{s,1}/2$ (für 1-lagige Bewehrung)
$c_{nom} = c_{min} + \Delta c_{dev} = 2{,}0 + 1{,}5 = 3{,}5$ cm (Umgebungsklasse XC 3; s. vorher)
$d_{s,1} \leq 1{,}0$ cm (Annahmen)
$d = 18{,}0 - 3{,}5 - 1{,}0/2 = 14{,}0$ cm

Feldmoment, Randfeld

$M_{Eds} = M_{Ed} = 27{,}85$ kNm/m (wegen $N_{Ed} = 0$)

$\mu_{Eds} = \dfrac{M_{Eds}}{b \cdot d^2 \cdot f_{cd}} = \dfrac{0{,}02785}{1{,}0 \cdot 0{,}14^2 \cdot (0{,}85 \cdot 20/1{,}5)} = 0{,}125$

$\Rightarrow \omega = 0{,}134;\ \zeta = z/d = 0{,}93;\ \sigma_{sd} = 435$ MN/m²

$A_s = \dfrac{1}{\sigma_{sd}} \cdot (\omega \cdot b \cdot d \cdot f_{cd} + N_{Ed}) = 0{,}132 \cdot 1{,}0 \cdot 0{,}14 \cdot \dfrac{(0{,}85 \cdot 20/1{,}5)}{435} \cdot 10^4 = 4{,}88$ cm²/m

gew.: $\varnothing\,10 - 16$ cm ($= 4{,}91$ cm²/m)

Feldmoment, Innenfeld

$M_{Eds} = 15{,}33$ kNm/m

$\mu_{Eds} = \dfrac{0{,}01533}{1{,}0 \cdot 0{,}14^2 \cdot (0{,}85 \cdot 20/1{,}5)} = 0{,}069$

$\Rightarrow \omega = 0{,}072;\ \sigma_{sd} = 435$ MN/m²

$A_s = 0{,}072 \cdot 1{,}0 \cdot 0{,}14 \cdot \dfrac{0{,}85 \cdot 20/1{,}5}{435} \cdot 10^4 = 2{,}63$ cm²/m

gew.: $\varnothing\,8 - 16$ cm ($= 3{,}14$ cm²/m)

Negative Feldmomente, Innenfeld

Die negativen Feldmomente brauchen nicht nachgewiesen zu werden, wenn die obere Bewehrung ohne Staffelung zwischen den Stützen B und C durchgeführt wird.

Stützmomente

$M_{Ed} = 33{,}48$ kNm/m

- Anschnittsmoment

  Wegen der biegesteifen Verbindung mit den Unterzügen darf für die Bemessung das Moment am Rand der Unterstützung gewählt werden (vgl. Abschn. 1.5).

  $M_{Ed,II} = M_{Ed} - V_{Ed,B,re} \cdot b/2$ ($V_{Ed,B,re}$ maßgebend)
  zug $V_{Ed,B,re} = 1{,}35 \cdot 12{,}94 + 1{,}50 \cdot (1{,}88 + 11{,}25) = 37{,}16$ kN/m
  $M_{Ed,II} = 33{,}48 - 37{,}16 \cdot 0{,}30/2 = 27{,}91$ kNm/m

- Mindestmoment

  Zusätzlich ist das Mindestmoment am Rand der Unterstützung zu überprüfen, das mit 65 % des Starreinspannmoments anzusetzen ist. Das Randfeld ist maßgebend.

  $M_\S = 0{,}65 \cdot (f_d \cdot l_n^2/8) = 0{,}65 \cdot [(1{,}35 \cdot 5{,}75 + 1{,}50 \cdot 5{,}00) \cdot 4{,}20^2/8] = 21{,}87$ kNm/m

- Bemessungsmoment

  Das Anschnittsmoment ist maßgebend; als Bemessungsmoment ergibt sich mit $N_{Ed} = 0$:

  $M_{Eds} = 27{,}91$ kNm/m

  $\mu_{Eds} = \dfrac{0{,}02791}{1{,}0 \cdot 0{,}14^2 \cdot (0{,}85 \cdot 20/1{,}5)} = 0{,}126$

  $\Rightarrow \quad \omega = 0{,}135; \quad \sigma_{sd} = 435$ MN/m²; $\zeta = z/d = 0{,}93$

  $\xi = x/d = 0{,}17 < 0{,}45$ (vereinfachter Nachweis des Rotationsvermögens; s. Abschn. 1.6)

  $A_s = 0{,}135 \cdot 1{,}0 \cdot 0{,}14 \cdot \dfrac{0{,}85 \cdot 20/1{,}5}{435} \cdot 10^4 = 4{,}92$ cm²/m

  gew.: ⌀ 10 – 16 cm (= 4,91 cm²/m)

9.2.4.2 Bemessung für Querkraft

Bei direkter Lagerung darf der Bemessungswert der Querkraft V_{Ed} im Abstand $1{,}0\,d$ vom Auflagerrand zugrunde gelegt werden. Nachweis für die größte Querkraft an der Stütze B_{li}:

Einwirkung: $|V_{Ed,bl}| = 1{,}35 \cdot 15{,}52 + 1{,}50 \cdot (12{,}75 + 1{,}12) = 41{,}76$ kN/m

$\quad V_{Ed} = 41{,}76 - (1{,}35 \cdot 5{,}75 + 1{,}50 \cdot 5{,}00) \cdot (0{,}30/2 + 0{,}15) = 37{,}33$ kN/m

Widerstand[a)] $V_{Rd,c} = 0{,}10 \cdot \kappa \cdot (100 \rho_l \cdot f_{ck})^{1/3} \cdot b_w \cdot d \quad (\sigma_{cd} = 0; \gamma_c = 1{,}5)$

$\quad \kappa = 2 \quad\quad (d \leq 200$ mm$)$

$\quad \rho_l = 6{,}02 / (100 \cdot 14) = 0{,}0043 \quad$ (Bewehrungsgrad der – oberen – Biegezugbewehrung)

$\quad d = 0{,}14$ m

$\quad V_{Rd,c} = 0{,}10 \cdot 2 \cdot (0{,}43 \cdot 20)^{1/3} \cdot 1 \cdot 0{,}14 = 0{,}0574$ MN = 57,4 kN

Nachweis $\quad V_{Rd,c} > V_{Ed} \Rightarrow$ keine Schubbewehrung erforderlich.

Der Nachweis der Druckstrebe $V_{Rd,max}$ ist bei Stahlbetonplatten i. Allg. entbehrlich.

9.2.5 Nachweise im Grenzzustand der Gebrauchstauglichkeit

Im Gebrauchszustand sind Spannungsbegrenzungen, die Beschränkung der Rissbreite und die Beschränkung der Durchbiegung nachzuweisen. Für die zu führenden Nachweise werden folgende Kombinationsfaktoren (Band I, Tafel 4.2 für Verkaufsräume) benötigt:

- seltene Kombination (rare) $\quad \psi_0 = 0{,}7$
- häufige Kombination (freq) $\quad \psi_1 = 0{,}7$
- quasi-ständige Kombination (perm) $\psi_2 = 0{,}6$

9.2.5.1 Spannungsbegrenzung

Der Nachweis ist im vorliegenden Fall nicht erforderlich, da ein nicht vorgespanntes Tragwerk des üblichen Hochbaus vorliegt und die weiteren Bedingungen – Schnittgrößenumlagerung < 15%; bauliche Durchbildung nach EC2-1-1 – eingehalten werden (s. EC2-1-1, 7.1 (NA.3)).

[a)] Der Nachweis erfolgt zur Demonstration. Es genügt der Nachweis der Mindestquerkrafttragfähigkeit $V_{Rd,c,min}$. Nach Band 1, Tafel 5.11a ergibt sich für C20/25 und $d < 20$ cm:

$v_{Rd,c,min} = 0{,}443$ [MN/m²] und damit

$V_{Rd,c,min} = 0{,}443 \cdot b \cdot d = 0{,}443 \cdot 0{,}14 \cdot 1{,}0 = 0{,}0620$ MN/m = 62,0 kN/m

9.2.5.2 Beschränkung der Rissbreite
(Nachweis nachfolgend beispielhaft nur für die Beanspruchung an der Stütze B)

Mindestbewehrung

Es wird unterstellt, dass infolge der statisch unbestimmten Lagerung Zwangsschnittgrößen (Biegezwang) auftreten können. Als erforderliche Mindestbewehrung erhält man

Mindestbewehrung

$A_s = k_c \cdot k \cdot f_{ct,eff} \cdot A_{ct} / \sigma_s$

$\quad k_c \quad = 0{,}4$ („reine" Biegung)
$\quad k \quad = 1{,}0$ (es wird ungünstig „äußerer" Zwang unterstellt)
$\quad f_{ct,eff} = 3{,}0 \text{ MN/m}^2$ (Rissbildung erfolgt erst nach mehr als 28 Tagen)
$\quad A_{ct} \quad = 0{,}18 \cdot 1{,}0/2 = 0{,}09 \text{ m}^2\text{/m}$ (Betonzugzone vor Rissbildung)
$\quad \sigma_s \quad = 320 \text{ MN/m}^2$ (Stahlspannung für $d_s^* = 10$ mm und $w_k = 0{,}3$ mm; vgl. Band 1, Abschn. 6.3.6)

$A_s = 0{,}4 \cdot 1{,}0 \cdot 3{,}0 \cdot 0{,}090 / 320 = 3{,}37 \cdot 10^{-4} \text{ m}^2\text{/m} = 3{,}37 \text{ cm}^2\text{/m}$

Die Mindestbewehrung ist kleiner als die für die Lastbeanspruchung erforderliche Bewehrung und wird daher nicht maßgebend.

Nachweis des Grenzdurchmessers

Ein Nachweis des Grenzdurchmessers erübrigt sich, da für die der Ermittlung der Mindestbewehrung zugrunde liegende Stahlspannung ein Grenzdurchmesser $d_{s,lim} = d_s^* = 10$ mm (für $f_{ct,eff} \geq f_{ct0}$) zulässig ist.

Rissbreitenbegrenzung

Es liegt die Expositionsklasse XC 3 vor; hierfür ist eine Rissbreite $w_k \leq 0{,}3$ mm nachzuweisen. Maßgebend ist die quasi-ständige Last ($\psi_2 = 0{,}6$; s. vorher):

$|M_{b,perm}| = 11{,}64 + 0{,}6 \cdot (5{,}06+6{,}75) = 18{,}73$ kNm/m (vgl. Abschn. 8.2.2)
$\quad$ zug $V_{b,re} = 12{,}94 + 0{,}6 \cdot (1{,}88+11{,}25) = 20{,}82$ kN/m
$M_{b,II} = 18{,}73 - 20{,}82 \cdot 0{,}30/2 = 15{,}61$ kN/m

$\sigma_s = \dfrac{M}{A_s \cdot z} = \dfrac{0{,}01561}{4{,}91 \cdot 10^{-4} \cdot 0{,}13} = 245 \text{ MN/m}^2 \qquad (z \approx 0{,}93 \cdot 0{,}14 = 0{,}13 \text{ m})$

Nachweis des gewählten Durchmessers

$d_s \leq d_{s,lim} = d_s^* \cdot \dfrac{\sigma_s \cdot A_s}{4 \cdot (h-d) \cdot b \cdot f_{ct0}} \geq d_s^* \cdot \dfrac{f_{ct,eff}}{f_{ct0}}$

$\quad d_s^* \approx 18$ mm $\qquad (w_k = 0{,}3$ mm und $\sigma_s = 245$ MN/m$^2)$
$\quad f_{ct,eff} = f_{ctm} = 2{,}2$ MN/m^2 $\qquad$ (C20/25)

$d_{s,lim} = 18 \cdot \dfrac{245 \cdot 0{,}000491}{4 \cdot (0{,}18-0{,}14) \cdot 1{,}0 \cdot 3{,}0} = 4{,}5 < 18 \cdot \dfrac{2{,}2}{3{,}0} = 13{,}2$

$d_s = 10$ mm $< d_{s,lim} = 13{,}2$ mm $\quad \to \quad$ Nachweis erfüllt

Nachweis des Stababstandes

Alternativ kann der Nachweis auch über den Grenzabstand lim s_l geführt werden;
für $\sigma_s = 245$ MN/m^2 und $w_k = 0{,}3$ mm erhält man $s_{l,lim} = 19$ cm;
$s_l = 16$ mm $< s_{l,lim} = 19$ cm $\quad \to \quad$ Nachweis erfüllt.

9.2.5.3 Beschränkung der Durchbiegungen

Nachweis durch Begrenzung der Biegeschlankheit (EC2-1-1, 7.4.2), Endfeld ist maßgebend. Mit $\rho_0 = f_{ck}^{0,5} \cdot 10^{-3} = 20^{0,5} \cdot 10^{-3} = 0{,}0045 > \rho_l = 0{,}0035$ (s.u.) gilt EC2-1-1, Gl. (7.16a):

$$\frac{l}{d} \leq K \cdot \left[11 + 1{,}5\sqrt{f_{ck}} \cdot \frac{\rho_0}{\rho} + 3{,}2\sqrt{f_{ck}} \cdot \left(\frac{\rho_0}{\rho} - 1\right)^{3/2} \right] \leq (l/d)_{max}$$

$K = 1{,}3$ (Endfeld)
$(l/d)_{max} = K^2 \cdot 150 / l$ (erhöhte Anforderungen)
$\rho_l = 4{,}88/(100 \cdot 14{,}0) = 0{,}0035$

$$\frac{l}{d} \leq 1{,}3 \cdot \left[11 + 1{,}5 \cdot \sqrt{20} \cdot \frac{0{,}0045}{0{,}0035} + 3{,}2 \cdot \sqrt{20} \cdot \left(\frac{0{,}0045}{0{,}0035} - 1\right)^{3/2} \right] = \mathbf{28} < 1{,}3 \cdot 35 = 46$$

$l/d = 4{,}50 / 0{,}14 = 32 > 28 \rightarrow$ Nachweis **nicht** erfüllt

Es darf jedoch im Verhältnis $310/\sigma_s$ – mit σ_s als Stahlspannung unter der Bemessungslast im GZG – korrigiert werden. Mit $M_1 = 15{,}4$ kNm (Rechengang hier nicht dargestellt) erhält man:

$\sigma_s \approx 15{,}4 / (4{,}91 \cdot (0{,}9 \cdot 0{,}14)) = 25$ kN/cm² $= 250$ MN/m² $\rightarrow 310/250 = 1{,}24$
$l/d = 4{,}50 / 0{,}14 = 32 < 28 \cdot 1{,}24 = 35 \rightarrow$ Nachweis erfüllt

9.2.6 Nachweise zur baulichen Durchbildung

Die nachfolgenden Nachweise sind unvollständig; wegen weiterer Nachweise (z. B. zur Verankerungslänge) wird auf das Projektbeispiel 1 verwiesen.

Mindestbiegezugbewehrung

$$A_{sl,min} \geq \frac{M_{cr}}{z_{II} \cdot f_{yk}}$$

$$M_{cr} = f_{ctm} \cdot \frac{I_I}{z_{I,ct}} = 2{,}2 \cdot \frac{1{,}00 \cdot 0{,}18^3/12}{0{,}09} = 0{,}0119 \text{ MNm/m} = 11{,}9 \text{ kNm/m} \quad (C20/25)$$

$z_{II} \approx 0{,}9 \cdot d = 0{,}9 \cdot 0{,}14 = 0{,}126$ m

$$A_{sl,min} \geq \frac{11{,}9}{0{,}126 \cdot 50{,}0} = 1{,}89 \text{ cm}^2/\text{m}$$

Alternativ mit Band 1, Tafel 7.2:

$A_{sl,min} \geq 10{,}51 \cdot 10^{-4} \cdot 100 \cdot 18 = 1{,}89$ cm²/m   (Beton C20/25; $d/h = 14/18 = 0{,}78$)

Die Bewehrung muss als Feldbewehrung zwischen den Auflagern durchlaufen; die obere Bewehrung muss in den anschließenden Feldern mindestens mit einem Viertel der Stützweite – hier: $0{,}25 \cdot 4{,}50 = 1{,}13$ m – vorhanden sein (eine ggf. aus statischen Gründen größere Länge der oberen Bewehrung ist zu beachten).

Höchstbewehrung / Umschnürung der Biegedruckzone

Bei üblichen Plattentragwerken sind die Nachweise i. d. R. erfüllt.

Projektbeispiele

Querbewehrung

$A_{sq} \geq 0{,}20 \cdot A_{sl}$ →   an den Stützen: $A_{s,q} = 0{,}20 \cdot 4{,}92 = 0{,}98$ cm²/m
im Randfeld: $A_{s,q} = 0{,}20 \cdot 4{,}81 = 0{,}96$ cm²/m
im Innenfeld: $A_{s,q} = 0{,}20 \cdot 2{,}63 = 0{,}52$ cm²/m

Weitere Angaben zur Bewehrungsführung:

– Mindestens die Hälfte der Feldbewehrung muss über die Auflager geführt werden.
– Abstand der Stäbe für die Hauptbewehrung: $s_l \leq h = 18 = 18$ cm
– Größtabstände für die Querbewehrung: $s_q \leq 25$ cm
– Für eine rechnerisch nicht berücksichtigte Endeinspannung sollte eine obere Bewehrung angeordnet werden, die mindestens ein Viertel des Maximalmoments des angrenzenden Feldes aufnehmen kann. Diese Bewehrung sollte nicht kürzer als die 0,25fache Länge des Feldes sein (gemessen vom Auflageranschnitt).

Mindestschubbewehrung

Es wird unterstellt, dass ein Verhältnis $b/h > 5$ vorliegt (d. h. $b > 90$ cm), so dass keine Schubbewehrung erforderlich ist (s. a. Abschn. 9.1.4.2).

Verankerungslängen / Länge der oberen Bewehrung

Auf einen Nachweis der Verankerungslänge an den Auflager (Endauflager, Zwischenauflager) wird im Rahmen des Beispiels verzichtet. Es wird nur die erforderliche Länge der oberen Bewehrung bestimmt.

Die *obere Bewehrung* (Pos. 3 nach Abschn. 9.2.7) soll nicht gestaffelt werden. Als erforderliche Länge ergibt sich dann:

$l_{ges} = l_2 + x_{0,1} + x_{0,3} + 2 \cdot a_l + 2 \cdot l_{bd}$
$l_2 = 4{,}50$ m   (Stützweite des Feldes 2)
$x_{0,1} = x_{0,3} = 1{,}34$ m   (Abstand bis zum Momentennullpunkt)
$a_l = d$ (Versatzmaß bei Platten ohne Querkraftbewehrung)
$l_{bd} = l_{b,min}$ (wegen $A_{s,erf} = 0$)
$= 0{,}3 \, l_{b,rqd,y} > 10 d_s$
$= 0{,}3 \cdot 47 = 14{,}1$ cm $> 10 d_s = 10 \cdot 1{,}0 = 10$ cm
$l_{ges} = 4{,}50 + 2 \cdot 1{,}34 + 2 \cdot 0{,}14 + 2 \cdot 0{,}14 = 7{,}74$ cm

9.2.7 Bewehrungsskizze

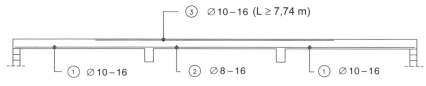

Querbewehrung und konstruktive Einspannbewehrung nicht dargestellt

9.2.8 Alternative: Schnittgrößenumlagerung

9.2.8.1 Schnittgrößen

Die unter Abschnitt 9.2.4.1 ermittelten Schnittgrößen sollen umgelagert werden. Die Extremwerte der Stützmomente werden unter Beachtung der Gleichgewichtsbedingungen um 19 % (Umlagerungsfaktor $\delta = 1 - 0{,}19 = 0{,}81$) vermindert. Wie nachfolgend gezeigt wird, werden dabei
- die Mindeststützmomente $M_\S$ erreicht (s. Abschn. 9.2.4.1),
- der vereinfachte Nachweis des Rotationsvermögen erfüllt (s. nachfolgend).

Es wird angenommen, dass der verwendete Betonstahl *hochduktil* – B500 (B) – ist. Nachfolgend ist nur der für die Umlagerung maßgebende Momentenverlauf dargestellt.

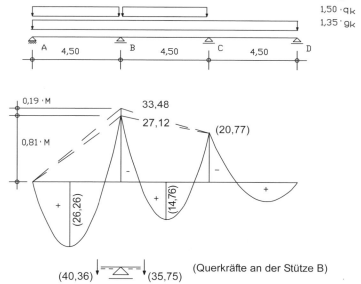

Bei Verminderung der Stützmomente um 19 % wird das „Gleichgewichts"-moment im Feld 1 von 26,26 kNm/m nicht maßgebend, es bleibt das unter Pkt. 9.2.4.1 ermittelte Feldmoment max $M_F = 27{,}85$ kNm/m gültig (Ähnliches gilt für Feld 2).

Anschnittsmoment: $M_{Ed,II} = 27{,}12 - 35{,}75 \cdot 0{,}15 = 21{,}76$ kNm/m

Mindestmoment: $M_{Ed,\S} = 21{,}87$ kNm/m (s. vorher; jetzt knapp maßgebend)

Als vereinfachter Nachweis des *Rotationsvermögens* für Betonfestigkeitsklassen < C45/55 und für hochduktilen Stahl sind nachfolgende zwei Bedingungen einzuhalten:
a) $\delta \geq 0{,}64 + 0{,}80 \cdot x_d/d = 0{,}64 + 0{,}80 \cdot 0{,}13 = 0{,}74$ (x_d/d aus Biegebem.; nicht dargestellt)
b) $\delta \geq 0{,}70$

Nachweis:
vorh $\delta = 0{,}81 >$ zul $\delta = 0{,}74$ (erfüllt)

9.2.8.2 Weitere Nachweise

Von den weiteren erforderlichen Nachweisen wird hier nur auf den *Spannungsnachweis im Gebrauchszustand* eingegangen, der bei größeren Umlagerungen häufig maßgebend wird

Projektbeispiele

(vgl. [Schmitz/Goris – 09]). Der Nachweis ist erforderlich, da eine Schnittgrößenumlagerung von mehr als 15% vorgenommen wurde; er ist mit den linear elastisch ermittelten Schnittgrößen (ohne Umlagerungen) zu führen.

Begrenzung der Betondruckspannungen

Die Nachweise werden beispielhaft für die Beanspruchung an der Stütze B geführt.

– unter der seltenen Last

$|M_{b,rare}| = 11,64 + (5,06+6,75) = 23,45$ kNm/m

zug $V_{b,re} = 12,94 + (1,88+11,25) = 26,07$ kN/m

$M_{b,II} = 23,45 - 26,07 \cdot 0,30/2 = 19,54$ kN/m

$$\sigma_c = \frac{2M}{b \cdot x \cdot z}$$

$x = \xi \cdot d = 0,188 \cdot 14 = 2,6$ cm

$\xi = 0,188$ aus Band 1, Tafel 6.3 für $\alpha_e \cdot \rho = 8,0 \cdot 0,0028 = 0,022$

$\rho = 3,85/(100 \cdot 14) = 0,0028$ (erf. Bewehrung nach Umlagerung 3,85 cm²/m; ohne Darstellung des Rechengangs)

$\alpha_e = 8,0$ (Nachweis – ungünstig – für $t = 0$)

$z = d - \dfrac{x}{3} = 0,140 - \dfrac{0,026}{3} = 0,131$ m

$\sigma_c = \dfrac{2 \cdot 0,01954}{1,0 \cdot 0,026 \cdot 0,131} = 11,5$ MN/m² $< 0,60 \cdot f_{ck} = 0,60 \cdot 20 = 12,0$ MN/m²

$\Rightarrow$ Nachweis erfüllt

– unter der quasi-ständigen Last ($\psi_2 = 0,6$)

$|M_{b,perm}| = 11,64 + 0,6 \cdot (5,06+6,75) = 18,73$ kNm/m

zug $V_{b,re} = 12,94 + 0,6 \cdot (1,88+11,25) = 20,82$ kN/m

$M_{b,II} = 18,73 - 20,82 \cdot 0,30/2 = 15,61$ kN/m

$\sigma_c = \dfrac{2 \cdot 0,01561}{1,0 \cdot 0,026 \cdot 0,131} = 9,17$ MN/m² $> 0,45 \cdot f_{ck} = 0,45 \cdot 20 = 9,0$ MN/m²

Nachweis (knapp) nicht erfüllt

Begrenzung der Betonstahlspannungen

Nachweis beispielhaft für die Beanspruchung an Stütze B unter seltener Last:

$$\sigma_s = \frac{M}{A_s \cdot z}$$

$z = d - \dfrac{x}{3} = 0,140 - \dfrac{0,035}{3} = 0,128$ m

$x = \xi \cdot d = 0,251 \cdot 14 = 3,5$ cm

$\xi = 0,251$ aus Band 1, Tafel 6.3 für $\alpha_e \cdot \rho = 15 \cdot 0,0028 = 0,042$

$\alpha_e = 15$ (Nachweis – ungünstig – für $t = \infty$)

$\sigma_s = \dfrac{0,01954}{3,85 \cdot 10^{-4} \cdot 0,128} = 397$ MN/m² $< 0,80 \cdot f_{yk} = 0,80 \cdot 500 = 400$ MN/m²

$\Rightarrow$ Nachweis erfüllt

9.3 Beispiel 3: Zweifeldrige Teilfertigdecke
(vgl. [Land – 03])

9.3.1 System und Belastung

Gegeben sei eine Stahlbetonplatte über 2 Felder mit einer Deckenstärke $h = 18$ cm, es liegt üblicher Hochbau vor. Die Platte soll als Teilfertigplatte mit Ortbetonergänzung ausgeführt werden, weitere Angaben gemäß nachfolgender Abbildung.

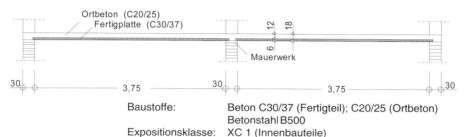

Baustoffe: Beton C30/37 (Fertigteil); C20/25 (Ortbeton)
Betonstahl B500
Expositionsklasse: XC 1 (Innenbauteile)

Belastung:
Eigenlast $\quad 0{,}18 \cdot 25{,}0 = g_{1k} = 4{,}50$ kN/m
Putz, Belag (Vorgabe) $\quad g_{2k} = 1{,}50$ kN/m
$\quad\quad\quad\quad\quad\quad\quad\quad\quad\quad\quad g_k = 6{,}00$ kN/m
veränderliche Last (Vorgabe) $\quad q_k = 3{,}50$ kN/m

Stützweiten: $l_1 = l_2 = 3{,}75 + 0{,}30/3 + 0{,}30/2 = 4{,}00$ m

9.3.2 Schnittgrößen

Die Eigenlast wird konstant über alle Felder, die Nutzlast feldweise ungünstig angesetzt. Sicherheits- und Kombinationsfaktoren werden bei der Bemessung berücksichtigt. Die Schnittgrößenermittlung erfolgt mit [Schneider – 10], die Ergebnisse sind nachfolgend tabellarisch dargestellt.

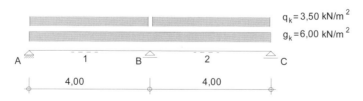

Lastfall		$V_A = A$ kN/m	$V_{B,li}$ kN/m	$V_{B,re}$ kN/m	B kN/m	$V_{C,li} = -C$ kN/m	M_B kNm/m
1	g	9,00	−15,00	15,00	30,00	−9,00	−12,00
2a	$q_{,\text{Feld 1}}$	6,13	−7,88	0,88	8,76	0,88	−3,50
2b	$q_{,\text{Feld 2}}$	−0,88	−0,88	7,88	8,76	−6,13	−3,50

9.3.3 Nachweis der Dauerhaftigkeit

Nachweis nach Band 1, Abschn. 4.2; die Betonfestigkeitsklasse muss den Anforderungen der Expositionsklasse XC 1 entsprechen:
→ Mindestbetonfestigkeitsklasse   C16/20

Diese Anforderungen sind durch die gewählten Betonfestigkeitsklassen erfüllt.

Für die Betondeckung sind die Anforderungen nach EC2-1-1, 4.4.1 zu beachten; die Besonderheiten für Teilfertigdecken sind im Abschn. 3.2.1 beschrieben, weitere Hinweise s. dort.

9.3.4 Grenzzustand der Tragfähigkeit

9.3.4.1 Biegung

Bemessung im Feld

Nutzhöhe

$d = 15,5$ cm   (Annahme)

Bemessung

$V_{Ed,A,zug} = 1,35 \cdot 9,00 + 1,50 \cdot 6,13 = 21,3$ kNm/m   (LF. $(g+q_{Feld1})$)
$M_{Ed,1,max} = 21,3^2/(2 \cdot (1,35 \cdot 6,0 + 1,50 \cdot 3,5)) = 17,0$ kNm/m
$M_{Eds} = M_{Ed,1,max} = 17,0$ kNm   ($N_{Ed} = 0$)

$$\mu_{Eds} = \frac{M_{Eds}}{b \cdot d^2 \cdot f_{cd}} = \frac{0,0170}{1,00 \cdot 0,155^2 \cdot (0,85 \cdot 20/1,5)} = 0,062$$

→ $\omega = 0,064$, ($\zeta = 0,96$)
$\sigma_{sd} = f_{yd} = 435$ MN/m²
$A_s = (1/\sigma_{sd}) \cdot (\omega \cdot b \cdot d \cdot f_{cd} + N_{Ed}) = 0,064 \cdot 100 \cdot 15,5 \cdot (11,3/435) = 2,58$ cm²/m

gew.:   Gitterträger mit 0,78 cm²/m   →   0,78 cm²/m
⌀ 6 / 15 cm   →   1,88 cm²/m
2,65 cm²/m

Bemessung an der Stütze

$|M_{Ed,B}| = 1,35 \cdot 12,0 + 1,50 \cdot (3,5+ 3,5) = 26,7$ kNm
$M'_{Ed,B} = M_{Ed,B} - B_{Ed} \cdot a/8$ (Auflagerung auf Mauerwerk; das Moment an der Stütze darf ausgerundet werden; vgl. Abschn. 1.5)
$= 26,7 - (1,35 \cdot 30,0 + 1,50 \cdot (8,76+8,76)) \cdot 0,30 / 8 = 24,2$ kNm/m

$$\mu_{Eds} = \frac{0,0242}{1,00 \cdot 0,155^2 \cdot (0,85 \cdot 20/1,5)} = 0,089$$

→ $\omega = 0,094$, ($\zeta = 0,95$); $\sigma_{sd} = f_{yd} = 435$ MN/m²
$A_s = 0,094 \cdot 100 \cdot 15,5 \cdot (11,33/435) = 3,79$ cm²/m

gew.: Betonstahlmatte R 424 ($A_{s,vorh} = 4,24$ cm²/m > 3,79 cm²/m)

9.3.4.2 Querkraft

Querkraftbewehrung

Bei direkter Lagerung darf der Bemessungswert der Querkraft V_{Ed} im Abstand d vom Auflagerrand zugrunde gelegt werden. Nachweis nur für die größte Querkraft an der Stütze B.

Einwirkung: $V_{Ed,br} = 1{,}35 \cdot 15{,}00 + 1{,}50 \cdot (7{,}88 + 0{,}88) = 33{,}4$ kN/m
$V_{Ed} = V_{Ed,br} - f_d \cdot (a/2 + d)$ (Abstand d vom Auflagerrand)
$= 33{,}4 - (1{,}35 \cdot 6{,}00 + 1{,}50 \cdot 3{,}50) \cdot (0{,}15 + 0{,}155) = 29{,}3$ kN/m

Widerstand[a]: $V_{Rd,c} = (0{,}15/\gamma_c) \cdot \kappa \cdot (100\rho_1 \cdot f_{ck})^{1/3} \cdot b_w \cdot d$
$\kappa = 2$ (für $d \leq 200$ mm)
$\rho_1 = 4{,}24 / (100 \cdot 15{,}5) = 0{,}0027$ (Bewehrungsgrad)
$V_{Rd,c} = 0{,}1 \cdot 2 \cdot (0{,}27 \cdot 20)^{1/3} \cdot 1 \cdot 0{,}155$ (Nachweis für C20/25)
$= 0{,}0544$ MN $= 54{,}4$ kN

Nachweis $V_{Rd,c} > V_{Ed} \Rightarrow$ keine Querkraftbewehrung erforderlich

Nachweis der Druckstrebe $V_{Rd,max}$ bei Stahlbetonplatten i. Allg. entbehrlich.

Verbundbewehrung

Die Schubkraftübertragung in der Fuge zwischen Fertigteil und Ortbeton ist nachzuweisen.

Stütze A

Einwirkung: $V_{Ed,a} = 1{,}35 \cdot 9{,}00 + 1{,}50 \cdot 6{,}13 = 21{,}3$ kN/m
$V_{Ed} = V_{Ed,a} - f_d \cdot (a/2 + d)$
$= 21{,}3 - (1{,}35 \cdot 6{,}00 + 1{,}50 \cdot 3{,}50) \cdot (0{,}15 + 0{,}155) = 17{,}2$ kN/m
$v_{Edi} = \beta \cdot V_{Ed}/(z \cdot b_i)$ (vgl. Gl. (5.51))
$z = 0{,}9 \cdot 15{,}5 = 14{,}0$ cm (keine Querkraftbewehrung erforderl.)
$\beta = 1$ (Druckkraft vollständig im Aufbeton)
$v_{Edi} = 1{,}0 \cdot 17{,}2/(0{,}14 \cdot 1{,}0) = 123$ kN/m²

Widerstand: $v_{Rdi,c} = c \cdot f_{ctd}$
$c = 0{,}20$ (glatte Fuge)
$f_{ctd} = 1{,}5/1{,}8 = 0{,}83$ MN/m² (Festigkeit des Ortbetons maßgebend)
$v_{Rdi,c} = 1{,}0 \cdot 0{,}2 \cdot 0{,}83 = 0{,}166$ MN/m² $> 0{,}123$ MN/m²

Nachweis $v_{Rd,ct} > v_{Ed} \Rightarrow$ keine Verbundbewehrung erforderlich

Nach EC2-1-1, 10.9.3(NA.17) ist jedoch in der Fuge Fertigplatte/Ortbeton im Bereich von Endauflagern *ohne Wandauflast* eine Verbundsicherungsbewehrung von mindestens 6 cm²/m auf einer Breite von 0,75 m entlang der Auflagerlinie anzuordnen. Im vorliegenden Falle sind Wandauflasten vorhanden, so dass theoretisch auf Verbundbewehrung verzichtet werden könnte. Forderungen einer Zulassung, des Brandschutzes u. a. m. sind jedoch zusätzlich zu beachten.

gew.: Gitterträger mit Diagonalen 2 $\varnothing$ 6 mm ($s_D = 20$ cm) im Abstand $s_T = 50$ cm
(vgl. auch Biegebemessung)

---

[a] Nachweis erfolgt zur Demonstration. Es genügt der Nachweis der Mindestquerkrafttragfähigkeit $V_{Rd,c,min}$. Nach Band 1, Tafel 5.11a ergibt sich für C20/25 und $d < 20$ cm $v_{Rd,c,min} = 0{,}443$ [MN/m²] und damit $V_{Rd,c,min} = 0{,}443 \cdot b \cdot d = 0{,}443 \cdot 0{,}155 \cdot 1{,}0 = 0{,}0687$ MN/m = 68,7 kN/m

Projektbeispiele

Stütze B_{li}

Einwirkung: $V_{Ed,bl} = 1{,}35 \cdot 15{,}00 + 1{,}50 \cdot (7{,}88 + 0{,}88) = 33{,}4$ kN/m
$V_{Ed} = 33{,}4 - (1{,}35 \cdot 6{,}00 + 1{,}50 \cdot 3{,}50) \cdot (0{,}15 + 0{,}155) = 29{,}3$ kN/m
$v_{Edi} = \beta \cdot V_{Ed}/(z \cdot b_i)$ (vgl. Band 1, Abschn. 5.2.6)
$z = 0{,}9 \cdot 15{,}5 = 14{,}0$ cm (Verbundbewehrung dient nicht gleichzeitig als Querkraftbewehrung)
$\beta = 1$ (Betondruckkraft vollständig im Aufbeton)
$v_{Edi} = 1{,}0 \cdot 29{,}3/(0{,}14 \cdot 1{,}0) = 209$ kN/m²

Widerstand: $v_{Rdi,c} = 0{,}166$ MN/m² = 166 kN/m² < 209 kN/m²

Nachweis $v_{Rdi,c} < v_{Edi} \Rightarrow$ Verbundbewehrung erforderlich!

Ermittlung der Verbundbewehrung nach Band 1, Abschn. 5.2.6:

$$a_s \geq \frac{v_{Edi} - c \cdot f_{ctd}}{f_{yd} \cdot (1{,}2\mu \cdot \sin\alpha + \sin\alpha)} \quad \text{(für } \sigma_n = 0\text{)}$$

$\mu = 0{,}6$ (glatte Fuge)
$\alpha = 45°$
$f_{yd} = 365$ N/mm (glatte Stäbe; nach Zulassung)

$$a_s \geq \frac{0{,}209 - 0{,}166}{365 \cdot (1{,}2 \cdot 0{,}6 \cdot 0{,}707 + 0{,}707)} \cdot 10^4 = 0{,}97 \text{ cm}^2/\text{m}^2$$

gew: Gitterträger mit Diagonalen 2 $\varnothing$ 6 mm ($s_D = 20$ cm) im Abstand $s_T = 50$ cm
vorh $a_s = 2 \cdot 0{,}283 /(0{,}20 \cdot 0{,}50) = 5{,}7$ cm²/m² > 0,97 cm²/m²

9.3.5 Grenzzustand der Gebrauchstauglichkeit

9.3.5.1 Begrenzung der Spannungen

Nachweis nicht erforderlich, da
– Bemessung und bauliche Durchbildung nach EC2-1-1 erfolgt,
– keine Schnittkraftumlagerung erfolgt.

9.3.5.2 Begrenzung der Rissbreite

Mindestbewehrung

Es wird unterstellt, dass keine nennenswerten Zwangsschnittgrößen auftreten können (zwängungsfreie Lagerung bzw. große Nachgiebigkeit der unterstützenden Bauteile).

Rissbreitenbegrenzung

Nachweis für Platten mit Dicken von max. 20 cm nicht erforderlich (Umweltklasse XC 1).

9.3.5.3 Begrenzung der Verformungen

Der vereinfachte Nachweis über die Begrenzung der Biegeschlankheit ist erfüllt. Im Rahmen des Beispiels wird auf einen Nachweis verzichtet.

9.3.6 Mindestbewehrung

9.3.6.1 Biegezugbewehrung

$$A_{sl,min} \geq \frac{M_{cr}}{z_{II} \cdot f_{yk}}$$

$$M_{cr} = f_{ctm} \cdot \frac{I_I}{z_{I,ct}} = 2{,}9 \cdot \frac{1{,}00 \cdot 0{,}18^3 / 12}{0{,}09} = 0{,}0157 \text{ MNm/m} = 15{,}7 \text{ kNm/m}$$

(Nachweis hier ungünstig für den Beton des Fertigteils, C30/37)

$z_{II} \approx 0{,}9 \cdot d = 0{,}9 \cdot 0{,}155 = 0{,}14$ m

$$A_{sl,min} \geq \frac{15{,}7}{0{,}14 \cdot 50{,}0} = 2{,}24 \text{ cm}^2/\text{m}$$

Die Bewehrung ist als Feldbewehrung von Auflager zu Auflager zu führen. Die obere Bewehrung muss in den anschließenden Feldern mindestens mit einem Viertel der Stützweite – hier: $0{,}25 \cdot 4{,}00 = 1{,}0$ m – vorhanden sein (eine ggf. aus statischen Gründen größere Länge der oberen Bewehrung ist zu beachten).

9.3.6.2 Querkraft- und Verbundbewehrung

Eine Mindestquerkraftbewehrung braucht bei Platten mit $b/h \geq 5$ nicht vorgesehen zu werden. Bzgl. einer Verbundbewehrung (Mindestbewehrung) macht EC2-1-1 keine direkten Angaben. Die hier angeordneten Gitterträger erfüllen jedoch auch den Nachweis der Mindestquerkraftbewehrung:

$a_{sw,min} = \rho_w \cdot b_w \cdot \sin \alpha$

$\rho_w = 0{,}6 \cdot 0{,}93 \cdot 10^{-3} = 0{,}56 \cdot 10^{-3}$ (vgl. Abschn. 4.1.1; ungünstig für C30/37)

$a_{sw,min} = 0{,}56 \cdot 1{,}0 \cdot 0{,}707 = 3{,}96 \cdot 10^{-4}$ m^2/m^2 = 3,96 cm^2/m^2

$a_{sw,vorh} = 5{,}70$ cm^2/m^2 (s. vorher)

Weitere Nachweise und Angaben nach Zulassung.

9.3.7 Konstruktive Hinweise

Biegezugbewehrung

Verankerungen

Endauflager

Randzugkraft: $F_{sd,R} = V_{Ed} \cdot (a_l/z) \approx V_{Ed}$ (Platte ohne rechn. erf. Querkraftbewehrung)
= 21,3 kN/m

Bewehrung: $A_{s,erf} = 21{,}3 / 43{,}5 = 0{,}49$ cm^2/m

Verankerung: $l_R = \frac{2}{3} \cdot l_{bd} = \frac{2}{3} \cdot \alpha_1 \cdot \frac{A_{s,erf}}{A_{s,vorh}} \cdot l_{b,rqd,y} \geq \genfrac{}{}{0pt}{}{6{,}7 \, d_s}{^2/_3 \cdot \alpha_1 \cdot 0{,}3 \, l_{b,rqd,y}}$

(direkte Auflagerung)

$\alpha_1 \cdot A_{s,erf}/A_{s,vorh} = 0{,}49/2{,}65 = 0{,}18$ (gerades Stabende)

$l_{b,rqd,y} = 28$ cm (für ⌀ 6)

Projektbeispiele

$$l_R = 2/3 \cdot 0{,}18 \cdot 28 = 3{,}4 \text{ cm} \quad \begin{array}{l} < 6{,}7 \cdot 0{,}6 = 4{,}0 \text{ cm} \\ < 2/3 \cdot 0{,}3 \cdot 28 = 5{,}6 \text{ cm} \end{array}$$

Bewehrung ist jedoch mindestens über die rechn. Auflagerlinie zu führen.

gew.: $l_R = 15$ cm

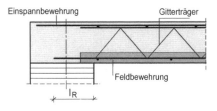

Zwischenauflager

Die Verankerungslänge am Zwischenauflager beträgt mindestens $6d_s \approx 4$ cm. Die untere Bewehrung sollte jedoch so ausgeführt werden, dass sie positive Momente infolge außergewöhnlicher Belastung aufnehmen kann. Die Bewehrung wird übergreifend ausgeführt (im Rahmen des Beispiels hier ohne rechnerischen Nachweis).

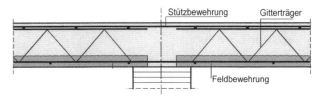

Außerhalb von Auflagern

Die Bewehrung wird nicht gestaffelt; die obere Bewehrung wird an der Stelle verankert, an der sie rechnerisch nicht mehr benötigt wird (Momentennullpunkt zzgl. Versatzmaß a_l). Es wird das Mindestmaß der Verankerungslänge maßgebend.

$l_{b,min} = 0{,}3\, l_{b,rqd,y} \geq 10 d_s$ $\qquad l_{b,rqd,y} = (0{,}9/4 \cdot (435/2{,}3) = 43$ cm
$\quad\quad\; = 0{,}3 \cdot 43 = 13$ cm $\qquad$ (für Stäbe $\varnothing$ 9)

gew.: 20 cm

Querbewehrung

erf $A_{s,q} = 0{,}20 \cdot A_{s,l}$

unten: erf $A_{s,q} = 0{,}20 \cdot 2{,}58 = 0{,}52$ cm²/m

gew.: $\varnothing\, 6 - 25$

Die Querbewehrung wird im Fertigteil angeordnet. An den Elementdeckenstößen werden Zulagen im Ortbeton angeordnet und mit Übergreifung an die Querbewehrung des Fertigteils angeschlossen.

oben: erf $A_{s,q} = 0{,}20 \cdot 3{,}79 = 0{,}76$ cm²/m

Die erforderliche Querbewehrung ist bei Lagermatten vorhanden (ohne Nachweis).

Abstände der Längs- und Querbewehrung

Stababstände $\quad$ Längsbewehrung: $\quad s_l \leq h = 18$ cm $\begin{cases} \geq 15 \text{ cm} \\ \leq 25 \text{ cm} \end{cases}$

$\qquad\qquad\qquad\;\;$ Querbewehrung: $\quad s_q \leq 25$ cm

Konstruktive Einspannbewehrung

Zur Erfassung einer rechnerisch nicht berücksichtigten Endeinspannung (hier durch Auflasten aus darüber liegenden Mauerwerkswänden) ist eine konstruktive obere Bewehrung anzuordnen.

$A_{s,Rand} \geq 0{,}25 \cdot A_{s,Feld} = 0{,}25 \cdot 2{,}58 = 0{,}65$ cm²/m
erf $l = 0{,}25 \cdot l_x = 0{,}25 \cdot 4{,}00 = 1{,}00$ m   (gemessen von Auflagerinnenkante)
gew.: BStM R 188 mit 1,88 cm²/m; $l = 1{,}25$ m

Verbundbewehrung

Als Verbundbewehrung werden Gitterträger nach Zulassung gewählt. Es sind die entsprechenden Bestimmungen der Zulassung zu beachten. Wenn die Gitterträger auch für eine ggf. rechnerisch erforderliche Querkraftbewehrung in Ansatz gebracht werden, sind zusätzlich die Bestimmungen über Längs- und Querabstände von Querkraftbewehrung bei Platten zu bachten.

9.4 Beispiel 4: Einfeldriger Balken mit Kragarm

9.4.1 System und Belastung

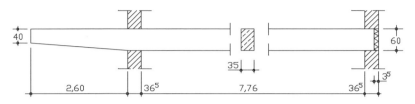

Baustoffe: C30/37; BSt 500
Umgebungsbedingungen: XC 4 und XF 1 (Außenbauteile)

Belastung: Eigenlast $0{,}35 \cdot 0{,}60 \cdot 25{,}0 =$ $g_{1k} = 5{,}25$ kN/m *)
Ausbaulast (Vorgabe) $g_{2k} = 24{,}75$ kN/m
$g_k = 30{,}00$ kN/m

veränderliche Last (Vorgabe) $q_k = 15{,}00$ kN/m

Stützweiten: $l_{Krag} = 2{,}60 + 0{,}365/2 = 2{,}78$ m
$l_{Feld} = 7{,}76 + 0{,}365/2 + 0{,}33/2 = 8{,}05$ m

9.4.2 Schnittgrößenermittlung

Die Schnittgrößenermittlung erfolgt zunächst für charakteristische Lasten; Sicherheitsfaktoren und Kombinationsbeiwerte werden bei der Bemessung berücksichtigt. Es werden drei Lastfälle betrachtet:

LF 1: ständige Last g_k für Kragarm und Feld
LF 2: Verkehrslast q_k für den Kragarm
LF 3: Verkehrslast q_k im Feld

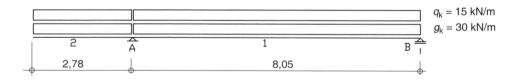

LF	M_A (kNm)	V_{al} (kN)	V_{ar} (kN)	V_b (kN)
g_k	–115,9	–83,4	135,2	–106,4
$q_{k,Krag}$	–58,0	–41,7	7,2	7,2
$q_{k,Feld}$	0	0	60,4	–60,4

*) vereinfachend und auf der sicheren Seite im Kragarmbereich konstant angesetzt

9.4.3 Nachweis der Lagesicherheit

Die Lagesicherheit ist im vorliegenden Falle offensichtlich gegeben. Der Nachweis wird zur Demonstration geführt. Hierfür ist die Eigenlast feldweise ungünstig mit $\gamma_{G,sup} = 1{,}1$ oder mit $\gamma_{G,inf} = 0{,}9$ zu multiplizieren; die Verkehrslast ist ungünstig mit $\gamma_Q = 1{,}5$ anzusetzen, im günstigen Fall ist sie wegzulassen. Man erhält die dargestellte Belastungsanordnung.

```
        q_d     = 22,5
      g_d,sup = 33,0           g_d,inf = 27,0
    2          A        1              B
```

Für das Auflager B gilt:

$E_{d,dst} \leq E_{d,stb}$

$E_{d,dst} = (33{,}0 \cdot \dfrac{2{,}78^2}{2} + 22{,}5 \cdot \dfrac{2{,}78^2}{2}) \cdot \dfrac{1}{8{,}05}$ = 26,6 kN

$E_{d,stb} = 27{,}0 \cdot \dfrac{8{,}05}{2}$ =108,6 kN

26,6 kN < 108,6 kN $\Rightarrow$ Nachweis erfüllt (ohne Berücksichtigung von Auflasten aus aufgehenden Wänden)

9.4.4 Nachweis der Dauerhaftigkeit

Nachweis nach Abschn. 4.1.3; die Betonfestigkeitsklasse und die Betondeckung der Bewehrung muss den Anforderungen der Expositionsklasse XC 4 und XF 1 entsprechen.

$\rightarrow$ Mindestbetonfestigkeitsklasse C25/30
Mindestmaß der Betondeckung c_{min} = 2,5 cm
Vorhaltemaß Δc_{dev}= 1,5 cm

Diese Anforderungen sind durch die gewählte Betonfestigkeitsklasse (C30/37) erfüllt (zusätzlich sind die geforderten Eigenschaften nach EN 206-1 und DIN 1045-2 zu beachten); die Betondeckung wird bei der Bemessung und konstruktiven Durchbildung berücksichtigt.

9.4.5 Grenzzustand der Tragfähigkeit

9.4.5.1 Vorbemerkung

Im Rahmen des Beispiels wird die Bemessung nur in wenigen ausgewählten Punkten durchgeführt; es erfolgt daher keine Ermittlung einer Schnittkraftgrenzlinie.

9.4.5.2 Biegung

Nutzhöhe

$d = h - c_{nom} - d_{s,bü} - d_{s,l}/2$ (für 1-lagige Bewehrung)

$c_{nom} = c_{min} + \Delta c_{dev} = 2{,}5 + 1{,}5 = 4{,}0$ cm (Umgebungsklasse XC 4; s. vorher)

$d_{s,bü} \leq 1{,}0$ cm; $d_{s,l} \leq 2{,}0$ cm (Annahmen)

$d = 60{,}0 - 4{,}0 - 1{,}0 - 2{,}0/2 = 54$ cm

Projektbeispiele

Bemessung im Feld

$V_{Ed,b,zug} = 1{,}35 \cdot 106{,}4 + 1{,}50 \cdot 60{,}4 = 234{,}2$ kN (LF $(g+q_{Feld})$)

$M_{Ed,1,max} = 234{,}2^2/(2 \cdot (1{.}35 \cdot 30 + 1{,}50 \cdot 15{,}0)) = 435{,}3$ kNm

$M_{Eds} = M_{Ed,1,max} = 435{,}3$ kNm ($N_{Ed} = 0$)

$\mu_{Eds} = \dfrac{M_{Eds}}{b \cdot d^2 \cdot f_{cd}} = \dfrac{0{,}4353}{0{,}35 \cdot 0{,}54^2 \cdot (0{,}85 \cdot 30/1{,}5)} = 0{,}251$

$\rightarrow \quad \omega = 0{,}296, \ (\zeta = 0{,}85)$

$\sigma_{sd} = f_{yd} = 435$ MN/m^2

$A_s = (1/\sigma_{sd}) \cdot (\omega \cdot b \cdot d \cdot f_{cd} + N_{Ed}) = 0{,}296 \cdot 35 \cdot 54 \cdot (17{,}0/435) = 21{,}8$ cm^2

gew.: 7 ⌀ 20 (22,0 cm^2)

Bemessung an der Stütze

$|M_{Ed,a}| = 1{,}35 \cdot 115{,}9 + 1{,}50 \cdot 58{,}0 = 243{,}4$ kNm

Die Bemessung erfolgt näherungsweise und auf der sicheren Seite für das „Spitzenmoment" (ohne Momentenausrundung; s. hierzu Abschn. 1.5).

$\mu_{Eds} = \dfrac{0{,}2434}{0{,}35 \cdot 0{,}54^2 \cdot (0{,}85 \cdot 30/1{,}5)} = 0{,}140$

$\rightarrow \quad \omega = 0{,}152, \ (\zeta = 0{,}92)$

$\sigma_{sd} = f_{yd} = 435$ MN/m^2

$A_s = 0{,}152 \cdot 35 \cdot 54 \cdot (17/435) = 11{,}2$ cm^2

gew.: 6 ⌀ 16 (12,1 cm^2)

9.4.5.3 Querkraft

Stütze A_1

Einwirkende Querkraft

$V_{Ed,0} = 1{,}35 \cdot 83{,}4 + 1{,}50 \cdot 41{,}7 = 175{,}1$ kN

Die Druckgurtneigung (Untergurt) soll berücksichtigt werden; außerdem darf für die Ermittlung der Querkraftbewehrung ein Bemessungsschnitt im Abstand d vom Auflagerrand (ca. 50 cm vom Rand bei einer Nutzhöhe $d = 50$ cm) berücksichtigt werden.

$V_{Ed} = V_{Ed,0} - f_d \cdot (b_{sup}/2 + d) - V_{ccd}$

$f_d \cdot (b_{sup}/2 + d) = (1{,}35 \cdot 30 + 1{,}50 \cdot 15{,}0) \cdot (0{,}365/2 + 0{,}50) = 63{,}0 \cdot 0{,}68 = 43$ kN

$V_{ccd} \approx M_{Eds}/d \cdot \tan\varphi = 139/0{,}50 \cdot 0{,}0769 = 21{,}4$ kN (M_{Eds} und $\tan\varphi$ s. nachfolgend)

$|M_{Eds}| = (1{,}35 \cdot 30 + 1{,}50 \cdot 15{,}0) \cdot 2{,}10^2/2 = 139$ kNm

$\tan\varphi = 0{,}20/2{,}60 = 0{,}0769$

$V_{Ed} = 175{,}1 - 43{,}0 - 21{,}4 = 110{,}7$ kN

Widerstände $V_{Rd,max}$ (Druckstrebe) und $V_{Rd,s}$ (Zugstrebe) für lotr. Schubbewehrung ($\alpha = 90°$)

$V_{Rd,max} = v_1 \cdot f_{cd} \cdot b_w \cdot z / (\tan\theta + \cot\theta)$

$v_1 = 0{,}75; \ f_{cd} = 0{,}85 \cdot 30/1{,}5 = 17{,}0$ MN/m^2

$z \approx 0{,}90 \cdot 50 = 45$ cm $> 50 - 5{,}0 - 3{,}0 = \mathbf{42}$ cm ($z = d - c_{v,l} - 3{,}0$ cm hier maßgebend)

cot θ = 1,2 (gewählt; Näherung)

$V_{Rd,max} = 0,75 \cdot 17,0 \cdot 0,35 \cdot 0,42 \cdot 10^3 / (1,2 + 0,83) = 923$ kN $> V_{Ed,0}$

$V_{Rd,s} = a_{sw} \cdot f_{yd} \cdot z \cdot \cot\theta$ (für $\alpha = 90°$)

$a_{sw} \geq \dfrac{V_{Ed}}{f_{yd} \cdot z \cdot \cot\theta} = \dfrac{0,1107}{435 \cdot 0,42 \cdot 1,2} = 5,05 \cdot 10^{-4}$ m²/m = 5,05 cm²/m

gew.: Bü $\varnothing$ 8 / 19 (2schnittig; 5,30 cm²/m)

Stütze A_{re}

$V_{Ed,Ar} = 1,35 \cdot 135,2 + 1,5 \cdot (7,2 + 60,4) = 283,8$ kN
$V_{Ed} = V_{Ed,Ar} - f_d \cdot (b_{sup}/2 + d) = 283,8 - 63,0 \cdot (0,365/2 + 0,54) = 238$ kN
$V_{Rd,max} = 0,75 \cdot 17,0 \cdot 0,35 \cdot 0,46 /(1,2 + 0,83) \cdot 10^3 = 1011$ kN $> V_{Ed,Ar} = 283,8$ kN

$z \approx 0,90 \cdot 54 = 49$ cm $> 54 - 5,0 - 3,0 = $ **46 cm** (s. Anm. vorher)

$v_1, f_{cd}, \cot\theta$ wie vorher

$a_{sw} \geq \dfrac{0,238}{435 \cdot 0,46 \cdot 1,2} = 9,91 \cdot 10^{-4}$ m²/m = 9,91 cm²/m

gew.: Bü $\varnothing$ 8 / 10 (2schnittig; 10,1 cm²/m)

Stütze B

$V_{Ed,B} = 1,35 \cdot 106,4 + 1,5 \cdot 60,4 = 234,2$ kN
$V_{Ed} = V_{Ed,B} - f_d \cdot (b_{sup}/3 + d) = 234,2 - 63,0 \cdot (0,33/3 + 0,545) = 192,9$ kN
$V_{Rd,max} \approx 1011$ kN $> V_{Ed,B} = 234,2$ kN

$V_{Rd,max}$ ungefähr wie bei Stütze A_{re}

$a_{sw} \geq \dfrac{0,1929}{435 \cdot 0,46 \cdot 1,2} = 8,03 \cdot 10^{-4}$ m²/m = 8,03 cm²/m

gew.: Bü $\varnothing$ 8 / 12 (2schnittig; 8,38 cm²/m)

9.4.6 Grenzzustand der Gebrauchstauglichkeit

9.4.6.1 Begrenzung der Spannungen

Nachweis nicht erforderlich, da
– Bemessung und bauliche Durchbildung nach EC2-1-1 erfolgt,
– keine Schnittkraftumlagerung erfolgt (hier auch nicht möglich).

9.4.6.2 Begrenzung der Rissbreite

Mindestbewehrung

Es wird unterstellt, dass keine nennenswerten Zwangsschnittgrößen auftreten können (zwängungsfreie Lagerung bzw. große Nachgiebigkeit der unterstützenden Bauteile). Es wird daher nur die Mindestbewehrung zur Sicherstellung eines duktilen Bauteilverhaltens erforderlich (vgl. hierzu Abschn. 9.4.7.1).

Projektbeispiele

Rissbreitenbegrenzung (für Lastbeanspruchung)

Nachweis für Umweltklasse XC 4 (Außenbauteile) erforderlich. Der Nachweis ist für die quasi-ständige Last zu führen. Im Rahmen des Beispiels wird der Nachweis nur für die größte Beanspruchung im Feld geführt.

Quasi-ständige Last

Eigenlasten: g_k = (s. vorher) = 30,0 kN/m
Verkehrslasten $\psi_2 \cdot q_k = 0{,}5 \cdot 15{,}0$ = 7,5 kN/m (ψ_2 für sonstige veränderliche Lasten)

Nachweis im Feld

Feldmoment M_1 $|V_{b,zug}| = 106{,}4 + 0{,}5 \cdot 60{,}4 = 136{,}5$ kN

$$M_{1,max} = \frac{136{,}5^2}{2 \cdot (30{,}0 + 7{,}5)} = 248{,}4 \text{ kNm}$$

Stahlspannung $\sigma_s = \dfrac{M_1}{z \cdot A_s}$ $z \approx 0{,}85 \cdot 0{,}54 = 0{,}46$ m; $A_s = 22{,}0$ cm² (7 ⌀ 20)

$$\sigma_s = \frac{248{,}4}{0{,}46 \cdot 22{,}0} = 24{,}5 \text{ kN/cm}^2 = 245 \text{ MN/m}^2$$

Nachweis $d_{s,lim} = d_s^* \cdot \dfrac{\sigma_s \cdot A_s}{4 \cdot (h-d) \cdot b \cdot f_{ct,0}} \geq d_s^* \cdot \dfrac{f_{ct,eff}}{f_{ct,0}}$

$d_s^* = 17{,}4$ mm; $f_{ct,eff}/f_{ct,0} = 2{,}9/2{,}9 = 1$ (Beton C30/37)

$$\frac{\sigma_s \cdot A_s}{4 \cdot (h-d) \cdot b \cdot f_{ct,0}} = \frac{245 \cdot 0{,}0022}{4 \cdot (0{,}60 - 0{,}54) \cdot 0{,}35 \cdot 2{,}9} = 2{,}21$$

$d_{s,lim} = 17{,}4 \cdot 2{,}21 = 38$ mm $> d_s = 20$ mm, Nachweis erfüllt

9.4.6.3 Begrenzung der Verformungen

Soweit die Durchbiegungen von Bedeutung sind, sollte im vorliegenden Fall ein „genauerer" Nachweis geführt werden. Im Rahmen des Beispiels wird hierauf verzichtet, es wird auf Band 1, Abschn. 6.4.4 (Beispiel 3) verwiesen.

9.4.7 Mindestbewehrung

9.4.7.1 Biegezugbewehrung

$A_{sl,min} \geq \dfrac{M_{cr}}{z_{II} \cdot f_{yk}}$

$M_{cr} = f_{ctm} \cdot \dfrac{I_I}{z_{I,ct}} = 2{,}9 \cdot \dfrac{0{,}35 \cdot 0{,}60^3 / 12}{0{,}30} = 0{,}0609$ MNm $= 60{,}9$ kNm (C30/37)

$z_{II} \approx 0{,}9 \cdot d = 0{,}9 \cdot 0{,}54 = 0{,}49$ m

$A_{sl,min} \geq \dfrac{60{,}9}{0{,}49 \cdot 50{,}0} = 2{,}49$ cm²

Alternativ mit Band 1, Abschn. 7.1 (Tafel 7.2):

$A_{sl,min} \geq 11{,}92 \cdot 10^{-4} \cdot 35 \cdot 60 = 2{,}50$ cm² (für einen Beton C30/37 und $d/h = 54/60 = 0{,}90$)

Die Bewehrung ist als Feldbewehrung von Auflager zu Auflager zu führen; die obere Bewehrung muss über die ganze Kragarmlänge durchlaufen und im anschließenden Feldbereich mindestens mit einem Viertel der Stützweite – hier: $0{,}25 \cdot 8{,}05 = 2{,}0$ m – vorhanden sein (eine ggf. aus statischen Gründen größere Länge der oberen Bewehrung ist zu beachten).

9.4.7.2 Schubbewehrung

Mindestschubbewehrung

$a_{sw} \geq \rho_w \cdot b_w \cdot \sin \alpha$

$\rho_w = 0{,}00093$ (für C30/37; s. Abschn. 4.2.2)
$\sin \alpha = 1$ (lotrechte Bügel)

$a_{sw} \geq 0{,}00093 \cdot 35 \cdot 100 = 3{,}26$ cm²/m

gew.: $\varnothing\, 8 - 25 = 4{,}02$ cm²/m bzw. die rechnerisch erforderliche Schubbewehrung.

Abstände der Bügel

Das Verhältnis V_{Ed} zu $V_{Rd,max}$ ist im gesamten Tragwerk kleiner als 0,30. Damit sind auf der ganzen Trägerlänge folgende Bügelabstände zulässig (s. Abschn. 4.2.2):

$s_{längs} \leq 0{,}7\, h = 0{,}7 \cdot 60 = 42$ cm
$\qquad \leq 30$ cm (maßgebend)

$s_{quer} \leq 1{,}0\, h = 1{,}0 \cdot 60 = 60$ cm (maßgebend)
$\qquad \leq 80$ cm

Auf weitere Nachweise wird im Rahmen des Beispiels verzichtet.

9.4.8 Bewehrungsskizze

Die nachfolgend dargestellte Bewehrungsskizze dient nur zur Demonstration der zuvor durchgeführten Rechenschritte und ist unvollständig.

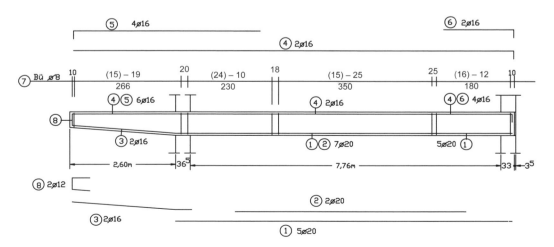

Projektbeispiele

9.5 Beispiel 5: Dreifeldriger Plattenbalken

9.5.1 System und Belastung

Gegeben sei der Riegel (Plattenbalken) eines unverschieblichen dreifeldrigen Rahmens, an den Endauflagern auf Mauerwerk aufgelagert, die Innenstützen sind mit dem Unterzug monolithisch verbunden. Belastung (einschl. Sicherheitsbeiwerte) gemäß Skizze.

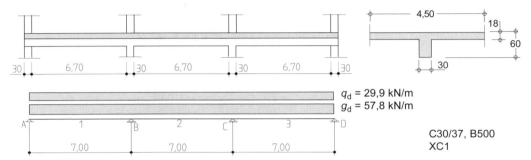

q_d = 29,9 kN/m
g_d = 57,8 kN/m

C30/37, B500
XC1

Im Beispiel sollten die Biege- und Querkraftbemessung im Grenzzustand der Tragfähigkeit durchgeführt werden sowie im Grenzzustand der Gebrauchstauglichkeit die Rissbreite (Mindestbewehrung) nachgewiesen werden. Abschließend werden die Nachweise zur Bewehrungsführung und baulichen Durchbildung gezeigt.

9.5.2 Schnittgrößen

Die Rahmenwirkung an den Innenstützen darf vernachlässigt werden. Als statisches System liegt damit ein Dreifeldträger vor. Bei der Schnittgrößenermittlung darf vereinfachend von konstanter Steifigkeit des Plattenbalkens ausgegangen werden, unterschiedliche mittragende Breiten sind erst bei der Bemessung zu berücksichtigen (s. Abschn. 8.5.3). Im Grenzzustand der Tragfähigkeit ergeben sich die nachfolgend dargestellten Biegemomente und Querkräfte (γ-fach).

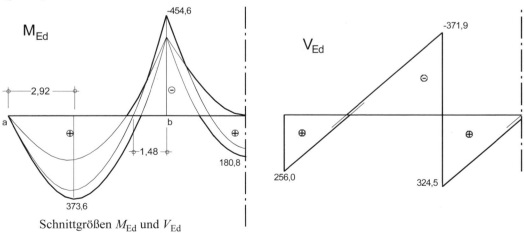

Schnittgrößen M_{Ed} und V_{Ed}

9.5.3 Grenzzustand der Tragfähigkeit für Biegung

Mittragende Breiten

Feld 1 $b_{eff} = b_w + \Sigma\, b_{eff,i}$
$b_{eff,i} = 0{,}2 \cdot b_i + 0{,}1\, l_0 = 0{,}2 \cdot 2{,}10 + 0{,}1 \cdot (0{,}85 \cdot 7{,}0) = \mathbf{1{,}02}$ m   (maßg.)
$< 0{,}2\, l_0 = 0{,}2 \cdot (0{,}85 \cdot 7{,}0) = 1{,}19$ m und
$< b_i = 2{,}10$ m
$b_{eff} = 0{,}30 + 2 \cdot 1{,}02 = 2{,}34$ m

Feld 2 $b_{eff} = b_w + \Sigma\, b_{eff,i}$
$b_{eff,i} = 0{,}2 \cdot b_i + 0{,}1\, l_0 = 0{,}2 \cdot 2{,}10 + 0{,}1 \cdot (0{,}70 \cdot 7{,}0) = \mathbf{0{,}91}$ m   (maßg.)
$< 0{,}2\, l_0 = 0{,}2 \cdot (0{,}7 \cdot 7{,}0) = 0{,}98$ m
$b_{eff} = 0{,}30 + 2 \cdot 0{,}91 = 2{,}12$ m

Stütze $b_{eff} = b_w + \Sigma\, b_{eff,i}$
$b_{eff,i} = 0{,}2 \cdot b_i + 0{,}1\, l_0 = 0{,}2 \cdot 2{,}10 + 0{,}1 \cdot (0{,}3 \cdot 7{,}0) = 0{,}63$ m
$> 0{,}2\, l_0 = 0{,}2 \cdot (0{,}3 \cdot 7{,}0) = \mathbf{0{,}42}$ m   (maßg.)
$b_{eff} = 0{,}30 + 2 \cdot 0{,}42 = 1{,}14$ m

9.5.3.1 Bemessung im Feld

Baustoffe: C30/37; B500
Betondeckung: nom c = 2,0 cm   (Exposionsklasse XC 1)
Nutzhöhe : $d \approx 55$ cm   (Annahme)

Feld 1 $M_{Eds} = M_{Ed,1} = 373{,}6$ kNm   ($N_{Ed} = 0$)

$$\mu_{Eds} = \frac{M_{Eds}}{b \cdot d^2 \cdot f_{cd}} = \frac{0{,}3736}{2{,}34 \cdot 0{,}55^2 \cdot 17{,}0} = 0{,}031$$

$\xi = (x/d) = 0{,}06;\ x = 0{,}06 \cdot 55 = 3{,}3$ cm $< h_f = 18$ cm   (Nulllinie in der Platte; Bemessung als Rechteck)

$\omega = 0{,}032;\ \sigma_{sd} = 435$ MN/m²; $\zeta = 0{,}98$
$A_s = \omega \cdot b \cdot d \cdot (f_{cd}/\sigma_{sd})$ (für $N_{Ed} = 0$)
$= 0{,}032 \cdot 234 \cdot 55 \cdot (17{,}0/435) = 16{,}1$ cm²
gew.: 8 ⌀ 16 (=16,1 cm²)

Überprüfen der Balkenbreite für 1-lagige Bewehrung:
$b_{erf} = 2 \cdot (2{,}0 + 1{,}0) + 8 \cdot 1{,}6 + 7 \cdot 2{,}0 = 32{,}8$ cm $> b_{vorh} = 30$ cm
Es werden 2 ⌀ 16 in 2. Lage angeordnet (die zuvor angenommene Nutzhöhe ist genügend genau).

Feld 2 $M_{Eds} = M_{Ed,2} = 180{,}8$ kNm   ($N_{Ed} = 0$)

$$\mu_{Eds} = \frac{M_{Eds}}{b \cdot d^2 \cdot f_{cd}} = \frac{0{,}1808}{2{,}12 \cdot 0{,}55^2 \cdot 17{,}0} = 0{,}017$$

$\xi = (x/d) = 0{,}04;\ x = 0{,}04 \cdot 55 = 2{,}2$ cm $< h_f = 18$ cm   (Bemessung als Rechteck)
$\omega = 0{,}017;\ \sigma_{sd} = 435$ MN/m²; $\zeta = 0{,}99$
$A_s = \omega \cdot b \cdot d \cdot (f_{cd}/\sigma_{sd}) = 0{,}017 \cdot 212 \cdot 55 \cdot (17{,}0/435) = 7{,}75$ cm²
gew.: 4 ⌀ 16 (= 8,0 cm²)

9.5.3.2 Bemessung an der Stütze

Baustoffe, Betondeckung, Nutzhöhe: wie vorher

Anschnittsmoment

Wegen der biegesteifen Verbindung mit den Unterzügen darf für die Bemessung das Moment am Rand der Unterstützung gewählt werden (vgl. Abschn. 1.5).

$M_{Ed,II} = M_{Ed} - V_{Ed,B,re} \cdot b/2$ ($V_{Ed,B,re}$ maßgebend)
$M_{Ed} = 454{,}6$ kNm; zug $V_{Ed,B,re} = 324{,}5$ kN/m
$M_{Ed,II} = 454{,}6 - 324{,}5 \cdot 0{,}30/2 = 405{,}9$ kN/m

Mindestmoment

Zusätzlich ist das Mindestmoment am Rand der Unterstützung zu überprüfen, das mit 65 % des Starreinspannmoments anzusetzen ist. Das Randfeld ist maßgebend.

$M_\S = 0{,}65 \cdot (f_d \cdot l_n^2/8)$
$= 0{,}65 \cdot [(57{,}8 + 29{,}9) \cdot 6{,}70^2/8] = 319{,}9$ kNm/m (nicht maßgebend)

Stütze: $M_{Eds} = M_{Ed,II} = 405{,}9$ kNm ($N_{Ed} = 0$)

$$\mu_{Eds} = \frac{M_{Eds}}{b \cdot d^2 \cdot f_{cd}} = \frac{0{,}4059}{0{,}30 \cdot 0{,}55^2 \cdot 17{,}0} = 0{,}263$$

$\omega = 0{,}314$; $\sigma_{sd} = 435$ MN/m²
$\xi = 0{,}39$; $\zeta = 0{,}85$
$A_s = \omega \cdot b \cdot d \cdot (f_{cd}/\sigma_{sd})$ (für $N_{Ed} = 0$)
$= 0{,}314 \cdot 30 \cdot 55 \cdot (17{,}0/435) = 20{,}3$ cm²
gew.: 6 $\varnothing$ 16 im Steg   (= 12,1 cm²)
       4 $\varnothing$ 16 in der Platte (= 8,0 cm²)

9.5.3.3 Nachweis des Rotationsvermögens

Eine Umlagerung der Momente wurde nicht vorgenommen. Es ist dann lediglich nachzuweisen, dass die bezogene Druckzonenhöhe ξ den Wert 0,45 nicht überschreitet. Der Nachweis ist erfüllt (vgl. Abschn. 9.5.3.2).

9.5.4 Grenzzustand der Tragfähigkeit für Querkraft

9.5.4.1 Nachweise für den Balkensteg

Stütze A

Es liegt direkte Lagerung vor. Die Bemessungsquerkraft für die Ermittlung der Querkraftbewehrung (ebenso für die Ermittlung des Druckstrebenneigungswinkels θ) darf im Abstand d vom Auflagerrand bestimmt werden; der Nachweis der Druckstrebentragfähigkeit muss an jeder Stelle längs der Bauteilachse erfüllt sein.

$V_{Ed} = V_{Ed,a} - (g_d + q_d) \cdot (b_{sup}/2 + d)$
$= 256{,}0 - (57{,}8 + 29{,}9) \cdot (0{,}30/2 + 0{,}55) = 195$ kN

Neigung der Druckstrebe θ

$$\cot\theta \leq \frac{1{,}2}{1-V_{Rd,cc}/V_{Ed}} \quad \begin{array}{l}\geq 1{,}00 \quad (0{,}58)\\ \leq 3{,}00\end{array} \qquad \text{(für } \sigma_{cp} = 0\text{)}$$

$V_{Rd,cc} = 0{,}24 \cdot f_{ck}^{1/3} \cdot b_w \cdot z$ \qquad (für $\sigma_{cp} = 0$)

$z = 0{,}9\,d = 0{,}9 \cdot 0{,}55 = 0{,}495$ m $> d - 2 \cdot c_{v,l} = 0{,}55 - 2 \cdot 0{,}03 = 0{,}49$ m

$V_{Rd,cc} = 0{,}24 \cdot 30^{1/3} \cdot 0{,}30 \cdot 0{,}49 = 0{,}1096$ MN

$\cot\theta \leq 1{,}2/(1-0{,}1096/0{,}195) = 2{,}74$

Querkrafttragfähigkeit $V_{Rd,sy}$

$a_{sw} \geq V_{Ed}/(f_{yd} \cdot z \cdot \cot\theta)$
$\phantom{a_{sw}} \geq 0{,}195/(435 \cdot 0{,}49 \cdot 2{,}74) = 3{,}34 \cdot 10^{-4}$ m²/m $= 3{,}34$ cm²/m

gew.: $\varnothing$ 8 – 25, 2-schnittig (mit $a_{sw,vorh} = 4{,}02$ cm²/m)

Druckstrebentragfähigkeit

$$V_{Rd,max} = \frac{b_w \cdot z \cdot v_1 \cdot f_{cd}}{\cot\theta + \tan\theta}$$

$v_1 = 0{,}75$ \qquad (Wirksamkeitsfaktor für Normalbeton)

$V_{Rd,max} = 0{,}30 \cdot 0{,}49 \cdot 0{,}75 \cdot 17{,}0/(2{,}74 + 0{,}37) = 0{,}603$ MN $> V_{Ed} = 0{,}256$ MN

Die Druckstrebentragfähigkeit ist damit gegeben.

Stütze B_{li}

$V_{Ed} = V_{Ed,b,li} - (g_d+q_d) \cdot (b_{sup}/2 + d)$
$\phantom{V_{Ed}} = 371{,}9 - (57{,}8+29{,}9) \cdot (0{,}30/2+0{,}55) = 311$ kN

Neigung der Druckstrebe θ

$$\cot\theta \leq \frac{1{,}2}{1-V_{Rd,cc}/V_{Ed}} \quad \begin{array}{l}\geq 1{,}00 \quad (0{,}58)\\ \leq 3{,}00\end{array} \qquad \text{(für } \sigma_{cp} = 0\text{)}$$

$V_{Rd,cc} = 0{,}24 \cdot f_{ck}^{1/3} \cdot b_w \cdot z$ \qquad (für $\sigma_{cp} = 0$)

$z = 0{,}85\,d = 0{,}85 \cdot 0{,}55 = 0{,}47$ m $< d - 2 \cdot c_{v,l} = 0{,}55 - 2 \cdot 0{,}03 = 0{,}49$ m

$V_{Rd,cc} = 0{,}24 \cdot 30^{1/3} \cdot 0{,}30 \cdot 0{,}47 = 0{,}105$ MN

$\cot\theta \leq 1{,}2/(1-0{,}105/0{,}311) = 1{,}81$

Querkrafttragfähigkeit $V_{Rd,s}$

$a_{sw} \geq V_{Ed}/(f_{yd} \cdot z \cdot \cot\theta)$
$\phantom{a_{sw}} \geq 0{,}311/(435 \cdot 0{,}47 \cdot 1{,}81) = 8{,}40 \cdot 10^{-4}$ m²/m $= 8{,}40$ cm²/m

gew.: $\varnothing$ 8 – 12, 2-schnittig (mit $a_{sw,vorh} = 8{,}38$ cm²/m)

Druckstrebentragfähigkeit

$$V_{Rd,max} = \frac{b_w \cdot z \cdot v_1 \cdot f_{cd}}{\cot\theta + \tan\theta}$$

$v_1 = 0{,}75$ \qquad (Wirksamkeitsfaktor für Normalbeton)

$V_{Rd,max} = 0{,}30 \cdot 0{,}47 \cdot 0{,}75 \cdot 17{,}0/(1{,}81 + 0{,}55) = 0{,}762$ MN $> V_{Ed} = 0{,}372$ MN

Die Druckstrebentragfähigkeit ist gegeben.

Projektbeispiele

Stütze B_{re}

$V_{Ed} = V_{Ed,b,re} - (g_d + q_d) \cdot (b_{sup}/2 + d)$
$= 324{,}5 - (57{,}8 + 29{,}9) \cdot (0{,}30/2 + 0{,}55) = 263 \text{ kN}$

Neigung der Druckstrebe θ

$\cot \theta \leq \dfrac{1{,}2}{1 - V_{Rd,cc}/V_{Ed}} \quad \geq 1{,}00 \quad (0{,}58)$
$\qquad\qquad\qquad\qquad\quad \leq 3{,}00$ (für $\sigma_{cp} = 0$)

$V_{Rd,cc} = 0{,}24 \cdot f_{ck}^{1/3} \cdot b_w \cdot z$ (für $\sigma_{cp} = 0$)
$z = 0{,}85\,d = 0{,}85 \cdot 0{,}55 = 0{,}47 \text{ m} < d - 2 \cdot c_{v,l} = 0{,}55 - 2 \cdot 0{,}03 = 0{,}49 \text{ m}$
$V_{Rd,cc} = 0{,}24 \cdot 30^{1/3} \cdot 0{,}30 \cdot 0{,}47 = 0{,}105 \text{ MN}$

$\cot \theta \leq 1{,}2/(1 - 0{,}105/0{,}263) = 2{,}00$

Querkrafttragfähigkeit $V_{Rd,sy}$

$a_{sw} \geq V_{Ed}/(f_{yd} \cdot z \cdot \cot \theta)$
$\qquad \geq 0{,}263/(435 \cdot 0{,}47 \cdot 2{,}00) = 6{,}43 \cdot 10^{-4} \text{ m}^2/\text{m} = 6{,}43 \text{ cm}^2/\text{m}$

gew.: $\varnothing\,8 - 15$, 2-schnittig (mit $a_{sw,vorh} = 6{,}70 \text{ cm}^2/\text{m}$)

Druckstrebentragfähigkeit

$V_{Rd,max} = \dfrac{b_w \cdot z \cdot v_1 \cdot f_{cd}}{\cot \theta + \tan \theta}$
$\qquad\quad = 0{,}30 \cdot 0{,}47 \cdot 0{,}75 \cdot 17{,}0/(2{,}00 + 0{,}50) = 0{,}719 \text{ MN} > V_{Ed} = 0{,}325 \text{ MN}$

9.5.4.2 Schubbeanspruchung der Gurte

Druckgurt

Die größte anzuschließende Druckgurtkraft tritt im Feld 1 auf.

$\Delta F_d = F_{d2} - F_{d1}$ (Längskraftdifferenz über die Länge Δx)
$F_{d1} = 0$ (Stelle 1 bei $M = 0$; am Endauflager)
$F_{d2} = (M_{Ed}/z) \cdot F_{ca}/F_{cd}$ (Stelle 2 bei $x = 2{,}92/2 = 1{,}46$ m; halber Abstand zwischen $M = 0$ und $M = M_{max}$)
$\quad M_{Ed} = 280{,}2 \text{ kNm}$ (Moment an der Stelle 2)
$\quad F_{ca}/F_{cd} = b_a/b_{eff} = 1{,}02/2{,}34 = 0{,}435$
$F_{d2} = (280{,}2/0{,}49) \cdot 0{,}435 = 249 \text{ kN}$

$\Delta F_d = 249 \text{ kN}$

Der Nachweis der Tragfähigkeit erfolgt näherungsweise für $\cot \theta = 1{,}2$ (Druckgurt).

Druckstrebennachweise

$V_{Rd,max} = 0{,}492 \cdot v_1 \cdot f_{cd} \cdot h_f \cdot \Delta x$ (vgl. Band 1)
$h_f = 0{,}18 \text{ m}$ (Dicke des Druckgurtes)
$\Delta x = 1{,}46 \text{ m}$ (s. o.)
$V_{Rd,max} = 0{,}492 \cdot 0{,}75 \cdot 17{,}0 \cdot 0{,}18 \cdot 1{,}46 = 1{,}649 \text{ MN} > \Delta F_d = 249 \text{ kN}$

Zugstrebennachweise

$a_{sf} \geq \Delta F_d/(f_{yd} \cdot \Delta x \cdot 1{,}2)$
$\quad = 0{,}249/(435 \cdot 1{,}46 \cdot 1{,}2) = 3{,}27 \cdot 10^{-4} \text{ m}^2/\text{m} = 3{,}27 \text{ cm}^2/\text{m}$

Die Bewehrung wird je zur Hälfte auf Ober- und Unterseite verteilt, eine vorhandene Querbewehrung (aus Querbiegung) darf angerechnet werden.

Zuggurt

Größte anzuschließende Zuggurtkraft im Feld 1 bei Stütze B (neg. Momentenbereich).

$\Delta F_d = F_{d2} - F_{d1}$ (Längskraftdifferenz über die Länge a_v)
$F_{d1} = (M_{Ed1}/z) \cdot F_{sa}/F_{sd}$ (Stelle 1 im Abstand $\Delta x = 1{,}48/2 = 0{,}74$ m von Stütze B; halber Abstand bis $M = 0$)
$M_{Ed1} = 203{,}5$ kNm (Moment an der Stelle 1; Nebenrechnung)
$F_{sa}/F_{sd} = A_{sa}/A_s = 4/10 = 0{,}2$ (je 2 ∅ 16 ausgelagert)
$F_{d1} = (203{,}5/0{,}47) \cdot 0{,}2 = 87$ kN
$F_{d2} = (M_{Ed}/z) \cdot F_{sa}/F_{sd}$ (Stelle 2 = Stütze B)
$\phantom{F_{d2}} = (454{,}6/0{,}47) \cdot 0{,}2 = 193$ kN

$\Delta F_d = 193 - 87 = 106$ kN

Der Nachweis der Tragfähigkeit erfolgt näherungsweise für $\cot \theta = 1{,}0$ (Zuggurt).

Druckstrebennachweise

$V_{Rd,max} = 0{,}5 \cdot v_1 \cdot f_{cd} \cdot h_f \cdot \Delta x$ (vgl. Band 1)
$h_f = 0{,}18$ m (Dicke des Druckgurtes)
$V_{Rd,max} = 0{,}5 \cdot 0{,}75 \cdot 17{,}0 \cdot 0{,}18 \cdot 0{,}74 = 0{,}849$ MN

Zugstrebennachweise

$a_{sf} \geq \Delta F_d / (f_{yd} \cdot \Delta x \cdot \cot \theta)$
$\phantom{a_{sf}} = 0{,}106 / (435 \cdot 0{,}74 \cdot 1{,}0) = 3{,}29 \cdot 10^{-4}$ m²/m = 3,29 cm²/m

Die Bewehrung wird je zur Hälfte auf Ober- und Unterseite verteilt, eine vorhandene Querbewehrung (aus Querbiegung) darf angerechnet werden.

9.5.5 Nachweise im Grenzzustand der Gebrauchstauglichkeit

9.5.5.1 Spannungsbegrenzung

Ein Nachweis der Spannungen darf entfallen.

9.5.5.2 Beschränkung der Rissbreite

Im Rahmen des Beispiels wird nur der Nachweis der Mindestbewehrung geführt.

Mindestbewehrung (Zwangbeanspruchung)

Nachweis für den Querschnitt an Stütze B. Die Beanspruchung, die zur Rissbildung führen kann, soll erst nach Erreichen der 28-Tage-Festigkeit des Betons auftreten. Unmittelbar vor Rissbildung erhält man für Biegezwang und mit der Randzugspannung $f_{ct,eff} = 3{,}0$ MN/m² die dargestellte Spannungsverteilung.

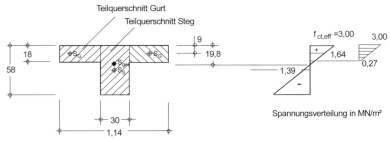

Projektbeispiele

Nachweis für den Gurt:

$A_{s,min} = k_c \cdot k \cdot f_{ct,eff} \cdot A_{ct}/\sigma_s$

$k_c = \dfrac{0,9\, F_{cr,Gurt}}{A_{ct} \cdot f_{ct,eff}} \geq 0,5$

$F_{cr,Gurt,o} = 0,5 \cdot (3,0 + 1,64) \cdot 0,09$ (Wegen ungleichmäßiger Spannungsverteilung
$\phantom{F_{cr,Gurt,o}} = 0,209$ MN/m   wird k_c für die obere Bewehrung ermittelt.)

$A_{ct} = 0,09 \cdot 1,00 = 0,09$ m² (halbe Plattendicke, je Meter Plattenbreite)

$f_{ct,eff} = 3,0$ MN/m² (s. nachf.)

$k_c = \dfrac{0,9 \cdot 0,209}{0,09 \cdot 3,0} = 0,70 > 0,5$

$k = 1,0$ (Es wird „äußerer" Zwang unterstellt.)

$f_{ct,eff} = f_{ctm} = 3,0$ MN/m² (Mindestzugfestigkeit maßgebend)

$A_{ct} = 0,09 \cdot 1,00 = 0,09$ m²/m (halbe Plattendicke, je Meter Plattenbreite)

$\sigma_s = 425$ MN/m² (gewählt)

$A_{s,min} = 0,70 \cdot 1,0 \cdot 3,0 \cdot 0,09 / 425 = 0,000445$ m²/m = 4,45 cm²/m

gew.: $\varnothing\, 8 - 11 = 4,57$ cm²/m (oben)

Nachweis des gewählten Durchmessers:

$d_s = d_s^* \cdot \dfrac{k_c \cdot k \cdot h_t}{4 \cdot (h-d)} \cdot \dfrac{f_{ct,eff}}{f_{ct,0}} \geq d_s^* \cdot \dfrac{f_{ct,eff}}{f_{ct,0}}$

$d_s^* = 8$ mm (für $\sigma_s = 425$ MN/m² und $w_k = 0,4$ mm)

$\dfrac{k_c \cdot k \cdot h_t}{4 \cdot (h-d)} < 1$

$d_s = d_s^* = 8,0$ mm (wegen $f_{ct,eff} = f_{ct,0}$)

Mit der gewählten Bewehrung wird der Grenzdurchmesser eingehalten.

Analog gilt für untere Bewehrung mit $F_{cr,Gurt,u} = 0,5 \cdot (1,64 + 0,27) \cdot 0,09 = 0,086$ MN und
$k_c = 0,9 \cdot 0,086 / (0,09 \cdot 3,0) = 0,29 < 0,5$ (d. h. Mindestwert maßgebend):

$A_{s,min} = 0,5 \cdot 1,0 \cdot 3,0 \cdot 0,09/425 = 0,000318$ m²/m = 3,18 cm²/m

gew.: $\varnothing\, 8 - 15 = 3,35$ cm²/m (unten)

Auf einen Nachweis des gewählten Durchmessers kann verzichtet werden (s.o.).

Nachweis für den Steg:

$A_{s,min} = k_c \cdot k \cdot f_{ct,eff} \cdot A_{ct}/\sigma_s$

$k_c = 0,4 \cdot [1 - \sigma_c/(k_1 \cdot f_{ct,eff})] \leq 1$

σ_c Betonspannung in der Schwerlinie des Teilquerschnitts (Druck pos.)

$k_1 = 1,50$ für Drucklängskraft bei $h < 1$ m

$k_c = 0,4 \cdot [1 - 1,39/(1,50 \cdot 3,00)] = 0,28$ (für den Steg)

$k = 1,0$ (äußerer Zwang; s.o.)

$f_{ct,eff} = f_{ctm} = 3,0$ MN/m² (Mindestzugfestigkeit maßgebend)

$A_{ct} = 0,198 \cdot 0,30 = 0,059$ m²

$\sigma_s = 425$ MN/m² (gewählt)

$A_{s,min} = 0,28 \cdot 1,0 \cdot 3,0 \cdot 0,059/425 = 0,00012$ m² = 1,2 cm²

Im Rahmen des Beispiels ohne Bewehrungswahl und weitere Nachweise.

9.5.5.3 Beschränkung der Durchbiegung

Soweit die Durchbiegung nicht explizit bestimmt werden soll, ist ein Nachweis mit Band 1, Abschn 6.4.2 möglich.

Auf einen Nachweis wird im Rahmen des Beispiels verzichtet.

9.5.6 Bewehrungsführung und bauliche Durchbildung

Verankerung am Endauflager:

$$l_{bd,dir} = \frac{2}{3} \cdot l_{bd} = \frac{2}{3} \cdot \alpha_1 \cdot \frac{A_{s,erf}}{A_{s,vorh}} \cdot l_{b,rqd,y} \geq \frac{2/3 \cdot l_{b,min}}{6,7 \, d_s} \quad \text{s. Abschn. 4.2.1}$$

$\alpha_1 = 1,0$	gerades Stabende
$A_{s,erf} = F_{sd} / f_{yd} \quad F_{sd} = F_{sd,R} = V_{Ed} \cdot a_1/z \geq V_{Ed}/2$	$N_{Ed} = 0$
$V_{Ed} = 256$ kN	Querkraft auf Endauflager, s.o.
$z \approx d = 0,55$	näherungsweise am Endauflager
$a_1 = 0,5 \cdot z \cdot \cot\theta$	$\cot\theta = 2,74$ (s. vorher)
$\quad = 0,5 \cdot 0,55 \cdot 2,74 \approx 0,75$ m	
$F_{sd} = 256 \cdot 0,75/0,55 = 349$ kN	
$A_{s,erf} = 349/43,5 = 8,0$ cm²	$f_{yd} = 43,5$ kN/cm²
$A_{s,vorh} = 16,1$ cm²	8 Ø 16; s. Bewehrungsskizze
$l_{b,rqd,y} = 36,2 \cdot 1,6 = 58$ cm	guter Verbund; $d_s = 16$ mm
$l_{b,min} = 0,3 \, \alpha_1 \cdot l_{b,rqd,y} = 0,3 \cdot 1 \cdot 58 = 17$ cm	
$l_{bd,dir} = \frac{2}{3} \cdot 1 \cdot \frac{8,0}{16,1} \cdot 58 = 19$ cm $> \begin{array}{l} 2/3 \cdot 17 = 11 \text{ cm} \\ 6,7 \, d_s = 6,7 \cdot 1,6 = 11 \text{ cm} \end{array}$	

gew.: 20 cm

Mindestens ein Viertel der Feldbewehrung – außerdem die hier nicht nachgewiesene Mindestbewehrung – muss zum Auflager geführt und dort verankert werden.

$A_{s,min} \geq 0,25 \cdot 16,1 = 4,0$ cm²

Die geforderte Bewehrung ist vorhanden.

Verankerung am Zwischenauflager

Verankerungslänge $\geq 6 \cdot d_s = 6 \cdot 1,6 = 10$ cm

In EC2-1-1 wird empfohlen, die Bewehrung am Zwischenauflager durchlaufend auszuführen bzw. kraftschlüssig zu stoßen; die Ausbildung erfolgt konstruktiv. Für die erforderliche Mindestbewehrung am Innenauflager gilt das zuvor Gesagte.

Verankerung außerhalb von Auflagern

Außerhalb von Auflagern wird die Bewehrung mit $l_{b,net}$ verankert, es werden gerade Stabenden gewählt. Für die obere Bewehrung liegen mäßige Verbundbedingungen vor (Ausnahme: Bewehrung im Gurt), für die untere Bewehrung gute Verbundbedingungen. Es ist:

$l_{bd} = (A_{s,erf} / A_{s,vorh}) \cdot l_{b,rqd,y}$

Projektbeispiele

Für die Ausnutzung der Bewehrung wird angenommen, dass die endende und weitergeführte Bewehrung am Beginn der Verankerung jeweils gleich beansprucht ist. Man erhält (s. vorher):

Pos. 2 $l_{bd} = (8{,}0 / 16{,}1) \cdot (36{,}2 \cdot 1{,}6) = 29$ cm $A_{s,erf}/A_{s,vorh}$: 4 ⌀ 16 / 8 ⌀ 16
Pos. 4 $l_{bd} = (12{,}1 / 20{,}1) \cdot (1{,}43 \cdot 36{,}2 \cdot 1{,}6) = 50$ cm $A_{s,erf}/A_{s,vorh}$: 6 ⌀ 16 / 10 ⌀ 16
Pos. 5 $l_{bd} = (4{,}0 / 12{,}1) \cdot (36{,}2 \cdot 1{,}6) = 19$ cm $A_{s,erf}/A_{s,vorh}$: 2 ⌀ 16 / 6 ⌀ 16

Als Mindestmaß ist außerdem zu beachten (für $d_s = 16$ mm)

$l_{b,min} = 0{,}3 \cdot l_{b,rqd,y} = 0{,}3 \cdot 36{,}2 \cdot 1{,}6 = 17$ cm   Verbundbereich I: Pos. 2, 5
$l_{b,min} = 0{,}3 \cdot l_{b,rqd,y} = 0{,}3 \cdot 1{,}43 \cdot 36{,}2 \cdot 1{,}6 = 25$ cm   Verbundbereich II: Pos. 4

Die Mindestmaße werden nicht maßgebend.

Für die Pos. 6 ist wegen der – geringfügigen – negativen Feldmomente eine Übergreifung auszubilden. Auf einen rechnerischen Nachweis wird hier verzichtet.

Zugkraft- und Zugkraftdeckungslinie

- Zugkraftlinie

Es wird zunächst die (M_{Ed}/z)-Linie bestimmt; bei bekanntem Biegemoment und Hebelarm z (aus Biegebemessung) erhält man z. B. an der maximal beanspruchten Stelle im Feld 1:

$M_{Ed} = 373{,}6$ kNm   s. Momentengrenzlinie
$z = 0{,}98 \cdot 0{,}55 = 0{,}54$ m   aus Biegebemessung
$F_{sd} = M_{Ed} / z = 373{,}6 / 0{,}54 = 692$ kN

Die F_{sd}-Linie ist an jeder Stelle in Richtung der Bauteilachse um das Versatzmaß a_l zu verschieben (und zwar so, dass sich eine Vergrößerung der Fläche ergibt).

$a_l = (z/2) \cdot (\cot\theta - \cot\alpha)$ $z \leq d = 55$ cm   für a_l wird ungünstig angesetzt:
                                                  $\cot\theta = 2{,}74$ $z = 0{,}55$, $\cot\theta = 2{,}74$
$a_l = 0{,}5 \cdot 55 \cdot 2{,}74 \approx 75$ cm

Für die in die Platte ausgelagerten Stäbe an den Stützen B und C muss das Versatzmaß um das Maß der Auslagerung – hier $\Delta a_l = 15$ cm – vergrößert werden.

- Zugkraftdeckung

Aus der in der Biegebemessung gewählten Bewehrung erhält man die aufnehmbare Zugkraft:

$F_{sd,aufn} = A_{s,vorh} \cdot \sigma_{sd}$

Beispielsweise ergibt sich für das Feld 1

gew.: 8 ⌀ 16 = 16,1 cm²   s. Bewehrungsskizze
$F_{sd,aufn} = 16{,}1 \cdot 43{,}5 = 700$ kN $F_{sd,aufn} \approx F_{sd,vorh} = 705$ kN

Die Bewehrung kann dann bei geringer werdender Beanspruchung gestaffelt werden, die Zugkraftdeckungslinie darf jedoch an keiner Stelle die Zugkraftlinie einschneiden.

Querkraftdeckung

Mindestquerkraftbewehrung

$a_{sw} \geq \rho_w \cdot b_w \cdot \sin\alpha$ mit $\rho_w = 0{,}00093$ C30/37, vgl. Abschn. 4.2
$a_{sw} \geq 0{,}00093 \cdot 30 \cdot 100 = 2{,}79$ cm²/m
gew.: ⌀ 8 – 30 (= 3,35 cm²/m)   als „Grundbewehrung"

Abstände der Bügel

Bei der Bemessung für Querkraft wurde ermittelt, z. B. an der Stütze B:

$V_{Rd,max} = 762$ kN | Tragfähigkeit der Druckstrebe
$V_{Ed} = 372$ kN | größte Querkraft an Stütze B

$V_{Ed}/V_{Rd,max} = 372/762 = 0{,}49 \rightarrow s_{längs} \leq 0{,}5 \cdot h = 0{,}5 \cdot 60 = 30$ cm ≤ 30 cm
$\phantom{V_{Ed}/V_{Rd,max} = 372/762 = 0{,}49 \rightarrow } s_{quer} \leq 1{,}0 \cdot h = 1{,}0 \cdot 60 = 60$ cm ≤ 60 cm

Verankerung der Bügelbewehrung

Oben offene Bügel, die durch Haken verankert und durch die Plattenquerbewehrung geschlossen werden. Hierfür dürfen nicht mehr als 2/3 von $V_{Rd,max}$ ausgenutzt werden (erfüllt, s.vorher).

$$\text{Mindesthakenlänge} \geq \begin{cases} 5d_s = 5 \cdot 1{,}0 = 5 \text{ cm} \\ 5 \text{ cm} \end{cases} \quad \text{ab Krümmungsende}$$

Querkraftdeckung

cot θ wird vereinfachend const. im Querkraftbereich gleichen Vorzeichens gewählt; für lotrechte Bügel erhält man

$v_{Ed} = V_{Ed}/z$ | vorhandene Schubkraft

$v_{wd} = \dfrac{v_{Ed}}{\cot \theta} \leq a_{sw} \cdot f_{yd}$ | aufzunehmende bzw. aufnehmbare Schubkraft

Stütze A $V_{Ed} = 195$ kN | V_{Ed} im Abstand $1{,}0\,d$ vom Auflagerrand
$\phantom{\text{Stütze A}}$ cot $\theta = 2{,}74; z = 0{,}49$ | s. Querkraftbemessung
$\phantom{\text{Stütze A}}$ $v_{Ed} = \dfrac{195}{0{,}49} = 398$ kN/m
$\phantom{\text{Stütze A}}$ $v_{wd} = \dfrac{398}{2{,}74} = 145$ kN/m
$\phantom{\text{Stütze A}}$ $a_{sw} \cdot f_{yd} = 4{,}02 \cdot 43{,}5 = 175$ kN/m | *gew.:* $\varnothing$ 8 – 25, 2schnittig

Stütze B_l $V_{Ed} = 311$ kN | V_{Ed} im Abstand $1{,}0\,d$ vom Auflagerrand
$\phantom{\text{Stütze } B_l}$ cot $\theta = 1{,}81; z = 0{,}47$ | s. Querkraftbemessung
$\phantom{\text{Stütze } B_l}$ $v_{Ed} = \dfrac{311}{0{,}47} = 662$ kN/m
$\phantom{\text{Stütze } B_l}$ $v_{wd} = \dfrac{662}{1{,}81} = 366$ kN/m
$\phantom{\text{Stütze } B_l}$ $a_{sw} \cdot f_{yd} = 8{,}38 \cdot 43{,}5 = 364$ kN/m | *gew.:* $\varnothing$ 8 – 12, 2schnittig

Stütze B_l $V_{Ed} = 263$ kN | V_{Ed} im Abstand $1{,}0\,d$ vom Auflagerrand
$\phantom{\text{Stütze } B_l}$ cot $\theta = 2{,}00; z = 0{,}47$ | s. Querkraftbemessung
$\phantom{\text{Stütze } B_l}$ $v_{Ed} = \dfrac{263}{0{,}47} = 560$ kN/m
$\phantom{\text{Stütze } B_l}$ $v_{wd} = \dfrac{560}{2{,}00} = 280$ kN/m
$\phantom{\text{Stütze } B_l}$ $a_{sw} \cdot f_{yd} = 6{,}70 \cdot 43{,}5 = 291$ kN/m | *gew.:* $\varnothing$ 8 – 15, 2schnittig

Projektbeispiele

Zug- und Querkraftdeckung sowie Bewehrungszeichnung im Längsschnitt

Zugkraftdeckung

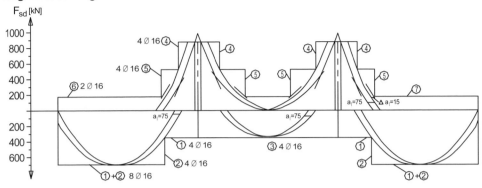

Bewehrung
(ohne Berücksichtigung der Mindestbewehrung nach Abschn. 8.5.2.2)

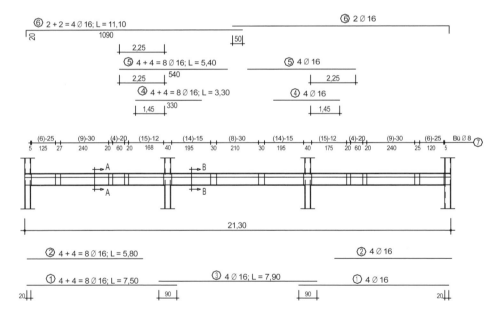

Schubkraftdeckung

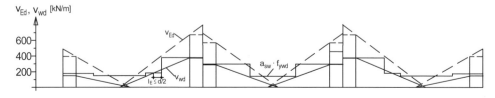

9.6 Beispiel 6: Stahlbetonwand
9.6.1 Bauwerk

Im Erdgeschoss eines mehrstöckigen Bürogebäudes wird die Giebelwand in Stahlbeton ausgeführt, die darüber liegenden Etagen bestehen aus Mauerwerkswänden (vgl. [Avak/Goris – 94]). Die Stahlbetonwand ist biegesteif mit der Decke über dem Erdgeschoss verbunden. Die Wand ist an der Außenseite der Expositionsklasse XC 4 und XF 1 (Außenbauteil mit direkter Beregnung; Frost), an der Innenseite XC 1 (Innenraum) zuzuordnen. Das Gebäude ist ausreichend ausgesteift, sodass die Außenwand als unverschieblich gehalten betrachtet werden kann.

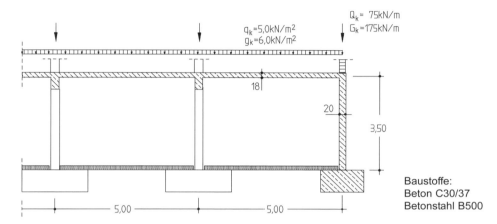

Baustoffe:
Beton C30/37
Betonstahl B500

Bauteilmaße und Einwirkungen

Das Deckenfeld ist mit $g_k = 6{,}00$ kN/m² (ständige Last) und $q_k = 5{,}00$ kN/m² (Nutzlast) direkt belastet; die Außenwand erhält außerdem aus darüber liegenden Stockwerken als ständige Last $G_k = 175$ kN/m und als veränderliche Last $Q_k = 75$ kN/m.

9.6.2 Schnittgrößen im Grenzzustand der Tragfähigkeit

Es sind folgende *Teilsicherheitsbeiwerte* zu berücksichtigen:

$\gamma_G = 1{,}00$ oder $1{,}35$ (jeweils konstant im gesamten Tragwerk),
$\gamma_Q = 1{,}50$ (jeweils feldweise in ungünstigerer Anordnung),

wobei der obere Wert bei günstiger, der untere bei ungünstiger Wirkung zur Anwendung kommt. Nachfolgend wird nur die Kombination "Volllast" mit γ_{sup} dargestellt.

Als *Bemessungslasten* erhält man:
- Deckenbelastung $g_d = 1{,}35 \cdot 6{,}0 = 8{,}10$ kN/m²
  $q_d = 1{,}50 \cdot 5{,}0 = 7{,}50$ kN/m²
- Lasten aus darüber liegenden Stockwerken $G_d = 1{,}35 \cdot 175 = 236$ kN/m
  $Q_d = 1{,}50 \cdot 75 = 113$ kN/m

Die Schnittgrößenermittlung bzw. die Berechnung des Eckmoments erfolgt mit dem „c_o-c_u-Verfahren" (vgl. Abschn. 1.4.2). Es liegt das nachfolgend dargestellte statische System zugrunde.

Projektbeispiele

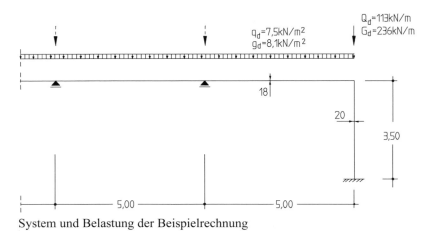

System und Belastung der Beispielrechnung

Schnittgrößen M_{Ed} und N_{Ed}

Eckmomente

Das Eckmoment der Deckenplatte M_b ergibt sich wie folgt:

$$M_b = \frac{c_o + c_u}{3 \cdot (c_o + c_u) + 2,5} \cdot \left[3 + \frac{q_d}{g_d + q_d}\right] \cdot M_b^{(0)}$$

$$M_b^{(0)} = -(g_d + q_d) \cdot \frac{l^2}{12} = -(8,10 + 7,50) \cdot \frac{5,0^2}{12} = -32,5 \text{ kNm/m}$$

$c_o = 0$ (keine biegesteife Verbindung mit darüber liegender Wand)

$$c_u = \frac{I_{col,u} / l_{col,u}}{I_b / l_b} = \frac{0,20^3 / 3,5}{0,18^3 / 5,0} = 1,96$$

$$M_b = \frac{0 + 1,96}{3 \cdot (0 + 1,96) + 2,5} \cdot \left[3 + \frac{7,50}{8,10 + 7,50}\right] \cdot (-32,5) = 0,81 \cdot (-32,5) = -26,5 \text{ kNm/m}$$

$M_{col,u} = M_b = -26,5$ kNm/m (wegen $c_o = 0$ bzw. $M_{col,o} = 0$)

Längskraft der Wand

Neben der direkten Belastung der Wand aus den darüber liegenden Stockwerken ist die Eigenlast und Nutzlast der Decke sowie die Eigenlast der Wand zu berücksichtigen.

$N_{Ed,o} = -(236 + 113) - (8,10 + 7,50) \cdot 5,0 / 2 \quad = -388$ kN/m
$N_{Ed,u} = -388 - 1,35 \cdot (0,20 \cdot 3,5 \cdot 25,0) \quad = -412$ kN/m

Für die Deckenlasten wird wegen der großen Endeinspannung näherungsweise eine Lasteinflussbreite entsprechend der halben Stützweite des anschließenden Feldes angesetzt (eine genauere Ermittlung ist wegen des relativ geringen Einflusses dieser Last für die Wand nicht erforderlich). Zusätzlich ist die Eigenlast der Wand zu berücksichtigen.

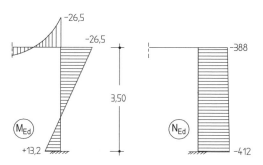

9.6.3 Bemessung im Grenzzustand der Tragfähigkeit

Biegebemessung der Deckenplatte in der Rahmenecke

Betondeckung und Nutzhöhe

$\min c = 1{,}0$ cm (Expostionsklasse XC 1)
$\Delta c_{dev} = 1{,}0$ cm (Vorhaltemaß) $\rightarrow c_{nom} = 2{,}0$ cm

Der Schwerpunktabstand der Zugbewehrung (Annahme: Stabdurchmesser ≤ 10 mm) liegt dann 2,5 cm vom oberen Rand. Die Nutzhöhe beträgt:

$d = 18{,}0 - 2{,}5 = 15{,}5$ cm $\approx 15{,}0$ cm

Biegebemessung

Für die Bemessung wird näherungsweise und auf der sicheren Seite das Moment in der theoretischen Auflagerlinie berücksichtigt.

$M_{Eds} = M_{Ed} = 26{,}5$ kNm/m (wegen $N_{Ed} = 0$)

$\mu_{Eds} = \dfrac{M_{Eds}}{b \cdot d^2 \cdot f_{cd}} = \dfrac{0{,}0265}{1{,}00 \cdot 0{,}15^2 \cdot 17{,}0} = 0{,}0693$

$\Rightarrow \omega = 0{,}0721; \quad \zeta = 0{,}96; \quad \sigma_{sd} = f_{yd} = 435$ MN/m²

$A_s = \dfrac{1}{\sigma_{sd}} (\omega \cdot b \cdot d \cdot f_{cd} + N_{Ed}) = \dfrac{1}{435} (0{,}0721 \cdot 1{,}0 \cdot 0{,}15 \cdot 17) \cdot 10^4 = 4{,}23$ cm²/m

gew.: $\varnothing 8 - 12$ ($= 4{,}19$ cm²/m $\approx A_{s,erf} = 4{,}23$ cm²/m)

Der Nachweis für Querkraft wird im Rahmen des Beispiels nicht dargestellt.

Nachweis für die Außenwand

Betondeckung und Randabstand der Bewehrung

$c_{min} = 2{,}5$ cm (Expositionsklasse XC 4 für Außenseite)
$\Delta c_{dev} = 1{,}5$ cm (Vorhaltemaß) $\rightarrow c_{nom} = 4{,}0$ cm
$d_1 = d_2 \approx 5{,}0$ cm (Längsbewehrung liegt innen)

Schlankheit und Grenzschlankheit

Das Bauwerk sei ausreichend ausgesteift und unverschieblich. Die Schlankheit beträgt:

$\lambda_{eff} = l_0/i = 2{,}45 / (0{,}289 \cdot 0{,}20) = 42$
$l_0 = \beta \cdot l_{col} = 0{,}7 \cdot 3{,}5 = 2{,}45$ m (Ermittlung von β nicht dargestellten; s. Band 1)
$\lambda_{eff} = 42 > \lambda_{max} = 25$, d. h. die Stütze ist schlank, Stabilitätsnachweis erforderlich.

Gesamtausmitte e_{tot}

$e_{tot} = e_0 + e_i + e_2$

$e_0 = 0{,}60 \cdot e_{02} + 0{,}4 \cdot e_{01} \geq 0{,}4 \cdot e_{02}$
$\quad = (-0{,}60 \cdot 26{,}5 + 0{,}40 \cdot 13{,}2) / (-400) = 0{,}027$ m (N_{Ed} als mittlere Lämngskraft)
$\quad \geq (-0{,}4 \cdot 26{,}5) / (-400) = 0{,}027$ m

$e_i = (1/200) \cdot (l_0/2) = (1/200) \cdot (2{,}45/2) = 0{,}006$ m

$e_2 = K_1 \cdot 0{,}1 \cdot l_0^2 \cdot (K_r \cdot K_\varphi \cdot \varepsilon_{yd} / 0{,}45\,d)$
$\quad K_r = 1$ (sichere Seite); $K_\varphi = 1$ (Kriechen soll hier vernachlässigt werden.)
$e_2 = 1 \cdot 0{,}1 \cdot 2{,}45^2 \cdot 0{,}0022 / (0{,}45 \cdot 0{,}15) = 0{,}020$ m

$e_{tot} = 0{,}027 + 0{,}006 + 0{,}020 = 0{,}053$ m

Bemessungsschnittgrößen:

im kritischen Schnitt: $N_{Ed} = -400$ kN; $M_{Ed} = 0{,}053 \cdot 400 = 21{,}2$ kNm
am Stützenkopf: $N_{Ed} = -388$ kN; $M_{Ed} = 26{,}5$ kNm   (maßgebend!)

$d_1 / d = 0{,}05 / 0{,}20 = 0{,}25 \rightarrow$ Bemessung mit Tafel 6.1e in [Schmitz/Goris – 04].

$$\nu_{Ed} = \frac{N_{Ed}}{b \cdot h \cdot f_{cd}} = \frac{-0{,}388}{1{,}0 \cdot 0{,}20 \cdot 17} = -0{,}114$$

$$\mu_{Ed} = \frac{M_{Ed}}{b \cdot h^2 \cdot f_{cd}} = \frac{0{,}0265}{1{,}0 \cdot 0{,}20^2 \cdot 17} = 0{,}039$$

$\omega_{tot} = 0{,}05$

$A_{s,tot} = \omega_{tot} \cdot b \cdot h \cdot (f_{cd}/f_{yd}) = 0{,}05 \cdot 20 \cdot 100 \cdot (17/435) = 3{,}9$ cm²/m

Mindestbewehrung

Die Wand gilt als schlank (s. vorher); hierfür ist als *lotrechte* Bewehrung mindestens anzuordnen:

min $A_s \geq 0{,}003 \cdot A_c = 0{,}003 \cdot 20 \cdot 100 = 6{,}00$ cm²/m   (maßgebend)
gew.: $\varnothing 8 - 12$ je Seite   ($A_{s,vorh} = 2 \cdot 4{,}19 = 8{,}38$ cm²/m)

Als *waagerechte* Bewehrung parallel zu den Wandaußenseiten ist mindestens 50 % der lotrechten Bewehrung erforderlich. Mit Blick auf den Nachweis zur Begrenzung der Rissbreite (s. nachfolgend) wird als waagerechte Bewehrung gewählt:

gew.: $\varnothing 8 - 10$ je Seite   ($A_{s,vorh} = 2 \cdot 5{,}03 = 10{,}06$ cm²/m)

9.6.4 Nachweise im Grenzzustand der Gebrauchstauglichkeit

Mindestbewehrung für Zwangsbeanspruchung (vgl. Band 1, Abschn. 6.3)

Es wird unterstellt, dass die Außenwand auf einer großen Länge fugenlos ausgeführt werden soll. Die Wand wird auf ein bereits erhärtetes „altes" Streifenfundament betoniert, es ist daher mit Rissbildung im jungen Betonalter infolge abfließender Hydratationswärme zu rechnen. Die erforderliche *horizontale* Mindestbewehrung wird wie folgt ermittelt:

$A_s = k_c \cdot k \cdot f_{ct,eff} \cdot A_{ct} / \sigma_s$

$k_c = 1$ (zentrischer Zwang)
$k = 0{,}8$ (Zwang wird durch das Bauteil selbst hervorgerufen.)
$f_{ct,eff} = 1{,}45$ MN/m²   (Die Betonzugfestigkeit wird hier unter der Annahme bestimmt, dass Rissbildung in den ersten 3 bis 5 Tagen zu erwarten ist. Gemäß DIN 1045-1, 11.2.2 darf für $f_{ct,eff}$ dann 50 % der mittleren Zugfestigeit nach 28 Tagen gesetzt werden, hier also $f_{ct,eff} = 0{,}50 \cdot 2{,}9 = 1{,}45$ MN/m².)
$A_{ct} = 0{,}20 \cdot 1{,}00 = 0{,}20$ m²/m
$\sigma_s = 260$ MN/m²   (Stahlspannung für lim $d_s^* \approx 16$ mm; s. u.)

$A_s = 1 \cdot 0{,}8 \cdot 1{,}45 \cdot 0{,}20 / 260 = 8{,}92 \cdot 10^{-4}$ m²/m = 8,92 cm²/m

gew.: $\varnothing 8 - 10$ je Seite   ($A_{s,vorh} = 2 \cdot 5{,}03 = 10{,}06$ cm²/m > $A_{s,erf} = 8{,}92$ cm²/m)

Nachweis des gewählten Durchmessers

lim $d_s \geq d_s^* \cdot (f_{ct,eff}/f_{ct,0}) = 16 \cdot (1{,}45 / 2{,}9) = 8{,}0$ mm $\geq$ vorh $d_s = 8$ mm

9.6.5 Bewehrungsführung

Anschluss der Deckenbewehrung an die Wandbewehrung (vgl. Bewehrungsskizze)

Im Beispiel soll die Wandbewehrung in die Decke abgebogen und soweit geführt werden, dass der Bereich negativer Randmomente abgedeckt ist. Die gewählte vertikale Bewehrung der Wand ist auch für die Einspannbewehrung der Decke ausreichend. Die erforderliche horizontale Länge l_h der Bewehrung erhält man zu:

$l_h = x_0 + (h_{Wand}/2 - \text{nom } c) + a_l + l_{bd}$

$x_0 = 100$ cm   Abstand von der theoretischen Auflagerlinie (Wandmitte) bis zum Momentennullpunkt; hierfür wurde in Nebenrechung 100 cm ermittelt.

$a_l = d = 15$ cm   Versatzmaß bei Platten ohne Querkraftbewehrung

$l_{bd} \geq \begin{cases} 0{,}3 \; l_{b,rqd,y} = 0{,}3 \cdot [(0{,}8/4) \cdot (435/3{,}0)] = 0{,}3 \cdot 29 = 9 \text{ cm} \\ 10 \; d_s = 10 \cdot 0{,}8 = 8 \text{ cm} \end{cases}$ Verankerung außerhalb von Auflagern für $A_{s,erf} = 0$

$l_h = 100 + (20/2 - 4{,}0) + 15 + 9 = 130$ cm
gew.: $l_h = 144$ cm

(Eine Bewehrungstaffelung auf ⌀8 – 24 ist hier nicht zulässig, da damit in der Decke der größte zulässige Stababstand – 18 cm – überschritten wird.)

Übergreifungslänge l_0 der Wandbewehrung mit der Fundamentbewehrung (vgl. Abschn. 3.6)

An der Einspannstelle ist statisch keine bzw. nahezu keine Bewehrung[*] erforderlich. Die Übergreifung wird daher als Druckstoß nachgewiesen; an der Innenseite – "Zugseite" – wird der Stoß jedoch konstruktiv länger ausgeführt.

Wandaußenseite

$l_0 = \alpha_6 \cdot l_{bd} = \alpha_6 \cdot \alpha_1 \cdot l_{b,rqd,y} \cdot \dfrac{A_{s,erf}}{A_{s,vorh}} \geq l_{0,min}$

$\alpha_6 = 1{,}0$ (für die Übergreifungslänge von Druckstäben)
$\alpha_1 = 1{,}0$ (gerades Stabende)

$l_{b,rqd,y} = \dfrac{d_s}{4} \cdot \dfrac{f_{yd}}{f_{bd}} = \dfrac{0{,}8}{4} \cdot \dfrac{435}{3{,}0} = 29{,}0$ cm

$A_{s,erf}/A_{s,vorh} = 1$ (sichere Seite)

$l_{0,min} = 0{,}3 \cdot \alpha_6 \cdot \alpha_1 \cdot l_{b,rqd,y} = 0{,}3 \cdot 1{,}0 \cdot 29{,}0 = 8{,}7$ cm $< \begin{cases} 15 d_s = 15 \cdot 0{,}8 = 12 \text{ cm} \\ 20 \text{ cm} \end{cases}$

$l_0 = 1{,}0 \cdot 1{,}0 \cdot 29{,}0 \cdot 1{,}0 =$ **29** cm $> l_{0,min} = 20$ cm
gew.: 30 cm

Wandinnenseite

Die Stoßlänge wird innen – „Zugseite" – konstruktiv auf 40 cm vergrößert (womit näherungsweise die Länge für einen Zugstoß eingehalten ist). Ohne weiteren Nachweis.

gew.: 40 cm

---

[*] Bemessung hier nicht dargestellt.

Projektbeispiele

Stababstände

Die einzuhaltenden Stababstände für die lotrechte und waagerechte Bewehrung sind in EC2-1-1, 9.6 festgelegt.

Lotrechte Bewehrung

$$s_l \leq \begin{cases} 2 \cdot h_{\text{Wand}} = 2 \cdot 20 = 40 \text{ cm} \\ \mathbf{30 \text{ cm}} \quad \text{(maßgebend)} \end{cases}$$

Waagerechte Bewehrung

$$s_q \leq 35 \text{ cm}$$

Die hier geforderten Abstände werden nicht maßgebend bzw. sind eingehalten.

Bewehrungsskizze

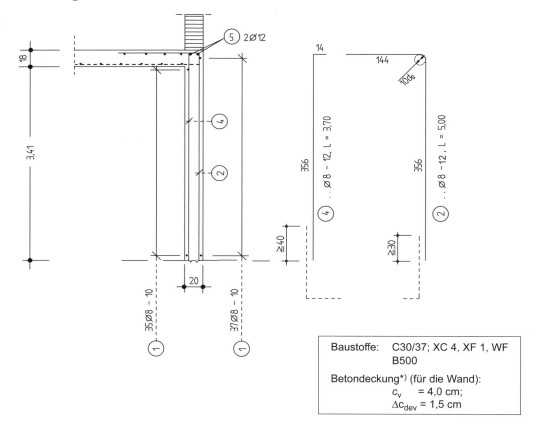

---

*) Die angebenen Betondeckungsmaße gelten – theoretisch – nur für Wand*außenseite*; aus Symmetriegründen werden die Maße jedoch innen und außen gewählt.

9.7 Beispiel 7: Wandartiger Träger

9.7.1 Bauwerksbeschreibung

Zur Abtragung von größeren Lasten wird ein einfeldriger wandartiger Träger ausgebildet (vgl. [Avak/Goris – 94]). Das zu bemessende Tragwerk befindet sich in trockenen Innenräumen und ist der Expositionsklasse XC 1 zuzuordnen.

Einzelheiten zur Geometrie und zu den Lasten gehen aus dem folgenden Abschnitt 8.7.2 hervor, weitere Hinweise s. dort.

9.7.2 Bauteilmaße und Einwirkungen

Die Scheibe hat eine Höhe h = 3,80 m und eine Stützweite l_{eff} = 4,60 m (bei einer Länge von 5,10 m) und eine Wanddicke t = 30 cm; weitere Einzelheiten sind nachfolgend dargestellt.

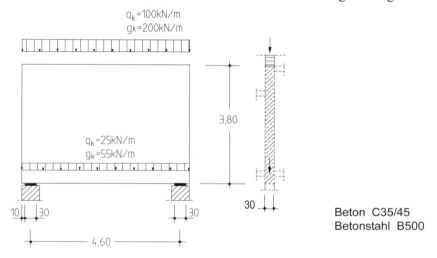

Ausgangssituation der Beispielrechnung

Die Scheibe ist oben durch ständige Lasten von g_k = 200 kN/m und durch Nutzlasten von q_k = 100 kN/m belastet, unten sind ständige Lasten g_k = 55 kN/m und Nutzlasten q_k = 25 kN/m angehängt; die Lasten greifen mittig in Scheibenebene an. Zusätzlich ist die Eigenlast der Scheibe zu berücksichtigen. (Sämtliche Lasten sind als charakteristische Werte, d. h. ohne Sicherheitsbeiwerte, angegeben.)

9.7.3 Schnittgrößenermittlung

9.7.3.1 Bemessungslasten

Für die Bemessung des wandartigen Trägers (Scheibe) werden im Rahmen des Beispiels nur Nachweise in den Grenzzuständen der Tragfähigkeit geführt. Es wird daher unmittelbar mit Bemessungslasten gerechnet.

Man erhält:

Projektbeispiele

- angehängte Lasten $\quad g_d = 1{,}35 \cdot (55{,}0 + 0{,}30 \cdot 3{,}80 \cdot 25) = 113$ kN/m*)
  $\quad q_d = 1{,}50 \cdot 25{,}0 \qquad\qquad\qquad\quad = 38$ kN/m
- Lasten aus oberen Etagen $\quad g_d = 1{,}35 \cdot 200 = 270$ kN/m
  $\quad q_d = 1{,}50 \cdot 100 = 150$ kN/m

9.7.3.2 Verfahren zur Schnittgrößenermittlung

Das Verhältnis der Stützweite l_{eff} zur Gesamtbauhöhe h beträgt:

$l_{eff} / h = 4{,}60 / 3{,}80 = 1{,}21 < 2$

Damit ist das Bauteil als wandartiger Träger bzw. Scheibe zu betrachten, für das die Annahme einer linearen Dehnungsverteilung nicht zutrifft.

Die Schnittgrößenermittlung wird zunächst nach dem in [DAfStb-H240 – 91] dargestellten Verfahren durchgeführt, das auf der Elastizitätstheorie beruht. Zusätzlich erfolgt eine plastische Berechnung mit Stabwerkmodellen.

a) Resultierende Zugkräfte nach DAfStb-H. 240 (Näherungsverfahren**))

Unabhängig vom Lastangriff ergibt sich die res. Zugkraft nach [DAfStb-H240 – 91] (für die unten angreifende Last ist zusätzlich eine Aufhängebewehrung anzuordnen), in dem das nach der Balkentheorie ermittelte Feldmoment $M_{Ed,F}$ durch einen modifizierten Hebelarm z_F der inneren Kräfte dividiert wird.

$F_{td,F} = M_{Ed,F} / z_F$

$M_{Ed,F} = (g_d + q_d) \cdot l^2_{eff} / 8 = (113+38+270+150) \cdot 4{,}60^2 / 8 = 1510$ kNm
$z_F = 0{,}3\, h\, (3 - h/l_{eff}) = 0{,}3 \cdot 3{,}8 \cdot (3 - 3{,}8/4{,}6) = 2{,}48$ m (vgl. Abschn. 1.8)
(Einfeldträger für $0{,}5 < h/l_{eff} = 0{,}83 < 1{,}0$)

$F_{td,F} = 1510 / 2{,}48 = 609$ kN

b) Ermittlung der resultierenden Zugkräfte nach der Plastizitätstheorie

Die Scheiben werden als Stabwerke betrachtet, die aus fiktiven geraden Druck- und Zugstreben bestehen. Zur Aufnahme der Zugkräfte ist ausreichend Bewehrung anzuordnen, die Druckspannungen in den Druckstreben dürfen die zulässigen Werte nicht überschreiten (weitere Hinweise s. [Schlaich/Schäfer – 01]).

Dieses Verfahren ist der Plastizitätstheorie zuzuordnen. Um die Verträglichkeit sicherzustellen, sollten sich Lage und Richtung der Zug- und Druckstreben an der Spannungsverteilung der Elastizitätstheorie orientieren, die beispielsweise durch eine lineare FE-Berechnung gefunden werden kann. Im vorliegenden Falle ergibt sich:

- Randabstand der resultierenden Zugkraft ca. 0,20 m
- gegenseitiger Abstand der resultierenden Druck- und Zugkraft ca. 2,50 m

Damit ist das Stabwerkmodell in groben Zügen festgelegt.

---

*) Die Eigenlast des wandartigen Trägers wird auf der sicheren Seite in voller Größe als angehängte Last betrachtet; die Eigenlast könnte auch zur Hälfte als von oben wirkend angesetzt werden.

**) „Genauer" kann die resultierende Zugkraft auch unmittelbar den Tabellen in [DAfStb-H240 – 91] entnommen werden. Im vorliegenden Falle führt dieses genauere Verfahren etwa zum selben Ergebnis.

Wandartige Träger

Für die von oben wirkenden Lasten und die unten angehängten Lasten ergeben sich unterschiedliche Stabwerkmodelle. Bei der Scheibe mit den unten angehängten Lasten bildet sich ein Gewölbe aus, in das die angehängten Lasten und – teilweise – die Eigenlast zunächst einzuhängen sind; die lotrechte Bewehrung ist entsprechend zu bemessen. Die Verteilung der Längsspannungen σ_x für die beiden Fälle unterscheidet sich jedoch nur wenig.

Zur Verdeutlichung sind nachfolgend noch einmal die Darstellung der Hauptspannungstrajektorien nach der Elastizitätstheorie und das zugehörige Stabwerkmodell (vgl. Abschn. 1.8) mit der Unterscheidung zwischen von oben wirkenden und von unten angehängten Lasten aufgeführt. Die beiden Stabwerkmodelle werden für die Bestimmung der resultierenden Zugspannungen herangezogen.

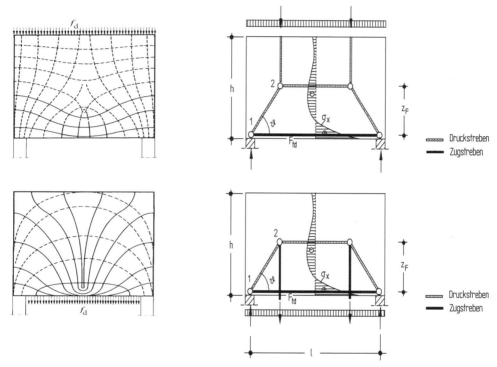

Verlauf der Hauptspannungen und zugehörige Stabwerkmodelle
a) für die von oben belastete Scheibe
b) für von unten angehängte Lasten

Mit den Auflagerreaktionen infolge der zuvor angegebenen Bemessungslasten
$$F_{Ed,A} = F_{Ed,B} = (113 + 38 + 270 + 150) \cdot 4,60 / 2 = 1313 \text{ kN*})$$
und dem Neigungswinkel θ der Druckstrebe
$$\tan \theta = \frac{z_F}{l/4} = \frac{2,50}{1,15} = 2,17 \rightarrow \theta = 65,3°$$

---
*) zusätzlich aus den Überständen: $\Delta F = (113 + 38 + 270 + 150) \cdot (0,15 + 0,10) = 143$ kN

erhält man die Zug- und Druckstrebenkräfte (F_{td} und F_{cd})

$$F_{td} = \frac{F_{Ed,A}}{\tan \theta} = \frac{1313}{2{,}17} = 605 \text{ kN} \quad \text{(Zugstrebe)}$$

$$F_{cd} = \frac{F_{Ed,A}}{\sin \theta} = \frac{1313}{0{,}909} = 1444 \text{ kN} \quad \text{(Druckstrebe)}$$

Ein Vergleich zwischen Stabwerkmodell und Berechnung nach DAfStb-H240 zeigt eine gute Übereinstimmung. Für die nachfolgende Bemessung werden für die Zug- und Druckkräfte die Werte der Stabwerksberechnung zugrunde gelegt.

9.7.4 Bemessung im Grenzzustand der Tragfähigkeit

- *Nachweis der Betondruckspannungen*

  Es wird der Nachweis der Betonpressungen σ_{cA} im Auflagerknoten und am Strebenanfang σ_{c2} geführt.

  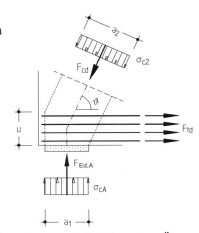

  – *Nachweis der Lagerpressungen σ_{cA}*

  $$\sigma_{cA} = \frac{F_{Ed,A}}{a_1 \cdot t} \leq \sigma_{Rd,max}$$

  $F_{Ed,A} = 1{,}313$ MN
  $a_1 \cdot t = 0{,}30 \cdot 0{,}30 = 0{,}090$ m²
  $\sigma_{Rd,max} = 0{,}75 \cdot f_{cd} = 0{,}75 \cdot (0{,}85 \cdot 35 / 1{,}5)$
  $\quad = 14{,}9$ MN/m²
  (Zug-Druck-Knoten; vgl. Abschn. 5.1).

  $$\sigma_{cA} = \frac{1{,}313}{0{,}090} = 14{,}6 \text{ MN/m}^2 < 14{,}9 \text{ MN/m}^2$$

  Nachweis erfüllt. (Mit der nicht berücksichtigten Zusatzlast von 143 kN aus den Überständen (s. vorher) ist der Nachweis nicht ganz erfüllt.)

  – *Ermittlung der Betondruckspannungen am Strebenanfang σ_{c2}*

  (Nachweis nach [Schlaich/Schäfer – 01] nicht erforderlich, wenn $u > a_1 \cdot \cot \theta$ erfüllt; s. nachfolgend)

  $$\sigma_{c2} = \frac{F_{cd}}{a_2 \cdot t} \leq \alpha_c \cdot f_{cd}$$

  $a_2 = (a_1 + u \cdot \cot \theta) \cdot \sin \theta$
  $u \leq 0{,}1 \cdot h = 0{,}1 \cdot 3{,}80 = 0{,}38$ m (Verlegebereich der Zuggurtbewehrung nach DAfStb-H. 240)*)

  $\theta = 65{,}3°$ (s. vorher)
  $a_1 = 0{,}30$ m
  $a_2 = (0{,}30 + 0{,}38 \cdot \cot 65{,}3°) \cdot \sin 65{,}3° = 0{,}43$ m

  $$\sigma_{c2} = \frac{1{,}444}{0{,}43 \cdot 0{,}30} = 11{,}2 \text{ MN/m}^2 < 14{,}9 \text{ MN/m}^2$$

---

*) Im Rahmen dieses Beispiels wird auf eine genauere Ermittlung von u verzichtet, da der Nachweis bereits für $u = 12$ cm erfüllt ist. Ggf. ist u jedoch unter Berücksichtigung der tatsächlichen Anordnung der Zuggurtbewehrung genauer zu bestimmen.

- *Nachweis des Zuggurts*

  Die Zugkräfte des Modellzugstabes müssen durch Bewehrung abgedeckt werden. Im Grenzzustand der Tragfähigkeit kann die Bewehrung bis zur Bemessungsstreckgrenze $f_{yd} = f_{yk}/\gamma_s$ ausgenutzt werden, falls nicht im Hinblick auf die Rissbreitenbegrenzung die Stahlspannung herabgesetzt werden muss.

  $A_{s,erf} = F_{td}/f_{yd}$
   $F_{td} = 600$ kN (s. vorher)
   $f_{yd} = f_{yk}/\gamma_s = 500/1,15 = 435$ MN/m² (Betonstahl BSt 500)
   $A_{s,erf} = 600/43,5 = 13,8$ cm²
   gew.: 9 ⌀ 14 ($A_{s,prov} = 13,9$ cm²)

- *Horizontale Querbewehrung*

  Zwischen Knoten 1 und 2 (vgl. Stabwerkmodell) sollte nach DAfStb-H. 425 eine horizontale Querbewehrung angeordnet werden, die für Umlenkkräfte $F_{td,2} \approx 0,25 F_{cd}$ aus der Ausbreitung des Druckfeldes zu bemessen ist.

  $A_{s2,erf} = F_{td,2}/f_{yd} = 0,25 F_{cd}/f_{yd}$
   $F_{cd} = 1432$ kN (s. vorher)
   $f_{yd} = f_{yk}/\gamma_s = 500/1,15 = 435$ MN/m² (Betonstahl BSt 500)
   $A_{s2,erf} = 0,25 \cdot 1432/43,5 = 8,2$ cm²

  Bei einem Abstand zwischen Knoten 1 und 2 von ca. 2,50 m ergibt sich dann:
  $a_{s,req} = 8,2/(2,50 \cdot 2) = 1,65$ cm²/m je Seite

  Diese Bewehrung ist durch die vorhandene Oberflächenbewehrung abgedeckt.

- *Aufhängebewehrung*

  Die unten angreifenden Lasten müssen durch eine lotrechte Bewehrung zurückgehängt werden. Auf der sicheren Seite liegend, wird die Eigenlast der Scheibe in voller Größe als angehängte Last betrachtet. Als angehängte Last bzw. erforderliche Bewehrung je Seite ergibt sich dann:

  $a_{s,erf} = \dfrac{1}{2} \cdot \dfrac{g_{d,u} + q_{d,u}}{f_{yd}}$
   $g_{d,u} + q_{d,u} = 118 + 38 = 156$ kN/m (s. vorher)
  $a_{s,erf} = \dfrac{156}{2 \cdot 43,5} = 1,79$ cm²/m je Seite

  Die Bewehrung ist ebenfalls durch die vorhandene Oberflächenbewehrung abgedeckt.

9.7.5 Bemessung im Grenzzustand der Gebrauchstauglichkeit

Auf den Nachweis zur Begrenzung der Rissbreite wird im Rahmen des Beispiels verzichtet, nennenswerte Zwangsbeanspruchungen sollen nicht vorhanden sein. Es wird jedoch die Mindestbewehrung nach EC2-1-1 eingelegt (s. nachfolgend).

Insbesondere dann, wenn das zur Bemessung dienende Stabwerkmodell sich zu weit von der Elastizitätstheorie entfernt, sollte eine zur Rissverteilung ausreichende Mindestbewehrung angeordnet werden. Das empfiehlt sich insbesondere auch bei über mehrere Stützen durchlaufenden Scheiben (weitere Hinweise s. [Schlaich/Schäfer – 01]).

9.7.6 Bewehrungsführung

- *Mindestbewehrung*

  Wandartige Träger werden nach EC2-1-1, 9.7 an beiden Außenflächen mit einem Bewehrungsnetz versehen, dessen Bewehrungsgrad 0,075 % je Richtungen entspricht.
  $a_{s,min} = 0,00075 \cdot 35 \cdot 100 = 2,63$ cm²/m
  gew.: Q 335 je Seite

- *Stababstände*

  Die Stababstände sollten nach [Schlaich/Schäfer – 01] die 2fache Wanddicke bzw. 30 cm nicht überschreiten. Diese Forderung ist in EC, 9.7 ebenfalls enthalten. Die Anforderungen sind bei den gewählten Betonstahlmatten Q 335 erfüllt; ohne Nachweis.

- *Übergreifung der Q 335*

  Die Mindestbewehrung wird mit Übergreifung gestoßen; die Übergreifungslänge l_s beträgt:

  $l_0 = \alpha_7 \cdot l_{bd} \cdot \dfrac{a_{s,erf}}{a_{s,vorh}} \geq l_{0,min}$

  $\alpha_7 = 0,4 + \dfrac{a_s}{8} \left.\begin{matrix}\geq 1,0 \\ \leq 2,0\end{matrix}\right\} \rightarrow \alpha_7 = 0,4 + \dfrac{3,35}{8} = 0,82 < 1$ (maßgebend)

  $l_{b,rqd,y} = (d_s/4) \cdot (f_{yd}/f_{bd}) = (0,80/4) \cdot (435/3,4) = 26$ cm   ($d_s = 8,0$ mm für Q 335)

  $\dfrac{a_{s,erf}}{a_{s,vorh}} \approx 1,0$

  $l_0 = 1,0 \cdot 26 \cdot 1,0 = 26$ cm   (Das Mindestmaß $l_{0,min}$ wird hier nicht maßgebend.)
  gew.: 60 cm

- *Verankerung der Zuggurtbewehrung*

  Die untere Zuggurtbewehrung wird nach DAfStb-H425 über die gesamte Zugstablänge bis in die Knoten ungeschwächt durchgeführt und dort bzw. hinter den Knoten verankert. Die Verankerungslänge beginnt an der Innenseite des Lagers. Nach EC2-1-1:

  $l_{bd} = \alpha_1 \cdot \alpha_5 \cdot l_{b,rqd,y} \cdot A_{s,erf} / A_{s,vorh} \geq l_{b,min}$
  $A_{s,erf} = 13,8$ cm²   ($A_{s,erf} = A_{s,Feld}$*); s. vorher)
  $A_{s,vorh} = 13,9$ cm²   (9 Ø 14; s. vorher)
  $l_{b,rqd,y} = (d_s/4) \cdot (f_{yd}/f_{bd})$
           $= (1,4/4) \cdot (435/3,4) = 45$ cm   (für $d_s = 14$ mm)
  $\alpha_5 = (1 - 0,04\, p) \geq 0,7$ (Faktor wegen Querdruck)
       $= (1 - 0,04 \cdot 14,6) < 0,7$ ($p = 14,6$ MN/m² innerhalb der Verankerung)
  $\alpha_1 = 1,0$ (gerades Stabende)
  $l_{bd} = 1,0 \cdot 0,7 \cdot 45 \cdot (13,8/13,9) = 31$ cm $> l_{b,min} = 14$ cm
  $l_{b,min} = 0,3\, \alpha_1 \cdot l_{b,rqd,y} = 0,3 \cdot (0,7 \cdot 45) = 9,5$ cm $< 10\, d_s = 14$ cm

  Die ausführbare Verankerungslänge beträgt $b_{sup} = 30$ cm und ist damit ausreichend.

---

*) Es wird auf der sicheren Seite die im *Feld* erforderliche Bewehrung auch für die Berechnung der Verankerungslänge am Endauflager berücksichtigt; nach DAfStb-H. 240 wird die Verankerungslänge nur für 80 % der Zugkraft im Feld bestimmt.

Wandartige Träger

- *Randeinfassung*

Die Scheibe wird längs des freien Randes mit *U-Steckbügeln* eingefasst, Schenkellänge mindestens die zweifache Wanddicke. Zusätzlich sollte die Verankerung nachgewiesen werden (hier ist mit der gewählten Länge gleichzeitig eine Übergreifung l_0 mit der Oberflächenbewehrung sichergestellt).

gew.: $\varnothing 8 - 15$ cm

Schenkellänge: $\geq 2 \cdot t_{Wand} = 2 \cdot 30 = 60$ cm

$\geq l_0 = \alpha_6 \cdot l_{bd} \leq \alpha_6 \cdot l^*_{b,rqd} = 1{,}4 \cdot (0{,}8 / 4) \cdot (435 / 3{,}4) = 36$ cm

(Steckbügel am unteren Rand wegen der anzuhängenden Last konstruktiv verstärken)

Die freien Ränder erhalten eine zusätzliche *Längsbewehrung*; weitere Einzelheiten sind der Bewehrungsskizze zu entnehmen.

Bewehrungsskizze

(ohne Darstellung einer Zusatz- bzw. Anschlussbewehrung für Deckenplatten, Wände etc.)

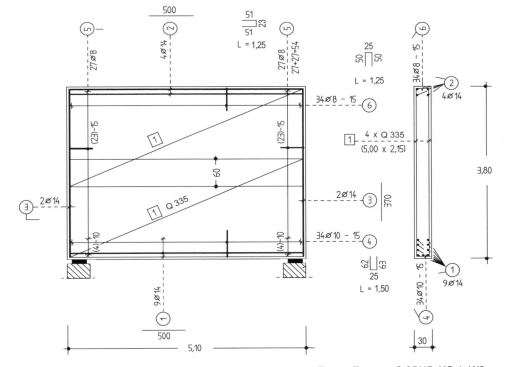

Baustoffe: C 35/45; XC 1, W0
B500
Betondeckung: $c_v = 2{,}0$ cm; $\Delta c_{dev} = 1{,}0$ cm

Projektbeispiele

9.8 Beispiel 8: Einzelfundament

9.8.1 Aufgabenstellung

Ein Einzelfundament für eine zentrisch belastete Stahlbetonstütze ist nach EC2-1-1 zu entwerfen und zu bemessen. Das Fundament ist mittig belastet (Belastung vorwiegend ruhend).

Eigenlasten $N_{gk} = 1000$ kN
veränderliche Lasten $N_{qk} = 500$ kN

Als Baustoffe werden ein Beton C20/25 und ein Betonstahl B500 gewählt, die Abmessungen sind nachfolgender Darstellung zu entnehmen.

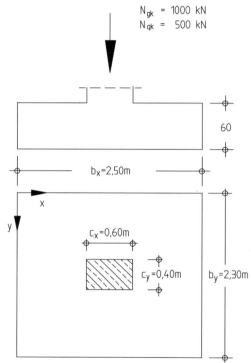

Fundamentabmessungen; Belastung

9.8.2 Nachweis des Sohldrucks

Der Nachweis erfolgt nach Eurocode 7. Ohne Berechnung wird unterstellt, dass der Nachweis erfüllt ist.

9.8.3 Expositionsklasse

Das Fundament sei der Expositionsklasse XC2 und der Feuchtigkeitsklasse WF (Alkali-Kieselsäure-Reaktion) zuzuordnen. Für XC2 gilt als Mindestbetonfestigkeitsklasse C16/20 (die Klasse WF hat keinen direkten Einfluss auf die Bemessung, ist jedoch bei der Bestellung des Betons zu berücksichtigen). Die hier gewählte Betonfestigkeitsklasse – C20/25 – erfüllt die Mindestanforderungen.

9.8.4 Grenzzustand der Tragfähigkeit

9.8.4.1 Biegung

Biegemomente

Für die Tragfähigkeitsnachweise müssen die charakteristischen Werte der Stützenlängskräfte mit $\gamma_G = 1{,}35$ für die Eigenlast und $\gamma_Q = 1{,}50$ für die veränderliche Last multipliziert werden.

Bemessungslängskraft

$$N_{Ed} = 1{,}35 \cdot 1000 + 1{,}50 \cdot 500 = 2100 \text{ kN}$$

(Die Fundamenteigenlast und die Bodenlast liefern keinen Beitrag zum Biegemoment.)

Bemessungsmoment

Das Moment wird an der Stütze ausgerundet (bei monolithischem Anschluss von der Stütze an das Fundament darf nach *Dieterle/Rostasy* (DAfStb-Heft 387) ggf. auch das Moment am Rand der Stütze gewählt werden). Man erhält:

$$M_{Ed,x} = N_{Ed} \cdot \frac{b_x}{8} \cdot \left(1 - \frac{c_x}{b_x}\right)$$

$$= 2100 \cdot \frac{2{,}50}{8} \cdot \left(1 - \frac{0{,}60}{2{,}50}\right) = 499 \text{ kNm}$$

$$M_{Ed,y} = 2100 \cdot \frac{2{,}30}{8} \cdot \left(1 - \frac{0{,}40}{2{,}30}\right) = 499 \text{ kNm}$$

Biegebemessung

Betondeckung

$c_{min} = 2{,}0 \text{ cm}$ (Umgebungsklasse XC 2)

$\Delta c_{dev} = 3{,}5 \text{ cm}$ (Vorhaltemaß)[1] $\rightarrow$ $c_{nom} = 5{,}5 \text{ cm}$

Nutzhöhen

Mit $c_{nom} = 5{,}5$ cm und für $d_{sl} = 16$ mm (s. nachfolgend) erhält man:

$d_x = 60{,}0 - 5{,}5 - 1{,}6/2 \approx 54$ cm   (1. Lage)
$d_y = 60{,}0 - 5{,}5 - 1{,}6 - 1{,}6/2 \approx 52$ cm   (2. Lage)

Momentenverteilung

Die Konzentration der Momente in Stützennähe wird nach DAfStb-Heft 240 berücksichtigt:

$c_y/b_y = 0{,}40 / 2{,}30 = 0{,}17$ und
$c_x/b_x = 0{,}60 / 2{,}50 = 0{,}24$

Man erhält für beide Richtungen mit $c/b \approx 0{,}2$ näherungsweise dieselbe Verteilung α_M des Gesamtmoments (s. Darstellung; α_M in %).

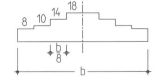

---

[1] Das Vorhaltemaß beträgt für die Umweltklasse XC 2 $\Delta c = 1{,}5$ cm; bei Betonschüttung gegen unebene Oberflächen – hier: Sauberkeitsschicht – ist eine Erhöhung um mindestens 2,0 cm erforderlich.

Projektbeispiele

Bemessung x-Richtung

In Fundamentmitte ergibt sich mit der zuvor angegebenen Verteilung auf einer Breite von $b_y/8$

$$M_{Eds} = 0{,}18 \cdot M_{Ed,x} = 0{,}18 \cdot 499 = 89{,}8 \text{ kNm}$$

$$\mu_{Eds} = \frac{M_{Eds}}{b \cdot d^2 \cdot f_{cd}}$$

$\Rightarrow \omega = 0{,}100; \quad \zeta = 0{,}95$

$$A_s = \omega \cdot b \cdot d \cdot \frac{f_{cd}}{\sigma_{sd}}$$

Gesamtbewehrung in x-Richtung

$$A_s = 4{,}04 / 0{,}18 = 22{,}4 \text{ cm}^2$$

Die Bewehrung wird genähert wie oben dargestellt verteilt (s. a. Bewehrungszeichnung).

gew. in Fundamentmitte   10 ⌀ 16 - 12 cm
außen   2 × 3 ⌀ 16 - 18 cm

Bemessung y-Richtung

$$M_{Eds} = 0{,}18 \cdot M_{Ed,y} = 0{,}18 \cdot 499 = 89{,}8 \text{ kNm}$$

$$\mu_{Eds} = \frac{M_{Eds}}{b \cdot d^2 \cdot f_{cd}} = \frac{89{,}8 \cdot 10^{-3}}{(2{,}50/8) \cdot 0{,}52^2 \cdot (0{,}85 \cdot 20/1{,}5)} = 0{,}0939$$

$\Rightarrow \omega = 0{,}099; \quad \zeta = 0{,}96$

$$A_s = \omega \cdot b \cdot d \cdot \frac{f_{cd}}{\sigma_{sd}}$$

tot $A_s = 4{,}19 / 0{,}18 = 23{,}3 \text{ cm}^2$

gew. in Fundamentmitte   12 ⌀ 16 - 12 cm
außen   2 × 3 ⌀ 16 - 18 cm

9.8.4.2 Durchstanzen

Mindestbiegezugbewehrung

Für den Durchstanznachweis müssen zunächst die Momente m_{Edx} und m_{Edy} je Längeneinheit nach DIN 1045-1, Abschnitt 10.5.6 nachgewiesen werden.

$m_{Edx} = m_{Edy} \geq \eta \cdot V_{Ed}$
  $\eta = 0{,}125$ (Innenstütze; DIN 1045-1, 10.5.6)
  $V_{Ed} = 2100 \text{ kN}$
$m_{Edx} = m_{Edy} = 0{,}125 \cdot 2100 = 262{,}5 \text{ kNm/m}$
  $> 68{,}2 / (2{,}30/8) = 237 \text{ kNm/m}$

$$\mu_{Eds} = \frac{m_{Eds}}{b \cdot d^2 \cdot f_{cd}} = \frac{262{,}5 \cdot 10^{-3}}{1{,}0 \cdot 0{,}53^2 \cdot (0{,}85 \cdot 20/1{,}5)} = 0{,}082$$

$\Rightarrow \omega = 0{,}097$ (Nachweis näherungsweise mit $d = d_m$)

$$a_{sy} = \omega \cdot b \cdot d \cdot \frac{f_{cd}}{\sigma_{sd}} = 0{,}086 \cdot 100 \cdot 53 \cdot \frac{0{,}85 \cdot 20/1{,}5}{435} = 11{,}9 \text{ cm}^2/\text{m}$$

Die gewählte Bewehrung ist ausreichend; es sind im inneren Verlegebereich 16,8 cm²/m ($\varnothing$ 16 - 12) und im Randbereich 11,2 cm²/m ($\varnothing$ 16 – 18) vorhanden.

Nachweis der Sicherheit gegen Durchstanzen

Lasteinleitungsfläche

Die Lasteinleitungsfläche A_{load} muss die Bedingung nach EC2-1-1, 10.5.2 erfüllen; es gilt:
$c_x / c_y \leq 2 \rightarrow 0{,}60 / 0{,}40 = 1{,}5 < 2$
$u_{\text{load}} \leq 12d \rightarrow 2 \cdot (0{,}40 + 0{,}60) = 2{,}0 \text{ m} < 12 \cdot 0{,}53 = 6{,}36 \text{ m}$

Maßgebender Nachweisschnitt

Wegen $\lambda_f = a_\lambda/d = 0{,}95/0{,}53 = 1{,}79 < 2$ ist der maßgebende Nachweisschnitt a_{crit} iterativ im Bereich $\leq 2d$ zu bestimmen. Bei Fundamenten darf die Querkraft V_{Ed} um die günstige Wirkung aus den Bodenpressungen innerhalb der kritischen Fläche abgemindert werden.

Einwirkung v_{Ed}

$V_{\text{Ed,red}} = V_{\text{Ed}} - \Delta V_{\text{Ed}}$
$V_{\text{Ed}} = N_{\text{Ed}} = 1{,}35 \cdot 1000 + 1{,}50 \cdot 500 = 2100 \text{ kN}$
$\sigma_0 = 2{,}10/(2{,}3 \cdot 2{,}5) = 0{,}365 \text{ MN/m}^2$
$A_{\text{crit}} = 0{,}4 \cdot 0{,}6 + 2 \cdot a_{\text{crit}}(0{,}6 + 0{,}4) + \pi \cdot a_{\text{crit}}^2$
$V_{\text{Ed,red}} = 2{,}10 - 0{,}365 \cdot [\ 0{,}4 \cdot 0{,}6 + 2 \cdot a_{\text{crit}} \cdot 1{,}0 + \pi \cdot a_{\text{crit}}^2]$
$v_{\text{Ed}} = \beta \cdot V_{\text{Ed,red}} / (u \cdot d)$
$u_{\text{crit}} = 2 \cdot (0{,}6 + 0{,}6) + 2\pi \cdot a_{\text{crit}}$
$v_{\text{Ed}} = 1{,}10 \cdot V_{\text{Ed,red}} / ((2{,}40 + 2\pi \cdot a_{\text{crit}}) \cdot 0{,}54)$

V_{Ed} wird um die Resultierende der Bodenpressungen innerhalb der kritischen Fläche abgemindert.

Lasterhöhungsfaktor $\beta = 1{,}10$

Bemessungswiderstand

$v_{\text{Rd,c}} = (0{,}15/\gamma_c) \cdot k \cdot (100 \cdot \rho_l \cdot f_{\text{ck}})^{1/3} \cdot (2d/a_{\text{crit}}) \geq v_{\text{min}} \cdot (2d/a_{\text{crit}})$
$k = 1 + (200/530)^{0{,}5} = 1{,}61$
$d = 0{,}53 \text{ m}$
$\rho_l = (\rho_{lx} \cdot \rho_{ly})^{0{,}5}$
$\quad \rho_{lx} = 36{,}2/(250 \cdot 52) = 0{,}0028$
$\quad \rho_{ly} = 32{,}2/(230 \cdot 54) = 0{,}0026$
$\rho_l = (0{,}0028 \cdot 0{,}0026)^{0{,}5} = 0{,}0027$
$v_{\text{min}} = (\kappa_1/\gamma_C) \cdot (k^3 \cdot f_{\text{ck}})^{0{,}5} = (0{,}0525/1{,}5) \cdot (1{,}61^3 \cdot 20)^{0{,}5} = 0{,}320 \text{ MN/m}^2$
$v_{\text{Rd,c}} = 0{,}10 \cdot 1{,}61 \cdot (0{,}27 \cdot 20)^{1/3} \cdot (2 \cdot 0{,}53/a_{\text{crit}}) = 0{,}299/a_{\text{crit}}$
$\quad < 0{,}320 \cdot (2 \cdot 0{,}53/a_{\text{crit}}) = 0{,}339/a_{\text{crit}}$

Bewehrungsgrad, s. Skizze

Iteration

$a_{\text{crit}} = 0{,}38 \text{ m}: v_{\text{Ed}} = 0{,}742 \text{ MN/m}^2; v_{\text{Rd,c}} = 0{,}896 \text{ MN/m}^2 \rightarrow v_{\text{Rd,c}}/v_{\text{Ed}} = 1{,}207$
$a_{\text{crit}} = 0{,}43 \text{ m}: v_{\text{Ed}} = 0{,}660 \text{ MN/m}^2; v_{\text{Rd,c}} = 0{,}796 \text{ MN/m}^2 \rightarrow v_{\text{Rd,c}}/v_{\text{Ed}} = \mathbf{1{,}206}$
$a_{\text{crit}} = 0{,}48 \text{ m}: v_{\text{Ed}} = 0{,}586 \text{ MN/m}^2; v_{\text{Rd,c}} = 0{,}716 \text{ MN/m}^2 \rightarrow v_{\text{Rd,c}}/v_{\text{Ed}} = 1{,}223$

Nachweis

$v_{\text{Ed}} = 0{,}660 \text{ MN/m}^2 < v_{\text{Rd,c}} = 0{,}796 \text{ MN/m}^2 \Rightarrow$ Nachweis erfüllt

9.8.5 Nachweise im Grenzzustand der Gebrauchstauglichkeit

Es wird im Rahmen des Beispiels nur der Nachweis zur Beschränkung der Rissbreite für die Lastbeanspruchung geführt werden.

Beschränkung der Rissbreite

Für die Expositionsklasse XC2 gilt die Mindestanforderungsklasse E; hierfür ist ein Rechenwert der Rissbreite $w_k = 0{,}3$ mm gefordert (DIN 1045-1, Tab. 19). Die Berechnung wird nur für die ungünstigere y-Richtung mit der geringeren Nutzhöhe d_y geführt.

Der Nachweis erfolgt für die quasi-ständige Last. Die Verkehrslast $N_{qk} = 500$ kN sei eine Nutzlast eines Bürogebäudes; hierfür gilt ein Kombinationsfaktor $\psi_2 = 0{,}3$.

$$N_{perm} = N_{gk} + \psi_2 \cdot N_{qk} = 1000 + 0{,}3 \cdot 500 = 1150 \text{ kN}$$

Für das Gesamtmoment M_{perm} in y-Richtung erhält man (Momentenausrundung):

$$M_{Ed,x} = N_{Ed} \cdot \frac{b_x}{8} \cdot \left(1 - \frac{c_y}{b_y}\right)$$

$$= 1150 \cdot \frac{2{,}30}{8} \cdot \left(1 - \frac{0{,}40}{2{,}30}\right) = 273 \text{ kNm}$$

Insbesondere im Grenzzustand der Gebrauchstauglichkeit sollte zur Vermeidung übermäßiger Rissbildung die Momentenkonzentration an der Stütze beachtet werden (vgl. *Dieterle/Rostasy*, DAfStb-H.387). Hierfür erhält man:

$$M_{perm} = 273 \cdot 0{,}18 = 49{,}7 \text{ kNm} \quad (\text{auf } b_x = 0{,}313 \text{ m})$$

bzw. je Längeneinheit

$$M_{perm} = 49{,}7 / 0{,}313 = 157 \text{ kNm/m} \text{ (je lfdm)}$$

Die Stahlspannung unter der quasi-ständigen Last (infolge M_{perm}) ergibt sich für reine Biegung:

$$\sigma_s = \frac{M_{perm}}{z \cdot A_s}$$

$z \approx 0{,}9 \cdot 0{,}52 = 0{,}47$ m $(z \approx 0{,}9\,d)$
$A_s = 16{,}8$ cm²/m $(\varnothing 16 - 12;\text{ s. vorher})$

$$\sigma_s = \frac{0{,}157}{0{,}47 \cdot 16{,}8 \cdot 10^{-4}} = 199 \text{ MN/m}^2$$

Nachweis des gewählten Durchmessers

$$\lim d_s = d_s^* \cdot \frac{\sigma_s \cdot A_s}{4 \cdot (h-d) \cdot b \cdot f_{ct0}} \geq d_s^* \cdot \frac{f_{ct,eff}}{f_{ct0}}$$

$d_s^* = 26$ mm (für $\sigma_s = 200$ MN/m², $w_k = 0{,}3$ mm)

$$\frac{\sigma_s \cdot A_s}{4 \cdot (h-d) \cdot b \cdot f_{ct0}} = \frac{200 \cdot 16{,}8 \cdot 10^{-4}}{4 \cdot (0{,}60 - 0{,}52) \cdot 1{,}0 \cdot 2{,}9} = 0{,}36 < f_{ct,eff} / f_{ct,0} = 0{,}76$$

$$\lim d_s = d_s^* \cdot \frac{f_{ct,eff}}{f_{ct,0}} = \frac{2{,}2}{2{,}9} \cdot 26 = 20 \text{ mm} \qquad (f_{ct,eff} = f_{ctm} \text{ für C20/25})$$

$\lim d_s = 20$ mm $>$ vorh $d_s = 16$ mm $\Rightarrow$ Nachweis erfüllt

9.8.6 Bewehrungsführung und bauliche Durchbildung

9.8.6.1 Mindestbewehrung (EC2-1-1, 9.2 und EC2-1-1/NA, 9.2.1.1(1))

Gemäß EC2-1-1/NA, 9.2.1.1(1) darf der Nachweis für Fundamente entfallen, wenn die Schnittgrößen für äußere Lasten linear-elastisch ermittelt und alle Nachweise der Grenzzustände erfüllt werden. Der Nachweis erfogt hier nur zur Demonstration.

Diese Mindestbewehrung ist für das Rissmoment mit dem Mittelwert der Betonzugfestigkeit f_{ctm} = 2,2 MN/m² (Beton C20/25) und der Stahlspannung $\sigma_s = f_{yk}$ = 500 MN/m² (B500) zu berechnen. Man erhält (Nachweis für die y-Richtung):

$$A_{s,min} = \frac{M_{cr}}{z \cdot f_{yk}}$$
$$M_{cr} = f_{ctm} \cdot W = 2{,}2 \cdot (0{,}60^2 / 6) \cdot 2{,}50 = 0{,}330 \text{ MNm}$$
$$z \approx 0{,}9d = 0{,}9 \cdot 0{,}52 = 0{,}47 \text{ m}$$
$$A_{s,min} = \frac{0{,}330}{0{,}47 \cdot 500} \cdot 10^4 = 14{,}0 \text{ cm}^2$$

Die Mindestbewehrung muss über die gesamte Fundamentlänge („Kragarm") durchlaufen. Die Mindestbewehrung ist mit $A_{s,vorh}$ = 36,2 cm² (18 ⌀ 16) eingehalten, die Bewehrung wird nicht gestaffelt.

9.8.6.2 Verankerung der Biegezugbewehrung

Nach EC2-1-1, 9.8.2.2 ist die Zugkraft F_s an der Stelle x zu verankern (s. Skizze). Die zu verankernde Zugkraft erhält man aus

$$F_s = R \cdot z_e / z_i$$

Es sind

$R = \sigma_0 \cdot x$ $\quad \sigma_0 = N_{Ed}/b = 2100/2{,}50 = 840$ kN/m $\quad$ (Nachweis exemplarisch für die x-R.)
$\quad\quad\quad\quad x = x_{min} = h/2 = 60/2 = 30$ cm $\quad$ (EC2-1-1, 9.8.2.2)
$R = 840 \cdot 0{,}30 = 252$ kN
$z_e = 2{,}50/2 - 0{,}30/2 - 0{,}30/2 = 0{,}95$ m
$z_i = 0{,}9d = 0{,}9 \cdot 0{,}54 = 0{,}49$ m

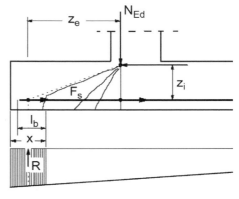

Damit ergibt sich

$F_s \quad = 252 \cdot 0{,}95 / 0{,}49 = 489$ kN
$A_{s,req} = 439/43{,}5 = 10{,}1$ cm²
$l_{bd} \quad = \alpha_1 \cdot \dfrac{A_{s,erf}}{A_{s,vorh}} \cdot l_{b,rqd,y} \geq l_{b,min}$

$\quad \alpha_1 \quad = 1{,}0 \quad$ (gerades Stabende)
$\quad l_{b,rqd,y} = 76$ cm $\quad (d_s = 16$ mm)
$l_{bd} \quad = 1{,}0 \cdot (10{,}1/32{,}2) \cdot 76 = 24$ cm (maßg.)
$l_{b,min} = 0{,}3 \cdot \alpha_1 \cdot l_{b,rqd,y} = 0{,}3 \cdot 76 = 23$ cm
$\quad\quad\quad < 10 d_s = 10 \cdot 1{,}6 = 16$ cm

Die Verankerungslänge steht auf der Länge x knapp zur Verfügung, es sollten jedoch generell bei Verankerung von Stäben Endhaken angeordnet werden; nur bei Betonstahlmatten mit angeschweißten Querstäben kann hierauf ggf. verzichtet werden.

Projektbeispiele

Alternativer Nachweis

Die Bewehrung wird am Rand durch Haken verankert; der Krümmungsbeginn liegt bei (s. Skizze):

$$x_0 = \text{nom } c + d_s + d_{br}/2 = 5{,}0 + 1{,}6 + 4 \cdot 1{,}6/2 \approx 10 \text{ cm}$$

An dieser Stelle wird die zu verankernde Zugkraft aus der um das Versatzmaß $a_l = d$ verschobenen M_{Ed}/z-Linie bestimmt. Das Moment ergibt sich zu:

$$M_{Ed,x0} + \Delta M_{Ed,x0} = \frac{N_{Ed}}{b_x} \cdot \frac{(x_0 + a_l)^2}{2} = \frac{2100}{2{,}50} \cdot \frac{(0{,}10 + 0{,}54)^2}{2} = 172 \text{ kNm}$$

Mit einem Hebelarm $z \approx d_x = 0{,}54$ m erhält man die Zugkraft F_{sd} und die erforderliche Bewehrung

$$F_{sd} = 172/0{,}54 \approx 319 \text{ kN}$$
$$A_{s,erf} = F_{sd}/f_{yd} = 319/43{,}5 = 7{,}3 \text{ cm}^2 < A_{s,vorh} = 32{,}2 \text{ cm}^2 \ (16 \varnothing 16)$$

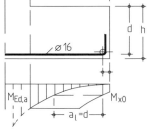

Zugkraftdeckung und Verankerung

Die Verankerungslänge ergibt sich dann zu:

$$l_{bd} = \alpha_1 \cdot \frac{A_{s,erf}}{A_{s,vorh}} \cdot l_{b,rqd,y} \geq l_{b,min}$$

$\alpha_1 = 1{,}0$ (gerades Stabende)

$l_{bd} = 1{,}0 \cdot (7{,}3/32{,}2) \cdot (47{,}3 \cdot 1{,}6) = 17$ cm

$l_{b,min} = 0{,}3 \cdot \alpha_1 \cdot l_{b,rqd,y} = 0{,}3 \cdot 47{,}3 \cdot 1{,}6 = 23$ cm $\geq 10\,d_s = 10 \cdot 1{,}6 = 16$ cm

$l_{bd} = 23$ cm

Es wird eine Hakenlänge von ca. 25 cm ($\approx 15\,d_s$) gewählt; im Verankerungsbereich wird an den Rändern konstruktiv ein Querstab $\varnothing 8$ angeordnet.

$$l_{b,vorh} \approx l_h = 25{,}0 + D_{min}/2 + d_s = 25{,}0 + 4 \cdot 1{,}6/2 + 1{,}6 = 30 \text{ cm} > 23 \text{ cm}$$

9.8.6.3 Sonstige Bewehrungsregelungen

Der *Stababstand* in Längs- und Querrichtung darf maximal 25 cm betragen (EC2-1-1, 9.3). Die gewählte Bewehrung erfüllt diese Anforderung.

Entlang freier ungestützter Ränder ist eine Längs- und Querbewehrung (*Randbewehrung*) anzuordnen. Hierauf darf jedoch bei Fundamenten verzichtet werden (EC2-1-1/NA, 9.3.1.4).

Fundament

Bewehrungsskizze

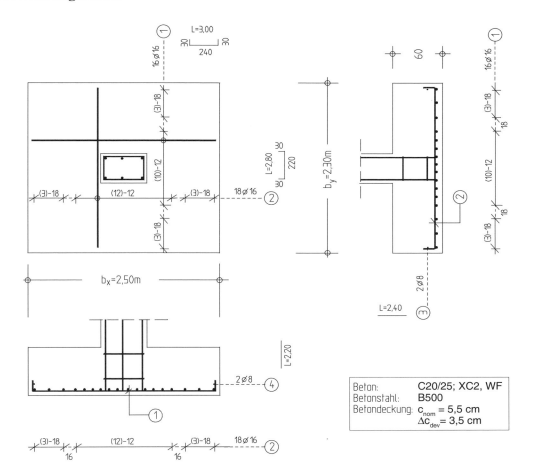

Konstruktionstafeln

10 Querschnitte von Bewehrungen

Abmessungen und Gewichte

Nenndurchmesser d_s in mm	6	8	10	12	14	16	20	25	28
Nennquerschnitt A_s in cm²	0,283	0,503	0,785	1,13	1,54	2,01	3,14	4,91	6,16
Nenngewicht G in kg/m	0,222	0,395	0,617	0,888	1,21	1,58	2,47	3,85	4,83

Querschnitte von Balkenbewehrungen A_s in cm²

Stabdurchmesser d_s in mm	Anzahl der Stäbe									
	1	2	3	4	5	6	7	8	9	10
6	0,28	0,57	0,85	1,13	1,41	1,70	1,98	2,26	2,54	2,83
8	0,50	1,01	1,51	2,01	2,51	3,02	3,52	4,02	4,52	5,03
10	0,79	1,57	2,36	3,14	3,93	4,71	5,50	6,28	7,07	7,85
12	1,13	2,26	3,39	4,52	5,65	6,79	7,92	9,05	10,18	11,31
14	1,54	3,08	4,62	6,16	7,70	9,24	10,78	12,32	13,85	15,39
16	2,01	4,02	6,03	8,04	10,05	12,06	14,07	16,09	18,10	20,11
20	3,14	6,28	9,42	12,57	15,71	18,85	21,99	25,13	28,27	31,42
25	4,91	9,82	14,73	19,64	24,54	29,45	34,36	39,27	44,18	49,09
28	6,16	12,32	18,47	24,63	30,79	36,95	43,10	49,26	55,42	61,58

Größte Anzahl von Stäben in einer Lage bei Balken

Nachfolgende Werte gelten für ein Nennmaß der Betondeckung c_{nom}=2,5 cm (bezogen auf den Bügel) ohne Berücksichtigung von Rüttellücken. Bei den Werten in ( ) werden die geforderten Abstände geringfügig unterschritten.

Balkenbreite b in cm	Durchmesser d_s in mm						
	10	12	14	16	20	25	28
10	1	1	1	1	1	–	–
15	3	3	3	(3)	2	2	1
20	5	4	4	4	3	(3)	2
25	6	6	(6)	5	4	(4)	2
30	8	7	7	(7)	6	4	3
35	10	9	8	8	7	5	4
40	11	10	10	9	8	6	5
45	13	12	11	(10)	9	7	6
50	14	13	(13)	12	10	8	7
55	16	15	14	13	12	9	8
60	18	16	15	14	13	10	9
Bügeldurchmesser $d_{sbü}$	≤ 8 mm			≤ 10 mm	≤ 12 mm	≤ 16 mm	

Querschnitte von Flächenbewehrungen a_s in cm²/m

Stababstand s in cm	Durchmesser d_s in mm									Stäbe pro m
	6	8	10	12	14	16	20	25	28	
5,0	5,65	10,05	15,71	22,62	30,79	40,21	62,83	98,17		20,00
5,5	5,14	9,14	14,28	20,56	27,99	36,56	57,12	89,25		18,18
6,0	4,71	8,38	13,09	18,85	25,66	33,51	52,36	81,81	102,63	16,67
6,5	4,35	7,73	12,08	17,40	23,68	30,93	48,33	75,52	94,73	15,38
7,0	4,04	7,18	11,22	16,16	21,99	28,72	44,88	70,12	87,96	14,29
7,5	3,77	6,70	10,47	15,08	20,53	26,81	41,89	65,45	82,10	13,33
8,0	3,53	6,28	9,82	14,14	19,24	25,13	39,27	61,36	76,97	12,50
8,5	3,33	5,91	9,24	13,31	18,11	23,65	36,96	57,75	72,44	11,76
9,0	3,14	5,59	8,73	12,57	17,10	22,34	34,91	54,54	68,42	11,11
9,5	2,98	5,29	8,27	11,90	16,20	21,16	33,07	51,67	64,82	10,53
10,0	2,83	5,03	7,85	11,31	15,39	20,11	31,42	49,09	61,58	10,00
10,5	2,69	4,79	7,48	10,77	14,66	19,15	29,92	46,75	58,64	9,52
11,0	2,57	4,57	7,14	10,28	13,99	18,28	28,56	44,62	55,98	9,09
11,5	2,46	4,37	6,83	9,83	13,39	17,48	27,32	42,68	53,54	8,70
12,0	2,36	4,19	6,54	9,42	12,83	16,76	26,18	40,91	51,31	8,33
12,5	2,26	4,02	6,28	9,05	12,32	16,08	25,13	39,27	49,26	8,00
13,0	2,17	3,87	6,04	8,70	11,84	15,47	24,17	37,76	47,37	7,69
13,5	2,09	3,72	5,82	8,38	11,40	14,89	23,27	36,36	45,61	7,41
14,0	2,02	3,59	5,61	8,08	11,00	14,36	22,44	35,06	43,98	7,14
14,5	1,95	3,47	5,42	7,80	10,62	13,87	21,67	33,85	42,47	6,90
15,0	1,88	3,35	5,24	7,54	10,26	13,40	20,94	32,72	41,05	6,67
16,0	1,77	3,14	4,91	7,07	9,62	12,57	19,63	30,68	38,48	6,25
17,0	1,66	2,96	4,62	6,65	9,06	11,83	18,48	28,87	36,22	5,88
18,0	1,57	2,79	4,36	6,28	8,55	11,17	17,45	27,27	34,21	5,56
19,0	1,49	2,65	4,13	5,95	8,10	10,58	16,53	25,84	32,41	5,26
20,0	1,41	2,51	3,93	5,65	7,70	10,05	15,71	24,54	30,79	5,00
21,0	1,35	2,39	3,74	5,39	7,33	9,57	14,96	23,37	29,32	4,76
22,0	1,29	2,28	3,57	5,14	7,00	9,14	14,28	22,31	27,99	4,55
23,0	1,23	2,19	3,41	4,92	6,69	8,74	13,66	21,34	26,77	4,35
24,0	1,18	2,09	3,27	4,71	6,41	8,38	13,09	20,45	25,66	4,17
25,0	1,13	2,01	3,14	4,52	6,16	8,04	12,57	19,63	24,63	4,00

Konstruktionstafeln

Lagermattenprogramm
(ab 01.01.2008)

Länge / Breite m	Randeinsparung (Längsrichtung)	Mattenbezeichnung	Mattenaufbau in Längsrichtung / Querrichtung					Querschnitte längs quer cm^2/m	Gewicht je Matte	Gewicht je m^2
			Stababstände mm	Stabdurchmesser Innenbereich mm	Stabdurchmesser Randbereich mm	Anzahl der Längsrandstäbe links	Anzahl der Längsrandstäbe rechts		kg	kg
6,00 / 2,30	ohne	Q188 A	150 · 150 ·	6,0 6,0				1,88 1,88	41,7	3,02
		Q257 A	150 · 150 ·	7,0 7,0				2,57 2,57	56,8	4,12
		Q335 A	150 · 150 ·	8,0 8,0				3,35 3,35	74,3	5,38
	mit	Q424 A	150 · 150 ·	9,0 9,0	7,0	4	4	4,24 4,24	84,4	6,12
		Q524 A	150 · 150 ·	10,0 10,0	7,0	4	4	5,24 5,24	100,9	7,31
6,00 / 2,35		Q636 A	100 · 125 ·	9,0 10,0	7,0	4	4	6,36 6,28	132,0	9,36
6,00 / 2,30	ohne	R188 A	150 · 250 ·	6,0 6,0				1,88 1,13	33,6	2,43
		R257 A	150 · 250 ·	7,0 6,0				2,57 1,13	41,2	2,99
		R335 A	150 · 250 ·	8,0 6,0				3,35 1,13	50,2	3,64
	mit	R424 A	150 · 250 ·	9,0 8,0	8,0	2	2	4,24 2,01	67,2	4,87
		R524 A	150 · 250 ·	10,0 8,0	8,0	2	2	5,24 2,01	75,7	5,49

Der Gewichtsermittlung der Lagermatten liegen folgende Überstände zugrunde:

Q188 A – Q524 A: Überstände längs: 75,0/75,0 mm   Überstände quer: 25/25 mm
Q636 A: Überstände längs: 62,5/62,5 mm   Überstände quer: 25/25 mm
R188 A – R524 A: Überstände längs: 125/ 125 mm   Überstände quer: 25/25 mm

Randausbildung der Lagermatten „dick" / „dünn"

Q424A, Q524A, Q636A

R424A, R524A

11 Literatur

11.1 Normen, Richtlinie

DIN	Titel	Ausgabe
	a) Beton, Stahlbeton und Spannbeton	
1045	Beton- und Stahlbeton: Bemessung und Ausführung	07.1988
1045/A1	Beton- und Stahlbeton: Bemessung und Ausführung Änderung A1	12.1996
4227-1	Spannbeton Teil 1: Bauteile aus Normalbeton mit beschränkter und voller Vorspannung	07.1988
4227-1/A1	Spannbeton Teil 1: Bauteile aus Normalbeton mit beschränkter und voller Vorspannung; Änderung A1	12.1995
Hinweis: DIN 1045 und DIN 4227 wurden Ende 2004 zurückgezogen.		
1045-1	Tragwerke aus Beton, Stahlbeton und Spannbeton Teil 1: Bemessung und Konstruktion	08.2008
1045-2	Tragwerke aus Beton, Stahlbeton und Spannbeton Teil 2: Beton; Festlegung, Eigenschaften, Herstellung und Konformität	08.2008
EN 206-1	Beton – Teil 1: Festlegung, Eigenschaften, Herstellung und Konformität	07.2001
EN 206-1/A1	Beton – Teil 1: Festlegung, Eigenschaften, Herstellung und Konformität; Änderung A1	10.2004
EN 206-1/A2	Beton – Teil 1: Festlegung, Eigenschaften, Herstellung und Konformität; Änderung A2	09.2005
1045-3	Tragwerke aus Beton, Stahlbeton und Spannbeton Teil 3: Bauausführung	08.2008
1045-4	Tragwerke aus Beton, Stahlbeton und Spannbeton Teil 4: Ergänzende Regeln für die Herstellung und Konformität von Fertigteilen	07.2001
1045-100	Tragwerke aus Beton, Stahlbeton und Spannbeton Teil 100: Ziegeldecken	07.2001
DIN EN 1992	Eurocode 2: Bemessung und Konstruktion von Stahlbeton- und Spannbetontragwerken	
-1-1	Teil 1-1: Allgemeine Bemessungsregeln und Regeln für den Hochbau	01.2011
-1-1/NA	Teil 1-1; Nationaler Anhang	01.2011
-1-2	Teil 1-2: Allgemeine Regeln – Tragwerksbemessung für den Brandfall	12.2010
-1-2/NA	Teil 1-2; Nationaler Anhang	12.2010
-2	Betonbrücken, Bemessungs- und Konstruktionsregeln	12.2010
-3	Silos und Behälterbauwerke aus Beton	12.2010

Literatur

Normenverzeichnis (Fortsetzung)

DIN	Titel	Ausgabe
	b) Betonstahl	
488	Betonstahl	
-1	Stahlsorten, Eigenschaften, Kennzeichnung	08.2009
-2	Betonstabstahl	08.2009
-3	Betonstahl in Ringen, Bewehrungsdraht	08.2009
-4	Betonstahlmatten	08.2009
-5	Gitterträger	08.2009
-6	Übereinstimmungsnachweis	01.2010
	c) Übergreifende Normen	
1055-100	Einwirkungen auf Tragwerke Teil 100: Grundlagen der Tragwerksplanung, Sicherheitskonzept und Bemessungsregeln	03.2001
1055, T. 1 bis 10	Einwirkungen auf Tragwerke, Teile 1 bis 10	
EN 1990	Eurocode 0: Grundlagen der Tragwerksplanung	12.2010
EN 1990/NA	National festgelegte Parameter zu DIN EN 1990	12.2010
EN 1991	Eurocode 1: Einwirkungen auf Tragwerke, Teile 1-1 bis 1-7 und Teile 2 bis 4	12.2010 (...)
EN 1991/NA	National festgelegte Parameter zu DIN EN 1991	12.2010

11.2 Literaturverzeichnis

[Ahner/Kliver – 98] Ahner; Kliver: Development of a new concept for the rotation capacity in DIN 1045-1; Part I. In: Leipzig Annual Civil Engineering Report, 1998

[Ahner/Kliver – 99] Ahner; Kliver: Development of a new concept for the rotation capacity in DIN 1045-1; Part II. In: Leipzig Annual Civil Engineering Report, 1999

[Andrä/Avak – 99] Andrä, H.-P.; Avak, R.: Hinweise zur Bemessung von punktgestützen Platten. Stahlbetonbau aktuell 1999, Werner Verlag, Beuth Verlag, 1998

[Avak – 98] Avak, R.: Planung von Teilfertigdecken. In Avak/Goris (Hrsg): Stahlbetonbau aktuell 1998, Werner Verlag, Beuth Verlag, 1997

[Avak – 04] Avak, R., Scheck, L.: Berechnen und Konstruieren mit finiten Elementen im Stahlbetonbau. In Avak/Goris (Hrsg): Stahlbetonbau aktuell 2004, Bauwerk Verlag, Berlin, 2003

[Avak/Goris – 94] Avak, R.; Goris, A.: Bemessungspraxis nach EUROCODE 2, Zahlen- und Konstruktionsbeispiele, Werner Verlag, Düsseldorf, 1994

[Ausl-DIN1045-1–08] Normenausschuss Bauwesen (NABau) – Auslegungen zu DIN 1045. Veröffentlicht unter www.2.nabau.din.de (Stand: 01.12.2008)

[Bachmann et al – 10] Bachmann, H.; Steinle, A.; Hahn, V.: Bauen mit Betonfertigteilen im Hochbau. 2. Auflage; Verlag Ernst & Sohn, Berlin, 2010

[Brameshuber – 11] Brameshuber, W.: Beton. In Goris/Hegger (Hrsg): Stahlbetonbau aktuell, Jahrbuch 2011, Bauwerk Verlag, Berlin, 2010

[BBZ-Instandsetz.– 94] Instandsetzung von Stahlbetonoberflächen. Schriftenreihe der Bauberatung Zement. 6. Auflage, Beton-Verlag, Düsseldorf, 1994

[Beck/Zuber – 69] Beck, H.; Zuber, E.: Näherungsweise Berechnung von Stahlbetonplatten mit Rechtecköffnungen unter Gleichflächenlast. Bautechnik 1969

[Bender – 04] Bender, M.: Flachdecken. In Goris/Schmitz: Siegener KIB-Seminar, DIN 1045 in baupraktischen Anwendung, 2. Auflage, Universität Siegen, 2005

[Bökamp – 00] Bökamp, H.: Aus Fehlern lernen. Stahlbetonbau aktuell, Jahrbuch 2000, Werner-Verlag, Düsseldorf, 1999

[Brandt – 76/77] Brandt: Zur Beurteilung der Gebäudestabilität. Beton- und Stahlbetonbau 7/76 und 3/77, Ernst & Sohn, Berlin

[Czerny – 96] Czerny, F.: Tafeln für Rechteckplatten. Beton-Kalender 1996, Verlag Ernst & Sohn, Berlin, 1995

[Cziesielski et al – 00] Cziesielski/Schrepfer: Bauwerke aus wasserundurchlässigem Beton. Stahlbetonbau aktuell, Jahrbuch 2000, Werner-Verlag, Düsseldorf, 2000

[DAfStb-H220 – 79] Deutscher Ausschuss für Stahlbeton, Heft 220. Grasser/Kordina/Quast: Bemessung von Beton- und Stahlbetonbauteilen nach DIN 1045, Ausgabe 1978, 2. überarbeitete Auflage, Verlag Ernst & Sohn, Berlin, 1979

[DAfStb-H240 – 91] Deutscher Ausschuss für Stahlbeton, Heft 240: Hilfsmittel zur Berechnung der Schnittgrößen und Formänderungen von Stahlbetontragwerken nach DIN 1045, Ausg. Juli 1988. 3. Auflage, Beuth Verlag, Berlin/Köln, 1991

[DAfStb-H368 – 86] Deutscher Ausschuss für Stahlbeton, Heft 368: Fugen und Aussteifungen in Stahlbetonskelettbauten. Verlag Ernst & Sohn, Berlin, 1986

[DAfStb-H371 – 86] Deutscher Ausschuss für Stahlbeton, H. 371. Kordina; Nölting: Tragfähigkeit durchstanzgefährdeter Stahlbetonplatten. DAfStb-Heft 371, Verlag Ernst & Sohn, Berlin, 1986

Literatur

[DAfStb-H373 – 86]	Deutscher Ausschuss für Stahlbeton, H. 371. Kordina; Schaaff; Westphal: Empfehlungen für die Bewehrungsführung in Rahmenecken und -knoten. DAfStb-Heft 373, Beuth Verlag, Berlin, 1986
[DAfStb-H387 – 87]	Deutscher Ausschuss für Stahlbeton, H. 387. Dieterle/Rostásy: Tragverhalten quadratischer Einzelfundamente aus Stahlbeton, Verlag Ernst & Sohn, Berlin, 1987
[DAfStb-H399 – 93]	Deutscher Ausschuss für Stahlbeton, H. 387. Eligehausen/Gerster: Das Bewehren von Stahlbetonbauteilen – Erläuterungen zu verschiedenen gebräuch-lichen Bauteilen, Beuth Verlag, Berlin/Köln, 1993
[DAfStb-H400 – 88]	Deutscher Ausschuss für Stahlbeton, H. 400: Erläuterungen zu DIN 1045, Beton- und Stahlbeton, Ausgabe 7.88; Beuth Verlag, Berlin/Köln, 1988
[DAfStb-H411 – 90]	Deutscher Ausschuss für Stahlbetonbau, H. 411. Mainka/Paschen: Untersuchungen über das Tragverhalten von Köcherfundamenten, Beuth Verlag, Berlin/Köln, 1990
[DAfStb-H425 – 92]	Deutscher Ausschuss für Stahlbeton, Heft 425: Bemessungshilfen zu Eurocode 2 Teil 1, 2. ergänzte Auflage, Beuth Verlag, Berlin/Köln, 1992
[DAfStb-H430 – 92]	Deutscher Ausschuss für Stahlbeton, Heft 430: Standardisierte Nachweise von häufigen D-Bereichen. Beuth Verlag, Berlin/Köln, 1992
[DAfStb-H466 – 96]	Deutscher Ausschuss für Stahlbeton, Heft 466: Grundlagen und Bemessungshilfen für die Rißbreitenbeschränkung im Stahlbeton und Spannbeton. Beuth Verlag, Berlin/Köln, 1996
[DAfStb-H525 – 10]	Deutscher Ausschuss für Stahlbeton, Heft 525. Erläuterungen zu DIN 1045-1. 2. Auflage. Beuth Verlag, Berlin/Köln, 2010
[DAfStb-H532 – 02]	Deutscher Ausschuss für Stahlbeton, Heft 532. Hegger/Roeser: Die Bemessung und Konstruktion von Rahmenknoten; Grundlagen und Beispiele gemäß DIN 1045-1. Beuth Verlag, Berlin/Köln, 2002
[DAfStb-H600 – 11]	Deutscher Ausschuss für Stahlbeton, Heft 600: Erläuterungen zum Eurocode 2. Beuth Verlag, Berlin/Köln, 2011 (in Vorb.)
[DAfStb-RiAlka – 07]	Deutscher Ausschuss für Stahlbeton: Vorbeugende Maßnahmen gegen schädigende Alkalireaktionen im Beton (Alkali-Richtlinie). 2007
[DAfStb-Ri-WU – 03]	DAfStb-Richtlinie: Wasserundurchlässige Bauwerke aus Beton. Deutscher Ausschuss für Stahlbeton, Nov. 2003
[DBV et al – 10]	Eurocode 2 für Deutschland. Gemeinschaftstagung DBV, DIN, VBI, VPI DAfStb, ISB; Tagungsband. Beuth Verlag, Ernst & Sohn, Berlin, 2010
[DBV-BspHB – 11]	Deutscher Beton-Verein, Beispiele zur Bemessung nach Eurocode 2; Band 1, Hochbau. Verlag Ernst & Sohn, Berlin, 2011
[DBV-MAbst – 02]	Deutscher Beton- und Bautechnik-Verein: Merkblatt Abstandhalter; 2002
[DBV-MCov – 02]	Deutscher Beton- und Bautechnik-Verein: Merkblatt Betondeckung und Bewehrung; 2002
[DBV-MRiss – 06]	Deutscher Beton- und Bautechnik-Verein: Merkblatt Begrenzung der Rissbildung im Stahlbeton- und Spannbetonbau; 2006
[DBV-MSicht – 04]	Deutscher Beton- und Bautechnik-Verein: Merkblatt Sichtbeton; 2004
[DBV-MStütz – 02]	Deutscher Beton- und Bautechnik-Verein: Merkblatt Unterstützungen; 2002
[DBV-MVerw – 08]	Deutscher Beton- und Bautechnik-Verein: Merkblatt Rückbiegen von Betonstahl und Anforderungen an Verwahrkästen; 2008
[DBV-MBeton – 04]	Deutscher Beton-Verein, Merkblatt Betonierbarkeit von Bauteilen aus Beton und Stahlbeton, 11.96; Eigenverlag, Wiesbaden, 1996

[DBV-M-RBieg – 08]	Deutscher Beton-Verein, Merkblatt Rückbiegen von Betonstahl und Anforderungen an Verwahrkästen, 10.96; Eigenverlag, Wiesbaden
[DBV-M-Unterst – 07]	Deutscher Beton-Verein, Merkblatt Unterstützungen, 07.02; Eigenverlag, Berlin, 2002
[DIN 1045 – 88]	Beton- und Stahlbeton: Bemessung und Ausführung, 07.1988
[Falter – 10]	Falter, B.: Verallgemeinertes Weggrößenverfahren. In: Goris (Hrsg.): Schneider, Bautabellen für Ingenieure, 18. Auflage, Werner Verlag, 2008
[Fingerl./Litzner – 06]	Fingerloos, F.; Litzner, H.-U.: Erläuterung zur praktischen Anwendung der neuen DIN 1045-1. Beton-Kalender 2006, Verlag Ernst & Sohn, Berlin, 2005
[Fingerloos/Zilch – 08]	Fingerlos, F.; Zilch, K.: Einführung in die Neuausgabe von DIN 1045-1. Beton- und Stahlbetonbau 2008, S. 221ff, Verlag Ernst & Sohn, 2008
[Fischer et al – 03]	Fischer, A.; Kramp, M.; Prietz, F; Rösler, M.: Stahlbeton nach DIN 1045-1. Verlag Ernst und Sohn, 2003
[Franz – 83]	Franz: Konstruktionslehre des Stahlbetons. Band I, Grundlagen und Bauelemente, 4. Auflage, Springer-Verlag, Berlin 1980 und 1983
[Franz/Schäfer – 88]	Franz/Schäfer/Hampe: Konstruktionslehre des Stahlbetons. Band II, Tragwerke, 2. Auflage, Springer-Verlag, Berlin, 1988 und 1991
[Geistefeldt – 06]	Geistefeldt, H.: Konstruktion von Stahlbetontragwerken. Stahlbetonbau aktuell, Praxishandbuch 2006, Bauwerk Verlag, Berlin, 2005
[Geistefeldt/Goris–93]	Geistefeldt, H./Goris, A.: Ingenieurhochbau – Teil 1: Tragwerke aus bewehrtem Beton nach Eurocode 2, Werner Verlag, Düsseldorf, 1993
[Goris – 00]	Goris, A.: Beton und Stahlbeton – Bemessung und Konstruktion. Baustellen-Tafeln. Bauwerk Verlag, Berlin, 2000
[Goris – 08]	Goris, A.: Schubkraftübertragung in Fugen nach DIN 1045-1:2008. In: mb-news, Juli 2008, Kaiserslautern, 2008
[Goris – 10/1]	Goris, A.: Bemessung von Stahlbetonbauteilen nach DIN 1045-1. Stahlbetonbau aktuell, Praxishandbuch 2010, Bauwerk Verlag, Berlin, 2009
[Goris – 10/2]	Goris, A.: Betonstahl und Spannstahl. In Goris (Hrsg.): Schneider Bautabellen für Ingenieure, 19. Auflage. Werner Verlag, 2010
[Goris – 10/3]	Goris, A.: Grundlagen der Tragwerksbemessung nach EC 0. In Goris (Hrsg.): Schneider Bautabellen für Ingenieure, 19. Auflage. Werner Verlag, 2010
[Goris – 10/4]	Goris, A.: Verformungen bei Stahlbetonplatten – Nachweismöglichkeiten, Vorhersagegenauigkeit, Bewertung. In: mb-news, 5/2010, Kaiserslautern, 2010
[Goris/Schmitz – 10]	Goris, A., Schmitz, U. P.: Stahlbeton- und Spannbetonbau nach EC2-1-1. In Goris (Hrsg.): Schneider Bautabellen für Ingenieure, 19. Auflage. Werner Verlag, 2010
[Goris et al – 11]	Goris, A.; Müermann, M.; Voigt, J.: Bemessung von Stahlbetonbauteilen nach EC2-1-1. In.: Goris/Hegger: Stahlbetonbau aktuell, Praxishandbuch 2011, Bauwerk Verlag, Berlin, 2010
[Hegger et al - 10]	Hegger, J.; Will, N.; Bertram, G.: Rissbreitenbegrenzung und Zwang – Grundlagen, Konstruktionsregeln, Nachweise in besonderen Fällen. In: Goris/Hegger: Stahlbetonbau aktuell, Jahrbuch 2010, Bauwerk Verlag, Berlin, 2009
[Hegger/Siburg - 11]	Hegger, J.; Siburg, C.: Hintergründe und Nachweise zum Durchstanzen nach Eurocode 2-NAD. In: Goris/Hegger: Stahlbetonbau aktuell, Jahrbuch 2011, Bauwerk Verlag, Berlin, 2010
[Herzog – 95]	Herzog, M.: Die Tragfähigkeit von Pilz- und Flachdecken. Bautechnik 1997

Literatur

[Hosser – 10]	Hosser, D.: Grundlagen und Hintergründe der Heißbemessung. In: Eurocode 2 für Deutschland. Gemeinschaftstagung DBV, DIN, VBI, VPI DAfStb, ISB; Tagungsband. Beuth Verlag, Ernst & Sohn, Berlin, 2010
[Hosser/Richter – 11]	Hosser, D.; Richter, E.: Brandschutz nach Eurocode 2 (DIN EN 1992-1-2). In: Goris/Hegger: Stahlbetonbau aktuell, Jahrbuch 2011, Bauwerk Verlag, Berlin, 2010
[Klawa/Haack – 90]	Klawa, N./Haack, A.: Tiefbaufugen: Fugen und Fugenkonstruktion im Beton- und Stahlbetonbau; Verlag Ernst & Sohn, Berlin, 1990
[König/Liphardt – 03]	König, G./Liphardt, S.: Hochhäuser aus Stahlbeton. Beton-Kalender 2003, Verlag Ernst & Sohn, Berlin, 2002
[Land – 03]	Land, H.: Bemessung u. Konstruktion von Teilfertigdecken nach DIN 1045-1. In Avak/Goris (Hrsg): Stahlbetonbau aktuell, Praxishandbuch 2003, Bauwerk Verlag, Berlin, 2002
[Leonhardt – 73/77]	Leonhardt, F.: Vorlesungen über Massivbau, Teil 1, 2. Auflage, 1973; Teil 2, 2. Auflage, 1974; Teil 3, 3. Auflage, 1977, Springer-Verlag, Berlin, 1973-1977
[Linder – 77]	Linder, R.: Abdichten von Bauwerken. Beton-Kalender 1977, Verlag Ernst & Sohn, Berlin, 1977
[Litzner – 96]	Litzner, H.-U.: Grundlagen der Bemessung nach Eurocode 2 – Vergleich mit DIN 1045 u. DIN 4227, Beton-Kalender 1996, Verlag Ernst & Sohn, Berlin, 1995
[Lohmeyer/Ebel. – 04]	Lohmeyer, G.; Ebeling, K.: Weiße Wannen – einfach und sicher. 6. Auflage, Verlag Bau+Technik, Düsseldorf, 2004
[Pieper/Martens – 66]	Pieper, K./Martens, P.: Näherungsberechnung vierseitig gestützter durchlaufender Platten im Hochbau. Beton- und Stahlbetonbau 6/66 und 7/67, Verlag Ernst & Sohn
[Raupach et al – 11]	Raupach/Leißner: Baustoffe – Betonstahl, Spannstahl. In Goris/Hegger (Hrsg): Stahlbetonbau aktuell, Jahrbuch 2011, Bauwerk Verlag, Berlin, 2010
[Reineck – 05]	Reineck, K.-H.: Modellierung der D-Bereiche von Fertigteilen. Beton-Kalender 2005, Verlag Ernst & Sohn, Berlin, 2004
[Rostasy-et-al – 02]	Rostasy, F. S.; Krauß, M.; Budelmann, H.: Planungswerkzeuge zur Kontrolle der frühen Rissbildung in massigen Bauteilen, Bautechnik, Heft 7 bis 12, 2002
[Rußwurm/Fabr. – 02]	Rußwurm/Fabritius: Bewehren von Stahlbeton-Tragwerken nach DIN 1045-1. Institut für Stahlbetonbewehrung, Düsseldorf 2002
[Rybicki – 70]	Rybicki, R.: Schäden und Mängel an Baukonstruktionen. Werner-Verlag, Düsseldorf, 1972
[Schlaich/Schäfer – 01]	Schlaich/Schäfer: Konstruieren im Stahlbetonbau. Beton-Kalender 2001, Verlag Ernst & Sohn, Berlin 2000
[Schlaich/Schober– 76]	Schlaich, J./Schober, H.: Fugen im Hochbau – wann und wo? Der Architekt 04.76
[Schmitz – 08]	Schmitz, P. U.: Statik. In Avak/Goris (Hrsg): Stahlbetonbau aktuell, Praxishandbuch 2008, Bauwerk Verlag, Berlin, 2007
[Schmitz/Goris – 04]	Schmitz, P. U./Goris, A.: Bemessungstafeln nach DIN 1045-1. Aktualisierte und erweiterte Auflage, Werner Verlag, Köln, 2004
[Schmitz/Goris – 09]	Schmitz, P. U./Goris, A.: DIN 1045-1 digital. 3. Auflage, Werner Verlag, Köln, 2009
[Schmitz/Goris – 11]	Schmitz, P. U./Goris, A.: Eurocode 2 digital. Werner Verlag, Köln, 2011 (in Vorb.)

[Schneider – 10]	Goris, A. (Hrsg): Schneider, Bautabellen für Ingenieure. 19. Auflage, Werner Verlag, Köln, 2010
[Schriever – 79]	Schriever, H.: Berechnung von Platten mit dem Einspanngradverfahren. Werner Verlag, Düsseldorf, 1979
[Schwing – 80]	Schwing, H.: Wand- und Deckenscheiben aus Fertigteilen. Betonwerk + Fertigteil-Technik, 05.80 und 06.80
[Steinle/Hahn – 95]	Steinle, A.; Hahn, V.: Bauen mit Betonfertigteilen im Hochbau. Beton-Kalender 1995, Verlag Ernst & Sohn, Berlin, 2004
[Stiglat/Wippel – 83]	Stiglat, K.; Wippel, H.: Platten. Verlag Ernst & Sohn, Berlin, 1983
[Stiglat/Wippel – 92]	Stiglat, K.; Wippel, H.: Massive Platten. Beton-Kalender 1992, Verlag Ernst & Sohn, Berlin, 1991
[Stoffregen/König – 79]	Stoffregen/König: Schiefstellung von Stützen in vorgefertigten Skelettbauten. Beton- und Stahlbetonbau, 1/1979, Ernst & Sohn, Berlin
[Theile et al – 03]	Theile, V; Rohr, M.; Meyer, J.: Geschossbauten – Verwaltungsgebäude. Beton-Kalender 2003, Verlag Ernst & Sohn, Berlin, 2002
[Timm – 04]	Timm, G.: Wasserundurchlässige Bauwerke aus Beton. Beton- und Stahlbetonbau, Heft 7, 2004
[Werkle – 03]	Werkle, H.: Statik – Finite Elemente. In Avak/Goris (Hrsg): Stahlbetonbau aktuell, Praxishandbuch 2003, Bauwerk Verlag, Berlin, 2002
[Werkle – 10]	Werkle, H.: Finite-Element-Methode. In: Goris (Hrsg.): Schneider, Bautabellen für Ingenieure, 19. Auflage, Werner Verlag, Köln, 2010
[Willems – 10]	Willems, W.: Brandsicherheit in Gebäuden. In: Goris (Hrsg.): Bautabellen für Ingenieure, 19. Auflage, Werner Verlag, Köln, 2010
[Zilch/Zehet. – 09]	Zilch, K.; Zehetmaier, G.: Bemessung im konstruktiven Betonbau. 2. Auflage, Springer Verlag, Berlin, 2009
[Z-MBl18 – 03]	Bauberatung Zement (Hrsg.): Risse im Beton. Zement-Merkblatt Betontechnik, Nr. B 18, 2003

12 Stichwortverzeichnis

Die Angaben in Klammern verweisen auf Band 1.
Größere zusammenhängende Beispiele s. „Beispiele" und „Projektbeispiele"

Abstandhalter .... (45), 216
Aufhängebewehrung 212
auflagernahe Einzellast .... (100)
Auflagertiefe 7
Auflagerungen 7
auflagernahe Einzellasten 162
Ausmitte
– Kriech- .... (169)
– Last- .... (163)
– ungewollte .... (163)
– Zusatz- .... (163)
Aussteifung .... (162)
Aussteifungssysteme 63
Balken, Konstruktionsregeln
– Biegezugbewehrung 137
– Querkraftbewehrung 139
– Torsionsbewehrung 141
Balken, Projektbeispiele
– einfeldriger Balken mit Auskragung 248
– dreifeldriger Plattenbalken 254
Bauteile
– mit Querkraftbewehrung .... (109)
– ohne Querkraftbewehrung .... (102)
Beanspruchungen .... (15, 23, 30, 36)
Begriffe .... (4, 6)
Biegerollendurchmesser 101
Belastungsanordnung 10
Beispiele (s. a. Projektbeispiele)
– auflagernahe Einzellasten 162
– Flachdecke 50, 132
– Gesamtstabilität 72, 79, 85
– Konsole 166
– plastische Berechnung 31
– Rahmenknoten 176
– WU-Bauwerke 157
– zweiachsig gespannte Platte 46, 48, 128
Bemessung .... (15, 55, 190)
Bemessungshilfsmittel
– allgemeines Bemessungsdiagramm ...... (67)
– Interaktionsdiagramm .... (87)
– Interaktionsdiagramm, schiefe Biegung ... (92)
– Modellstützenverfahren .... (176)
– μ_s-Tafeln .... (68)

– k_d-Tafeln .... (71, 295)
– Plattenbalken .... (77)
– unbewehrte Druckglieder .... (181)
– zentrisch gedrückte Stützen .... (83)
Bemessungsquerkraft .... (92)
Bemessungswert
– Beton .... (48)
– Betonstahl .... (53)
– Einwirkung .... (30)
– Widerstand .... (32)
Beton
– Druckfestigkeit .... (48)
– Eigenschaften .... (48)
– E-Modul .... (48)
– Festigkeitsklassen .... (48)
– Spannungs-Dehnungs-Linie .... (49)
– unbewehrt .... (95)
– Zugfestigkeit .... (48)
Betondeckung .... (44), 97, 216
Betondruckzone
– beliebige Form .... (79, 90)
– rechteckig .... (58)
– Plattenbalken .... (73)
Betoneinbau 216
Betonstabstahl 91
Betonstahl .... (10, 53), 90
Betonstahlbewehrung 90
Betonstahlmatten 91
Bewehrungsführung 90
Biegeschlankheit .... (221)
Biegung
– mit Längskraft .... (58)
– Plattenbalken .... (73)
– Rechteckquerschnitt .... (73)
– zweiachsig .... (90)
Bogenwirkung .... (97, 103)
Brandbemessung 160
Bruchzustand .... (15, 20)
Bügel, Verankerung 116, 139, 142
Bügelmatten 95
charakteristischer Wert .... (30, 32)
Dauerhaftigkeit .... (16, 38)
Dehnungsbereiche .... (55)

Stichwortverzeichnis

Dehnungsverteilung .... (55)
Diskontinuitätsbereiche 173
Druckfestigkeit, Beton .... (48)
Druckglieder 142
Druckglieder
– bewehrt .... (81, 158)
– unbewehrt .... (95, 179)
Druckgurt .... (98, 113)
Druckstrebe .... (98, 109)
Druckstrebenneigung .... (109)
Druckzonenhöhe
– Gebrauchszustand .... (191)
– Bruchzustand .... (58)
Dübelwirkung .... (103)
Duktilität, Betonstahl .... (53)
Duktilitätseigenschaften 90
Durchbiegungsbegrenzung .... (219)
Durchstanzbewehrung .... (149)
Durchstanzen
– Lasteinleitungsflächen .... (143)
– Mindestmomente .... (152)
– mit Durchstanzbewehrung .... (149)
– ohne Durchstanzbewehrung .... (148)
EDV-Berechnungen 56
Einbauteile 222
Einfüllen, Beton 215
Einwirkung .... (15, 21, 30)
Einzellast, auflagernahe .... (100), 162
E-Modul
– Beton .... (48)
– Betonstahl .... (53)
Ermüdung .... (35, 182)
Ersatzlänge .... (159)
Expositionsklassen .... (42)
Fachwerkmodell
– Querkraft .... (109)
– Torsion .... (134)
FE-Programme 57
Flachdecken 49, 59, 131
Formelzeichen .... (6), 1
Fugen .... (122), 213
Fugenrauigkeit .... (125)
Fundamente 147
Fundamente, bewehrt 147
Fundamente, unbewehrt 149
Gebrauchstauglichkeit .... (36, 190)
Gesamtstabilität 63
geschichtliche Entwicklung .... (3)
Gitterträger 96

Gleichgewicht .... (35)
Grenzzustand
– Gebrauchstauglichkeit .... (190)
– Tragfähigkeit .... (55)
Grenzzustand der Gebrauchstauglichkeit
– Spannungsbegrenzung .... (197)
– Rissbreiten .... (199)
– Verformungen .... (219)
Grenzzustand der Tragfähigkeit
– Biegung und Längskraft .... (55)
– Durchstanzen .... (142)
– Ermüdung .... (182)
– Knicken .... (158)
– Querkraft .... (97)
– Torsion .... (134)
Gurtanschluss .... (113)
Hauptspannungen .... (89)
hochfester Beton .... (9, 49)
Höchstbewehrung .... (237, 242)
Hohlkastenquerschnitt .... (135)
Identitätsbedingung .... (58, 84)
Imperfektionen 76
Interaktionsdiagramme
– einachsige Biegung .... (87)
– zweiachsige Biegung .... (92)
Karbonatisierung 232
k_d-Tafeln .... (71, 294)
Kippen .... (179)
Knicken
– Nachweis .... (158)
– nach zwei Richtungen .... (173)
Knicklänge .... (159)
Köcherfundamente 148
Kombination
– außergewöhnliche .... (30)
– Grund- .... (30)
– häufige .... (36)
– quasi-ständige .... (36)
– seltene .... (36)
– vereinfachte .... (32)
Kombinationsbeiwert .... (31)
Konsolen 166
Konstruktionsregeln
– Balken 137
– Druckglieder 142
– Fundamente 147
– Platten 118
– Scheibe 146
– Stützen 142

Stichwortverzeichnis

- wandartiger Träger 146, (297
- Wände 144
- Kornverzahnung .... (102)
- Kreisquerschnitt .... (82, 86)
- Kriechzahl .... (52)
- kritische Fläche .... (143)
- kritischer Rundschnitt .... (143)
- Krümmung .... (165, 227)
- Krümmungen, Betonstahl 101
- Lagermatten 91
- Lagerung, direkt 7
- Lagerung, indirekt 7
- Lagesicherung der Bewehrung 207
- Längsdruckkraft .... (84)
- Längszugkraft .... (57)
- Lastaufteilung 78
- Lastausmitte
  - nach Theorie II. Ordnung ..... (164)
  - planmäßige .... (164)
  - ungewollte .... (164)
- Lastfälle 10
- Lastumordnungsverfahren 39
- linear-elastische Berechnung 20
- Listenmatten 93
- μ_S-Tabellen .... (68)
- Materialeigenschaft .... (32, 48)
- Mindestbewehrung .... (207, 235)
- Mindestmomente 18
- Modellstützenverfahren .... (158)
- Momentenausrundung 17
- Nebenträger 212
- nichtlineare Verfahren 24
- Normalbeton .... (48)
- Parabel-Rechteck-Diagramm ..... (50)
- Passeisen 222
- *Pieper/Martens* 41
- Plastizitätstheorie 24
- Platten, Schnittgrößen
  - Bruchlinientheorie 52
  - einachsig 36
  - Momentenverläufe 44
  - punktförmig gestützt 49
  - Querkräfte 45
  - zweiachsig 37
  - Drillbewehrung 128
- Platten, Bemessung
  - mit Durchstanzbewehrung .... (149)
  - ohne Durchstanzbewehrung .. (148)
  - ohne Schubbewehrung .... (102)
- Platten, Konstruktionsregeln
  - Durchstanzbewehrung 131
  - einachsig 118
  - freie Ränder 123
  - konzentrierte Lasten 122
  - Öffnungen 125
  - punktförmig gestützt 131
  - Querkraftbewehrung 120
  - ungewollte Einspannung 119
  - unterbrochene Stützung 133
  - vorgefertigte 135
- Platte, Projektbeispiele
  - einfeldrige Platte 227
  - dreifeldrige Platte 233
  - zweifeldrige Teilfertigdecke ... 241
- Plattenbalken .... (74), 139
- Plattenbalken, Projektbeispiel 254
- Plattenbreite, mitwirkende ..... (73), 8
- Prinzip .... (4)
- Projektbeispiele, Inhaltsverzeichnis .. 226
- Projektbeispiele
  - Balken, einfeldrig mit Auskragung 248
  - Fundament 278
  - Platte, dreifeldrig 232
  - Platte, einfeldrig 227
  - Platte, zweifeldrige Fertigteildecke .. 241
  - Plattenbalken, dreifeldrig 254
  - Scheibe, wandartiger Träger ... 271
  - Wand 265
- Querbewehrung 118, 123
- Querdehnzahl .... (51)
- Querkraft .... (97)
- Querkraftbewehrung 139
- Querkraftdeckung 140
- Querschnitte Betonstahl 288
  - Flächenbewehrung 289
  - Balkenbewehrung 288
- Rahmen, unverschieblich 14
- Rahmenecken 176
  - Beispiele 185
  - mit negativem Moment 176
  - mit positivem Moment 178
- Rahmenknoten 181
- Rissarten .... (199)
- Rissbreitenbegrenzung
  - Beispiele .... (212), (218), 157
  - Berechnung .... (216)
  - Grenzabstand .... (211)
  - Grenzdurchmesser .... (211)

Stichwortverzeichnis

- Mindestbewehrung .... (207), 158
- Rechenwert der Rissbreite .... (203), 154
Rotationsfähigkeit 26
Rotationssteifigkeit 70
Rückbiegen, Betonstahl 220
Rundschnitt, kritischer .... (143)
Schadensvermeidung 221
Scheibe 146
Scheibe, Projektbeispiel 271
Schiefstellung 76
Schlankheit .... (162)
Schnittgrößen 3
- c_o-c_u-Verfahren 15
- Grundlagen 3
- Idealisierung 6
- Lastfälle 10
- Laststellungen, ungünstige 12
- linear-elastische Berechnung 20
- plastische Verfahren 24, 55
- Platten, einachsig 36
- Platten, zweiachsig 37
- Scheiben 55
- Umlagerungen 21
- Vereinfachungen 13
Schubbewehrung .... (109)
Schubfugen .... (122)
Schubkraftdeckung 140
Schubspannung .... (98)
Schubtragfähigkeit .... (97)
Schwindmaß .... (52)
Sicherheitsfaktor .... (31, 32)
Sicherheitsnachweis, Grundlagen .... (20)
Spannungen
- Begrenzung im Gebrauchszustand ...... (197)
- Berechnung von - .... (190)
Spannungs-Dehnungs-Linie
- Beton .... (50)
- Betonstahl .... (54)
Stababstände 99
Stabbündel 117
Stabwerkmodelle 160
- auflagernahe Einzellasten 162
- Konsolen 166
- Rahmenecken 176
- Teilflächenbelastung 194
- Umlenkkräfte 198
Streckgrenze .... (10, 53)
Stützen 142
Stützung, direkte .... (100)

Stützung, indirekte .... (100)
Stützweiten 7
Teilflächenbelastung 194
Teilsicherheitsbeiwert .... (31, 32)
Torsion
- kombinierte Beanspruchung .... (137)
- reine .... (135)
Torsionsbewehrung 141
Tragelemente, Einteilung 3, 6
Tragverhalten .... (1, 2)
Translationssteifigkeit 67
Übergreifungsstöße 109
- Betonstabstahl 109
- Betonstahlmatten 113
Umgebungsbedingungen .... (41)
Umlagerungen 21
unterbrochene Stützung 133
Unverschieblichkeit 67
Verankerungen 105
Verankerungen
- außerhalb von Auflagern 138
- Endauflager 138
- Innenauflager 138
Verankerungsarten 107
Verankerungslänge 106
Verbund .... (12, 14)
Verbundbedingungen 103
Verbundspannungen 103
Verdichten, Beton 215
Verdrehungssteifigkeit 70
Verformungen
- Begrenzung .... (219)
- Berechnung .... (227)
Versagen ohne Vorankündigung ... (35, 235)
wandartige Träger 53, 146
wandartiger Träger, Projektbeispiel 271
Wände 142
Wand, Projektbeispiel 264
weiße Wannen 152
WU-Bauwerke 152
Zugankersysteme 214
Zuggurt .... (113, 208)
Zugkraftdeckung 137
Zwang .... (199)

299

Erfahrung aus der Praxis – jedes Jahr neu!
Stahlbetonbau aktuell 2011
Praxishandbuch

Das jährlich erscheinende Praxishandbuch „Stahlbetonbau aktuell" ist eine Arbeitshilfe für die tägliche Praxis.

Es liefert allen, die in Konstruktion, Planung, Ausführung, Berechnung und Bauleitung tätig sind, aktuelle, kompakte, verständliche und nützliche Informationen.

Aktuelle Beiträge
// Brandschutz nach DIN EN 1992-1-2 und NA (Nationaler Anhang) – Grundlagen, Rechenverfahren, Anwendungsbeispiele
// Betonstahl nach DIN 488:2009
// Statik – Verfahren nach Eurocode 2, Nachweis der Gesamtstabilität
// Bemessung in den Grenzzuständen (GZT, GZG) nach DIN EN 1992-1-1 und NA
// Durchstanzen – Hintergründe und Nachweise nach Eurocode 2 und NA, Durchstanzbewehrungsformen, Beispiele
// Und mehr!

Stahlbetonbau aktuell 2011
Herausgeber: Alfons Goris, Josef Hegger
Ausgabe 2011. 742 S. 24 x 17 cm. Gebunden.
75,00 EUR | ISBN 978-3-410-21536-3

Bestellen Sie unter:
Telefon +49 30 2601-2260   Telefax +49 30 2601-1260
info@beuth.de   www.beuth.de/eurocode

Vom DIN autorisierte konsolidierte Fassungen
Normen-Handbuch zu Eurocode 2
In 2 Bänden – auch als Kombi erhältlich

Die Normen-Handbücher Eurocode enthalten Eurocode-Normen mit den jeweils zugehörigen nationalen Anhängen (NA) sowie einer eventuell vorhandenen »Rest«-Norm: Anwender können sich somit ausführlich und präzise über die für ihre Praxis wichtigen Bestimmungen informieren.

Normen-Handbuch
**Handbuch Eurocode 2 – Betonbau
Band 1: Allgemeine Regeln**
Vom DIN autorisierte konsolidierte Fassung
1. Auflage 2011. ca. 500 S. A4. Broschiert.
ca. 194,00 EUR | ISBN 978-3-410-20826-6

Kombi-Paket

Band 1 enthält die folgenden Teile von Eurocode 2 im Originaltext:
- // DIN EN 1992-1-1:2011-01 Allgemeine Bemessungsregeln und Regeln für den Hochbau + NA (Nationaler Anhang)
- // DIN EN 1992-1-2:2010-12 Allgemeine Regeln – Tragwerksbemessung für den Brandfall + NA
- // DIN EN 1992-3:2011-01 Silos und Behälterbauwerke aus Beton + NA

Kombi-Paket: Band 1 und Band 2
Handbuch Eurocode 2 – Betonbau
1. Auflage 2012. ca. 670 S. A4. Broschiert.
ca. 240,00 EUR | ISBN 978-3-410-21405-2

Normen-Handbuch
**Handbuch Eurocode 2 – Betonbau
Band 2: Brücken**
Vom DIN autorisierte konsolidierte Fassung
1. Auflage 2012. ca. 170 S. A4. Broschiert.
ca. 74,00 EUR | ISBN 978-3-410-21379-6

Bestellen Sie unter:
Telefon +49 30 2601-2260
Telefax +49 30 2601-1260
info@beuth.de

Auch als E-Books unter
www.beuth.de/eurocode

Band 2 enthält die folgenden Teile von Eurocode 2 im Originaltext:
- // DIN EN 1992-2:2010-12 Betonbrücken – Bemessungs- und Konstruktionsregeln + NA

Alle Originalnormen via Internet:
www.eurocode-online.de
Online-Dienst von Beuth

Eurocode online bietet Ihnen alle Informationen zum Stand der Umsetzung der europäischen Regelungen und vor allem auch alle bisher vorliegenden Normen zur Tragwerksplanung (Eurocode-Normen) in 9 verschiedenen Paketen.

Kostengünstig, aktuell und komfortabel.

Die Normenpakete im Überblick:
Eurocode 0: Grundlagen
Eurocode 1: Einwirkungen
Eurocode 2: Betonbau
Eurocode 3: Stahlbau
Eurocode 4: Verbundbau
Eurocode 5: Holzbau
Eurocode 6: Mauerwerksbau
Eurocode 7: Grundbau
Eurocode 8: Erdbeben
Eurocode 9: Aluminiumbau

Außerdem erhalten Sie aktuell die wichtigsten Informationen zu folgenden Themen:
// Eurocodes – Entstehung und Geschichte
// Stand der Umsetzung
// Nationale Anhänge
// Tagungen und Seminare
// Zukünftige Entwicklung
// Dokumente und Links zu den Eurocodes

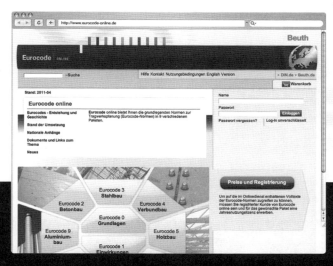

Fragen Sie uns unter:
Telefon +49 30 2601-2668
Telefax +49 30 2601-1268
mediaservice@beuth.de

Alle Informationen und aktuellen Preise sowie Direkt-Anmeldung hier:
www.eurocode-online.de

Tipp für den schnellen Überblick:
Eurocodes und nationale Bemessungsnormen
Zusammenhänge, Übersichten, Ersatzvermerke, bauaufsichtliche Einführung

Die Eurocodes werden als neue europäische Bemessungsnormen im Zuge der bauaufsichtlichen Einführung in Deutschland die nationalen Bemessungsnormen ersetzen.

Dieses Beuth Pocket gibt in tabellarischer Form eine klare Übersicht, welche nationalen Bemessungs-, Planungs- und Ausführungsnormen durch welchen Eurocode abgelöst werden.

Beuth Pocket
Eurocodes und nationale Bemessungsnormen
Zusammenhänge, Übersichten, Ersatzvermerke,
bauaufsichtliche Einführung
von Susan Kempa
1. Auflage 2011. 72 S. 21 x 10,5 cm.
Geheftet.
14,80 EUR | ISBN 978-3-410-21338-3

Bestellen Sie unter:
Telefon +49 30 2601-2260   Telefax +49 30 2601-1260
info@beuth.de   www.beuth.de

Auch als E-Book unter
www.beuth.de/sc/eurocode-bemessungsnormen